作物

ZUOWU

GAOXIAO SHENGCHAN LILUN YU JISHU

高效生产理论与技术

主　编	郑顺林		
副主编	李　冰	孔凡磊	
编写人员	郑顺林	李　冰	孔凡磊
	蔡　艳	吴永成	胡剑锋
	刘卫国	樊高琼	黄　云
	袁继超	王昌全	程　红

四川大学出版社

U0251848

责任编辑:毕　潜
责任校对:唐　飞
封面设计:墨创文化
责任印制:王　炜

图书在版编目(CIP)数据

作物高效生产理论与技术 / 郑顺林主编. —成都:
四川大学出版社，2014.6（2023.2重印）
ISBN 978-7-5614-7774-8

Ⅰ.①作…　Ⅱ.①郑…　Ⅲ.①作物-栽培技术
Ⅳ.①S31

中国版本图书馆 CIP 数据核字（2014）第 118088 号

书　名	**作物高效生产理论与技术**
主　　编	郑顺林
出　　版	四川大学出版社
地　　址	成都市一环路南一段24号（610065）
发　　行	四川大学出版社
书　　号	ISBN 978-7-5614-7774-8
印　　刷	四川永先数码印刷有限公司
成品尺寸	185 mm×260 mm
印　　张	24.5
字　　数	620 千字
版　　次	2014 年 6 月第 1 版
印　　次	2023 年 2 月第 3 次印刷
定　　价	78.00 元

◆读者邮购本书,请与本社发行科联系。
　电话:(028)85408408/(028)85401670/
　(028)85408023　邮政编码:610065
◆本社图书如有印装质量问题,请
　寄回出版社调换。
◆网址:http://press.scu.edu.cn

前　言

　　《作物生产新理论与新技术》自 2001 年第一版出版到现在十多年以来，一直是四川乃至全国高等教育自学考试和成人高等教育的自学考试教材，对四川高等教育事业的发展和提高教学质量起到了积极的促进作用。随着农业科学技术的不断发展，新的理论与技术不断出现，原有教材的部分内容已经不能很好地适应新时期成人高等教育对教材的需要。因此，四川大学出版社组织四川农业大学的部分专家在原来教材的基础上编写了《作物高效生产理论与技术》。

　　本书在基本保持第一版主体内容和结构的基础上，结合农业技术的新发展以及四川农作物生产的新变化，对部分章节进行了调整，以适应新时期作物生产发展的需要。由于参与第一版编写的老师有的已经退休，有的工作十分繁忙，此次他们主动让贤，给年轻老师更多的机会参与编写，在此向他们表示衷心的感谢。本书主审为四川农业大学博士生导师袁继超教授和王昌全教授，在编写过程中他们给予了很多好的建议和意见，在此也一并表示感谢！

　　本书共 15 章，各章修编人员：第一章，郑顺林副教授；第二章，郑顺林副教授、袁继超教授；第三章，吴永成教授；第四章，孔凡磊副教授、袁继超教授；第五章，郑顺林副教授；第六章，李冰副教授；第七章，李冰副教授、王昌全教授；第八章，李冰副教授；第九章，蔡艳副教授；第十章，郑顺林副教授；第十一章，孔凡磊副教授；第十二章，黄云教授；第十三章，蔡艳副教授；第十四章，孔凡磊副教授；第十五章，胡剑锋讲师（水稻）、孔凡磊副教授（玉米、烟草）、樊高琼教授（小麦）、郑顺林副教授、程红助教（马铃薯、甘薯）、刘卫国副教授（大豆）、吴永成教授（油菜）。

　　本教材虽经编写人员的认真编写、多次修改和补充，但由于编写时间仓促以及编写人员水平有限，书中的不足之处在所难免，敬请读者提出宝贵意见，以便补充和完善。

编　者

2014 年 6 月

目　录

第一章 作物生产概述

第一节 作物生产的概念和特点

一、作物生产的概念

作物的概念有广义和狭义之分。从广义上讲，凡是对人类有应用价值，为人类所栽培的各种植物都称为作物。从狭义上讲，作物是指田间大面积栽培的植物，即农业上所指的粮、棉、油、麻、烟、糖、茶、桑、蔬、果、药和杂等。因其栽培面积大、地域广，故又称为大田作物，也可称为农艺作物或农作物。我们一般所讲的作物是狭义的，是栽培植物中最主要的、最常见的、在大田栽培的、种植规模较大的几十种作物。全世界这种作物大约有90种，我国大约有50种。

二、作物生产在农业中的重要性

人类为了生存和发展，首先必须解决吃、穿这些生存生活的基本问题，然后才能从事其他生产活动和社会活动。吃是为了获得生命活动所必需的能量，穿是为了适应变化的生活环境。为了生存，首先需要食、衣、住以及其他东西，因此，人类首要的活动就是生产满足这些需要的资料，即生产物质生活本身。解决吃、穿问题主要靠农业生产。农业是世界上最原始、最古老和最根本的产业，也被称为第一产业。有了第一产业的发展，人们生存生活的基本问题才能得到保证，才能解放一部分劳动力进行社会分工，才有第二产业即制造业的产生。之后又发展起第三产业，即服务业。由此可见，农业是人类一切社会活动和生产发展的基础，这是不以人们的意志为转移的客观规律。

人类生活之所以离不开农业的根本原因，是因为人的生命活动所必需的能量目前只能从食物中获得。而食物中的能量，究其来源，是绿色植物通过光合作用转化太阳能的产物。

绿色植物以其特有的叶绿素吸收太阳能，通过光合作用，将从空气中吸收的二氧化碳和从土壤中吸收的水分和无机盐类，经过复杂的生理生化活动，合成富含能量的有机物质。对于这些有机物质，一部分直接用来作为人类的食物，另一部分作为农业动物的饲料转化成奶、肉、蛋等食品。人类摄取这些食品，在消化过程中将储存在有机物质中的太阳能又释放出来，满足生命活动的需要。

人类栽培的绿色植物称为作物，它是有机物质的创造者，是太阳能的最初转化者，其产物是人类生命活动的物质基础，也是一切以植物为食的动物和微生物生命活动的能量来源。因此，作物生产称为第一性生产。种植业在我国农业中占的比重最大，种植业的发展不但提供了全国人民的基本生活资料，而且提供了原料，是农业的基础。国家列入统计指标的有粮、棉、油、糖、麻、烟、茶、桑、果、菜、药、杂等十二项，这些为人类栽培的植物都称为"作物"，这是广义的作物概念。狭义的作物主要指农田大面积栽培的粮、棉、油、糖、麻、烟等，一般称为农作物，本书主要讨论狭义作物的生产。

三、作物生产的特点

作物生产具有以下主要特点：

（1）作物生产是生物生产。作物生产的对象是有生命活动的农作物有机体，它们都有自己的生长发育规律；土地既是作物生产最基本的生产资料，又是农作物生长发育的基本环境。因此，作物生产必须珍惜土地，保护和改善环境，根据作物的基本特性和生长发育规律行事，处理好作物、环境和人类活动的关系。

（2）作物生产具有强烈的地域性和季节性。作物是一种生物，它的生长发育要求一定的环境条件，由于不同地区的地理纬度不同，地势、地貌不同，导致其光、热、水、土等环境条件的差异，进而影响植物的生长发育和分布，因此作物生产必须"因地制宜，因土种植"。在同一地区，在一年中，由于地球的自转和公转等天体运动的规律性变化，使得以太阳辐射为主体的农业自然资源条件——热量、光照、降水等呈现明显的冷暖、明暗、干湿季节性变化，作物生产要依此而变化，因此作物生产要"把握农时，适时种植"。

（3）作物生产具有时序性和连续性。作物是有生命的有机体，不同作物种类具有不同的个体生命周期。同时，个体的生命周期又有一定的阶段性变化，需要特定的环境条件，各生长发育阶段不能停顿中断，不能颠覆重来，具有不可逆性。作物生产每一周期互相联系，相互制约：一是人类的需要是源源不断的，天天三餐都要吃，年年岁岁都要制衣；二是作物本身也需要世代繁衍，一代一代地延续下去。因此，作物生产要一季季、一年年地进行下去，不可能一次进行，多年享用或一劳永逸，这就要求我们要有长远的观点，"瞻前顾后，用养地结合"，走可持续发展道路。

（4）作物生产具有复杂性和综合性。作物生产是一个有序列、有结构的复杂系统，受自然和人为的多种因素的影响和制约。它是由各个环节（子系统）所组成的，既是一个大的复杂系统，又是一个统一的整体。需要多个部门、各种因素息息相关，只有各部门、各种因素优化组合才能获得成功，各种社会、科技、自然因素都将对作物生产产生影响，作物生产一定要高度重视各种因素的综合影响。

第二节　作物的生产概况及发展方向

一、作物生产概况

我国是世界上的人口大国，也是最大的粮食生产国和最大的粮食需求国。根据我国的人口增长趋势，2020 年将达到 14.7~15.4 亿。按现在的人均粮食占有量标准来推算，届时粮食的需求量约为每年 52675 万吨（按每人每年 350 kg 计算）。由于耕地因种种原因减少，而生活水平提高又增加对粮食的需求量，因此我国的粮食安全是中国政府和人民十分关心的战略问题。我国现有可耕地面积约为 1.4 亿公顷，农作物总播种面积 2005 年为 15548.72 万公顷，粮食作物播种面积为 10427.85 万公顷，粮食作物总产量每年 48402.4 万吨，每公顷平均产量 4641.6 kg，全国人均拥有粮食 371.3 kg。粮食作物中稻谷（包括早稻、中稻和一季晚稻、双季晚稻）的播种面积、总产量和单产均居首位，为第一大作物，玉米位居第 2 位，小麦排在第 3 位，马铃薯排在第 4 位。

四川省自古就是我国著名的农业大省。四川省现有耕地面积为 5855.5 万亩，占全国耕地总面积的 4.2%，列第 2 位，占西部耕地面积的 14.4%，列第 1 位，其中水田面积 3132.4 万亩，旱地面积 2723.1 万亩。全省人均耕地面积为 0.69 亩。耕地中有效灌溉面积 3754.7 万亩，占 64.1%；旱涝保收面积 2594.2 万亩，占 44.3%；中低产田土占耕地总面积的 40% 左右。种植业以粮食生产为主，经济作物种类繁多。2003 年，全省农作物总播种面积 13627.4 万亩，其中粮食作物面积 9131.7 万亩，占 67.0%；经济作物面积 2061.1 万亩，占 15.1%；其他作物面积 2434.1 万亩，占 17.9%。盆地内复种指数高，素有精耕细作的传统，已基本形成了小春（夏收作物）、大春（秋收作物）、晚秋作物一年三季种植的耕作制度，2003 年全省耕地复种指数已达 232.7%。粮食作物中水稻、小麦、玉米、红苕四大作物占有突出地位。2003 年水稻面积占粮食总面积的 31.7%，产量占粮食总产量的 47.1%；小麦面积占 21.1%，产量占 15.3%；玉米面积占 18.1%，产量占 18.0%；红苕面积占 12.8%，产量占 10.7%。经济作物有棉花、油料、甘蔗、水果、茶叶、烟叶、麻类、药材等，种类繁多。

二、我国农业生产的发展方向

我国是一个农业大国，也是一个历史文明古国，在漫长的发展过程中，中华民族积累了丰富的农业生产经验，尤其是在新中国成立后，农业生产技术和水平不断提高，取得了巨大成就，用占世界 7% 的耕地，养活了占世界 22% 以上的人口。但从总体上说，我国的生产技术和生产水平与世界先进国家相比在很多方面仍然存在着不少差距，我们应当学习国外的先进技术、经验和理论，再结合我国的国情和地区特点，走自己的路，发展我国的农业生产。

（一）发展"三高"农业

"三高"农业即高产、优质、高效农业，其中高产是基础，优质是前提，高效是目的。

高产是我国国情所决定的，我国人口众多，而且还在不断增长，要解决温饱问题，首先得以产量为基础，以满足社会的需求。

优质是人们的生活要求所决定的，随着社会的发展和人民生活水平的提高，人们对农副产品的质量要求越来越高，"优质"也逐渐成为作物生产的前提，同时也是实现高效的基础。在建立起社会主义市场经济体制后，各种农副产品要逐步推向市场，进入商品化，参与市场竞争，只有优质产品才能在激烈的市场竞争中取得好的效益。

高效是市场经济所决定的，当前我国已基本解决了温饱问题，但农村经济还很落后，农民收入还很低，为了尽快让农民致富奔小康，必须按市场经济规律办事，发展高效农业。

（二）采取集约化生产方式

从粗放耕种向集约化生产发展，是世界农业发展的共同方向。人多地少，相对资源贫乏是我国的国情，而且人口还在不断增加，耕地还在逐渐减少，人多地少矛盾还在加剧，这就更要求我们走集约化生产道路。与世界上一些发达国家以提高劳动生产率为主的目标不同，我国农业生产的目标应以提高土地利用率和生产率为主。过去我国已以精耕细作闻名于世，在集约化生产方面具有许多经验，今后还应进一步加强这方面的研究和生产总结，充分利用时间、空间，千方百计高度精致集约地利用每一块土地，尽可能做到有田皆绿，四季常青，寸土不让，分秒必争，在主攻单产的基础上，进行立体生产，发展多熟种植，发挥每一块土地的最大生产效能。

（三）走可持续发展道路

可持续发展是当今国际社会普遍关注的热点问题，而持续农业也是现代农业发展的一大趋势，它是 20 世纪 80 年代以来世界范围内兴起的一种农业思潮，是在充分认识和发现现代"工业化农业"或"石油农业"的问题后逐步提出并兴起的。

持续农业的基本目标是从长远出发追求高生产力和高经济效益，同时保护土壤、水和其他自然资源，通过调整农业技术和体制，满足当前及今后人类的需要，使农业生产能持续、稳步发展。农业生产的持续性包括资源环境持续性、经济持续性和社会持续性等方面。资源环境持续性主要指合理利用资源并使其能长期利用，防止环境退化；经济持续性主要指农业生产的效益及其产品在市场上竞争能力保持良好和稳定，能够得到持续的发展和提高；社会持续性主要指农业生产与国民经济总体发展协调，农产品能满足人们生活水平提高的需求。

（四）试验研究精确农业

精确农业是近年来国际上农业科学研究的热点领域，其含义是在充分了解土地资源、自然气候条件和作物群体生育变化的情况下，因地制宜地根据田间每一操作单元的具体情况，精细准确地调整各项土壤和作物管理措施，最大限度地优化使用各项农业投入，以获取最高产量和最大经济效益，同时保护农业生态环境，保护土地等自然资源。精准农业是现有农业生产技术措施与新近发展的高新技术的有机结合，是信息技术和人工智能技术在农业生产上的应用。

（五）适度规模化经营

随着农民依托土地收入的份额下降，依托非农收入的份额大大上升，农民对土地的观念发生了重大变化，农业经营方式也在发生转变，整个中国农业的形态也从过去的以种植大田作物保证国家粮食安全为主，到现在开始转向农业种植区域专业化生产。在这一变化过程中构建农业社会化服务体系，建立集约化、组织化、社会化、专业化的农村生产经营的新体制，对于中国未来农业的发展具有重要的意义。2013 年中央一号文件提出，坚持依法自愿有偿的原则，引导农村土地承包经营权有序流转，鼓励和支持承包土地向专业大户、家庭农场、农民合作社流转，发展多种形式的适度规模经营。

第三节　作物的分类

在自然界，植物的种类很多，属于栽培作物的约有 200 多种，大面积栽培的农作物有 90 多种，分属于植物的 20 多个科。各种作物由于在人类长期的培育和选择下，又形成众多的类型和品种。

不同作物的形态特征不同，生物学特性差异很大，其用途也不一样，为了更好地认识、生产和利用这些作物，有必要把千变万化的农作物进行科学的分类，按照一定标准，把亲缘关系相近、某些特征特性相似或用途相同的作物分为一类。由于分类的依据和标准不同，分类的结果不尽一样，常见的分类方法有以下几种。

一、按植物学分类

可以根据作物的形态特征，按植物科、属、种进行系统分类。一般采用双名法命名，称为学名。这种分类法的最大优点是能把所有植物按其形态特征进行系统的分类和命名，可以为国际上所通用，例如玉米属禾本科，其学名为 Zea mays L.，第一个字为属名，第二个字为种名，第三个字是命名者的姓氏缩写。这种分类法的缺点是对农业工作者来说有时不太方便。

二、按作物生物学特性分类

按作物对温度条件的要求，可分为喜温作物和耐寒作物。喜温作物生长发育的最低温度为 10℃左右，最适温度为 20℃～25℃，最高温度为 30℃～35℃，如稻、玉米、谷子、棉花、花生、烟草等；耐寒作物生长发育的最低温度为 1℃～3℃，最适温度为 12℃～18℃，最高温度为 26℃～30℃，如小麦、黑麦、豌豆等。

按作物对光周期的反应，可分为长日作物、短日作物、中性作物和定日作物。凡在日长变短时开花的作物称为短日作物，如稻、大豆、玉米、棉花、烟草等；凡在日长变长时开花的作物称为长日作物，如麦类作物、油菜等；开花与日长没有关系的作物称为中性作物，如荞麦、豌豆等；定日作物要求日照长短有一定的时间才能完成其生育周期，如甘蔗的某些品种只有在 12 小时 45 分的日长条件下才能开花，长于或短于这个日长都不开花。

根据作物对二氧化碳同化途径的特点，可分为三碳作物、四碳作物和景天科作物。三碳作物光合作用最先形成的中间产物是带三个碳原子的磷酸甘油酸，其光合作用的二氧化碳的补偿点高，有较强的光呼吸，这类作物有稻、麦、大豆、棉花等；四碳作物光合作用最先形成的中间产物是带四个碳原子的草酰乙酸等双羧酸，其光合作用的二氧化碳补偿点低，光呼吸作用也低，在较高温度和强光下比三碳作物的光合强度高，需水量低，这类作物有甘蔗、玉米、高粱、苋菜等；景天科作物在晚上气孔开放，吸进二氧化碳，与磷酸烯醇式丙酮酸结合，形成草酰乙酸，进一步还原为苹果酸，白天气孔关闭，苹果酸氧化脱羧放出二氧化碳，参与卡尔文循环形成淀粉等，植物体在晚上有机酸含量高，碳水化合物含量下降，白天则相反，这种有机酸合成随日变化的代谢类型称为景天科代谢（CAM）。

三、按农业生产特点分类

按播种期，可分为春播作物、夏播作物、秋播作物、冬播作物等。在四川和南方一些地区通常分为小春作物和大春作物。凡秋冬季节播种，第二年春夏季节收获的作物为小春作物，一般为耐寒作物，如小麦、油菜等；大春作物是在春夏季节播种，夏秋季节收获，一般为喜温作物，如水稻、玉米、棉花、大豆等。

按播种密度和田间管理等，可分为密植作物和中耕作物等。

四、按用途和植物学系统相结合分类

这是生产上最常用的分类方法，一般将作物分成四大部分，九大类。

（一）粮食作物（或称食用作物）

（1）谷类作物。绝大部分属禾本科，主要作物有小麦、大麦（包括皮大麦和裸大麦）、燕麦（包括皮燕麦和裸燕麦）、黑麦、稻、玉米、谷子、高粱、黍、稷、稗、龙爪稷、蜡烛稗、薏苡等，也称为禾谷类作物。荞麦属蓼科，其谷粒可供食用，习惯上也将其列入此类。

（2）豆类作物（或称菽谷类作物）。属豆科，主要收获其种子或果实，蛋白质含量较高，常见的作物有大豆、豌豆、绿豆、小豆、蚕豆、豇豆、菜豆、小扁豆、蔓豆、鹰嘴豆等。

（3）薯芋类作物（或称根茎类作物）。植物学上的科、属不一，主产品器官一般为生长在地下的变态根或茎，多为淀粉类食物，常见的有甘薯、马铃薯、木薯、豆薯、山药（薯蓣）、芋、菊芋、蕉藕等。

（二）经济作物（或称工业原料作物）

（1）纤维作物。包括：种子纤维作物，如棉花；韧皮纤维作物，如大麻、亚麻、红麻、黄麻、苘麻、苎麻、洋麻等；叶纤维作物，如龙舌兰麻、蕉麻、菠萝麻等。

（2）油料作物。其主产品器官的油脂含量较高，常见的有花生、油菜、芝麻、向日葵、蓖麻、苏子、红花等。

（3）糖料作物。主要有甘蔗和甜菜，一般南方为甘蔗，北方为甜菜，即南蔗北菜。此外还有甜叶菊、芦粟等。

（4）其他作物。有些是嗜好作物，主要有烟草、茶叶、薄荷、咖啡、啤酒花、代代花等。此外还有挥发性油料作物，如香茅草等。

（三）饲料及绿肥作物

豆科中常见的有苜蓿、苕子、紫云英、草木樨、田菁、柽麻、三叶草、沙打旺等；禾本科中常见的有苏丹草、黑麦草、雀麦草等；其他的有红萍、水葫芦、水浮莲、水花生等。

（四）药用作物

药用作物种类繁多，包括：根及根茎类，如人参、川芎等；皮类，如杜仲、黄檗、厚朴等；花类，如红花、菊花等；全草类，如柴胡、薄荷等；果实与种子类，如薏苡、枳实等；叶类，如大叶桉等；茎藤类，如大血藤等。

随着保健事业的发展，对中草药的需求不断增长，野生草药已供不应求，人工栽培迅速地发展起来，国家已将其列入重点产业，并逐步发展成一门独立的学科。

以上是狭义的农作物，广义的农作物还包括：

（1）木本油料作物，如油茶、油桐、油棕、油橄榄和其他多年生油料作物。

（2）纤维作物，如芦苇、席草、木棉等。

（3）饮料作物，如咖啡、可可等。

（4）调料作物，如胡椒、花椒、八角、肉桂等。

（5）染料作物，如蓝靛、红花等。

（6）特用作物，如桑、漆、橡胶等。

此外还有大量的蔬菜、果树等。

上述分类是相对的，有些作物可以有几种用途，例如，大豆既可食用，又可榨油；亚麻既是纤维作物，种子又是油料；玉米既可食用，又可作为青贮饲料；马铃薯既可作为粮食，又可作为蔬菜；红花的花是药材，种子是油料。因此，上述分类不是绝对的，同一作物，根据需要，有时可以划到这一类，有时又把它归并到另一类。

第二章　作物的生长发育与产量、品质形成理论

第一节　作物生长发育的有关概念

一、作物生长与发育

在作物的一生中，有两种基本生命现象，即生长和发育。生长是指作物个体、器官、组织和细胞在体积、重量和数量上的增加，是一个不可逆的量变过程。例如，风干种子在水中的吸胀，体积增加，就不能算作生长，因为死的风干种子同样可以增加体积；而营养器官根、茎、叶的生长，通常可以用大小、轻重和多少来度量，则是生长。发育是指作物细胞、组织和器官的分化形成过程，也就是作物发生形态、结构和功能上质的变化，有时这种过程是可逆的，如幼穗分化、花芽分化、维管束发育、分蘖芽的产生、气孔发育等。叶的长、宽、厚、重的增加谓之生长；而叶脉、气孔等组织和细胞的分化则为发育。

作物的生长和发育是交织在一起进行的，二者存在着既矛盾又统一的关系，没有生长，就谈不上发育，没有相伴的生长，发育一般也不能继续正常进行。生长和发育有时又是相互矛盾的。从生产实践的角度分析，作物生长与发育经常出现 4 种类型：①协调型：生长与发育都良好，始终协调发展，能全面发挥品种潜力，达到高产、优质、低耗、高效；②徒长性：营养生长过旺，生殖器官发育延迟或不良以致低产、劣质、高消耗；③早衰型：营养生长不足，生殖器官分化发育过早过快，如禾谷类的"早穗"，穗少，穗小，未能发挥品种潜力，严重减产；④僵苗型：前期僵苗，生长不良，生育迟缓，以致迟熟、低产、品质差。

二、作物营养生长与生殖生长

作物营养器官根、茎、叶的生长称为营养生长，生殖器官花、果实、种子的生长称为生殖生长。通常以花芽分化（幼穗分化）为界限，把生长过程大致分为两段，前段为营养生长期，后段为生殖生长期。但作物从营养生长期过渡到生殖生长期之前，均有一段营养生长与生殖生长同时并进的阶段。例如，单子叶的禾谷类作物，从幼穗分化到抽穗开花，这一时期不仅有营养器官的进一步分化和生长，也有生殖器官的分化和生长，这一阶段也是植株生长最旺盛的时期。

营养生长与生殖生长关系密切。营养生长期是生殖生长期的基础，如果作物没有一定的营养生长期，通常不会开始生殖生长。例如，水稻早熟品种一般要生长到 3 叶期以后才开始幼穗分化；小麦发育最快的春性品种需生长到 5～6 片叶后才开始幼穗分化；玉米的早熟品种要生长到 6 片叶时、晚熟品种需生长到 8～9 片叶时才开始雄穗分化。营养生长期生长的优劣直接影响生殖生长期生长的优劣，并会最终影响作物产量的高低。

营养生长和生殖生长并进阶段两者矛盾大，要促使其协调发展。在作物营养生长和生殖生长并进阶段，营养器官和生殖器官之间会形成一种彼此消长的竞争关系，加上彼此对环境条件及栽培技术的反应不尽相同，从而影响营养生长和生殖生长的协调和统一。这一阶段如果营养生长过旺，像水稻、小麦等会出现群体过大，叶片肥硕，植株过高等现象，容易引起后期倒伏。此外，还会使幼穗分化受到影响，造成穗多，粒少，空壳多，致使产量降低。在生殖生长期，作物主要是生殖生长，但营养器官的生理过程还在进行，并且对生殖生长的影响还很大，如果营养生长过旺，则导致后期贪青倒伏，影响种子和果实的形成；如果营养生长太差，则会引起作物早衰，同样影响种子和果实的形成。

三、作物的生育期和生育时期

（一）作物生育期

作物出苗到成熟之间的总天数即作物的一生，称为作物的生育期。作物生育期的长短主要是由作物的遗传性和所处的环境条件决定的。同一作物的生育期长短因品种而异，有早、中、晚熟之分。早熟品种生长发育快，主茎节数少，叶片少，成熟早，生育期较短；晚熟品种生长发育慢，主茎节数多，叶片多，成熟迟，生育期较长；中熟品种各种性状均介于以上二者之间。

作物生育期的长短也受环境条件的影响。作物在不同地区栽培由于温度、光照的差异，生育期也发生变化。例如，水稻是喜温的短日照作物，对温度和日夜长短反应敏感。从南方到北方引种，由于纬度增高，生长季节的白天长，温度又较低，一般生育期延长；反之，从北方向南方引种，由于纬度降低，白天较短，温度较高，生育期缩短。相同的品种在不同的海拔种植，因温度、光照条件不同，生育期也会发生变化。在相同的环境条件下，各个品种的生育期长短是相当稳定的。

栽培措施对生育期也有很大的影响。作物生长在肥沃的土地上或施氮较多时，土壤碳氮比低，茎叶常常生长过旺，成熟延迟，生育期拖长。如果土壤缺少氮素，碳氮比高，则生育期缩短。一般来说，早熟品种单株生产力低，晚熟品种单株生产力高，但这并不是绝对的。

（二）作物生育时期

作物的生育时期是指作物一生中其外部形态上呈现显著变化的若干时期。在作物的一生中，其外部形态特征总是呈现若干次显著的变化，根据这些变化，可以划分为若干个生育时期。目前各种作物的生育时期划分方法尚未完全统一，几种主要作物的生育时期大致如下：

禾谷类：出苗期，分蘖期，拔节期，孕穗期，抽穗期，开花期，成熟期。

豆类：出苗期，分枝期，开花期，结荚期，鼓粒期，成熟期。

棉花：出苗期，现蕾期，花铃期，吐絮期。

油菜：出苗期，现蕾期，抽苔期，开花期，成熟期。

黄、红麻：出苗期，苗期，现蕾期，开花结果期，工艺成熟期，种子成熟期。

甘薯：出苗期，采苗期，栽插期，还苗期，分枝期，封垄期，落黄期，收获期。

马铃薯：出苗期，现蕾开花期，结薯期，成熟期，收获期。

甘蔗：萌芽期，苗期，分蘖期，蔗茎伸长期，成熟期。

对于不利用分蘖的作物，如玉米、高粱等，可不必列出分蘖期。为了更详细地进行说明，还可将个别生育时期划分得更细一些。比如，开花期可细分为始花、盛花、终花三期，成熟期又可再分为乳熟、蜡熟、完熟三期等。

第二节　作物各器官的生长发育

作物的器官建成伴随着作物生长、发育的整个过程。首先是营养器官的建成，然后是生殖器官的建成。各种器官建成中要求的环境条件不同，了解这些特点，有助于人们创造有利于作物器官建成的环境条件，从而促进作物的优质高产。

一、作物的种子与萌发

（一）作物的种子

植物学上的种子是指由胚珠受精后发育而成的有性繁殖器官。而作物生产上所说的种子则是泛指用于播种繁殖下一代的播种材料，包括植物学上的三类器官：第一类是由胚珠受精后发育而成的种子，如豆类、油菜、烟草等作物的种子；第二类是由子房发育而成的果实，如禾谷类作物稻、麦、玉米、高粱等的颖果，荞麦和向日葵的瘦果，甜菜的聚合果等；第三类是进行无性繁殖用的根、茎，如甘薯的块根、马铃薯的块茎、甘蔗的茎节等。

（二）作物种子的萌发过程

种子的萌发分为吸胀、萌动和发芽三个阶段。首先，种子吸收水分膨胀达饱和，储藏物质中的淀粉、蛋白质和脂肪通过酶的活动，分别水解为可溶性糖、氨基酸、甘油和脂肪酸等。这些物质运输到胚的各个部分，经过转化合成胚的结构物质，从而促使胚的生长。生长最早的部位是胚根。当胚根生长到一定程度时，突破种皮，露出白嫩的根尖，即完成萌动阶段。之后，胚继续生长，对于禾谷类作物，当胚根长至与种子等长，胚芽长达到种子长度一半时，即达到发芽阶段。在进行发芽试验时，可以此作为发芽的标准。

以块根繁殖的甘薯，依靠块根薄壁细胞分化形成的不定芽原基的生长发育，突破周皮而发芽。马铃薯、甘蔗等的发芽，则是由茎节上的休眠芽在适宜条件下伸长并长小幼叶。

（三）种子发芽的条件

（1）水分。吸水是种子萌发的第一步。种子在吸入足够的水分之后，其他生理作用才能逐渐开始。不同作物种子的吸水量不同，一般含淀粉多的种子吸水量较少，如小麦为150%～160%，玉米为137%；而含蛋白质、脂肪多的种子则吸水量较多，如大豆为220%～240%。

（2）温度。作物种子发芽是在一系列酶的参与下进行的，而酶的催化与温度有密切关系。不同作物种子发芽所需的最低、最适、最高温度不同，即使同一种作物，也因生态型、品种或品系不同而有所差异，一般原产北方的作物需要的温度较低，原产南方的作物所需温度较高。

（3）空气。在种子发芽过程中，旺盛的物质代谢和物质运输等需要强烈的有氧呼吸作为提供能量和物质的保证，因此氧气对种子发芽极为重要。各种作物种子萌发需氧的程度不同，花生、大豆、棉花等种子含油较多，萌发时较其他种子要求更多的氧。水稻种子在缺氧情况下具有一定的忍受缺氧的能力，可以进行无氧呼吸，但缺氧时间不能过久，否则会影响幼根、幼叶生长，并且导致酒精中毒。

此外，个别作物种子发芽还需要光，如烟草种子在间歇照光时萌发率较高，其作用机理目前还不太清楚。

（四）种子的寿命和种子休眠

种子的寿命是指种子从采收到失去发芽力的时间。在一般储存条件下，多数种子的寿命较短，通常为1～3年，例如花生种子的寿命仅有1年，小麦、水稻、玉米、大豆等种子为2年，黄瓜、南瓜、西瓜类种子为3～6年。种子寿命长短与储存条件有密切关系，如低温储存可以延长种子的寿命；保持种子密封干燥也可延长种子寿命，如小麦混合石灰储存在玻璃瓶内，在第15年时，仍有48.6%的种子具有生活力。

在适宜萌发的条件下，作物种子和供繁殖的营养器官暂时停止萌发的现象，称为作物种子的休眠。种子休眠的机理因作物种类而有所不同，休眠的时间和深度也各异。胚的后熟是种子休眠的主要原因，即种子收获或脱落时，胚组织在生理上尚未成熟，因而不具备发芽能力。这类种子可通过低温和水分处理，促进后熟，使之发芽。硬实也可能引起休眠，硬实种皮不透水，不透气，故不能发芽；为促使硬实种子发芽，一般采用机械磨伤种皮或用酒精、浓硫酸等化学物质处理使种皮溶解，增强其透性。此外，种子或果实中含有某种抑制发芽的物质，如脱落酸、酚类化合物、有机酸等而不能发芽，也是种子休眠的主要原因。在这种情况下，可通过改变光、温、水、气等条件，或采用植物激素，如赤霉素、细胞分裂素、乙烯、过氧化氢、硝酸盐等化学物质进行处理，使休眠解除。

二、作物根的生长

（一）作物的根系

作物的根系由初生根、次生根和不定根生长演变而成。作物的根系可分为两类：一类是单子叶作物的根，属须根系；另一类是双子叶作物的根，属直根系。

（1）单子叶作物的根系。单子叶作物（如禾谷类作物）的根系属于须根系，由种子根（或胚根）和茎节上发生的次生根组成。种子萌发时，如水稻、玉米、高粱等的种子根在初期只有 1 条（初生根），最多可以生出 5 条，麦类作物则可以生出 3～7 条根。随着幼苗的生长，基部茎节上长出次生不定根，数量不等。次生根较初生根粗，但均不进行次生生长，整个形状如须状。

种子根在幼苗期到生育中期，甚至到成熟收获期时都对养分、水分的吸收起着重要的作用。节根是从基部茎节上长出的不定根，数目不等，是根系的主要构成部分。生长的顺序是从芽鞘节开始渐次由下位节移向上位节的。玉米、高粱、谷子近地面茎节上常发生一轮或数轮较粗的节根，称为支持根（气生根），它们也是不定根。这种根入土以后，对抗倒伏和吸收都有一定的作用，并且具有合成氨基酸的能力。

（2）双子叶作物的根系。双子叶作物（如豆类、棉花、花生、麻类、油菜）的根系属于直根系，由一条发达的主根和各级侧根构成。主根由胚根不断伸长形成，并逐步分化长出侧根、支根和细根等，主根较发达，侧根、支根等逐级变细，形成直根系。有些作物如大豆，由于侧根生长旺盛，主根并不发达。

（二）根的生长及分布

禾谷类作物根系随着分蘖的增加根量不断增加，拔节以后转向纵深伸展，并且横向生长显著，以后逐步下降。到孕穗或抽穗期根量达最大值，水稻可达 50～60 cm，而小麦可达 100 cm 以上。小麦和水稻根系主要分布在 0～20 cm 土层中，分别占总根量的 90% 和 75% 左右。双子叶作物（如棉花、大豆等）的根系也是逐步形成的，苗期生长较慢，现蕾后逐渐加快，至开花期根量达最大值，以后又变慢。棉花根入土深度可达 80～200 cm，约 80% 的根量分布在 0～40 cm 土层中。大豆根入土深度可达 100 cm 以上，但 90% 的根分布在 0～20 cm 土层中。一般来说，0～30 cm 耕层中根分布最多，作物主要从这一土层吸收养分和水分。伸入犁底层根量减少，不过它们对于吸收土壤深层的养分、水分仍然起着很大的作用，这一土层中根量的多少常常与作物品种的抗旱能力大小有关。

（三）影响根生长的条件

（1）土壤阻力。作物根生长受到阻力后，其长度和延长区减小，变根如维管束变小，表皮细胞数目和大小也改变，皮层细胞增大，数目增多。疏松土壤有利于根系生长。

（2）土壤水分。土壤水分过少时，根生长慢，同时使根木栓化，降低吸水能力；如果水分过多，则通气不良，导致根短且侧根增多。为使作物后期生长健壮，常常需在苗期控制肥水供应，实行蹲苗，促使根系向纵深伸展。

（3）土壤温度。根生长的土壤最适温度一般是 20℃～30℃，温度过高或过低吸水都少，生长缓慢甚至停止。

（4）土壤养分。作物根系有趋肥性，在肥料集中的土层中，一般根系比较密集，施用磷钾肥能促进根系生长。

（5）土壤氧气。作物根系有向氧性，因此土壤通气性良好，是根系生长的必要条件。

三、作物茎的生长

（一）作物的茎

（1）单子叶作物的茎。禾谷类作物的茎多数为圆形，大多中空，如稻、麦等。但有些禾谷类作物的茎为髓部充满而成实心，如玉米、高粱、甘蔗等。茎秆由许多节和节间组成，节上着生叶片。禾谷类作物基部茎节的节间根短，密集于土内靠近地表处，称为分蘖节，分蘖节上着生的腋芽在适宜的条件下能长成新茎，即分蘖。从主茎叶腋长出的分蘖称为第一级分蘖，从第一级分蘖上长出的分蘖称为第二级分蘖，依此类推。禾谷类作物地上的节一般不分枝。

（2）双子叶作物的茎。双子叶作物的茎一般接近圆形，实心，由节和节间组成。其主茎每一个叶腋都有一个腋芽，可长成分枝。从主茎上长成的分枝为第一级分枝，从第一级分枝上长出的分枝为第二级分枝，依此类推。有些双子叶作物分枝性强，如棉花、油菜、花生和豆类，分枝多对产量形成有利；另一些双子叶作物分枝性弱，如烟草、麻、向日葵等，分枝多对产量和品质反而不利。

（二）作物茎的生长

禾谷类作物的茎主要靠每个节间基部的居间分生组织的细胞进行分裂和伸长，使每个节间伸长而逐渐长高，其节间伸长的方式为居间生长。节间的伸长是自下而上依次推进的。

双子叶作物的茎主要靠茎尖顶端分生组织的细胞分裂和伸长，使节数增加，节间伸长，植株逐渐长高，其节间伸长的方式为顶端生长。双子叶作物茎的生长有以下两种方式：

（1）单轴生长。主轴从下向上无限伸长，主轴侧芽发展为侧枝；单轴生长的茎秆外形直立，如向日葵、无限结荚习性的大豆、棉花的营养枝等。

（2）合轴生长。主轴生长了一段时间后停止生长，由靠近顶芽下方的一个侧芽代替顶芽形成一段主轴，以后新的主轴顶芽又停止生长，再由下方侧芽产生新的一段主轴。合轴型的茎秆在外形上稍有弯曲，棉花的果枝生长就是合轴型。

（三）影响茎、枝（分蘖）生长的因素

（1）种植密度。合理的种植密度有利于作物主茎的生长。苗稀，单株营养面积大，光照充足，植株分枝（或分蘖）强，反之则弱。但从高产优质的角度看，作物应做到合理密植。

（2）施肥。施足基肥、苗肥，增加土壤中的氮素营养，可以促进主茎和分枝（分蘖）的生长。如果氮、磷、钾施用比例得当，则更有利于主茎秆和枝（分蘖）的生长。但氮肥过多，碳氮比例失调，对茎枝（分蘖）生长不利。

四、作物叶的生长

（一）作物的叶

（1）单子叶作物的叶。单子叶的禾谷类作物有一片子叶形成包被胚芽的胚芽鞘，另一片子叶形如盾状，称为盾片，在发芽和幼苗生长时，起消化、吸收和运输养分的作用。禾谷类作物的叶（真叶）为单叶，一般包括叶片、叶鞘、叶耳和叶舌4部分。具有叶片和叶鞘的为完全叶，缺少叶片的为不完全叶。叶舌和叶耳可以作为鉴别作物、杂草的标志。

（2）双子叶作物的叶。双子叶作物有两片子叶，内含丰富的营养物质，供种子发芽和幼苗生长之用。其真叶多数由叶片、叶柄和托叶3部分组成，称为完全叶，如棉花、大豆、花生等。但有些双子叶作物缺少托叶，如甘薯、油菜等；有些缺少叶柄，如烟草等。很多双子叶作物为单叶，即一个叶柄上只着生一片叶，如棉花、甘薯等；有的在一个叶柄上着生两个或两个以上完全独立的小叶片，即为复叶。

（二）作物叶的生长

叶（真叶）起源于茎尖基部的叶原基。在茎尖分化成生殖器官之前，可不断地分化出叶原基，因此茎尖周围通常包围着大小不同、发育程度不同的多个叶原基和幼叶。从叶原基长成叶，需要经过顶端生长、边缘生长和居间生长3个阶段。顶端生长使叶原基伸长，变为锥形的叶轴，不久顶端生长停止后，分化出叶柄，经过边缘生长形成叶的雏形后，从叶尖开始向基性的居间生长，使叶不断长大直至成熟。禾谷类作物的叶片在进行边缘生长的过程中，形成环抱茎的叶鞘和扁平的叶片两部分，其连接处分化形成叶耳和叶舌。然后通过剧烈的居间生长，使叶片和叶鞘不断伸长直至成熟。作物的叶片平展后，即可进行光合作用，在叶片生长定型后不久达到高峰，后因叶片年龄老化而逐渐衰老，然后脱落或枯死。

（三）影响叶生长的一些因素

叶的分化、出现和伸展受温度、光照、水分、矿质营养等多种因素的影响。较高的气温对叶片长度和面积增长有利，而较低的气温则有利于叶片宽度和厚度的增长。光照强，则叶片的宽度和厚度增加；而光照弱，则对叶片伸长有利。充足的光照有利于叶绿素的形成，叶片光合效率高。充足的水分促进叶片生长，叶片大而薄；缺水使叶生长受阻，叶片小而厚。矿质营养中，氮能促进叶面积增大，但过量的氮又会造成茎叶徒长，对产量形成不利。在生长前期，磷能增加叶面积，而在后期却又会加速叶片的老化。钾对叶有双重作用，一是可促进叶面积增大，二是能延迟叶片老化。

五、作物花的发育

（一）花器官的分化

（1）禾谷类作物的幼穗分化。禾谷类作物的花序通称穗。细分起来，小麦、大麦、黑麦为穗状花序；稻、高粱、糜子以及玉米的雄花序为圆锥花序，粟的穗也为圆锥花序，只是由于小穗轴短缩，看上去其外形像穗状花序。禾谷类作物幼穗分化开始较早，稻、麦作物一般在主茎拔节前后或同时，幼穗分化完成期大致在孕穗以后或抽穗时。

（2）双子叶作物的花芽分化。棉花的花是单生的，豆类、花生、油菜属总状花序，烟草为圆锥或总状花序，甜菜为复总状花序。这些作物的花均由花梗、花托、花萼、花冠、雄蕊和雌蕊组成。双子叶作物花芽分化一般也较早，如棉花在 2～3 叶期即开始花芽分化。

（二）开花、授粉和受精

（1）开花。开花是指花朵张开，已成熟的雄蕊和雌蕊（或两者之一）暴露出来的现象。禾本科作物由于花的构造较为特殊，开花时，浆片（鳞片）吸水膨胀，内、外稃张开，花丝伸长，花药上升，散出花粉。各种作物开花都有一定的规律性，具有分枝（分蘖）习性的作物，通常是主茎花序先开花，然后是第一次分枝（分蘖）花序、第二次分枝（分蘖）花序依次开花。同一花序上的花，开放顺序因作物而不同，由下而上开花的有油菜、花生和无限结荚习性的大豆等；中部先开花，然后向上向下的有小麦、大麦、玉米和有限结荚习性的大豆等；由上而下开花的有稻等。

（2）授粉。成熟的花粉粒借助外力的作用从雄蕊花药传到雌蕊柱头上的过程称为授粉。作物自身花的花粉传至柱头上能否发芽和受精，与作物的自交亲和性和自交不亲和性有密切关系。具自交亲和性的作物，可进行自花授粉，完成受精过程，这类作物称为自花授粉作物，如水稻、小麦、大麦、大豆、花生等；具自交不亲和性的作物，不能进行自花授粉，更不能完成受精过程，这类作物称为异花授粉作物，如白菜型油菜、向日葵等。玉米虽无自交不亲和性，但因为雌雄同株异位异花，也称为异花授粉作物。另一类作物，具有自交亲和性，可以完成授粉受精过程，但异交率通常在 5％以上，这类作物称为常异花授粉作物，如甘蓝型油菜、棉花、高粱、蚕豆等。

（3）受精。作物授粉后，雌雄性细胞即卵细胞和精子相互融合的过程，称为受精。其大体过程：花粉落在柱头上以后，通过相互"识别"或选择，亲和的花粉粒就开始在柱头上吸水、萌发，长出花粉管，穿过柱头，经花柱诱导组织向子房生长，把两个精子送到位于子房内的胚囊，分别与胚囊中的卵细胞和中央细胞融合，形成受精卵和初生胚乳核，完成"双受精"过程。

（三）影响花器官分化、开花、授粉、受精的外界条件

（1）营养条件。作物花器分化要有足够营养，否则会引起幼穗和花器退化。但氮肥过多对花器分化不利，使营养器官生长过旺，影响幼穗或花芽分化。

（2）温度。在幼穗分化或花芽分化期间要求一定温度，作物在开花授粉期间也需要适

宜气温。对异花授粉植物来说，若温度太低，除对开花不利外，还会影响昆虫的传粉活动。

（3）水分。小麦、水稻在幼穗分化阶段是需水最多的时期，若遇干旱缺水，将造成颖花败育，空壳率增加。

（4）天气。天气晴朗，有微风，有利于作物开花传粉和受精。

六、作物种子和果实发育

种子由胚珠发育而成。各部分的对应关系为受精卵发育成胚，初生胚乳核发育成胚乳，包被胚珠的珠被发育成种皮。受精卵连续分裂的结果，使胚不断长大，并依次分化出子叶、胚芽、胚根和胚轴，形成新的生命。在初生胚乳核发育成胚乳、积累和储藏养分的过程中，豆类、油菜等作物的胚乳会被发育中的胚所吸收，而把养分储藏在子叶内，从而形成无胚乳种子；而水稻、小麦、玉米等作物则形成发达的胚乳组织，胚乳细胞起储藏养分的作用，从而形成有胚乳种子。在胚和胚乳发育的同时，珠被也长大，包被在胚和胚乳的外面起保护作用。

果实由子房发育而来，某些作物除了子房外，还有花器甚至花序都参与果实的发育。例如油菜的角果由果喙、果身和果柄组成，其中果喙由花柱发育而成，果柄即原来的花柄。果实的发育与子房受到受精和种子发育的刺激有关。种子以外的果实部分，实际上由外果皮、中果皮、内果皮3层组成，中果皮和内果皮的结构特点决定了果实的特点。

种子和果实在发育过程中，除外部形态、颜色变化外，其内部化学成分也发生明显变化，即可溶性的低分子有机物（如葡萄糖、蔗糖、氨基酸等）转化为不溶性的高分子有机物（如蛋白质、脂肪和淀粉等），种子和果实的含水量也逐渐降低。

种子和果实的发育和形成要求植株体内有充足的有机养料，并源源不断地运往种子和果实。外界环境条件也有较大影响，温度、土壤水分和矿质营养等要适宜，过低或过高都会影响种子和果实的发育，此外光照也要充足。

第三节　作物生长发育与环境的关系

一、作物与光

作物生产所需要的能量主要来自太阳光，其次来自各种不同的人工光源。光是作物生产的基本条件之一。据估计，作物体中90％~95％的干物质是作物光合作用的产物。光对作物生长发育的影响是通过其光照强度、日照长度和光周期的影响而达到的。

（一）光照强度

光照强度可通过影响作物器官的形成和发育以及光合作用的强度来影响作物的生长发育。充足的光照对于作物器官的建成和发育是不可缺少的。作物的细胞增大和分化、组织和器官分化、作物体积增大和重量增加等都与光照强度有密切的关系；作物的各器官和组织在生长和发育上的正常比例，也与光照强度有关系。作物花芽的分化、形成和果实的发育也受光照强度的制约。

（二）日照长度

从植物生理的角度而言，作物从营养生长向生殖生长的转化受到日照长度的影响，或者说受昼夜长度的控制，作物发育对日照长度的这种反应称为光周期现象。根据作物发育对光周期的反应不同，可把作物分为长日照作物、短日照作物、中日照作物、定日照作物。

同一作物的不同品种，可能对日照长度的反应不同。例如，水稻中的晚稻对日照要求严格，在长日照下不开花结实；但早稻则对日照不那么敏感，日照稍长或缩短都可开花结实。又如，烟草有长日型、短日型及中间型三种。

（三）光周期在作物栽培上的应用

（1）引种调节。在作物引种时应特别注意作物开花对光周期的要求。一般来说，短日照作物由南方（短日照、高温）向北方（长日照、低温）引种时，由于北方生长季节内日照时效比南方长，气温比南方低，往往出现营养生长期延长，开花结实推迟的现象。例如，当把华南的短日照作物红麻移到华北种植时，由于生长季节的日照比原产地长，茎叶一般生长茂盛，却不能结实。要想使红麻在华北开花、结实和就地留种，必须在出苗后连续进行 40 d 左右的 10 h 短日照处理。短日照作物由北方向南方引种，则往往出现营养生长期缩短、开花结实提前的现象。

（2）播期调节。在作物栽培实践中，根据作物品种的光周期反应确定播种期是常有的事。例如，短日照作物水稻，从春到夏分期播种，结果播期越晚，抽穗越快。在水稻双季栽培时，早、中、晚熟种都可以作晚（后）季稻（但生育期长短不同）。冬性强的甘蓝型油菜可以早播，在秋季高温、短日照下不会早抽苔、开花，而有利于保证足够的营养生长期和及早成熟；而春性强的白菜型、芥菜型品种播种就较迟，否则会过早现蕾、开花，遭受冬季和早春冷害而增加无效花、蕾和无效角果数。

二、作物与温度

（一）作物的基本温度

各种作物对温度的要求有最低点、最适点和最高点之分，称为作物对温度要求的三基点。在最适温度范围内，作物生长发育良好，生长发育速度最快；随着温度的升高或降低，生长发育速度减慢；当温度处于最高点和最低点时，作物尚能忍受，但只能维持其生命活动；当温度超出最高或最低温度时，作物开始出现伤害，甚至死亡。不同类型作物生长的温度三基点不同，同一作物不同品种的温度三基点也是不同的，同一作物的不同生育期、不同器官的温度三基点也不相同。

（二）极端温度对作物生长发育的影响

（1）低温对作物的危害。根据不同程度的低温又可分为霜冻害和冷害。

霜冻害是指作物体内冷却至冰点以下而引起组织结冰而造成的伤害或死亡。作物在0℃以下的低温情况下，细胞间隙结冰，冰晶使细胞原生质膜发生破裂和原生质的蛋白质变性而使细胞受到伤害。作物受害的程度与降温的速度及温度上升的速度、冻害的持续时间有关。降温速度、温度回升速度慢，低温持续的时间较短，作物受害较轻。

冷害是指作物在遇到0℃以上低温时，生命活动受到影响而引起损害或发生死亡的现象。有人认为冷害是由于低温下作物体内水分代谢失调，扰乱了正常的生理代谢，使植株受害。也有人认为是由于酶促反应作用下水解反应增强，新陈代谢被破坏，原生质变性，透性加大使作物受害。

（2）高温对作物的危害。当温度超过最适温度范围后，再继续上升，就会对作物造成伤害。高温对作物危害的生理影响是使呼吸作用加强，物质合成与消耗失调，也会使蒸腾作用加强，破坏体内水分平衡，植株萎蔫，使作物生长发育受阻；同时，高温还使作物局部灼伤。作物在开花结实期最易受高温伤害，如水稻，开花期的高温会对其结实率产生较大的影响。

（三）积温与作物生长发育

作物生长发育有其最低点温度，这一温度称为作物生物学最低温度，同时，作物需要有一定的温度总和才能完成其生命周期。通常把作物整个生育期或某一生长发育阶段内高于一定温度以上的日平均温度的总和称为某作物整个生育期或某生育阶段的积温。积温可分为有效积温和活动积温。在某一生育期或全生育期中高于生物学最低温度的日平均温度称为当日的活动温度，而日平均温度与生物学最低温度的差数称为当日的有效温度。例如，冬小麦幼苗期的生物学最低温度为3℃，而某天的平均温度为8.5℃，这一天的活动温度为8.5℃，而有效温度则为5.5℃。活动积温是作物全生育期或某一生育阶段内活动温度的总和，而有效积温则是作物全生育期或某一生育阶段的有效温度的总和。需要强调的是，在作物生产上有效积温一般比活动积温更能反映作物对温度的要求。

三、作物与水

（一）作物对水分的吸收

水是生命起源的先决条件，没有水就没有生命。植物的一切正常生命活动都必须在细胞含有水分的状况下才能发生。根是作物吸收水分的主要器官。作物通过根系从土壤中吸收大量水分，只有0.1％～0.2％用于制造有机物，连同组成作物体内的水分在内也不超过1％，其余绝大部分的水通过蒸腾作用而散失掉。

（二）水分的生理生态作用

（1）水是细胞原生质的重要组成成分。原生质含水量在70％～80％以上才能保持代谢活动正常进行。随着含水量的减少，生命活动会逐渐减弱，若失水过多，则会引起其结构破坏，导致作物死亡。

（2）水是代谢过程的重要物质。水是光合作用的原料，许多有机物质的合成和分解过程中都有水分子参与。没有水，这些重要的生化过程都不能进行。

（3）水是各种生理生化反应和运输物质的介质。植物体内的各种生理生化过程，如矿质元素的吸收、运输，气体交换，光合产物的合成、转化和运输以及信号物质的传导等，都需以水作为介质。

（4）水分使作物保持固有的姿态。作物细胞吸足了水分，才能维持细胞的紧张度，保持膨胀状态，使作物枝叶挺立，花朵开放，根系得以伸展。水分不足，作物会出现萎蔫状态，气孔关闭，光合作用受阻，严重缺水会导致作物死亡。

（5）水分的生态作用。作物通过蒸腾散热，调节体温，以减轻烈日的伤害；水温变化幅度小，在水稻育秧遇到寒期时，可以灌水护秧；高温干旱时，也可通过灌水来调节作物周围的温度和湿度，改善田间小气候；可以通过水分促进肥料的释放，从而调节养分的供应速度。

（三）旱、涝对作物的危害

（1）干旱对作物的影响。缺水干旱常对作物造成旱害。旱害是指长期持续无雨，又无灌溉和地下水补充，致使作物需水和土壤供水失去平衡，对作物生长发育造成的伤害。不同作物的耐旱能力不同，同一作物不同品种的耐旱能力也有差异。干旱时，同一品种在不同生长发育阶段的受害程度又有所不同，一般在作物需水临界期和最大需水期受害最重。

（2）涝害。涝害是指长期持续阴雨，或地表水泛滥，淹没农田，或地势低洼田间积水，水分过剩，土壤缺乏氧气，根系呼吸减弱，久而久之引起作物窒息、死亡的现象。土壤水分过多，抑制好氧性微生物的活动，土壤以还原反应为主，许多养分被还原成无效状态，并产生大量有毒物质，使作物根系中毒、腐烂，甚至引起死亡。

四、作物与空气

（一）氧气

氧气主要是通过影响作物的呼吸作用而对作物的生长发育产生影响的。依据呼吸过程是否有氧气的参与，可将呼吸作用分为有氧呼吸和无氧呼吸，其中：有氧呼吸是高等植物呼吸的主要形式，能将有机物较彻底地分解，释放较多的能量；在缺氧情况下，作物被迫进行无氧呼吸，不仅释放的能量很少，而且产生的酒精会对作物有毒害作用。作物地下部分会因土壤板结或渍水造成氧气不足，这往往是造成作物死苗的一个重要原因，特别是油料作物。

（二）二氧化碳

CO_2影响作物的生长发育主要是通过影响作物的光合速率而造成的。光照下，CO_2的浓度为零时，作物叶片只有光、暗呼吸，光合速率为零。随着CO_2浓度的增加，光合速率逐渐增强，当光合速率和呼吸速率相等时，环境中的 CO_2 浓度即为 CO_2 补偿点。当 CO_2 浓度增加至某一值时，光合速率便达到最大值，此时环境中的 CO_2 浓度称为 CO_2 饱和点。C_4 作物（如玉米、高粱等）的 CO_2 补偿点和 CO_2 饱和点都比 C_3 作物（如水稻、小麦、花生等）要低，因此，C_4 作物对环境中 CO_2 的利用率要高于 C_3 作物。

（三）氮气与固氮作用

豆科作物通过与它们共生的根瘤菌能够固定和利用空气中的氮素。据估计，大豆每年的固氮量达到 $57\sim94$ kg/hm²，三叶草达到 $104\sim160$ kg/hm²，苜蓿达到 $128\sim600$ kg/hm²。可见，不同豆科作物的固氮能力有较大的差异。豆科作物根瘤菌所固定的氮素占其需氮总量的 $1/4\sim1/2$，虽然并不能完全满足作物一生中对氮素的需求，但减少了作物生产中氮肥成本的投入。因此，合理地利用豆科作物是充分利用空气中氮资源的一种重要途径。

五、作物与土壤条件

（一）作物与土壤酸碱度

各种作物对土壤酸碱度（pH）都有一定的要求。多数作物适于在中性土壤中生长，典型的"嗜酸性"或"嗜碱性"作物是没有的。不过有些作物及品种比较耐酸，另一些则比较耐碱。可以在酸性土壤中生长的作物有荞麦、甘薯、烟草、花生等，能够忍耐轻度盐碱的作物有甜菜、高粱、棉花、向日葵、紫花苜蓿等。紫花苜蓿被称作盐碱地的先锋作物。种植水稻也是改良盐碱地的一项措施。

（二）作物与土壤养分

作物生长和形成产量需要大量营养的保证。不过从施肥和作物对营养元素反应的角度，常常把作物分作喜氮、喜磷、喜钾 3 大类。

（1）喜氮作物。水稻、小麦、玉米、高粱属于这一类，它们对氮肥反应敏感。

（2）喜磷作物。油菜、大豆、花生、蚕豆、荞麦等属于这一类。施磷后，一般增产比较显著。北方的土壤几乎普遍缺磷，南方的红、黄壤更是缺磷，施磷增产效果良好。

（3）喜钾作物。糖料、淀粉、纤维作物（如甜菜、甘蔗、烟草、棉花、薯类、麻类等）属于这一类，向日葵也属于喜钾作物。施用钾肥对这些作物的产量和品质都有良好的作用。

不同作物不同品种的养分需要量决定了产量的高低和植株各个器官在生物产量之中所占的比例（器官平衡），因为不同器官的 N、P、K 含量有很大的差别。不同作物对微量元素的需要量不同，水稻需硅较多，被称为硅酸盐作物；油菜对硼反应敏感；豆科和茄科作物则需要较多的钙。

（三）作物与土壤有机质

土壤有机质是土壤的重要组成成分，它与土壤的发生演变、肥力水平和许多属性都有密切关系。有机质是各种作物所需养分的源泉，它能直接或间接地供给作物生长所需的氮、磷、钾、钙、镁、硫和各种微量元素。有机质可促进土壤团粒结构的形成，能改善土壤的物理和化学性质，影响和制约土壤结构的形成及通气性、渗透性、缓冲性、交换性和保水保肥性能，而这些性能的优劣与土壤肥力水平的高低是一致的。对农田来说，培肥的中心环节就是保持和提高土壤有机质含量，培肥的重要手段就是增施各种有机肥、秸秆还田和种植绿肥。

（四）土壤污染对作物的影响

土壤中的有毒物质能直接影响作物的生长，使作物生长发育减弱，作物的光合作用和蒸腾作用下降，产量减少，产品质量变劣，而且通过食物链影响人体健康。近年来，国内外治理土壤污染按处理方式分为工程措施、生物措施、改良剂措施和农业措施4类。工程措施是指用物理（机械）、物理化学原理治理污染土壤，常见的有客土、换土、去表土、翻土，以及隔离法、清洗法、热处理和电化法（用电化学方法净化土壤中的重金属及部分有机污染物）。生物措施是利用某些特定的动、植物和微生物较快地吸走或降解土壤中的污染物质，而达到净化土壤的目的。施用改良剂、抑制剂等的作用是降低土壤污染物的水溶性、扩散性和生物有效性，从而降低它们进入植物体、微生物体和水体的能力，减轻对生态环境的危害。农业措施包括：增施有机肥提高土壤环境容量，增加土壤胶体对重金属和农药的吸附能力；控制土壤水分；调节土壤氧化还原状况以及硫离子含量，降低污染物危害；选择合适形态的化肥，减少重金属对作物的污染；选择抗污染的作物品种。

第四节　作物产量及其形成

一、作物产量概念

（一）生物产量

作物利用太阳光能，通过光合作用，同化 CO_2、水形成有机物，进行物质和能量的转化和积累，形成作物的根、茎、叶、花、果实和种子等器官。作物在整个生育期间生产和积累有机物的总量，即整个作物的总干物质量的收获量称为生物产量。

（二）经济产量

经济产量是作物在单位面积上所收获的有经济价值的主要产品的重量，生产中一般所指的产量即经济产量。由于作物种类和人们栽培的目的不同，不同作物所提供的产品器官各不相同，如禾谷类（水稻、小麦、玉米等）、豆类和油料作物（大豆、花生、油菜等）的主产品是子粒，薯类作物（甘薯、马铃薯、木薯等）的产品是块根或块茎，棉花是种子上的纤维，绿肥饲料作物是全部茎叶等。

（三）经济系数

经济系数又称收获指数，是经济产量与生物产量的比率，可用下列公式表示：

$$经济系数或收获指数 = \frac{经济产量}{生物产量}$$

在正常情况下，经济产量的高低与生物产量成正比，尤其是以收获茎叶为目的的作物。经济系数是综合反映作物品种特性和栽培技术水平的一个通用指标。经济系数越高，说明植株对有机物的利用越经济，栽培技术措施的应用越得当，单位生物量的经济效益也就越高。

二、作物产量构成因素

作物的产量构成因素是指构成主产品（经济产量）的各个组成部分，因作物种类和研究工作者的需要来确定（见表2-1），例如，禾谷类作物的产量构成为：产量=单位面积穗数×平均单穗产量，由于平均单穗产量=单穗粒数×单粒重量，所以，产量=单位面积穗数×单穗粒数×单粒重量。式中的穗数、单穗粒数和单粒重量（粒重）称为产量的构成因素。作物的种类不同，其产量构成因素也有所差异，主要表现在单株产量的组成上。

表2-1 各类作物产量构成因素

作物	产量构成因素
禾谷类	穗数、每穗实际粒数、粒重
豆类	株树、每株有效分枝数、每分枝荚数、每荚实粒数、粒重
薯类	株数、每株薯块数、单薯重
棉花	株数、每株有效铃数、每铃籽棉重、衣分
油菜	株数、每株有效分枝数、每分枝角果数、每角果粒数、粒重
甘蔗	有效茎数、单茎重
烟草	株数、每株叶数、单叶重
绿肥	株数、单株重

研究不同作物产量构成因素的形成过程与相互关系以及影响这些成分的因素，以便采用相应的农业技术措施，为满足作物高产的要求提供可靠依据，这是作物高产栽培研究的重要内容之一。田间测产时，只要测得各构成因素的平均值，便可计算出理论产量。

三、产量构成因素间的相互关系

（一）产量构成因素的相互制约

作物产量一般随产量构成因素数值的增大而增大，但由于作物群体密度和种植方式等不同，个体所占营养面积和生育环境也不同，植株和器官生长存在着差异。如禾谷类作物，在不同产量水平下，各产量构成因素之间存在一定的关系，在单位面积上穗数增至一定程度以后，单穗粒数或单粒重有减少的趋势。

（二）产量构成因素的相互补偿

作物产量构成因素具有较强的补偿能力，即自动调节能力。这种补偿能力可在作物生育的中、后期表现出来，并随生育进程而降低。作物的种类不同，其补偿能力也有差异。禾谷类作物产量构成因素的补偿能力最具代表性。

（1）穗数。穗数是禾谷类作物产量因素中补偿能力最大的因素。成熟植株的穗数，是作物生育进程中分蘖发生和消亡的结果，分蘖发生的多少和最后成穗的数目表明了作物对环境的有效调节。通常多数后生分蘖不抽穗而死亡，其死亡数目取决于品种特性和环境条件。一般早生分蘖的穗子较大，产量较高，每抹分蘖依其发生的推迟，产量依次降低。无数分蘖的死亡次序与其发生的顺序相反，最后发生的最小分蘖首先死亡。

（2）粒重和粒数。开花后的结实是最后决定单位面积和每穗的子粒数目至关重要的过程，主要取决于子粒充实期中作物光合产物的多少及其可能转移到子粒中去的程度。若单位面积结实粒数过多，在单茎吸收功能不提高的情况下，则平均分配到每一个子粒的养分量减少，子粒重量就有可能下降。

综上所述，作物产量构成因素的补偿作用是作物生长后期的产量因素补偿生长前期损失的产量因素。若基本苗不足或播种密度低，可以通过大量发生分蘖和形成较多的穗数来补偿；若穗数不足，可通过每穗粒数和粒重的增加加以补偿。作物生长前期的补偿作用往往大于生长后期，而补偿程度则因品种间、生境间和年份间的不同而有较大的差异。

四、作物产量形成机理

（一）作物产量的物质来源

作物产量的形成是作物整个生育期内利用光合器官将太阳能转化为化学能，将无机物转化为有机物，最后转化为具有经济价值即收获产品的过程，因此，光合作用是产量形成的生理基础。

光合作用与生物产量、经济产量的关系如下：

生物产量＝光合面积×光合能力×光合时间－消耗

经济产量＝生物产量×经济系数

＝（光合面积×光合能力×光合时间－消耗）×经济系数

凡是光合面积适当大，光合能力高，光合时间长，光合产物消耗少，光合产物的分配利用较为合理的作物，就能获得高产。

1. 光合面积与产量

光合面积是指作物上所有的绿色面积，包括所有具有叶绿体、能进行光合作用的各个部位。禾谷类作物包括幼嫩的茎、叶片、叶鞘、颖片，豆科作物包括幼嫩的茎、叶、分枝、豆荚等，但主要是叶面积。光合面积与产量关系十分密切，是最易控制的一个因素。

在适宜的条件下，叶面积较大，制造的同化产物也较多。通常群体叶面积用叶面积指数（Leaf Area Index，LAI）来表示，即叶面积指数＝绿叶面积/土地面积。各种作物均有其最适的或临界的叶面积指数，其最适点处于干物质增重速率开始停滞或下降的时候。据测定，几种主要作物的临界叶面积指数，马铃薯为 3.5～4，玉米约为 5，小麦为 6～8.8，水稻为 4～7。

2. 光合能力与产量

光合能力的强弱一般以光合强度、光合生产率或光合势为指标。

（1）光合强度。光合强度又称为光合速率，是指单位时间内单位叶面积吸收、同化二氧化碳的毫克数。大多数作物在一般情况下光合强度只有 5～25 mg/(dm² · h)。

（2）光合生产率。光合生产率又称为净同化率（NAR），是指单位叶面积在单位时间内所积累的干物质的数量。假设在 $t_2 - t_1$ 时间内，平均有 $\frac{1}{2}(t_2 + t_1)$ 的叶面积进行光合生产，净积累 $W_2 - W_1$ 重量的干物质，那么这期间的光合生产率为

$$NAR = \frac{W_2 - W_1}{\frac{1}{2}(t_2 + t_1) \times (t_2 - t_1)}$$

光合生产率因作物的种类和栽培条件的不同，通常在 3～4 g/(m² · d) 至 10～12 g/(m² · d)范围内变化。

（3）光合势（LAD）。光合势即叶日积，是指在某一生育期间或整个生育期内作物光合器官持续时间的长短，可以用群体叶面积与其持续时间相乘的积来表示，其单位是 m² · d。光合势标志着作物在生育期间，在单位土地面积上总共有多少平方米的叶面积进行了多少天的光合作用。在群体生长正常的条件下，光合势与干物质积累数量呈正相关。高产玉米、大豆群体全生育期的总光合势为 (15～25) ×10⁴ m² · d，因叶面积大小和延续时间长短而异。

3. 光合时间与产量

一般生育期较长的品种，其产量较生育期短的品种为高。尤其是在作物灌浆成熟期间，产量的内容物大部分是在此期间制造和积累的，如果能创造适宜的外界环境条件，尽可能地维持叶片的光合功能和根系的活力，延迟衰亡时期的到来，便可促进子粒重量的增加，从而提高产量。例如，小麦子粒干重的 80%～90% 来自开花后的光合产物积累，因此开花后的光合势，即功能叶面积的大小及其维持时间的长短，对子粒产量有很大的影响。

4. 光合产物的消耗与产量

作物在生命活动中需要不断地消耗能量，主要包括呼吸消耗、器官脱落和病虫危害等，其中以作物的呼吸消耗为主。作物光合产物的消耗对光合产物的累积不利，因此在生产上应尽量减少消耗。其中呼吸作用消耗光合产物的 30% 左右或更多，但同时又提供维持生命活动和生长所需要的能量及中间产物，因此正常的呼吸作用是必要的。C₃作物光的呼吸增加了呼吸消耗，特别是在二氧化碳浓度较低、光照较强时，光呼吸旺盛；不良环境条件，如高温、干旱、病菌侵染、虫食等，都会造成呼吸增强，超过生理需要而过多地消耗光合产物。温度是影响呼吸消耗的最主要因素，干旱和郁闭条件也会增加呼吸消耗。

（二）作物产量容器的容积

同化器官所制造的同化产物，必须有适当的仓库或容器来容纳，才能形成产量。作物

的繁殖器官或储藏器官，就是这种仓库或容器。以水稻为例，其产量容器的容积取决于下列因素：

$$产量容器的容积＝每平方米的穗数×每穗颖花数×谷壳的容积$$

要获得高产，必须塑造尽可能大的产量容器，因为不能期望获得比容器的容积更大的产量。各种不同作物的产量容积及其影响因素不一样，如小麦、玉米的子粒，虽然没有谷壳的包围，较易膨大，但仍受其遗传性所决定的每粒大小的上限所限制。甘薯、马铃薯、甜菜等作物，在产量内容物的积累期间，其薄壁组织仍可不断地进行细胞分裂和生长，产量容积较少受到限制。针对作物个体发育过程中储藏器官分化发育的特点，采取适当的栽培措施，也能充分挖掘其扩大容量的潜力，从而提高产量。

（三）作物产量内容物的运输和分配

1. 同化物的运输

同化物运输的途径是韧皮部，在韧皮部运输的同化物大部分是碳水化合物（主要形式是蔗糖），少数是有机含氮物（以氨基酸和酰胺形式为主）。作物体内同化物的运输速度一般是 $40\sim100$ cm/h。一般来说，C_4 植物比 C_3 植物输出的速度高。光强度的增加和光合作用的增强，温度的增高以及库对同化物需求的增加，都能导致同化物从源到库运转速度的提高。

2. 同化物的分配

作物光合作用形成的同化物的分配直接关系到经济产量的高低。据研究，同化物分配的方式主要取决于各种库的吸力的大小及库与源相对位置的远近，同时，也在一定程度上受到维管素联结方式的制约。一般来说，新生的代谢旺盛的幼嫩器官，竞争能力较强，能分配到较多的同化产物；库与源相对位置较近时，能分配到的同化物也较多。

（四）作物产量形成过程

产量形成过程是指作物产量的构成因素形成和物质积累的过程，也就是作物各器官的建成过程及群体的物质生产和分配的过程。

1. 禾谷类作物产量形成

单位面积的穗数由株数（基本苗）和每株成穗数两个因子所构成。因此，穗数的形成从播种开始，分蘖期是决定阶段，拔节、孕穗期是巩固阶段。每穗实粒数的多少取决于分化小花数、退化小花数、可孕小花数的受精率及结实率。每穗实粒数的形成始于分蘖期，取决于幼穗分化至抽穗期及扬花、受精结实过程。粒重取决于子粒容积及充实度，主要决定时期是受穗结实、果实发育成熟时期。

2. 双子叶作物产量形成

不同作物的产量构成因素不同，其形成过程也各有特点。一般而言，单位面积果数（如油菜角果数和花生、大豆的荚数）取决于密度和单株成果数。因此，自播种出苗（或育苗移栽）就已开始形成这一产量构成因素，中后期开花受精过程是决定阶段，果实发育期是巩固阶段。每果种子数开始于花芽分化，取决于果实发育。粒重取决于果实种子发育时期。

3．影响产量形成的因素

（1）内在因素。品种特性如产量性状、耐肥、抗逆性等生长发育特性及幼苗素质、受精结实率等均影响产量形成过程。

（2）环境因素。土壤、温度、光照、肥料、水分、空气、病虫草害的影响较大。

（3）栽培措施。种植密度、群体结构、种植制度、田间管理措施在某种程度上是取得群体高产优质的主要调控手段。

五、作物高产的途径

（一）培育光合效率高的农作物品种和物种

理想基因型应具备高光合能力、低呼吸消耗，光合机能保持时间长，叶面积适当；要求株型好；叶片配置合理，使之长期有利于田间群体最大限度地利用光能，作物的经济系数高。

（二）采用适宜调控技术，提高植株光合功能

（1）复种与间作套种。通过改一熟制为多熟制或采用再生稻等种植方式，或建立间作、套种的复合群体，既可以相对延长光合时间，有效地利用全年的太阳能，又能使得单位时间和单位面积上增加对太阳能的吸收量，减少反射、漏光的损失。

（2）合理密植。使生长前期叶面积迅速扩大，生长中、后期达到最适叶面积指数，并且持续时间长，后期叶面积指数缓慢下降，增大农田吸收太阳能的叶面积，保持较高的光合速率，提高大田光合产物的总量。

（3）培育优良株型。通过合理的栽培，特别是延缓型或抑制型植物生长调节剂的使用，能够在某种程度上改善作物的株型和叶型，形成田间作物群体的最佳多层立体配置，形成群体上、下层次都有较好的光照条件。

（4）改善水肥条件。改善农田水肥条件，培育健壮的作物群体，增强植株的光合能力。

（5）增加田间 CO_2 浓度。在大田生产中要注意合理密植及适宜的行向和行距，改善通风透光条件，促使空气中的 CO_2 不断补偿到群体内部，有利于增强光合作用。在土壤中适当增施有机肥，因有机肥分解时也会放出 CO_2。

第五节　作物品质及其形成

一、作物的品质及其评价标准

（一）作物的品质

作物的品质是指产量器官，即目标产品的质量。作物种类不同，用途各异，对它们的品质要求也各不一样。依据人类栽培作物的目的，可将作物分为两大类：一类是作为人类及动物的食物，包括各类粮食作物和饲料作物等；另一类是作为人类的食用、衣着等的轻工业原料，包括各类经济作物。对于食用作物来说，品质的要求主要包括食用品质和营养品质等方面；对于经济作物来说，品质的要求包括工艺品质和加工品质等方面。

（二）作物品质的评价指标

（1）形态指标。形态指标是指根据作物产品的外观形态来评价品质优劣的指标，包括形状、大小、长短、粗细、厚薄、色泽、整齐度等。例如，禾谷类作物子实的大小，棉花种子纤维的长度，豆类作物种子种皮的厚薄等。

（2）理化指标。理化指标是指根据作物产品的生理生化分析结果评价品质优劣的指标。包括各种营养成分如蛋白质、氨基酸、淀粉、糖分、维生素、矿物质等的含量，各种有害物质如残留农药、有害重金属等的含量等。

（三）食用品质和营养品质

所谓食用品质，是指蒸煮、口感和食味等的特性。稻谷加工后的精米，其内含物的90％左右是淀粉，因此稻谷的食用品质很大程度上取决于淀粉的理化性状，如直链淀粉含量、糊化温度、胶稠度、胀性和香味等。

所谓营养品质，主要是指蛋白质含量、氨基酸组成、维生素含量和微量元素含量等。营养品质也可归属于食用品质的范畴。一般来说，有益于人类健康的成分越丰富，产品的营养品质就越好。

（四）工艺品质和加工品质

工艺品质是指影响产品质量的原材料特性。例如，棉纤维的长度、韧度、整齐度、成熟度、转曲、强度等，烟叶的色泽、油分、成熟度等外观品质也属于工艺品质。

加工品质是指不明显影响产品质量，但对加工过程有影响的原材料特性。如糖料作物的含糖量，油料作物的含油率，棉花的衣分，向日葵、花生的出仁率，以及稻谷的出糙率和小麦的出粉率等，均属于与加工品质有关的性状。

二、作物品质的形成过程

（一）糖类的积累过程

作物产量器官中储藏的糖类主要是蔗糖和淀粉。蔗糖的积累过程比较简单，叶片等的光合产物以蔗糖的形态经维管束输送到储藏组织后，先在细胞壁部位被分解成葡萄糖和果糖，然后进入细胞质合成蔗糖，最后转移至液泡被储藏起来。淀粉的积累过程与蔗糖有些类似，经维管束输送的蔗糖分解成葡萄糖和果糖后，进入细胞质，在细胞质内果糖转变成葡萄糖，然后葡萄糖以累加的方式合成直链淀粉或支链淀粉，形成淀粉粒。通常禾谷类作物在开花几天后，就开始积累淀粉。由非产量器官内暂储的一部分蔗糖（如麦类作物茎、叶鞘）或淀粉（如水稻叶鞘），也能以蔗糖的形态通过维管束输送到产量器官后被储藏起来。

（二）蛋白质的积累过程

豆类作物种子内的蛋白质特别丰富，如大豆种子的蛋白质含量可达 40% 左右。蛋白质由氨基酸合成。在种子发育成熟过程中，氨基酸等可溶性含氮化合物从植株的其他部位输出转移至种子中，然后在种子中转变为蛋白质，以蛋白质粒的形态储藏于细胞内。

谷类作物种子中的储藏性蛋白质，在开花后不久便开始积累。在成熟过程中，每粒种子所含的蛋白质总量持续增加，但蛋白质的相对含量则由于籽粒不断积累淀粉而逐步降低，从豆类作物大豆来看，开花后 $10\sim30$ d 内种子中以氨基酸增加最快，此后氨基酸含量迅速下降，标志着后期氨基酸向蛋白质转化的过程有所加快。蛋白质的合成和积累通常在整个种子形成过程中都可以进行，但后期蛋白质的增长量可占成熟种子蛋白质含量的一半以上。

在豆类种子成熟过程中，果实的荚壳常起暂时储藏的作用，到了种子发育后期才转移到种子中去。在果实、种子形成前，植株体内一半以上的蛋白质和含氮化合物都储藏于叶片中，并主要存在于叶绿体内，在果实形成后，则开始向果实和种子转移。

（三）脂类的积累过程

作物种子中储藏的脂类主要为甘油三酯，包括脂肪和油，它们以小油滴的状态存在于细胞内。油料作物种子含有丰富的脂肪，如花生可达 50% 左右，油菜可达 40% 左右。在种子发育初期，光合产物和植株体内储藏的同化物以蔗糖的形态被输送至种子后，以糖类的形态积累起来，以后随着种子的成熟，糖类转化为脂肪，使脂肪含量逐渐增加。

油料作物种子在形成脂肪的过程中，先形成的是饱和脂肪酸，然后转变成不饱和脂肪酸，所以脂肪的碘价（每 100 g 植物油吸收的碘的克数）随种子成熟而增大。同时在种子成熟时，先形成脂肪酸，以后才逐渐形成甘油酯，因而酸值（中和 1 g 植物油中的游离脂肪酸所需的氢氧化钾的毫克数）随种子的成熟而下降。因此，种子只有达到充分成熟时才能完成这些转化过程。如果油料作物种子在未完全成熟时就收获，由于这些脂肪的合成过程尚未完成，因此不仅种子的含油量低，而且油质也差。

（四）纤维素的积累过程

纤维素是植物体内广泛分布的一种多糖，只是一般作为植株的结构成分存在。纤维素的合成积累过程与淀粉基本类似。

棉纤维的发育要经过纤维细胞伸长、胞壁淀积加厚和纤维脱水形成转曲三个时期。胞壁淀积加厚期是纤维素积累的关键时期，历时 25～35 d。在开花 5～10 d 后，在初生胞壁内一层层向内淀积纤维素，使细胞壁逐渐加厚。

三、影响作物品质的因素

（一）受作物品种的影响

有关作物品质的许多性状，如形状、大小、色泽、厚薄等形态品质，蛋白质、糖分、维生素、矿物质含量及氨基酸组成等理化品质，都受到遗传因素的限制。因此，采用育种方法改善作物品质是一条行之有效的途径。

（二）环境条件对作物品质的影响

很多品质性状都受环境条件的影响，这是利用栽培技术改善作物品质的理论基础。

（1）温度。禾谷类作物的灌浆结实期是影响品质的关键时期，温度过低或过高均会降低粒重，影响品质。如水稻遇到 15℃ 以下的低温，会降低籽粒灌浆速度，超过 35℃ 的高温，又会造成高温逼熟。

（2）光照。由于光合作用是形成产量和品质的基础，因此光照不足，特别是品质形成期的光照不足会严重影响作物的品质。如南方麦区的小麦品质较差，其原因之一就是春季多阴雨，光照不足引起籽粒不饱满。

（3）水分。作物品质的形成期大多处于作物生长发育旺盛期，因此需水量大、耗水量多。如果此时通过水分胁迫，一般都会明显降低品质。

（4）土壤。土壤包括土壤肥力和土壤质地等多种因素。通常肥力高的土壤和有利于作物吸收矿质营养的土壤，常能使作物形成优良的品质。如酸性土壤施用石灰改土，可起到明显提高作物蛋白质含量的作用。

（三）受栽培技术的影响

作物的栽培技术总是围绕高产和优质进行的，因此，合理的栽培技术通常能起到改善品质的作用。

（1）播种密度。对于大多数作物而言，适当稀播后能起到改善个体营养的作用，从而在一定程度上提高作物品质。一般禾谷类作物的种子田都要较高产田密度稀一些，就是为了提高粒重，改善外观品质。生产上最大的问题通常是由于密度过大、群体过于繁茂，引起后期倒伏，导致品质严重下降。对于收获韧皮部纤维的麻类作物，适当密植可以抑制分枝生长，促进主茎伸长，从而起到改善品质的效果。

（2）施肥。氮肥对改善品质的作用最大，特别是在地力较低的中低产田，适当增施氮肥和增加追肥比例通常能提高禾谷类作物籽粒的蛋白质含量，起到改善品质的作用。但是施用氮肥过多，也容易引起物质转运不畅和倒伏等问题，反而导致品质下降。施用磷、钾肥及微量元素肥料，一般都能起到改善作物品质的作用。

（3）灌溉。根据作物需水规律，适当地进行灌溉补水，通常能改善植株代谢，促进光合产物的增加，从而改善作物的品质。对于大多数旱地作物来说，追肥后进行灌溉，能起到促进肥料吸收、增加蛋白质含量的作用。特别是当干旱已经影响到作物正常的生长发育时，进行灌溉补水不仅有利于高产，而且是保证品质的必需条件。

（4）收获。适时收获是获得高产优质的重要保证。如禾谷类作物大多数都是蜡熟或黄熟期收获产量最高、品质最好。再如棉花，收花过早，棉纤维成熟度不够，转曲减少；收花过晚，则由于光氧化作用，不仅会使转曲减少，而且纤维强度降低，长度变短。

第三章 作物的繁殖理论与技术

生物的繁殖是物种繁衍后代、延续种性的一种自然现象，也是生命的基本特征之一。生物具有产生与自身相似者的能力，这个复制的过程称为生物的繁殖。一株植物常常产生数百或数千的种子，不仅数目众多，而且由于适应各种不同的生存条件而产生变异，使之不断进化，所以，植物的繁殖具有很重要的意义。

植物的繁殖可分为有性繁殖和无性繁殖两大类。有性繁殖是指由雌雄配子交配后所形成的种子通过一定的培育过程产生出新植物个体的繁殖方法。无性繁殖是指利用植物的营养器官（根、茎、叶等）培育成独立的新植物个体的繁殖方法，具体又可分为分株、压条、扦插、嫁接、植物组织和细胞培养等。有性繁殖与无性繁殖的区别见表3-1。

表3-1 有性繁殖与无性繁殖的区别

项　　目	有性繁殖	无性繁殖
繁殖系数	大	小
新个体的发育	重新开始自己的个体发育，生长年限长，结果晚	发育阶段与母体同，自此继续其发育，生长年限短，结果早
幼苗适应性	强，易驯化	弱，不易驯化
变异性	异花授粉植物易产生变异，后代易失去母本的优良性状	变异小，易保持母本的优良性状
繁殖材料的收集、储藏运输、推广技术	较方便，较简便	不方便，较复杂

第一节 有性繁殖（种子繁殖）

一、种子的概念

种子在生产上的概念和在植物学上的概念是不相同的。植物学上所说的种子是指卵细胞受精以后胚珠逐渐发育而成的繁殖器官。种子至少包括两部分，即胚和种皮，有时还有胚乳，与胚同包藏于种皮之内。胚由合子发育而来，合子是胚囊内的卵细胞与花粉管内一精子相融合而成的。花粉管内另一精子与次级细胞相融合，经多次分裂，发育成胚乳，珠被则变为种皮，种皮为保护机构。胚是植物的雏形，犹如一个微型电脑，储存很多的信息，指导种子的生长发育。胚乳为养分储藏处（所），有的植物没有胚乳，而有发达的子叶，则胚发育需要的养分储藏于子叶中。兰科植物种子没有胚或营养丰富的子叶，需要菌根与之共生或在培养基上培养种子才能萌发。

生产（栽培）上所说的种子是指用以繁殖后代或扩大再生产的播种材料，包括植物学上的种子（如油菜、豆类等）、果实（如禾谷类的颖果等）以及营养器官（如大蒜、百合的鳞茎，马铃薯的块茎，生姜的根茎，甘薯的块根等）。

二、种子的采集与采后处理

（一）种子的采集

1. 种子的成熟与后熟

（1）种子的成熟。种子成熟包括两方面的含义，即形态上的成熟和生理上的成熟，只具备其中任何一个条件时，都不能称为真正的成熟。因此，种子的采集必须掌握以下几个标准：

①养料运输已经停止，种子所含干物质不再增加。

②种子含水量减少，硬度增加，对环境条件的抵抗能力增强。

③种子坚固，呈现出本品种的固有色泽。

④胚具有发芽能力，即种子内部的生理成熟过程已经完成。

（2）种子的后熟。所谓后熟，是指种子在果实中最后所进行的生理、生化过程，或者说是种子形态成熟至生理成熟所经历的那一段时间。它是对形态成熟先于生理成熟的种子而言的，例如瓜类、茄果类的种子，当果实成熟采集后，必须放置几天进行后熟，然后再取种。

2. 种子的采集时期

对于自然开裂、落地或因成熟而开裂的果实，为防止种子丢失，须在果实熟透前收获，如荚果、蒴果、长角果、针叶树的球果、某些草籽等；对于肉质果的种子，须在果实变得足够软时采集，以利去掉肉质部分，如桃、杏等；其余种类的种子在多数情况下，直接从成熟的植株上采集快要变干的种子。

3. 取种

取种过程因作物种类而异。一般颖果、蒴果、荚果、瘦果等的种子经敲打和机械处理后即自动脱出，如小麦、水稻、棉花、豆类等；肉质果的果实一般要后熟几天，然后切开果实取出种子，连同果汁一起发酵两天，漂洗后晾干，如黄瓜、番茄、甜瓜等。

（二）种子的采后处理

1. 种子的干燥

采集后的种子必须充分干燥，才能入库储藏。种子干燥的方法有日光干燥、火力干燥和冷冻干燥。大多数作物种类的种子采用日光晾晒干燥即可；对于种子较大，风干、晒干较慢的种子可用火力加热干燥；冬季寒冷地区，种子采集较晚，来不及晾干即上冻，可采取冷冻干燥方法。

2. 种子的清选、分级

收获后的种子还须进行清选，去掉杂质。大粒种子可采用人工清选分级，小粒种子一般采用清选机进行。清选机的种类有悬吊手筛、溜筛、手摇风筛机、风车及多功能谷物精选机等，并在清选过程中，按大小、形状、表面状态、重量进行分级。

三、种子的储藏

一般繁殖用种不需储藏年限过长，多采用简易储藏方法。根据不同作物种子的特点和寿命，常采用的方法有：

（1）干藏法。将干燥的种子放于冷室或通风库储藏，如大田作物的种子及部分花草、蔬菜的种子。

（2）干燥密闭法。将充分干燥的种子放入罐中或干燥器中，置于冷凉处，密封储藏。

（3）低温储藏法。将干燥种子置于1℃～5℃下保存，需有控温设备。

（4）层积储藏法。层积储藏法又称沙藏法。大多数落叶果树及一些花卉种子非常怕干，常采用湿沙层积处理。

（5）水藏法。某些水生花卉的种子，如睡莲、玉莲等，必须藏于水中或湿泥土中，才能保持其生活力。

四、种子的生活力鉴定

进行种子生活力鉴定主要是为了了解种子的质量状况，以确定播种用量，达到合理播种、出苗整齐的目的。常用的方法有目测法、染色法和发芽试验法。

（1）目测法。直接观察种子的外部形态，根据种子的饱满度、色泽、粒重、剥皮后种胚及子叶颜色等判断种子活性。测定者需有一定的实践经验，才能准确判断。

（2）染色法。标准方法是用TTC（氯化三苯基四氮唑）液染色。具有生活力的种子其种胚被染成浅红色，无生活力的种子不上色。另外，还有红墨水染色，但染上红色的为无活力种子，不上色的具有生活力。

（3）发芽试验法。发芽试验法是鉴定种子生活力最准确、有效的方法，但所需时间较长。做法是随机取100粒种子，放在浸湿的吸水纸上，注意保温保湿，在种子发芽期内计算发芽种子数及发芽百分率。

五、播种

（一）播种期

作物的适宜播种期因作物种类、当地的气候条件及栽培目的不同而异。总的原则是根据作物的生长发育特点及当地的气候生态条件，让其在一定时间内完成其生育周期，使其各生育期尤其是重要生育时期处于最佳的生长季节，以获得高产优质。四川省多数大田作物适宜春播，称为大春作物，如水稻、玉米、甘薯、棉花等；也有一部分作物适宜秋冬季播种，称为小春作物，如小麦、油菜等。

（二）播种方法

常见的播种方法有人工播种和机械播种。人工播种又分撒播、条播、点播（穴播）和机播。

（1）撒播。多用于育苗时播种及小粒种子的播种。如水稻育秧和蔬菜的育苗，苗长大后进行移栽。撒播要均匀，不可过密，播后镇压或覆土。

（2）条播。用工具先按一定行距开沟，沟内播种，覆土镇压，如小麦、韭菜、薤菜等。

（3）点播（穴播）。适于大粒种子。开穴播种，每穴若干粒，如豆类 4~8 粒，玉米、花生 3~4 粒，核桃、板栗、杏 2~3 粒，出苗后间苗定株。

（4）机械播种（简称机播）。一些大田作物采用较多，如小麦的机播较为普及，在棉花、玉米、大豆上也有使用。机播也分机条播、机点播和机撒播。

（三）播种量

播种量一般根据经验确定，也可用下列公式估算：

$$播种量（kg/亩）= \frac{每亩计划苗数}{每千克种子粒数 \times 种子发芽率 \times 种子纯净率}$$

在实际生产中，还应根据土质、气候、雨量多少，种子大小及播种方法等适当增加 0.5~4 倍。

（四）播后管理

播种后要注意温度和水分的管理，发芽前期要求水分充足，温度较高，后期应降温控水，防止胚轴徒长，培育壮苗。育苗移栽的种类一般 2~4 片叶时分苗或间苗，4~6 片叶时移栽。

第二节　无性繁殖（营养繁殖）

一、无性繁殖的类型

无性繁殖的生物学基础：第一，利用植物器官的再生能力，使营养体发根或生芽变成独立个体。生产上的扦插、压条、分割繁殖均属此类，其技术关键在于促其再生与分化。第二，利用植物器官受损伤后，损伤部位可以愈合的性能，把一个个体上的枝或芽移到其他个体上形成新的个体。生产上嫁接技术的关键在于保证尽快愈合。第三，利用生物体细胞在生理上具有潜在全能性的特性，使其器官、组织或细胞变成新的独立的个体。

无性繁殖的优点：①能保持母体固有的特性，可以长期保持本品种的优良性状；②可以缩短幼苗期，使植物提前开花结果；③对于不能产生有生活力种子的植物种类，可永久保持其营养苗系。无性繁殖可分为以下三类。

1. 营养繁殖

营养繁殖通常是指以种子以外的营养器官产生后代的方式。例如，利用芽、茎、根等营养器官和球茎、鳞茎、根茎、匍匐枝或其他特殊器官（如珠芽）等进行繁殖，常见的有甘薯、马铃薯、蒜、洋葱、草莓、甘蔗、桃、苹果等。

2. 无融合生殖

不经过雌雄性细胞的融合（受精）而由胚珠内某部分单个细胞产生有胚种子的现象称为无融合生殖。其遗传本质属于无性繁殖，但在表现上却有种子的产生。

3. 组织培养

利用植物的细胞、组织或器官，在人工控制条件下繁殖植物的方法称为组织培养。植物组织培养的生理依据是细胞全能性，即植物体的每一个细胞都携带有一套完整的基因组，并具有发育成完整植株的潜在能力。组织培养与种子生产关系最密切的是快速繁殖、种苗脱毒以及人工种子制作等。

二、分株繁殖

有许多植物的自然繁殖是利用特殊营养器官来完成的，称为分株繁殖。分株繁殖是植物无性繁殖中最简单易行的一种方法，即人为地将植物体分生出来的幼植体（吸芽、珠芽等），或者植物营养器官的一部分（变态茎等）与母株分割或分离，另行栽植而成独立植株。用这种方法繁殖的植株，容易成活，成苗较快，方法简便，但繁殖系数较低。

（一）变态茎

（1）鳞茎。鳞茎具有短缩而呈盘状的鳞茎盘，肥厚多肉，鳞叶之间可发生腋芽，每年可从腋芽中形成一个至数个子鳞茎，并从老鳞茎旁分离开。子鳞茎可整个栽植（水仙、郁金香等），也可分瓣栽植（大蒜、百合等）。利用鳞茎繁殖的主要是蔬菜和花卉的一些种类，如百合、水仙、风信子、郁金香、大蒜等。

（2）球茎。球茎上有节和节间，节上有干膜状的鳞片叶和腋芽。一个老球茎可产生1~4个大球茎及多个小球茎。供繁殖用时，有的整球栽植，有的可切成几块繁殖。球茎繁殖的代表种类有唐菖蒲、荸荠、慈姑等。

（3）根茎。地下水平生长的茎上有节和节间，节上有小而退化的鳞片，叶腋中有腋芽，由此发育为地上枝，并产生不定根。可将根茎切成数段用来繁殖，每段必须带有一个腋芽，一般于春季发芽前进行分植。莲、睡莲、鸢尾、美人蕉、紫苑等多用此法繁殖。

（4）块茎。由地下茎膨大而成的块茎上或顶端有芽眼（内有一至数个休眠芽），可用来分割繁殖。可将块茎分成几块，每块带有至少一个芽眼，如马铃薯、山药、马蹄莲等。

（5）匍匐茎与走茎。匍匐茎的蔓上有节，节部可以生根发芽，产生幼小植株，将其与母株分离即成新的植株。节间较长不贴地面的为走茎，如吊兰、虎耳草；节间较短、横走地面的为匍匐茎，如草莓和多种草坪植物（狗牙根、野牛草等）。

（6）蘖枝。一些果树或木本花卉植物，有很强的萌蘖性。它们的根上可以发生不定芽，萌发成苗，将其与母株分离后即成新株。这种繁殖法也称为分株繁殖法，主要种类有刺槐、木槿、山楂、枣、杜梨、萱草、蜀葵、玉簪、一枝黄花等。分株的时间依植物种类而定，一般春季开花的秋季分株，秋季开花的则春季分株。

（二）变态根

用于繁殖的变态根主要是块根，由不定根（营养繁殖植株）或侧根（种子繁殖的植株）经过增粗生长而形成的肉质储藏根。在块根上易发生不定芽，多用来进行繁殖。可用整个块根来栽植（如大丽花的繁殖），也可将块根切成数块来繁殖。甘薯则是用整个块根进行繁殖育苗后，再分株移栽。

三、扦插繁殖

扦插繁殖是利用植物营养器官具有再生能力、可发生不定根或不定芽的特性，切取其茎、叶、根的一部分，插入土壤或其他基质中，使其生根发芽，成为新植株的繁殖方法。

扦插繁殖适用于很多植物，果树中的葡萄、石榴，蔬菜中的番茄、甘蓝，花卉中的月季、紫薇、迎春、芙蓉、茉莉、木香等。大田作物中适于扦插的种类很少，但甘薯主要用扦插繁殖。

（一）影响扦插生根的内在因素

在扦插繁殖中，生根的难易是扦插成活的关键。因此，扦插能否生根显得至关重要。影响扦插生根的因素很多，包括内因和外因。其内因包括：

（1）植物种类与品种。植物种类不同，其生理、生化特性不同，根的再生能力也不同。因此有的容易生根，有的就很难生根，但这种难易程度也随扦插条件及方法的改进而变化。目前尚不能生根或难以生根的种类，将来也可能变得容易生根，这取决于人类对插条生根机理的了解及创造生根条件的能力。

一般来说，在其他条件相同的情况下，灌木比乔木容易生根；在灌木中，匍匐型比直立型容易生根；在乔木中，阔叶树比针叶树容易生根；高温多雨地区的树种比低温干旱地区的树种容易生根。

同一种植物的不同品种生根难易也不同。如美洲葡萄中的杰西卡和爱地朗生根较难，而欧洲种群和东亚种群的葡萄扦插则易生根。

（2）插条的年龄。插条年龄包括所取枝条的树龄和枝龄。一般情况下，采条母株树龄越大，插条越难生根。从1~2年生的实生树上采集的插条比老龄树的容易生根。枝龄以1年生的枝再生能力最强，随枝条年龄增加，生根能力随之下降。

（3）插条的部位及发育状况。一般来说，主轴上的枝条粗壮，发育较好，因而比侧枝上的生根能力强。

（4）插条大小及叶面积大小。插条的大小对成活率及生长率均有一定的影响。为了合理利用插条，应截取长短适宜的插条。一般草本插条长7~10 cm，落叶休眠枝条长15~20 cm，常绿阔叶树长5~10 cm。

嫩枝扦插插条上保留的叶片和芽的多少，对扦插成活的影响比较复杂。一方面，插条上的叶不仅能通过光合作用制造一定的养分，以供应插条生根和生长的需要，而且芽在萌发过程中还能制造促进生根的物质，分解某些抑制生根的物质，对促进生根非常重要。另一方面，在插条未生根前，叶面积越大，蒸发量越大，插条容易枯死。因此，插条上叶的多少必须根据不同种类、不同叶形及叶的大小，合理留取一定的叶面积，以保持吸水与蒸腾间的平衡关系。一般条件下，阔叶常绿树的插条以保留 2~4 片叶为宜，多的剪去。叶片大的可将叶片卷起或剪去半叶。

（二）影响生根的外部因素

（1）湿度。插条在生根前干枯死亡是扦插失败的主要原因之一，因此时新根尚未形成，插条所蒸发的水分无法得到补充而干枯死亡。因此，在生根前应尽量减少水分的散失。通常采用加大插床空气湿度的方法，但插床湿度不可过高，以免氧气不足，造成插条腐烂。

保持较高空气湿度的方法主要采用自动控制的间歇式弥雾装置，或用塑料薄膜覆盖及遮阴等。

有时插条采集时间过长也会因失水而影响成活。因此，在扦插前常用清水浸泡插条 24 h。但有些种类如仙人掌类、景天类、天竺葵等，扦插前却要晾晒 1~2 d，使切口处水分减少，可防止插条腐烂。

（2）温度。包括插床温度和空气温度。一定的温度条件有利于不定根的形成，但不同的植物种类对温度的要求不同。热带植物要求温度较高，以 20℃~25℃ 为宜；温带植物则以 15℃~20℃ 为好。一般要求气温略低于插床温度，这样，较高的插床温度能促进生根，较低的空气温度可抑制地上部的生长呼吸和水分蒸发。

一般夏季嫩枝扦插的插床温度易得到保证，而早春和冬季的硬枝扦插温度偏低，需要采用人工加温方式，目前多采用电热温床加温。同时，保持一定的温差，对生根有利。

（3）氧气。插条生根需要氧气。插床中水分、温度、氧气三者相互依存，相互制约。当插床中水分过多时，温度下降，氧气减少，造成缺氧，易腐烂。葡萄的扦插要求有 15% 以上的氧气浓度，当氧气仅为 2% 时，几乎看不到生根。因此，插床既要保水能力强，又要通气性良好。

（4）光照。较暗的环境可刺激插条生根。因此，扦插后需要适当遮阴，以减少水分蒸发。但遮阴过度，又会降低插床温度。嫩枝扦插一般要求有适当的光照，以利于叶片进行光合作用，制造养分促进生根，但要避免阳光直射。

（5）插壤。插壤即扦插用的基质。扦插基质必须能为插条提供充足的水分和氧气。这就要求扦插基质既要保水性好，又要通气性强。常用的扦插基质有土壤、河沙、泥炭、蛭石和珍珠岩等，将几种基质混合使用效果更好。易生根的种类对基质要求不严，对于难以生根的种类必须选择适当的基质，才能提高扦插的成活率。

另外，土壤或其他扦插基质，除提供插条生根所必需的水分、养分和氧气外，还要求无病虫害感染。重复使用的插床必须经过严格消毒。

（三）扦插种类和方法

按扦插季节，可分为春插、夏插和秋插。春插的插条是头一年的休眠枝条，尚未萌动，其内储有丰富的养分，利于成活，适用于落叶树木的扦插；夏插则多用于常绿树木的带叶扦插和草本植物的扦插，夏插生根快，成活率高；秋插适用于生根需要较高温度，而夏季新梢又正在伸长，插后易枯死的种类。在人工控温、控湿条件下，冬季也可进行扦插。

按扦插基质，可分为园土插、砂插、水插和气插。园土插用于易生根的种类；砂插包括蛭石、珍珠岩、泥炭、炉渣、河沙等，这些基质本身不含养分，用于催根，生根后再移入土壤；水插也是催根后再移栽，一般用于木本花卉；气插是把插条放在潮湿和一定温度的空气中，生根后再进行移栽，可用于难以生根的核桃、香椿等。

按扦插材料，可分为枝插、根插、叶插、芽插等，在育苗生产实践中以枝插应用最广。根插和叶插应用较少，一般在花卉繁殖中应用。

枝插以枝条作扦插材料。依枝条生长发育状况，分为嫩枝扦插和硬枝扦插。嫩枝扦插又称绿枝扦插，是以当年生长的、半木质化、带叶的枝条作插条。多数植物于扦插之前剪取插条。嫩枝扦插的插条含水分较多，脱离母体后很容易失水，因此，嫩枝扦插的保湿措施尤为重要。许多用硬枝扦插成活较困难的种类可用嫩枝扦插，例如葡萄、桃、樱桃等。常绿果树如柑橘等也采用嫩枝扦插。硬枝扦插是用完全木质化的枝条作插条。一般多用休眠枝，所以又称为休眠枝扦插。硬枝扦插操作简单，生产上应用较广。可在秋末冬初采集一年生枝条，在 0℃~5℃下储藏过冬。因此，硬枝插条养分积累比较充足，可供生根之需要。适于硬枝扦插的种类有毛白杨、葡萄、乌桕等。较易生根的种类也可春季现采现插，省去冬储过程。

根插是利用一些植物的根能形成不定芽的特性，以根作插条，常用于枝插难以生根的种类。根插的插条一般粗 2 cm，长 5~15 cm，晚秋或早春均可进行，也可利用温室或温床冬季扦插。适于根插的种类较多，特别是花卉种类，如牛舌草、秋牡丹、剪秋罗、宿根福禄考、芍药、补血草、荷包牡丹等；果树则有苹果、山楂、梨、李、柿、枣、芒果、核桃、海棠果等。

（四）促进插条生根的方法

1. 机械处理

（1）环剥。这是常见的方法之一。在取插条之前先将母株枝条基部剥去宽 1~5 cm 的一圈树皮，以切断韧皮部同化养分的运输，使其蓄积于枝条的中上部。环剥后再生长 40~50 d，然后切取插条。

（2）刻伤。在插条基部 1~2 节的节间刻划 5~6 道纵切口，深度以达到木质部为度，这样处理过的插条有利于发生不定根。

（3）剥皮。对木栓化组织比较发达的木本植物如葡萄，特别是难生根的植物，扦插前可将表皮木栓层剥去，以促进生根。同时，还可增加插条皮部的吸水能力。

2. 冬前剪枝倒置储藏

在各类树木休眠后，将枝条剪下并截成扦插时所需长度，将插穗按 50 条或 100 条绑成捆，注意插穗芽都向上；当向已备好的沙藏沟中埋的时候要倒置埋，即头朝下、基部朝上，垂直地埋在沟中，上面用细湿沙盖上，并要求捆与捆之间以及每捆中的插穗之间都充满细湿沙。到春季扦插的时候，将插穗挖出来按正常方向扦插。用这种方法插条生根较快，基本上与发芽同步，对于硬枝扦插生根比较困难的树种是一种简单有效的方法。

3. 增温催根处理

春季硬枝扦插往往存在土温低、气温高的问题，人为地提高插条下端生根部位的温度，降低插条上部芽所处环境的温度，有利于发根。常用的催根方式有阳畦催根、酿热温床催根、火炕催根和电热温床催根。其方法是将插条基部靠近热源，竖立排放，其间塞满河沙。也可在上述催根床上覆盖薄膜，增加保温效果。

4. 化学药剂处理

(1) 植物生长调节剂。有的植物生长调节剂对插条生根有明显的促进作用，不仅生根率、发根数和根的粗度、长度等都有显著提高，而且苗木生根期缩短，生根整齐。常用的植物生长调节剂有 2，4-D、萘乙酸 (NAA)、吲哚乙酸 (IAA) 和吲哚丁酸 (IBA) 等。将几种植物生长调节剂混合使用效果更好，如 ABT 生根粉就是复配剂。使用方法有液剂浸渍法和蘸取干粉法。

(2) 其他化学药剂。一些常用的化学试剂对某些植物的插条生根也有促进作用，如维生素 B_1 和维生素 C，硼与吲哚乙酸混合使用生根效果更好。另外，还有用硝酸银处理、蔗糖处理和尿素处理等方法。

5. 全光照间歇喷雾扦插育苗

生产实践中，嫩枝带叶扦插比不带叶的休眠枝扦插容易生根，特别是对难生根的树木。嫩枝扦插的特点是带叶扦插，叶子能制造养分等物质，嫩枝的组织细胞容易分化形成根原基，并产生新根。但带叶扦插保证叶子不萎蔫很困难。既要保留叶子，又要使叶子不萎蔫，有两种方法：一是用塑料棚等设施使空气湿度提高，防止叶子水分蒸发，但这种方法在生长季节，特别是在炎热的夏天，由于阳光充足，塑料棚内温度过高，导致了湿度与温度的矛盾很难解决；二是在全光照下间歇喷雾，使叶面经常保持有水，从而防止叶子内组织细胞失水。全光照间歇喷雾扦插育苗装置应安装在光照充足、地势平坦、排水良好的地方。土壤最好为透水性好的沙质土或沙壤土，如果透水性差，应在地表铺一层 10～15 cm 厚的小石子、碎砖或粗煤渣。另外，需靠近水源和电源。

6. 容器育苗与扦插相结合的工厂化育苗

全光照间歇喷雾扦插育苗在生产上应用时还存在两个问题：一是扦插苗在插床内生根后移栽很困难，即移栽到大田时叶片容易萎蔫，影响成活；二是扦插苗生长弱，容易得病，抗逆性差。若将插穗扦插在容器内，容器内装有基质，其中混有植物生长需要的大量元素或缓慢释放的肥料，待插穗生根后，连同基质一起从容器内取出，先转移到树荫下炼苗，然后再移栽到大田，扦插苗生根好，成活率高，便于管理，这就解决了以上两个问题。

一般容器育苗所用的容器有塑料营养钵、塑料穴盘、易腐烂的蜂窝纸钵、易分解的泥炭营养杯等。用于扦插育苗的多用不易腐烂的塑料杯、多孔性塑料穴盘。

容器育苗可用于全光照间歇喷雾扦插育苗，也可用于保护地育苗，包括温室、塑料大棚、塑料小拱棚、阳畦的扦插育苗。容器育苗是工厂化育苗的一个重要环节，除可用于种子苗、扦插苗外，还可以用于组织培养育苗的扦插和移栽。

在容器内生长好的苗木，根系发达，盘根错节地把基质固定住，要注意在移栽前 1～2 d 浇一次营养液，使基质不干不湿，移栽时基质不散，完整地将苗和基质一起移入大田中。同时移栽时最好选择阴雨天气，晴天要在傍晚移栽，栽后立即浇水。苗木移栽后，容器要回收再利用，一般塑料穴盘可用3~5年，每年育苗2~3次。

（五）扦插技术

1. 扦插育苗的几种形式

主要有：露地直接扦插；催根后露地扦插；催根处理后在插床内生根发芽，再移植到露地；催根后在插床内生根发芽，经锻炼后再移植到露地；催根后在插床内生根发芽，即成苗。

2. 扦插时期

不同植物种类和扦插方法的适宜时期不同，需经试验摸索。一般落叶阔叶树的硬枝扦插在3月，嫩枝扦插在6~8月，常绿阔叶树多在夏季7~8月扦插，常绿针叶树以早春为好，草本类一年四季均可。

3. 插条的剪截与储藏

硬枝扦插有时在秋末采集，第二年春天扦插，需储藏越冬。可按60~70 cm长剪取，每50~100根打成一捆，标明品种、采集日期及地点，挖沟或建窖储藏。扦插前挖出，剪截成适当大小，下端剪削成双面楔形或单面马耳形，或者剪平。剪口要整齐，不带毛刺。并注意插条的极性，勿上下颠倒。

4. 扦插密度、深度及角度

插床扦插需排列整齐，相距10 cm左右。露地扦插以行距50~60 cm，株距12~15 cm为宜，每亩插0.8~1万条。

扦插深度视插条而定，硬枝扦插时，上顶芽与地面平齐；嫩枝扦插时，插条插入基质内1/3或1/2即可。

扦插角度一般为直插。插条较长者可以斜插，但角度不宜超过45°。

5. 插后管理

扦插后，到插条下部生根、上部发芽、展叶、新生的扦插苗能独立生长时为成活期。在插床温度适宜的情况下，关键是水分管理。插前插床要上足底墒水，并根据墒情及时补水。绿枝扦插最好利用弥雾装置。硬枝扦插插后覆膜是一项有效的保水措施。要适当追肥，及时中耕除草和防治病虫害。

四、压条繁殖

（一）压条繁殖的概念及应用

所谓压条繁殖，就是将母株上的枝条人为地压入土中，或包裹在能发根的基质中，使之形成不定根，然后再与母株分离，成为一个新植株。压条繁殖的优点是新植株在生根前，其养分、水分和激素均由母株提供，故较扦插易生根。缺点是繁殖系数低，一般大规模生产中很少使用。但对于温室盆栽的花草植物和少量扦插难以生根的种类（榛、荔枝、芒果、番石榴），特别是那些自然界利用这种方式繁殖的一些灌木或果树（黑树莓、蔓生黑刺毒莓、醋栗），比较适合应用压条繁殖。另外，压条还广泛用于繁殖砧木等。

为了促进压条生根，有时也采取如刻伤、环剥、缢缚、扭枝、黄化处理、植物生长调节剂处理等方法。

（二）压条方法

1. 直立压条

直立压条又称垂直压条或培土压条。苹果、梨的矮化砧、樱桃、李、石榴、无花果、木槿、玉兰、夹竹桃、樱花等，均可采用直立压条方法繁殖，如图 3-1 所示。

直立压条方法培土简单，建圃初期繁殖系数较低，以后随母株年龄的增长，繁殖系数会相应提高。

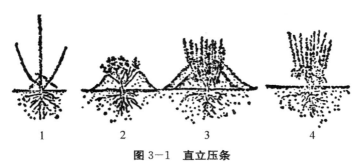

图 3-1 直立压条

1. 短截促萌；2. 第一次培土；3. 第二次培土；4. 扒垄分株

2. 曲枝压条

蔓生性果树（葡萄、猕猴桃）、某些灌木果树（醋栗、穗状醋栗、黑树莓）、一些乔木果树（苹果、梨的矮化砧、樱桃）和一些观赏树木（西府海棠、丁香等）均可采用此法繁殖。此法多在春季萌发前进行，也可在生长季节枝条已半木质化时进行。由于曲枝方法不同，又可分为水平压条、普通压条和先端压条，如图 3-2、图 3-3、图 3-4 所示。

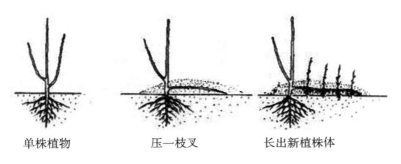

单株植物　　　　压一枝叉　　　　长出新植株体

图 3-2 水平压条

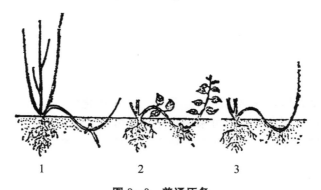

图 3-3 普通压条

1. 刻伤曲枝；2. 压条；3. 分株

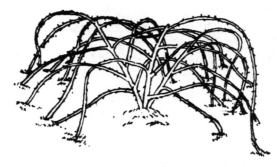

图 3-4 先端压条

（三）促进压条生根的方法

为了促进埋入土中的茎长出新根，可以在压条上做一些处理。

1. 刻伤法

在枝条下边切一伤口，或者扭弯枝条使切口面扩大，伤口处可长出愈伤组织，可进一步促进生根。

2. 扭枝法

在枝条下边切一伤口，然后扭弯切口使上端枝垂直向上生长，此方法伤口较大，截断了一部分与母株的连接，可刺激伤口长根。

3. 环剥法

在要求生根处进行环状剥皮，使根系吸收的水分和无机盐可以通过木质部上运，而阻止叶片制造的有机营养及激素往下运输，引起环状剥皮上部养分积累并促进生根。

4. 隘缩法

用细铁丝打扣，再用老虎钳拧紧，以阻止上部养分和激素往下运输，可促进生根。这种方法比较省工，而且没有伤口，不会引起病虫侵入和霉烂问题。

5. 生长素处理

在伤口处用生长素处理也能促进生根。一般可用 500 mg/L 的萘乙酸（NAA）涂在伤口上，可促进生根。

五、嫁接繁殖

（一）嫁接的概念及应用

嫁接就是人们有目的地将一株植物上的枝条或芽等组织，接到另一株植物的枝、干或根等适当部位上，使之愈合后生长在一起，形成一个新的植株。接上的枝或芽称为接穗，承受接穗的植株部分称为砧木。嫁接用符号"+"表示，即砧木+接穗；也可用"/"来表示，它的意义与"+"表示的相反，一般接穗放在"/"之前。例如，桃/山桃，或山桃+桃。

嫁接的意义在于保持和发展优良种性，实现早期丰产，改变树形，提高抗性，高接换头、变劣为优，挽救垂危大树，快速育苗等。

（二）砧木和接穗间的相互影响

一般来说，砧木对接穗的影响较大，接穗对砧木的生长也有一定影响。

1. 砧木对接穗的影响

（1）对生长的影响。

①对树体大小、高矮的影响：树木、花草或蔬菜嫁接以后，有的长得高大，有的长得矮小；有的冠大，有的冠小。这是因为嫁接所用砧木不同所致，在果树上常利用这种影响为生产服务。

能促进树体高大的砧木称为乔化砧，我国传统上采用的砧木多为乔化砧。如海棠、山定子是苹果的乔化砧，山桃和山杏为桃的乔化砧，酸橙是甜橙的乔化砧。能使树体矮小的砧木称为矮化砧。如峭山奈子（绵苹果）作砧木嫁接倭锦、红星苹果，可使树体矮小，仅高 2 m 左右。烟台沙果、武乡海棠嫁接苹果后，有半矮化表现，这种具有半矮化作用的砧木称为半矮化砧。

②对枝梢生长量的影响：一般乔化砧嫁接枝量较多，矮化砧则枝梢较少。此外，砧木对嫁接树的萌发期和落叶期也有明显的影响。

③对树寿命的影响：一般乔化砧能延长树的寿命，矮化砧则缩短树的寿命。

另外，砧木还可以影响接穗扦插的生根能力。不易扦插成活的白花木槿嫁接在容易扦插的红花木槿上后，从上边采集的插条也容易生根成活。

（2）对结果的影响。

①结果期早晚：一般接在矮化砧和半矮化砧上的苹果都比乔化砧上的结果早。但同为乔化砧，对结果早晚的影响也有所不同。桃接在毛樱桃砧上比接在毛桃、李、杏上开花结果早。

②对着色、品质和成熟的影响：一般矮化砧有使果实着色早、着色好、提早成熟的作用。甜橙、橘子和葡萄柚用酸橙作砧木，结的果皮薄而光滑，多汁、品质佳，而且耐储藏；温州蜜柑、甜橙以南丰橘作砧木，皮薄而味甜；以柚作砧木虽产量高，但皮厚而风味淡。

（3）对抗逆性和适应性的影响：嫁接用的砧木一般都是野生或半野生的种类，它们具有较广泛的适应性，如抗寒、抗旱、抗涝、耐盐碱和抗病虫害等，从而使嫁接后的植株也获得这些特性，提高了抗逆能力和适应能力，扩大了栽培范围和区域。如山定子抗寒力极强，可耐−50℃以下的低温，所以寒带苹果以山定子为砧木可减少冻害；枳是柑橘的抗寒砧木。蔬菜上的嫁接绝大多数以抗病为目的。因此，所选砧木的条件之一就是抗土壤传播病虫，并兼具其他抗逆能力。

2. 接穗对砧木的影响

因砧木的主要部分为根系，接穗对砧木的影响主要表现在根系上。例如，以海棠为砧木嫁接青香蕉苹果，根系为褐色，分布层深；而嫁接元帅苹果，则根系为黄褐色，分布层较浅。在同样栽培条件下，嫁接苹果晚熟品种的砧木根系，在生长期出现三次生长高峰；而嫁接早熟品种的，则只出现二次生长高峰。

（三）影响嫁接成活的因子

1. 砧木和接穗的亲和力

所谓亲和力，就是砧木和接穗嫁接后能愈合生长的能力。具体地说，就是砧木和接穗在内部的组织结构上、生理上和遗传性上彼此相同或相近，从而互相结合在一起生长、发育的能力，这是决定嫁接成活的主要因素。亲和力高，嫁接成活率也高；反之，则成活率低或不能成活。亲和力大小除与亲缘关系有关外，还与砧木和接穗的代谢状况及生理生化特性有关，如葡萄、核桃室外春季嫁接时伤流很多，对成活不利。

2. 影响嫁接成活的其他因子。

（1）嫁接时期与温度。嫁接成败和气温、土温及砧木与接穗的活跃状态有密切的关系，温度过高或过低都会使愈伤组织增生慢，嫁接不易愈合，如苹果嫁接适宜温度为15℃~32℃，核桃为26℃~29℃，葡萄为24℃~27℃。因此，要根据不同树种及嫁接方法来选择适宜的嫁接时期，雨季、大风天气最好不要嫁接。

（2）接口湿度与气体。保持接口处有较高的湿度利于愈伤组织的形成，所以嫁接后要用塑料薄膜包扎绑缚，以达到保湿的目的，但要防止伤口浸水。另外，愈伤组织的形成也需要氧气，尤其是某些需氧较多的树种，如葡萄硬枝嫁接，接口宜稀疏地加以绑缚，最好用透气薄膜。

（3）光照。光照对愈伤组织的形成有抑制作用，黑暗条件下，长出的愈伤组织多，砧木和接穗很容易愈合。所以，低接时可用培土来创造黑暗条件；高接时，用塑料薄膜内装湿土保湿，再在外面套一层纸遮光，使接口愈合快，成活率高。

（4）嫁接技术。嫁接技术的优劣直接影响接口切削的平滑度与嫁接速度。如果削面不平滑，隔膜形成较厚，则不易突破，影响愈合。即使愈合也生长衰弱，还可能从接口部脱裂。嫁接速度快而熟练，可避免削面风干或氧化变色，成活率高。

（5）砧木和接穗的质量。形成愈伤组织需要一定的养分，砧、穗含养分较多的容易成活，因此，要选择生长充实的枝条或饱满的芽来进行嫁接。另外，砧木与接穗木质化程度越高，嫁接越容易成活。而草本植物和未木质化的嫩枝嫁接时，要求较高的技术，但肉质植物除外。

（四）嫁接方法

嫁接按所取材料的不同，有芽接、枝接、根接和二重砧嫁接等几种方法。

1. 芽接

用一个芽片作接穗的方法称为芽接。这个芽片不带木质部或带少量木质部。芽接是应用最广泛的嫁接方法，其优点：方法简便，技术容易掌握，嫁接速度快；节省接穗材料，比较经济，适合于大量繁殖苗木；愈合容易，接口牢固，成活率高；可充分利用砧木，不宜枝接的较细砧木可以用芽接；嫁接时不剪断砧木，即使接不活，还可进行补接。

芽接时期一般以皮层易剥离时为好，容易愈合。因此，无论春、夏、秋，凡皮层易剥离时均可进行芽接。北方春季较为寒冷，芽接主要在秋季进行。

芽接的接穗只有一个芽，很容易失水，砧木切口也易被氧化，影响成活。因此，在削取芽片后，要迅速削好砧木切口，插入芽片并立即绑缚。根据嫁接时期及树种的不同，常见的芽接方法有"T"字形芽接法（如图3-5所示）和带木质部芽接法（如图3-6所示），另外还有方块形芽接法、"I"字形芽接法、套芽接法和槽形芽接法等。

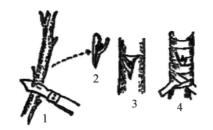

图3-5　"T"字形芽接法
1. 削接穗；2. 芽片；3. 芽片插入砧木；4. 绑缚

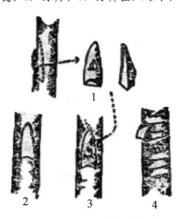

图3-6　带木质部芽接法
1. 削接芽；2. 削砧木切口；3. 接好接芽；4. 绑缚

2. 枝接

枝接就是把带有数个芽或一个芽的枝条接到砧木上。枝接的优点是成活率高，嫁接苗生长快。在砧木粗大，砧木和接穗均不易离皮的情况下多用枝接，如对秋季嫁接未成活的砧木进行补接；室内嫁接枣对大树进行高接换种时，多采用枝接。枝接还可在休眠期进行，不受季节限制。但枝接操作技术不如芽接容易掌握，所用接穗多，对砧木要求有一定粗度。

枝接时期，通常分春、秋两季。春季枝接，北方地区在3月下旬至5月下旬进行；南方落叶果树在2~4月进行，常绿果树以早春发芽前为好；北方寒冷地区秋季一般不进行枝接，多在冬季进行室内嫁接，春季移栽到苗圃。枝接的常见方法有劈接、切接、插接、靠接，如图3-7、图3-8、图3-9所示，另外还有腹接、舌接、合接、髓心形成层贴接和置接等。

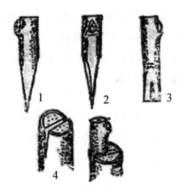

图3-7 劈接

1. 接穗正面；2. 接穗反面；3. 接穗侧面；4. 插入

图3-8 切接

1. 接穗；2. 砧木切田；3. 插入

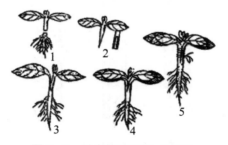

图3-9 瓜类嫁接示意（劈接）

1. 截接穗；2. 削接穗；3. 劈砧木；4. 插入接穗；5. 绑缚

在常见的嫁接方法中，劈接适合于果树的高接和瓜类、蔬菜的嫁接；切接适合于较粗的砧木坐地面的嫁接；插接多用于草本植物嫁接，木本植物采用插皮接；靠接常用于瓜类、蔬菜和用其他方法嫁接不易成活的果树及观赏树木。

3. 根接

根接是以根系为砧木，在其上嫁接接穗。用作砧木的根可以是整个根系或者一个根段。露地嫁接，可选择生长粗壮的根在平滑处剪断，用劈接、插皮接法。也可使用根段，即将一定粗度的根段掘起移入室内，在冬闲时用切接、劈接、腹接或皮下接等方法嫁接，而后绑好，藏于湿沙中，翌年春天将其移植于露地。

4. 二重砧嫁接

二重砧嫁接也称为中间砧嫁接，即在普通的砧木上，嫁接上有特殊性能的枝条，其上再嫁接栽培品种。位于下面的普通砧木称为基础砧（也称为根砧），中间的枝条称为中间砧。

中间砧的作用：①能影响接穗，使树体矮化；②改变原砧木和接穗的不亲和性，中间砧起桥梁作用；③对接穗有诱导作用，如早开花等。

二重砧嫁接按方式不同，可分为枝接二重砧、芽枝接二重砧和双芽二重砧。嫁接方法同枝接或芽接。

（五）嫁接苗的管理

嫁接后的管理工作要及时跟上，否则会前功尽弃。

（1）检查成活、解绑及补接。一般嫁接后 10～15 d 检查成活。芽接可从接芽和叶柄的状态来判断。凡接芽新鲜、叶柄一触即落的表明已成活。枝接的要根据接穗状态来判断，成活的要及时除去绑缚，未成活的要及时进行补接。

（2）剪砧。夏末和秋季芽接的一般在翌年春天发芽前及时剪去接芽以上砧木，以集中养分促进接芽萌发。春季芽接的可随时剪砧，夏季芽接的 10 d 后解绑剪砧。

（3）除萌。剪砧后砧木会发生许多萌蘖，要及时除去，以免消耗养分和水分。

（4）立支柱。接穗成活萌发后，遇有大风易被吹断或吹歪，影响成活和生长，因此需要将接穗用绳捆在旁边的支柱上固定接穗。

（5）其他管理。芽苗嫁接及草本幼苗嫁接非常幼嫩，嫁接后需置于保护条件下，维持较高的温度和湿度环境，待愈合成活后，再经锻炼，移出苗床。另外，嫁接苗在生长过程中，还要及时中耕除草、追肥灌水及防治病虫害。

第三节　植物的组织培养和无病毒苗木的培育

植物组织培养最初就是指愈伤组织培养。广义的植物组织培养泛指在无菌的条件下，将离体的植物器官（如植物根、茎、叶、花、果实等）、组织（分生组织、花药组织、胚乳、皮层等）、细胞（体细胞、性细胞）以及原生质体等，培养在人工配制的培养基上，给予适当的培养条件，使其长成完整的植株的过程。

一、植物组织培养的类型

组织培养按培养对象，可分为组织或愈伤组织培养、器官培养、植株培养、细胞培养和原生质体培养等。

（1）组织或愈伤组织培养。狭义的组织培养，是指对植物体的各部分组织，如茎尖分生组织、形成层、木质部、韧皮部、表皮组织、胚乳组织和薄壁组织等进行培养，或对由植物器官培养产生的愈伤组织进行培养，二者均通过再分化诱导形成植株。

（2）器官培养。器官培养即离体器官的培养，根据作物和需要的不同，可以包括分离茎尖、茎段、根尖、叶片、叶原基、子叶、花瓣、雄蕊、雌蕊、胚珠、胚、子房、果实等外植体的培养。

（3）植株培养。植株培养是指对完整植株材料的培养，如幼苗及较大植株的培养。

（4）细胞培养。细胞培养是指对由愈伤组织等进行液体振荡培养所得到的能保持较好分散性的离体单细胞或花粉单细胞或很小的细胞团的培养。

（5）原生质体培养。原生质体培养是指用酶及物理方法除去细胞壁的原生质体的培养。

二、植物组织培养的应用

1. 植物离体快速繁殖

植物离体快速繁殖是植物组织培养在生产上应用最广泛的一项技术，包括花卉观赏植物、蔬菜、果树、大田作物及其他经济作物。离体快速繁殖技术的特点是繁殖系数大、周年生产、繁殖速度快、生长周期短和苗木整齐一致等。目前，组织培养快速繁殖中应用最广泛的材料是茎尖和带节茎段。据推算，采用茎尖培养的方法，一个兰花的茎尖一年内可育出 400 万个球茎，一个草莓茎尖一年可育出成 3000 万株。组织培养能在短期内繁殖出大量苗木，并实现苗木生产工厂化，这是常规繁殖方法无法做到的。

2. 去除病毒、真菌和细菌等病害

很多农作物都带有病毒，特别是无性繁殖植物，如马铃薯、甘薯、草莓、大蒜等，影响其生长和产量，对生产造成大量损失。采用扦插、分株等营养繁殖的各种作物，都有可能感染一种或数种病毒或类病毒。长期无性繁殖，使病毒积累，危害加重，产量、质量都有所下降。利用组织培养方法，取一定大小的茎尖进行培养，再生植株就可脱除病毒，获得脱除病毒的小苗。去病毒后，植株生长势强，抗逆能力提高，产量、质量上升。茎尖培养去毒的原理：在染病毒植株体内，病毒分布并不均等，在生长点病毒含量最低，在分生区内无维管束，病毒扩散慢，加之植物细胞不断分裂增生，所以病毒含量少，在茎尖生长点几乎检测不出病毒。

3. 培育新品种或创制新物种

在植物种间和远缘杂交时，应用胚的早期离体培养可以使得杂种胚正常发育，产生杂交后代，从而育成新品种。通过原生质体的融合，可以克服有性杂交不亲和性，从而获得体细胞杂种，创制出新物种或新类型。在组织培养条件下可方便地安排各种理化诱变因子，如各种辐射线、秋水仙碱及其他化学诱变剂。抗旱、抗寒选育都可在组织培养条件下进行。此外就是单倍体育种，花药、花粉的培养在苹果、柑橘、葡萄、草莓、石刁柏、甜椒、甘蓝、天竺葵等约 20 种园艺植物得到了单倍体植株。在常规育种中，为得到纯系材料要经过多代自交，而单倍体育种，经染色体加倍后可以迅速地获得纯合的二倍体，大大

缩短了育种的世代和年限。

4．次生代谢产物

利用组织或细胞的大规模培养，可以生产人类需要的一些天然有机化合物，如蛋白质、脂肪、糖类、药物、香料、生物碱及其他活性化合物。特别是天然植物蕴藏量少、含量低但临床效用高的成分，如紫杉醇等。

5．种质资源的离体保存

有人断言：谁掌握了种质资源，谁就掌握了农业的未来。这句话充分强调了种质资源的重要性。但常规的植物种质资源保存方法耗费人力、物力和土地，而且种质资源流失时有发生。目前，已有许多种植物在离体条件下，通过抑制生长或超低温储存的方法，使培养材料能长期保存，并保持其生活力，既可节约人力、物力和土地，也可防止有害病虫的传播，更利于国际国内种质资源的交换和转移。

6．人工种子

人工种子是指植物离体培养中产生的胚状体或不定芽，被包裹在含有养分和保护功能的人工胚乳和人工种皮中，从而形成能发芽出苗的颗粒体。人工种子的应用潜力体现在无性繁殖植物或多年生植物上，而这类植物一般难以得到高质量的体细胞胚。人工种子与试管苗相比，具有所用培养基量少、体积小、繁殖快、发芽成苗快、运输及保存方便的特点；人工种子技术适用于难以保存的种质资源、遗传性状不稳定或育性不佳的珍稀林木的繁殖；人工种子可以克服营养繁殖造成的病毒积累，可以快速繁殖脱毒苗。

三、组织培养主要操作技术

植物组织培养操作技术的基本要点包括创造无菌条件、选择材料、配制培养基、选择适当的培养方法和培养条件等。

（1）培养基的制备。称取试剂，配制母液，调节 pH 值，然后分装到培养瓶中，并进行高压灭菌。

（2）外植体的选择。包括选择优良品种、健壮植株、最适时期和适宜的大小，选取培养材料的大小一般在 0.5～1.0 cm 之间。

（3）仪器和植物材料的灭菌。器皿消毒一般在干热条件下，在 160℃～180℃进行 3 h 才能达到要求。培养基用湿热灭菌，一般在制备后的 24 h 内完成灭菌工序。植物材料需用消毒剂进行表面消毒。植物材料必须经严格的表面灭菌处理，再经无菌操作手续接到培养基上，这一过程称为接种。接种的植物材料称为外植体。

（4）无菌操作。接种时由于有一个敞口的过程，所以是极易引起污染的时期，主要由空气中的细菌和工作人员本身引起，因此接种室要严格进行空间消毒。首先将无菌室、接种箱和工作台等用紫外灯进行消毒，然后用 70%酒精擦拭。在酒精灯下进行接种操作，接种是将已消毒好的根、茎、叶等离体器官，经切割或剪裁成小段或小块，放入培养基的过程。接种操作应快速、准确。

（5）外植体的培养和驯化。培养是指把培养材料放在培养室（有光照、温度条件）里，使之生长，分裂和分化形成愈伤组织或进一步分化成再生植株的过程。

外植体的成苗途径有 3 种：第一种，外植体先形成愈伤组织，然后分化成完整的植株；第二种，形成胚状体，再发育成完整植株；第三种，外植体经诱导后直接形成根和芽，发育成完整的植株。

（6）试管苗的驯化与移栽。

试管苗移栽是组织培养过程的重要环节，为了做好试管苗的移栽，应该选择合适的基质，并配合相应的管理措施，才能确保整个组织培养工作的顺利完成。适合于栽种试管苗的基质要具备透气性、保湿性和一定的肥力，容易灭菌处理，并不利于杂菌滋生的特点，一般可选用珍珠岩、蛭石、砂子等。为了增加黏着力和一定的肥力，可配合草炭土或腐殖土。配时需按比例搭配，一般珍珠岩、蛭石、草炭土或腐殖土的比例为 1：1：0.5，或者砂子、草炭土或腐殖土的比例为 1：1。这些介质在使用前应高压灭菌，或至少烘烤 3 h 来消灭其中的微生物。要根据不同植物的栽培习性来进行配制，这样才能获得满意的栽培效果。

移栽前可将培养物不开口移到自然光照下锻炼 2~3 d，让试管苗接受强光的照射，使其长得壮实起来，然后再开口炼苗 1~2 d，经受较低湿度的处理，以适应将来自然湿度的条件。

从试管中取出发根的小苗，用自来水洗掉根部黏着的培养基，要全部除去，以防残留培养基滋生杂菌。但要轻轻除去，应避免造成伤根。栽植时用一根筷子粗的竹签在基质中插一小孔，然后将小苗插入，注意幼苗较嫩，防止弄伤，栽后把苗周围的基质压实，栽前基质要浇透水，栽后轻浇薄水。再将苗移入高湿度的环境中，保证空气湿度达 90% 以上。

四、无病毒苗木培育

（一）植物脱毒方法

1. 物理方法

热处理脱毒主要是利用某些病毒受热以后的不稳定性而使病毒失去活性。热处理的设备简单，技术要求不高，短时间即去除病毒。热处理方法有恒温处理和变温处理，处理的材料可以是植株，也可以是接穗。热处理对圆形病毒（如葡萄叶病毒、苹果花叶病毒）和线状病毒（如马铃薯 X、Y 病毒等）有效果，而对杆状病毒无效。

热处理的温度和持续时间十分重要。不同的植物材料和病毒种类，热处理的时间和方法也不同，而且热处理脱毒适合的作物种类有限。对马铃薯来说，热处理还会使块茎品质下降，颜色改变，推迟发芽或不发芽等。

2. 化学方法

在组织培养消除病毒的过程中培养条件也能起到某些作用。如 200 μm 长的烟草茎尖区域带有 CMV，但此外植体却常再生无毒植株，病毒的消除可能是由于培养基中生长调节物质的作用。黄花烟草的茎尖培养中，生长调节物质能减少组织中病毒的浓度，但不能全部消除。虽然化疗处理不能消除整株中的病毒，但对离体组织和原生质体可产生良好的效果。

3. 生物学方法

（1）茎尖组织培养脱毒。由于病毒通过维管来进行传染，在茎尖生长点还没有分化维管束的部分，通常是不带毒的，所以一般利用 0.1～0.3 mm 的茎尖分生组织培养来脱毒。例如，马铃薯茎尖培养脱毒的方法：将块茎放在暗处，使其萌发，伸长 1～2 mm 时，用 35℃的温度处理 7～28 d，然后取尖端 0.5 mm 接种培养，或发芽接种后再用 35℃处理，处理后再取茎尖培养。

茎尖组织培养的程序：先将茎尖材料进行表面消毒，然后切取 0.5 mm 茎尖接种在培养基上。在温度为（25±2）℃，光照度为 1500～3000 lx 条件下，每天照光 16 h，进行继代培养，再诱导生根形成完整植株，最后移栽入土成苗。

（2）愈伤组织培养脱毒。并非所有愈伤组织的细胞都带有某种病毒。用机械法由感染 TMV 的烟草愈伤组织分离出的单个细胞，只有 40%带毒，可再生出很多不含 TMV 的植株。

（3）微体嫁接离体培养脱毒法。对于木本植物，茎尖培养得到的植株难以发根生长，则可采用茎尖微体嫁接的方法来培育无病毒苗。微体嫁接法是 20 世纪 70 年代以后发展起来的一种培养无病毒苗木的方法，其特点是把极小（<0.2 mm）的茎尖接穗嫁接到实生苗砧木上（种子实生苗不带毒），然后连同砧木一起在培养基上培养。接穗在砧木的哺育下很容易成活，因而可以培养很小的茎尖，易于消除病毒。该技术已在柑橘、苹果上获得成功。

（4）珠心胚培养脱毒法。这种方法在柑橘和葡萄上已获得成功。病毒是通过维管组织移动的，而珠心组织与微管组织没有直接联系，一般不带或很少带毒，所以可通过珠心组织培养获得无病毒植株。

（5）综合脱毒方法。例如茎尖培养结合热处理脱毒方法，在马铃薯上可提高脱毒培养的效果。此外，还有茎尖培养结合病毒钝化剂处理脱毒法，如培养基中加入碱性孔雀绿、2，4-D 及硫脲嘧啶等病毒抑制剂能提高茎尖培养苗的脱毒率。

（二）无病毒苗木的检测鉴定和保存

经过脱毒处理产生的无毒植株，用作无病毒原原种或原种使用前，必须对特定的病毒进行检测，以确保无病毒苗木的质量，证明确实无病毒存在，才能在生产上应用。由于培养物中很多病毒具有延迟复苏特性，常在最初的一两次病毒检测中呈现阴性，因此，前 18 个月需要对植株进行多次检验。

常用的检测鉴定方法有以下几种：

（1）直接测定法。观察植株是否表现出带毒的症状。症状诊断时要注意区分病毒病症状与植物的生理障碍、机械损伤、虫害及要害等的表现。

（2）指示植物法。利用病毒在其他植物上产生的枯斑作为鉴别病毒种类的标准。这种专门选用以产生局部病斑的寄主称为指示植物。鉴定不同的病毒应选择不同的指示植物，指示植物应对被接种病毒敏感。通常用摩擦法和嫁接法来接种。

①摩擦法。从被鉴定植物取 1～3 g 幼叶，加水研碎后过滤，汁液中加入少量金刚砂，然后蘸取汁液接种于指示植物上。2～6 d 后观察症状，如有症状出现，说明被鉴定植物仍带有病毒，无症状者，证明为无病毒苗。

②嫁接法。嫁接法是以指示植物为砧木，被鉴定植物为接穗进行嫁接，如砧木上无症状出现即为无病毒苗。

（3）血清鉴定方法。血清学反应是利用抗原和抗体的体外结合，产生特异性沉淀，应用荧光素、酶标记或在电子显微镜下直接观察抗原和抗体结合（免疫电镜）等方法来提高反应的灵敏度。常用的方法是琼脂双扩散法和酶联免疫吸附法。但血清学检测法必须具备优质血清和抗血清。

（4）核酸分析法。血清学技术利用的是病毒衣壳蛋白的抗原性，检测的目标是蛋白。由于核酸才是有浸染性的，仅检测到蛋白并不能肯定病毒有无生物活性，因此，核酸检测技术是鉴定植物病毒的可靠方法，其中核酸杂交和 PCR 方法比较常用。

（5）电镜鉴定法。电镜鉴定法包括超薄切片技术、负染色技术和免疫电镜技术。例如，可将被鉴定植物做成很薄的切片，直接观察有无病毒颗粒，此方法直观、准确。

由于一种植物可能有几种病毒的浸染，所以，鉴定时需要几种方法结合起来使用。

第四章　种植制度

　　种植制度是指一个地区或生产单位的农作物的组成、配置、熟制与种植方式的总称，包括作物布局、复种、间套作、轮连作等，是耕作制度的核心。种植制度要与当地的自然资源、社会经济和生产条件相适应，并随着社会经济和科学技术的发展而变化。我国幅员辽阔，气候、土壤等因素复杂，作物种类和品种繁多，因此在各地区、各单位形成了各具特色的种植制度。

第一节　作物布局

一、作物布局的意义

　　作物布局（crop composition and distribution）是指一个地区或生产单位作物的结构与配置的总称。作物结构包括作物的种类和品种、各作物种植的面积和所占的比例等，作物配置是指作物在区域或田地块上的分布。因此，作物布局是要解决种什么、种多少以及种在哪里的问题。

　　作物布局决定于当地的气候和土壤等自然条件，以及生产条件、社会需求、市场价值、供需平衡等社会经济条件。合理的作物布局方案，应该综合天、地、人、作物、畜禽、市场、价格、政策、交通及社会等各种因素，根据需要与可能，瞻前顾后，统筹安排，以满足个人、集体与国家的需要，充分合理地利用土地和其他自然与社会资源，通过最小的消耗（人、财、物的投入），获得最大的经济、社会与生态效益。

二、作物布局的原则

　　合理的作物布局应当以客观的自然条件和社会经济条件为依据，按照自然规律和经济规律制定，并遵循以下原则：

　　（1）正确贯彻"决不放松粮食生产，积极发展多种经营"的方针。从总体上做到统筹兼顾，密切配合，全面发展。

　　（2）根据作物的特性，因地制宜，因时种植，发挥自然优势。根据不同作物的要求和不同地区的特点，把作物种植在最适宜的自然环境中，发挥自然优势，以获得最佳的产量和质量效果。

（3）适应生产条件，缓和劳畜力、水肥矛盾。作物种类的合理安排和品种的巧妙搭配，可以调节忙闲，错开农事季节，合理利用水肥和劳畜力，不违农时，保证作物高产。

（4）坚持用地与养地相结合，保持农田生态平衡。作物布局必须考虑用地与养地相结合，根据各种作物对土壤肥力的影响，把豆类、绿肥等养地作物与耗地作物实行年间轮作或季节间换茬，并建立相应的耕作、施肥、管理制度，保持农田生态平衡，使各种作物持续增产。

三、四川省作物布局的特点

四川是我国的一个农业大省，大部分耕地分布在盆地内的丘陵和平原，气候条件优越，年平均气温16℃～18℃，无霜期300 d左右，年降水量一般在1000 mm以上，一年四季都适宜农作物的生长。除部分高原和高山地区基本上为一年一熟、盆地部分田地为一年三熟外，主要为一年两熟，由一季大春作物和一季小春作物组成。虽然各地区的自然生态和社会生产条件有一定差异，作物布局也不尽一致，但也有许多共同的特点。

（一）全年作物生产以大春作物为主，大、小春作物兼顾

由于主要的农业气候资源都分布在大春一季，十分有利于大春作物的生长发育，因此，大春作物的产量较高，播种面积也较大。在四川省的主要粮食作物中，除小麦为小春作物外，水稻、玉米、甘薯、大豆等都为大春作物，小春作物小麦的播种面积只占全年粮食作物面积的24.2%，产量只占全年粮食产量的18.2%；在经济作物中，除油菜外，棉花、甘蔗、花生、烟草、黄麻、红麻等都为大春作物。可见，大春作物生产在全年作物生产中占有十分重要的地位，农民历来十分重视大春作物的生产。

在重视大春作物生产的同时，我们也要兼顾小春作物。四川省人多地少的矛盾十分突出，而且还会在一定时期内进一步加剧，只靠大春作物难以满足人们对各种农副产品的需求。目前四川省大春季节的光热资源和土地利用程度较高，大春作物的生产水平也较高，进一步提高产量难度相对较大，且在当前科技水平下的潜力有限。而小春季节的潜力则较大，我们还有较大面积的冬水、冬闲田地可以逐步开发利用。新中国成立后，小春作物的发展对促进四川省农业生产的发展起了重要的作用。

（二）大春粮食生产以水稻为主（主要以中稻为主），猛攻玉米、甘薯等旱粮作物

四川省耕地的组成大约是田土各半，田都用于种水稻。水稻的产量高，省事省肥，经济效益较好，又是人们喜爱吃的主粮，因此农民十分重视水稻生产，水稻生产在全年的粮食生产中占有举足轻重的地位。

在水稻生产中，四川省应以中稻生产为主，这是由四川省的气候条件所决定的。四川盆地内早春的气温回升慢，且不稳定，寒潮频繁，十分不利于早稻的种植，影响其及时早播，容易造成烂种烂秧；而秋季的气温则下降较快，且多阴雨寡日，不利于晚稻的抽穗扬花，因此，双季稻的产量常常是低而不稳。

在旱地上，我们要重点抓好玉米、甘薯等旱粮作物的生产，特别是一些山区，田的比

重很小，甚至没有水田。在 20 世纪 90 年代初，四川省就提出了"稳水稻，攻旱粮"的战略口号，并取得了显著成效，这是因为目前水稻的产量已较高，其生产潜力不及玉米等旱粮作物所致。玉米为 C_4 作物，光合效能高，配合地膜覆盖等先进栽培技术，可较大幅度地提高产量，四川省已连续 5 年以上取得玉米丰收，为四川省增粮发挥了重要作用。甘薯为营养器官作物，只要条件适宜，产品器官即可继续生长，潜力很大，可促进四川省养猪业的发展。

（三）粮食作物与经济作物全面发展，经济作物要因地制宜，适当集中

在发展粮食作物的同时，还应注意发展经济作物。在社会主义市场经济条件下，随着人们温饱问题的解决，农民迫切需要增加经济收入，致富奔小康，发展适宜的经济作物是一条重要途径，而且发展经济作物还可以促进相关工业的发展。但经济作物一般要求的环境条件和生产技术比较高，尤其是一些特殊用途的经济作物如中药材，在布局上应适当集中，以发挥其资源优势和规模效益，并根据当地的资源特点、生产条件、市场需求和交通运输等条件进行科学布局。

（四）注意发展豆科、绿肥作物及退耕还林等，改善生态环境

豆科作物蛋白质含量高，营养价值和经济价值均高，而且还可以固定空气中游离的氮，培肥地力；绿肥常兼作饲料，促进畜牧业的发展，同时又是养地作物。发展豆科、绿肥作物，使社会、经济和生态三大效益有机结合，可促进农业生产的持续发展。

四川省还有一部分坡度较大的旱坡地，土层瘠薄，肥力低下，抗逆能力差，作物产量低而不稳，而且水土流失严重，导致生态环境恶化，应逐步退耕还林，退耕还牧（草），改善生态环境，走可持续发展道路。

第二节　复　种

一、复种的概念和作用

复种（sequential cropping）是指一年之内在同一田地上种收两季或两季以上作物的种植方式。一块田地上一年种收一季，称为一年一熟（没有复种）；一年种收两季，称为一年两熟，如小麦收后复种玉米；一年种收三季，称为一年三熟，如小麦收后复种双季稻。此外，还有一年四熟、两年三熟、两年五熟等。

衡量一个地区或生产单位复种程度的高低，通常用复种指数表示。复种指数是全年播种或收获总面积占耕地总面积的百分比，即

$$复种指数（\%）= \frac{全年播种或收获面积}{耕地总面积} \times 100\%$$

复种是我国精耕细作、集约栽培的传统经验。我国人多地少，但自然条件比较优越，特别是南方各省，作物可以全年生长。提高复种指数可以扩大播种面积，充分利用土地、

光、热等自然资源，提高单位面积产量；可以通过复种养地或兼养作物而恢复和提高土壤肥力，增加地面覆盖，减少径流冲刷，保持水土；有利于解决粮食作物与经济作物、绿肥作物与饲料作物的争地矛盾，有利于粮食作物和经济作物全面发展，农牧结合。因此，复种是发展农业生产的一项重要措施。

二、复种的条件

一个地区能否复种以及复种程度的大小，主要取决于下列条件：

（1）热量条件。这是决定一个地区或生产单位复种程度高低的首要条件。每种作物的生长发育都要求一定的热量条件，一般以积温表示，喜凉作物一般用≥0℃积温，喜温作物常用≥10℃积温，我国几种主要作物对积温的要求见表4-1。

表4-1 各种作物与组合所需的正积温①

作物	生育期所需积温（℃）	作物	生育期所需积温（℃）	作物组合	适宜分布区积温低限	
					≥10℃	≥0℃
冬黑麦	1700~2125	谷 子	1700~2500	小麦-谷糜	3000~3300	3500
冬小麦	1800~2100	甜 菜	2400~2700	小麦-玉米	3600~4400	4100~5000
冬大麦	1700~2075	玉 米	2300~2800	小麦-玉米	4100~4500	4500
冬油菜（播）	2000~3000	大 豆	2000~2800	小麦-大豆	4100~4500	4500
（栽）	1400~2500	北方稻（播）	2400~3000	小麦-水稻	4200~5000	4700~5500
春小麦	1500~2200	（栽）	2300~4000	小麦-棉花	4400~5500	5000
春大麦	1600~1900	棉 花	1800~2500	小麦-甘薯	4200~4500	4700
莜 麦	1450~1880	甘 薯	3500~4000	绿肥，闲-稻-稻	4900~5200	5300
豌 豆	900~2100	花 生	2200~4000	油菜（大麦）-稻-稻	5100~5400	5600
荞 麦	1000~1200	烟 草	2400~3400	小麦-稻-稻	5300~5700	5700~6100
亚 麻	1600~2000	中稻（栽）	3200~3600	甘薯-稻-稻	7000~7500	7900
小油菜（播）	1100~1500	早稻（栽）	2300~2800			
马铃薯	1300~2700	晚稻（栽）	1700~1900			
青 稞	1000~1200	甘 蔗	5500~8000			
向日葵	1300~2200					
芜 菁	1400~1600					
糜 黍	1450~2100					

复种所需的积温应在组成这种复种方式所需积温之和的基础上有所增减，例如，采用接茬复种（上一季作物收后再整地播种下一季作物的复种方式）应加上从收前季到种后季

---

① 刘巽浩，韩湘玲. 中国的多熟种植 [M]. 北京：北京农业大学出版社，1987.

的农耕时间积温，采用套作复种应减去前后季作物共生期的积温，后作采用育苗移栽则要减去苗床期积温。在计算复种所需积温时，应根据多年的气象资料设计一定的保证率。

据研究分析，一般大于或等于10℃的积温小于3500℃时，基本上为一年一熟，或在麦类作物收后种生长期短的填闲作物；3500℃～5000℃可以两熟；5000℃～6000℃可以三熟；>6500℃可三至四熟。

（2）水分条件。水分条件包括年降雨量及其分布和灌溉条件。一般年降雨量400～500 mm为半干旱区，可种耐旱作物，如粟、高粱等，或小麦后休闲蓄水，可一年一熟；600 mm左右的地区，热量较高，可以一年两熟；秦岭、淮河以南至长江以北地区，年降雨量800 mm左右，以稻、麦两熟为主；年降雨量大于1000 mm地区，则可满足双季稻和一年三熟的要求。对于有灌溉条件的地区或田地块，复种不受水分限制；对于无灌溉保证的广大丘陵地区来说，年降水量也较丰富，但季节分配不均常限制复种程度的提高，有的田块为了保证水稻生产，冬季不得不放弃复种小春而蓄水（冬水田），改善水利条件可促进复种指数的提高。

（3）肥料条件。复种指数提高后，肥料的需要量也相应增加，多种一季就要多施一季肥料。因此应扩大肥源，增施肥料，或复种轮作豆科、绿肥作物，否则会掠夺地力，造成多种而不能多收的结果。

（4）劳畜力与机械化条件。随着复种指数的提高，种收季数的增加，需要的劳力也相应增多，没有足够的劳力作保障，势必会影响复种的效果。

三、复种的技术

一定的复种方式是与一定的自然、生产条件和技术水平相适应的。复种指数提高后必然带来一些新的矛盾，特别是水、肥、季节和劳力的矛盾，为了解决这些矛盾，必须采取以下综合技术措施：

（1）加强农田基本建设，改土、治水。复种的作物多种多样，要适宜各类作物生长，就要求深厚肥沃的土壤，特别是对低产田要进行改造，加厚土层，培肥地力；大力兴修水利，增加排灌设施，提高灌溉保障，确保复种成功。

（2）选择早熟丰产的作物或品种搭配。选用同季作物中的早熟作物，如双季稻三熟制中的小春作物，应选用白菜型油菜、早熟高产小麦品种或绿肥。一般生育期长的品种产量较高，但每季都选用生育期长的晚熟品种，既不利于提高复种指数，又难于保证季季高产；若每季都选用早熟品种，虽然有利于提高复种指数，但年总产量不一定很高。因此，提高复种指数，无论是作物组合，还是品种搭配，都应全面安排，以保证年总产量的提高。

（3）采用套种。在前季作物收获前20～40 d，在预留行内播种移栽后季作物，如小麦套种玉米或棉花，玉米套种甘薯等，可节约时间和季节，确保复种成功和复种的效果。

（4）改直播为育苗移栽，缩短本田生育期。采用育苗移栽不但可以培育壮苗，还可以节约时间，克服季节紧张的矛盾，并延长作物的生育期，使复种的各季作物均能高产。

（5）采用促进早发、早熟的措施。可以运用免耕或少耕技术节省农耕时间，采用保温育苗、地膜覆盖促早播早发，施催熟剂促早熟等。此外，还可利用某些作物再生性强的特性，增收一季，如再生稻、再生高粱等。

四、四川省的主要复种方式

（一）稻田的主要复种方式

（1）一年一熟。约占稻田面积的三分之一，其中以冬水-中稻为主，约占这种方式的90％，另有少量冬炕（闲）田-小麦。

（2）一年两熟。这是稻田的主要复种方式，占稻田面积的60％左右。①小麦（油菜、大麦）-中稻，这是稻田两熟制中最主要的复种方式，约占三分之二；②蔬菜、马铃薯、绿肥、蚕豆（豌豆）-中稻，约占15％；③冬水-中稻-再生稻和冬水（绿肥）-早稻-晚稻，这是以水稻为主的种植形式，主要分布在川东南等光热条件较好的地区。

（3）一年三熟。稻田中一年三熟的面积不大，主要的三熟模式有油菜、蚕豆、豌豆、大麦、小麦-中稻-再生稻，油菜、蚕豆、豌豆、大麦、小麦-早稻-晚稻，小麦、油菜-中稻-蔬菜。主要分布在川东南等光热条件较好的地区。

（二）旱地的主要复种方式

（1）一年一熟。四川省旱地的复种指数较稻田的高，因此一年一熟的比例较小，不足20％，其中主要的形式有冬闲-玉米、花生、甘蔗、棉花、甘薯等。

（2）一年两熟。占旱地的三分之一左右，主要的形式有小麦（油菜）-玉米（或甘薯）、小麦（油菜）-花生、小麦（或大麦、油菜、蚕豆或豌豆）-棉花（或红、黄麻）、小麦（蚕豆或豌豆）-烟草。

（3）一年三熟。在旱地中占的比重较大，其中以（小）麦/玉（米）/（红）苕（甘薯）带状套作三熟为主，约占旱地三熟制的四分之三，还有在此基础上形成的麦/花（生）/苕，此外还有一定面积的蚕豆（豌豆）、马铃薯-玉米/薯及少量的马铃薯-玉米-马铃薯等种植形式。

第三节　净作与间、混、套作

一、净作与间、混、套作的概念

间、混、套作是相对于净作而言的。净作（sole cropping）又称为单作、清种或纯种，是指在同一块田地上只种植一种作物的种植方式，是目前大面积生产上的主要种植方式，如水稻、油菜等。这种方式作物种类和群体结构单一，全田作物对环境条件要求一致，生长发育整齐一致，便于田间统一种植、管理与机械化作业。

间作（intercropping）是指在同一田地上于同一生长期内，分行或分带（几行作物为一带）相间种植两种或两种以上作物的种植方式，前者称为条状或直行间作，后者称为带状间作。生产上以带状间作为主，它更便于田间操作管理。

混作（mixed cropping）是指在同一块田地上，同期混合种植两种或两种以上作物的种植方式。混作与间作都是于同一生长期内由两种或两种以上的作物在田间构成复合群体，是集约利用空间的种植方式。但混作在田间一般无规则分布，可同时撒播，或在同行内混合、间隔播种或一种作物成行种植，另一种作物撒播于其行内或行间。混作的作物相距很近或在田间分布不规则，不便于分别管理，并且要求混种的作物的生态适应性要比较一致。

间作和混作都是在田间将不同的作物组合在一起构成人工复合群体，个体之间既有种内关系，又有种间关系，是集约利用空间的种植方式。间、混作时，不论田间有几种作物，皆不增计复种面积。

套作（relay cropping）是在前季作物生长后期的株行间播种或移栽后季作物的种植方式，也称为套种，如麦/玉/苕带状套作三熟制。套作不仅能阶段性地充分利用空间，更重要的是能延长后作物对生长季节的利用，提高复种指数，是一种集约利用时间的种植方式。

套作与间作都有作物共生期，不同的是前者的共生期较短，不超过其全生育期的一半，而后者的共生期较长，作物的整个生育期或绝大部分时间都与另一作物生长在一起。

间、混、套作都是我国传统精耕细作的主要内容，是增产的重要措施。

二、间、混、套作增产的原因

（1）提高光合能力。间、混、套作是由几种能协作互利的作物所组成的复合群体，由于各种作物高矮、大小、株型不一致，改变了田间的群体结构和冠层特征，改善了其受（采）光姿态，变净作中的平面采光为复合群体的立体采光，并增加田间的通风走廊，使田间通风透光条件得到改善，光合能力得到增强。间、混、套作还能增加全田的光合面积，因不同的作物形态特征不同，占据空间的能力和位置不同，而且各自的生物学特性也不同，对光、温等的适应和要求也就不同（如喜光与耐荫等），将它们合理地组合在一起，可避免株间的激烈竞争，实现其互补，从而可增加全田总的种植密度，增加绿叶面积，提高光能利用率。套作还可以充分利用生产季节，缓和茬口矛盾，提高复种指数，增加单位面积上的年产量。

（2）充分利用地力。这首先表现在不同作物对土壤中营养元素的种类、数量、吸收的能力和深度不同，如禾谷类作物需氮较多，豆类作物需磷钾较多；直根系作物根系入土较深，可以吸收土壤深层的营养，须根系作物根系入土浅，主要吸收土壤上层的养分。其次表现在不同作物对水分的吸收能力和数量不同。最后表现在作物根系生长速度不同，利用地力的时间也有早有晚，有长有短。因此，合理间、混、套作可以充分利用地力，获得高产。

（3）利用不同作物的抗逆性，稳产保收。不同作物有不同的病虫害，对恶劣的气候条件有不同反应。一般单作抗自然灾害的能力较低，当发生严重自然灾害时，往往会给生产带来严重损失，甚至颗粒无收。复合群体若遇到灾害性天气或发生严重病虫害时，某一作物可能不适应而减产，而另一作物可能抗过灾害不致减产，甚至因填补了空间，长势良好，获得较好的收成，达到稳产保收。例如玉米与甘薯套种，玉米具有较强的抗旱能力，植株高大可为甘薯苗期遮阴，甘薯茎蔓匍匐生长，覆盖地面，可减少表土水分蒸发。套作时因调整了作物的播栽期，也可躲避自然灾害的危害。

（4）不同作物间分泌物的互利作用。作物在生长过程中可以通过根系、叶片等器官向周围环境分泌一些化合物，从而对另一种植物产生直接或间接的影响（这种现象称为感应性），这种影响可能是有利的，也可能是不利的。实行间、混、套作时可利用其有益的一面，促进共生互利，提高产量。例如，农作物与蒜、葱、韭菜等间作，农作物的一些病虫害减轻；马铃薯与菜豆、小麦与豌豆、春小麦与大豆在一起种植可互相刺激生长；玉米间作花生，可大大减少玉米螟的危害。

三、间、混、套作的技术要点

实行间、混、套作时，田间是由多种作物组成的复合群体，植株间对生活要素的竞争（争夺）除了种内竞争外，还有种间竞争，关系更为复杂，必须采取相应的措施，协调株间关系，充分实现互补，克服竞争，做到分层利用空间，延续不断利用时间，均衡利用营养面积，趋利避害，各取所需。

1. 选择适宜的作物种类和品种搭配

应尽量选择在形态特征和生物学特性上互利、互补和相互没有明显的抑制关系的作物进行搭配。在形态特征上，一般选择高秆与矮秆、直立与匍匐、宽叶与窄叶、圆叶与尖叶、深根与浅根作物搭配，在特性上选择喜光与耐阴、耐旱与耐涝、喜氮与喜磷钾、耗氮与固氮、需水量大的与需水量小的、三碳与四碳作物搭配。套作的前茬作物宜选早熟丰产、秆矮抗倒的品种，后茬作物宜选生育期稍长、苗期较耐阴、适应性强的品种。此外，在商品经济时代，还应注意选择经济价值低的与经济价值高的作物搭配。

2. 合理的田间结构

田间结构包括带距与幅宽、行比、间距、密度及行向等。一般来说，两种作物共生期长，应采取带状间、套作；共生期短，可在行间或隔行间作或套作；山区坡地可采取沿等高线走向方式间、套作，以利保持水土。

带宽与行比主要取决于作物的主次和特点。一般要求主作物要占有较大比例，其密度可接近单作的密度；副作物则占较小的比例，每平方米株数要小于单作。在套作时，如果副作物为前作，一般要为后播的主作物预留空行，共生期越长，空行应越大。

间、套作中作物的种植密度应根据通风透光要求、土壤肥力水平和作物特性综合考虑。一般应掌握间、套作后的总密度高于单作的原则，以充分利用光能，获得较高的增产效果。高秆作物一般采用宽窄行或宽行窄株种植，做到"挤中间，空两边"，既保证其种植密度，充分发挥边行优势增产，又尽量减少对矮秆作物的荫蔽。行向在单作时以南北向较好，但在间、套作时，对于矮秆作物来说，东西向比南北向接受日光的时间和面积要多得多。

3. 适时播种，缩短共生期

间、混作时，应尽可能先播生长较慢、竞争能力弱的作物，确保平衡生长，混作时还应尽量调节播期，使其同期成熟，以便收获。

套作时，在适宜播种期内，前作应尽量早播，以便早熟早收，为后作的生长发育创造条件；后作则应适当迟播，以缩短共生期，减轻前作物的荫蔽，但若播种过晚，则不能发挥套作应有的作用。

4. 采取相应的栽培措施

间、套作田块是一个复合群体，作物之间相互影响，容易出现缺苗断垄、高脚纤细、弱苗、黄苗。因此，必须采取相应的栽培技术措施，分别加强管理，促进作物的平衡生长。播前深耕细作，增施肥料，适当加大播种量；出苗后，及时间苗、补苗，加强肥水管理，及时中耕除草，防治病虫。及时收获前作并加强后作管理，促进后作的生长发育是套作增产的重要措施。

四、主要间、套作类型

（1）间作。旱地以禾本科作物＋豆科作物最普遍，其中又以玉米＋大豆最多，充分体现了高与矮、直立叶与水平叶、深根与浅根、喜光与耐阴、喜氮与喜磷钾、耗氮与固氮、碳三与碳四搭配，间作效果较好。此外，还有一些禾本科与非豆科作物的间作类型，主要的是玉米＋甘薯或马铃薯。水稻田以净作为主，近年有少量的杂（交稻）糯（稻）间作或混作，因常规糯稻较高，可与杂交稻分开，在不影响杂交稻产量的前提下增收一定的糯稻。此外，有的城郊附近有少量的杂交稻＋茭白（篙笋）。

（2）套作。以麦/玉/苕为主，分布在广大丘陵区；还有一定面积的小麦/棉花，主要分布在棉区。

第四节　轮作与连作

一、轮作与连作的概念

轮作（crop rotation）是指在同一块田地上，有顺序地轮换种植不同的作物或不同复种方式的种植方式。如玉米→大豆→甘薯，这是一年一熟地区的三年轮作。南方地区主要是复种轮作，即轮换不同的复种方式，如油菜－水稻→小麦－水稻。

连作（continuous cropping）是指在同一田地上连年种植同一作物或同一复种方式的种植方式，后者又称为复种连作。如棉花→棉花→棉花，小麦－水稻→小麦－水稻。

二、轮作增产的原因

轮作是种植制度的一项重要内容，合理的轮作可以提高作物的产量。其主要的作用如下：

（1）能均衡利用土壤中的养分和水分。不同作物从土壤中吸收养分的种类、数量不同，对养分的吸收能力也有一定差异。如稻、麦等禾谷类作物对氮、磷和硅的吸收量较多，对钙的吸收量较少；烟草和薯类作物对钾的吸收量较多；豆类作物对钙、磷的吸收量较多，对硅的吸收量较少，而且可与根瘤菌一起联合固定空气中的氮，栽培豆类作物之后，常常使土壤中的氮素含量增加。不同作物的根系入土深浅和分布的范围不同，在土壤中摄取养分和水分的范围也不一样，如玉米、棉花、大豆等作物根系较深，而马铃薯、甘薯等根系较浅。将这些根系入土深浅不同、吸收养分种类和数量不同的作物进行合理的轮换种植，可以全面均衡地利用不同土层中的各种营养元素和水分，充分发挥土壤的生产潜力，避免由于连作而片面消耗某层土壤中的某些营养元素所造成的局部养分和水分的亏缺。

（2）改善土壤的理化性状，调节土壤肥力。由于不同作物的枯枝落叶、根系残茬（统称为自然归还物）的性质和数量不同，所以种后对地力的消耗也不一样。例如，豆类作物的枯枝落叶等较多，自然归还物的数量可占其有机物总量的 30%～40%，而且根系上的根瘤可固氮，因而种后土壤比较肥沃，称为养地作物，绿肥作物也是重要的养地作物；油菜、棉花等作物的自然归还物数量也较多，油菜每生产 50 kg 菜籽则有 65 kg 落叶、1.5 kg落花、120 kg 根茬，50 kg 菜籽榨油后还有约 35 kg 油枯，将其做有机肥可基本维持土壤肥力，这类作物称为兼养作物，饲料作物与蔬菜也属于兼养作物；水稻、玉米等禾谷类作物和薯类作物的产量高，从土壤中吸收的养分多，其自然归还物数量较少，对地力消耗较大，称为用地作物。如果年年种植用地作物，则土壤肥力越来越低，作物产量下降；如果将用地作物与养地作物、兼养作物轮作，则可维持地力，保持土壤的生产能力。

（3）减轻作物的病虫草害。作物的有些病虫害是通过土壤感染传播的，如水稻纹枯病、棉花枯、黄萎病和油菜菌核病等，每种病虫对寄主（作物）都有一定的选择性，即危害的专一性，如果年年都种植相同的作物（连作），这些病菌和害虫就年年都有寄主，因而可以大量繁殖传播，病虫害就越来越严重，进行合理的轮作可以有效地解决这一问题，因病菌、害虫的寿命是有限的，隔几年无食物来源就会死去。特别是水旱轮作还因田间生态条件的剧烈变化（干湿交替）而起到很好的防治病虫的作用。

杂草作为一种植物，其生长发育要求一定的生态环境，环境条件适宜则生育良好，因此常常与那些所要求的生态环境条件相似的作物"伴生"在一起，人们在为作物创造适宜生育条件的同时，也为杂草的生育创造了条件。如果年年种植这种作物，都为其创造适宜条件，田间的杂草则可能越来越多，而合理轮作可减轻杂草的危害，尤以水旱轮作的效果更好，因淹水时可淹死一部分旱生杂草的种子，而干旱时也会导致部分水（混）生杂草的种子死亡。

由于轮作具有良好的生态效益和增产作用，在生产上应尽量安排合理的轮作，尽管现代农业也可在一定程度上克服连作的障碍，如施用化肥、除草剂、杀虫剂、杀菌剂等，但轮作的作用还是不能代替的，它不污染环境，不增加成本，效果稳定。

三、连作的合理运用

（一）连作的利弊

合理的轮作能增产，不合理的连作则要减产，连作的弊病（缺点）与轮作的作用（优点）相对应。但连作也有其有利的方面：①连作可以发挥资源优势，一些地区的气候生态条件可能特别适合于某一作物的生长发育，连作可以充分利用这些有利条件，如南方的水稻，我国规划了许多的商品粮、棉等生产基地就是利用了这一特点；②便于专业化生产，连作因种植的作物种类较单一，所需生产条件和设施较简单，生产技术也较单一，有利于生产管理的专业化，提高生产水平和劳动生产率。

（二）作物对连作的反应

不同的作物对连作的反应不同，连作的障碍及其程度也不一样，据此可分为：①不耐（忌）连作，对连作敏感，连作的减产幅度大，主要有茄科的马铃薯、烟草、番茄、茄子，葫芦科的西瓜、亚麻、甜菜等，豆科的豌豆、大豆、菜豆等；②耐短期连作，对连作的反应属中等，主要有甘薯、紫云英、苕子等作物；③较耐连作，这类作物连作的障碍较轻，在一定年限内连作不会减产或减产很小，如水稻、玉米、麦类、棉花等。

（三）连作的运用

（1）对于较耐连作，在国民经济中占有重要地位的作物，如水稻、玉米、棉花等，可适当安排连作，以满足社会需要；对忌连作的作物应尽量避免连作，实行轮作。

（2）对于某些需要连作的作物，可以通过更换品种和复种方式中的其他作物来减轻连作的障碍，延长连作年限。

（3）通过加强管理来减轻连作的危害，如增施有机肥、秸秆还田培肥地力、加强病虫害综合防治、合理土壤耕作等。

第五章　有机农业理论与技术

第一节　有机农业概述

一、有机农业的概念与特征

（一）有机农业的概念

我国有机农业工作者将有机农业定义为：遵照有机农业生产标准，在生产中不使用化学合成的农药、化肥、生长调节剂、饲料添加剂等物质，也不使用基因工程生物及其产物，而是遵循自然规律和生态学原理，采用一系列可持续发展的农业技术，协调种植业和养殖业的平衡，维持农业生态系统持续稳定的一种农业生产方式。有机农业生产体系的建立需要有一定的有机转换过程。

（二）有机农业的特征

（1）耕作与自然的结合。有机耕作不用矿物氮源来提高土壤肥力，而是利用豆科作物的固氮能力来满足植物生长的需要，并将收获的豆科作物用作饲料发展养殖业，用畜禽粪便培肥土壤。土壤生物（如微生物、昆虫、蚯蚓等）使土壤固有的肥力得以充分释放，植物残体、有机肥料还田有助于土壤活性的增强和进一步发展，土地通过多年轮作的饲料种植得到休养。

（2）遵循自然规律和生态学原理。有机农业的一个重要原则就是充分发挥农业生态系统内部的自然调节机制。在有机农业生态系统中，采取的措施均围绕实现系统内养分循环，最大限度地利用系统内的物质，包括有机废弃物质，种植绿肥，选用抗性品种，合理耕作、轮作，多样化种植，促进天敌及采用生物和物理方法防治病虫草害，建立合理的作物布局，满足作物自然生长的条件，创建作物健康生长的环境。

（3）协调种植业和养殖业的平衡。有机耕作者只能养殖其土地能承载的牲畜量，因为有机生产标准只允许从系统外购买少量饲料。这种松散的牲畜养殖方式，可以保护环境不受太多牲畜排泄物所产生的硝酸盐污染，通常情况下只产生土地完全吸纳和分解的粪便量。饲料和作物的种植处于一种相互平衡且经济的关系。

（4）禁止基因工程获得的生物及其产物。因基因工程不是自然发生的过程，故违背了有机农业与自然秩序相和谐的原则。基因工程品种会对其他生物，对人类健康和环境造成影响；基因工程品种还存在着潜在的、不可预见的破坏自然生态平衡的影响。因此，有机农业坚决反对应用基因工程技术。

（5）禁止使用人工合成物质。有机农业生产严格禁止使用人工合成的化学农药、肥料、植物生长调节剂、畜禽防病治病化学药剂和饲料添加剂等物质。生产的有机产品完全是一种品质高、无污染的安全产品。

二、我国有机农业的发展

我国有机农业始于 20 世纪 80 年代，目前有机和有机转换产品已有约 50 大类，400～500 个品种，包括蔬菜、豆类、杂粮、水产品、野生采集产品。截至 2007 年年底，中绿华夏有机食品认证中心认证企业 750 家，产品实物总量 195.5 万吨，认证面积 246.9 万公顷，其中种植面积 12.6 万公顷，放牧面积 60 万公顷，水域面积 24.9 万公顷，野生采集面积 149.4 万公顷。截至 2009 年，世界现有有机农田 3720 万公顷，约占世界农业用地总量的 0.85%。其中，中国的有机农田面积为 185 万公顷，占到中国农业土地面积的 0.34%。我国有机农产品主要有两大生产区：一是我国东北地区，生产和出口谷物、豆类、葵花籽等主要产品；二是东部和南部沿海地区，主要向国内市场供应和向日本出口有机蔬菜。

2004 年，国家质量监督检验检疫总局经国务院批准颁布了《有机产品认证管理办法》，为有机监管体系的运作制定了整体制度体系。2005 年 1 月，国家标准化管理委员会正式颁布《有机产品国家标准》，这是我国制定的第一个有机产品标准。2005 年 6 月，中国国家认证认可监督管理委员会颁布了《有机产品认证实施规则》，制定了相应的产业规章以符合国家有机标准的要求。截至 2009 年年底，我国共有 22 家国内有机认证机构执行《中国国家有机产品标准（CNOPS）》来提供认证服务。同时，我国现已有 6 家国外有机认证机构分别提供欧盟有机认证、美国 NOP 认证和日本 JAS 认证服务。目前，我国有机认证机构共发放有机产品认证证书 4800 多张，获得有机产品认证的企业 4000 多家，有机产品认证面积达到 260 万公顷。

第二节　有机农业认证标准及认证机构

一、有机标准的概念

有机标准是对有机生产、加工和贸易的基本要求，是指导有机生产和加工行为的技术规范。有机认证申请者需要与认证机构签订协议，保证执行有机标准，并接受有机认证检查员的认证检查。认证机构给符合标准的农场、加工厂和贸易单位颁发有机认证证书，并授权其在有机产品上使用相应的有机产品标志。

二、有机种植业生产标准

（一）基本概念

1. 认证范围

申请认证的单元可以是整个农场，也可以是农场中的部分田块，而无论是哪一种形式，均必须是完整的生产区。如果农场既有有机生产区又有常规生产区，农场经营者必须指定专人管理和经营用于有机生产的土地。同时，要制订计划将原有的常规生产土地逐步转换成有机生产，并将计划交认证机构备案。

2. 认证对象

有机认证的对象是地块，如果地块环境条件符合有机生产要求，作物生产以及田间管理又满足有机作物生长要求，则该地块上生产的所有作物都可以作为有机作物。生产者必须采取有效措施区分有机转换中的作物和已获得颁证的地块上的作物。

3. 转换期

由常规生产系统向有机生产转换通常需要2～3年时间。生产者在转换期期间必须完全按有机生产要求操作。经一年有机转换后的田块中生长的作物，可以作为有机转换作物。

新开荒地、撂荒多年未予农业利用的土地以及一直按传统农业方式耕种的土地，也要经过至少一年的转换期才有可能获得认证机构颁证。

已通过有机认证的农场一旦回到常规生产方式，则需要重新经过有机转换后才有可能再次获得有机颁证。

4. 缓冲隔离带

如果某农场邻近田块喷洒禁用物质或可能有其他污染物存在，则在有机种植的地块和该邻近地块之间必须设置足够的障碍物，或在有机和常规作物之间设置足够的过渡带，以保证有机生产田块不受污染。

5. 生产和管理计划

为了保持和改善土壤肥力，减少病虫害和杂草的危害，有机生产者应根据当地的生产情况，制订并实施非多年生作物的轮作计划。在作物轮作计划中，应将豆科作物包括在内。在实施轮作计划时，生产者可以根据现实情况进行适当调整。有机生产者应制订和实施切实可行的土地培肥计划和有效的农场生态保护计划，包括种植树木和草皮、控制水土流失、建立天敌栖息地和保护带、保护生物多样性等。

6. 内部质量保证和控制方案

有机生产者应做好详细的生产和销售记录，包括有机农场田块与从业人员购买或使用农场内外的所有物质的来源和数量，以及作物种植管理、收获、加工和销售的全过程记录。

（二）生产管理

1. 土壤培肥

有机农业理论认为土壤是一个活的生命系统，施肥首先是培肥土壤，再通过土壤微生物的作用来供给作物营养，因此，有机农业要求利用有机肥和合理的轮作来培肥土壤。另外，有机生产过程中还要尽可能地减少土壤养分的流失，提高养分的利用率。

2. 病虫杂草的管理

有机农业本着尊重自然的原则，倡导应用综合的生态学方法和进行健康栽培控制作物病虫害。以农艺措施为主，辅之以适当的生物、物理防治技术，并适当利用一些植物性农药和允许使用的矿物源农药防病治虫。对于有机农业生产系统中的病虫害和杂草，应通过大量的预防性耕作技术来控制，直接控制病虫草害的措施可以通过适当管理天敌栖息地（如树丛和巢穴等），保护和发展病虫害的天敌；通过了解和干扰害虫的生态需要，制订虫害管理计划；允许使用农场内的动植物和微生物制成的用于病虫草害管理的产品；允许使用物理方法控制病虫草害。

3. 种子选育

所有的种子和植物原料都应获得有机认证。所选择的作物种类及品种应适应当地的土壤和气候特点，对病虫害有抗性。在品种的选择上要充分考虑基因多样性，不允许使用任何基因工程的种子、种苗、花粉等。

4. 水土保持

应以可持续的方式对待土壤和水资源。应采取有效措施，防止水土流失、土壤盐化、过量或不合理使用水资源以及防止地表水和地下水污染。应最大限度地限制通过焚烧有机物开垦土地，比如通过刀耕火种或焚烧秸秆。认证机构应规定适当的载畜量，以防止土地退化及地表水和地下水污染，采取相应措施，防止土壤和水盐碱化。

5. 多样化种植和轮作

作物生产的基础是土壤及周围生态系统的结构和肥力，以及在营养损失最小的情况下，提供物种多样性。这里的多样性包括了自然生态系统中的生物多样性和作物品种多样性。

6. 野生产品的采集

收获或收集产品不应超过该生态系统可持续的生产量，也不应危害到动植物物种的生存。收获或收集野生产品应有利于维持和保护自然区域功能，应考虑到生态系统的可持续性。

三、有机认证机构

（一）国外主要有机认证机构

1. IFOAM

1972 年 11 月 5 日在法国发起成立了"国际有机农业运动联合会（IFOAM）"，旨在联合世界上从事有机农业的单位和个人，建立一个生态、环境和社会持续发展的农业。目前，该组织拥有来自 90 多个国家的 600 多家集体会员，是促进有机农业、有机产品生产和贸易的全球性非官方组织，其会员包括认证机构、贸易商和生产加工商。IFOAM 制定了国际有机农业和食品加工的基本标准，该标准是各种认证机构制定标准的基础。IFOAM 标准由 IFOAM 标准委员会不断进行修改，每两年由 IFOAM 理事会讨论通过后出台。

2. Demeter International eV

Demeter International eV 是非洲、澳大利亚、欧洲和北美 19 个认证机构组成的全球性网络，拥有 35 个国家 3500 多个合作伙伴，认证面积达 100 km² 以上，其国际公认的标志已在 50 多个国家注册。符合 Demeter 标准或获得其认证的产品可以使用其标志。此外，Demeter 也制定了针对认证机构的授权计划，可以协助建立认证机构。

3. 世界食品法典委员会（Code Alimentarius Commission）

该委员会由世界食品和农业组织、世界卫生组织共同设立，其宗旨是保护消费者健康不受损害，同时促进国际食品贸易的开展，特别是防止将国际标准用作妨碍食品贸易的技术壁垒。目前，食品标签委员会（Committee on Food labelling）正在制定有关有机食品生产、加工标签和营销的指导原则，食品进出口检验和认证体系委员会（Committee on Food Import and Export Inspection and Certification Systems）正在制定有关食品进出口检验及认证体系的指导原则。

4. 国际标准组织（ISO）

ISO 成立于 1947 年，是由约 130 个国际标准机构（每国一个）组成的国际性联合体，其宗旨是通过制定国际标准促进国际贸易与服务，以及在知识产权、科学、技术和经济领域进行合作。目前 ISO 尚未制定有机产品生产相关的标准，但对认证机构制定有 ISO/IEC Guide 65/1996，提出了一些基本的要求和评估标准。IFOAM 和 Demeter 有机认证授权计划按 ISO 指南进行。欧盟要求有机产品认证机构必须在 1999 年 6 月之前获得上述 ISO65 认证，未获得认证者不得从事有机产品认证。

5. 欧洲标准化委员会（CEN）和欧洲电子技术标准委员会（CENELEC）

欧盟地区性标准机构包括欧洲标准化委员会和欧洲电子技术标准委员会，其会员为欧盟成员国标准机构，此外还包括冰岛、挪威和瑞士国际标准机构。上述委员会除制定欧洲标准外，也采纳国际标准组织，如 ISO 和 IEC 的相关标准。上述两机构共同制定了与产品认证机构相关的欧洲标准（EN 45011，1998），它相当于 ISO/IEC Guide 65。根据欧盟法规，欧洲认证机构从 1998 年 1 月 1 日起必须符合 EN 45011R 要求。另外，欧盟制定的 EN 45010 与 ISO/IEC Guide 61 相对应。

（二）中国的有机食品认证机构

1. 国环有机食品认证中心（OFDC）

我国从 1994 年才开始有专门的有机农业和有机食品发展机构，即国家环境保护总局有机食品发展中心（OFDC），2003 年改名为国环有机食品认证中心。目前，该中心已制定了一系列较规范的有机产品生产、检查、认证和贸易的要求和技术文件。自 1995 年以来，国家环境保护总局已正式批准了我国《有机产品标志管理办法》和《有机食品生产和加工技术规范》等有机食品认证的技术文件。1998 年，OFDC 根据 IFOAM 有机农业生产和食品加工的基本标准，同时参照欧盟有机农产品生产规定（EEC No. 2092/91）和国际有机作物改良协会（OCIA）以及其他国家有机农业协会和组织的标准和规定，结合我国农业生产和食品行业的有关标准，制定了《有机产品认证标准》，并已经在我国的有机产品认证过程中实施。经过一段时间的实践，OFDC又根据国际有机产品生产和加工的最新标准进行了修改和完善。中国有机食品的标志已于1995年在国家工商行政管理局商标局注册，并对有机食品标志的使用要求进行了详细的规定。

2. 西北农林科技大学杨凌有机食品认证中心（YLOFCC）

西北农林科技大学杨凌有机食品认证中心成立于2003年，目前是中西部地区唯一的有机食品认证机构，也是中国目前唯一一个经国家认监委批准建立在国家重点高等农业院校的认证机构。现已完成了一系列有关有机食品生产、检查、认证等方面的要求及技术性和管理性文件。根据IFOAM有机农业生产和食品加工的基本标准，参照国内外有机农业协会和组织及认证机构的标准和规定，结合我国农业生产和食品行业的有关标准，制定了《有机认证标准》，并根据地方经济发展的特色制定了各类产品的有机认证标准系列。YLOFCC已经完成了认证机构和中国有机食品质量标志的设计，并于2003年年底在国家工商行政管理总局商标局申请注册。

第三节　有机农业的基本原理

一、生物、生态学理论

有机农业从农业生态系统出发，以生态学理论为基础，通过物质循环和生态平衡，达到作物健康与环境保护的目的。有机农业的最终目标就是要建立良性生态经济系统。

二、物质循环理论

有机农业要求建立一个相对封闭的物质循环体系。所谓封闭式，是指尽可能地减少外部物质输入，不使用化肥、农药，基本不从外界购买粪肥、饲料等。当然，封闭是相对的，它要求有机生产中所需物质的全部或大部分均来自有机农场，农场内的所有物质均得到充分合理的应用或利用，做到"物尽其用"。封闭的循环运动是有机农业理论的基础，它既符合生态规律，又符合经济规律。由于减少了外部购买，自然就降低了生产费用。有机农业强调通过各种有机生产技术和措施，调节物质循环，使物质循环朝着健康、合理的方向发展。建立良好的物质循环系统是有机农业健康发展的物质基础。

三、有机农业的生态平衡

生态平衡是指在一定的时间和相对稳定的条件下，生态系统内各部分（生物、环境、人）的结构和功能处于相互适应与协调的相对稳定状态。生态系统的平衡包括结构上的平衡，功能上的平衡，输出、输入物质数量上的平衡。

生态平衡是一种动态的平衡，具有自我调节、根据人类的需求而变化的特点。生态系统的平衡是一种相对的动态平衡，其标准应包括：①系统结构的稳定与优化，生物的种类和数量最多、结构最复杂、生物量最大，环境的生产潜力高效而稳定；②物流、能流的收支平衡；③系统自我修复、自我调节功能强。

建立生态平衡系统的方法包括：①多样化的子系统。在有机生产基地，建立多样化的种植模式和多种作物，建立多样化的生态子系统。②镶嵌式的环境，有利于天敌生存，不利于害虫繁衍。③小生境的多样性，可以丰富生物种类和食物网络结构。④复杂的食物链（食物网）是生态系统内部物质循环和能量流动的渠道，食物链越复杂，系统越稳定。

四、有机农业的经济、环保理论

由于有机食品的价格高、利润大，所以调动了种植者的积极性，同时也刺激了有机食品市场的发展。生产者和消费者对有机食品发展规模和发展速度起决定作用。一方面，生产者要考虑生产的投入和产出，当投入产出比达不到其预期目标时，生产者就有可能又重新回到依赖化肥、农药维持产量和收益的常规农业生产。所以，世界公平贸易原则是要使生产者获得较大的实惠和收益，保证有机农业源头的持续与稳定。另一方面，消费市场是有机农业发展的真正内部驱动力，刺激和带动着有机食品市场的发展。不同的国家和地区，有机食品的消费主体是不同的，但越来越多的消费者不仅能够理解有益于自然的生产方式，而且也愿意为以这种方式生产出来的产品支付较高的费用。

第四节　有机农业基地建设及转化

一、基地建设的必要性

土地是有机食品生产和认证的基本单元。基地是有机农业生产的基础，选择并建立一个良好的生产基地是保证有机食品质量的关键。

有机食品生产以生产基地为核心，必须具备以下五项条件：

（1）生产基地环境优良，要求在整个生产过程中对环境造成的污染和生态破坏影响最小，并建立良好的生态平衡（环境—作物—土壤—害虫—天敌）。

（2）有机食品的标准和全程质量控制的核心是每一个地块上每种作物的生产过程控制。

（3）有机食品出自有机农业生产基地，有机原料必须是出自已经建立或正在建立的有机农业生产体系，或采用有机方式采集的野生天然产品。

（4）在生产和流通过程中，必须有自土地为源头的完善的质量控制和跟踪审查体系，并有完整的生产和销售记录档案（生产操作记录、外来物质输入记录、生产资料使用和来源记录）。

（5）有机食品认证机构的检查和认证是进行基地的实地检查。

二、生产基地的条件和背景

1. 环境条件

有机食品生产基地应选择空气清新、水质纯净、土壤未受污染或污染程度较轻、具有良好农业生态环境的地区；生产基地应避开繁华的都市、工业区和交通要道，周围不得有污染源，特别是上游或上风口不得有有害物质或有害气体排放；农田灌溉水、渔业水、畜禽饮用水和加工用水必须达到国家规定的有关标准，在水源周围不得有污染源或潜在的污染源；土壤重金属的背景值位于正常值区域，周围没有金属或非金属矿山，没有严重的农药残留、化肥、重金属的污染，同时要求土壤具有较高的肥力和保持土壤肥力的有机肥源；有充足的劳动力从事有机农业的生产。

2. 生态条件

（1）基地的土壤肥力及土壤检测结果分析：分析土壤的营养水平和有机农业的土壤培肥措施。

（2）基地周围的生态环境：包括植被的种类、分布、面积、生物群落的组成。建立与基地一体化的生态调控系统，增加天敌等自然因子对病虫害的控制和预防作用，减轻病虫害的危害和生产投入。

（3）基地内的生态环境：包括地势、镶嵌植被、水土流失情况和保持措施。若存在水土流失，在实施水土保持措施时，选择对天敌有利、对害虫有害的植物，这样既能保持水土，又能提高基地的生物多样性。

（4）隔离带和农田林网的建立：一方面，隔离带起到与常规农业隔离的作用，避免在常规农田种植管理中施用的化肥和农药渗入或漂移至有机田块；另一方面，隔离带是有机田块的标志，起到示范、宣传和教育的作用。

3. 种植历史

种植历史包括：①种植作物的种类和种植模式；②种植业的主要构成和经济地位；③经济作物种植的种类、比例和效益；④当地主要的病虫害种类和发生的程度；⑤作物的产量；⑥肥料的种类、来源和土壤肥力增加的情况；⑦病虫害防治方法。

三、基地建设的内容

1. 现状评估

有机农业区域的现状评估是有机农业基地建设的基础。在对区域现状评估的过程中，要对生态系统、社会发展要素、经济基础做出系统的调查、分析和研究。在现状评估时，要从整体出发，明确现有的优势、不足和发展的潜力，抓住主要矛盾，为制定有机农业发展的总体规划提供科学的背景材料。

2. 总体规划

有机农业生产基地是有机农业发展的基础，应将其放在核心的地位。制定有机农业发展规划是一项技术性很强的工作，必须保证规划具有指导性、适应性、先进性和科学性。

（1）整体性：根据生态经济发展原理，将自然生态、经济和社会综合考虑，注重协调发展。

（2）系统性：利用系统学的原理，将经济、生物、技术和人口素质等进行系统的有机结合，建立自然、社会、物质、技术等多元多层次的保障体系。

（3）配套性：有机农业既要生产足够高品质的有机食品，又要保护生态环境，因此，必须建立长、中、短期相结合的阶段性发展目标和与之相适应的综合配套技术方案。

3. 种植与加工模式

（1）种植经营模式。

种植模式的选定应建立在基地的实际情况和市场需求的基础上。种植经营模式的产生、完善和发展，既要有稳定性，又要有可变性。所谓稳定性，是指主导产业是不变的；所谓可变性，是指某一商品的数量、种植规模受市场需求的调节而变动。总的来说，种植经营模式的选择应遵循系统组配、量比合理、互惠互利的原则。

（2）加工设施建设。

有机农业发展的方向是朝着相对集约化、系统化、产业化方向发展，它进步和发展的有效衡量方法，不是单纯地计算产量和单位面积的产值和收益，而是与农业生产紧密相连的加工水平、加工能力、循环次数、增值幅度等综合效应。在抓好基地生产的同时，要围绕农业这个第一产业而发展多层次、多途径的加工业。而要做到这一点，必须遵循因地制宜、综合效益、科学配套的原则。

4. 有机农业生产的技术体系

（1）立体种养综合利用技术。

立体种养综合利用技术主要是科学地对时间与空间进行综合利用，它是在传统耕作模式的连作、间作、套种、轮作换茬等技术的基础上，运用生态学上物种共生互惠的原理，对时间、空间和营养结构等多因子生态位进行组合，具有生态合理性、效益综合性的特点。其操作模式有林农或林农多层次平面套种模式、山区或丘陵地区的"立体种养"模式。

（2）环境要素的调控技术。

对农业生产来说，水、肥、气、光、热等是影响作物生长的主要环境因素。随着科学的进步，人们可以通过各种技术措施对植物生长的环境进行调控，不仅拓宽了发展范围，而且打破了季节的限制，做到周年种植，周年生产。

（3）土壤的施肥与培肥技术。

①增施有机肥技术。旱地深耕后，通过运用增施有机肥，推广秸秆还田、残茬覆盖、种植绿肥等生物技术，可以使旱地生土不断风化、培熟，从而达到改善土壤理化性状、增加土壤微生物的数量和活力的目的，最终使土壤形成一个真正的生命体。

②培肥（土地的自养能力培养）。土地既然是个生命体，就有其自己的新陈代谢、营养循环和能量流动。土壤微生物是完成土壤生命活动的物质基础，人类需要为其创造良好的土壤环境（如土壤养分、通透性和酸碱度），以提高土壤的自养能力。

（4）病虫害防治技术。

为了达到优化生态环境，减少病虫害危害的频率和危害程度的目的，最主要的措施就是"一保二防"。"一保"是运用多种生物技术保护物种和资源的多样性；"二防"是利用病虫害的预测预报技术和综合防治技术，预防为主，综合治理。

（5）废弃物资源的综合利用技术。

有机农业强调在有机生产区域内建立封闭的物质循环体系，通过对生产基地的作物秸秆、藤蔓、皮壳、饼粕、酒糟、畜禽粪便、食品工业和畜禽制品的下脚料及各种树叶的综合利用和减量化、无害化、资源化、能源化处理，将废弃物变成一种资源，使处理与利用统一起来。

四、有机农业转换

（一）有机农业转换的概念

有机农业转换是指在一定的时间范围内，通过实施各种有机农业生产技术，使土地全部达到有机农业生产的标准要求。有机转换期是指从有机管理开始直到作物或畜禽获得有机认证之间的这段时间。

（二）转换时间

由常规生产系统向有机农业的转换通常需要2~3年的时间（转换期要满24个月或36个月），其后播种的作物收获后，才能作为有机产品。

对一年生作物，有机转换期为2年，产品只有在达到有机食品标准全部要求的2年（24个月）后，才可以以"有机农产品"的名义出售。

对多年生作物，转换期为3年，产品只有在达到有机食品标准全部要求的3年（36个月）后，才可以以"有机农产品"的名义出售。

新开荒、撂荒多年没有农业利用的土地以及一直按传统农业方式耕种的土地，要经过至少12个月的转换期才能获得有机食品的颁证。

已通过有机认证的农场一旦回到常规生产方式，则需要重新经过有机转换后才有可能再次获得有机颁证。

（三）转换的原则

在常规农业生产向有机农业生产转换的过程中，不存在任何普遍的概念和固定的模式，关键是要遵守有机农业的基本原则。有机农业的转换不仅仅是放弃使用合成化肥、农药和停止从外界购买饲料，重要的是要把整个生态系统调理成一个尽可能封闭的、系统内各个部分平衡发展的、稳定的循环运动系统。

（四）转换内容

（1）制定增加土壤肥力的轮作制度。

（2）制订持续供应系统的肥料和饲料计划。

（3）制定合理的肥料管理办法以及有机食品生产配套的技术措施和管理措施。

（4）创造良好的生产环境，减少病虫害的发生，并制定开展农业、生物和物理防治的计划和措施。

（五）制定转换计划

转换计划没有固定的模式，不同的转换计划各有不同，但应包括以下内容：

（1）对基地或企业的基本情况进行调查和分析，了解企业或实施有机区域的种植面积、耕作历史（包括种植的作物、施肥的种类和数量、病虫害的种类和防治方法）、养殖规模和生产的管理，明确转换的目标。

（2）设计未来的农业体系的概貌和将要面临的主要问题。

（3）必须解决与有机农业思想和有机食品标准相违背的问题。

（4）在专家的咨询、指导下，精心拟定一个详细的转换计划，其内容包括：作物的茬口安排，水土保持的措施，有机肥的堆制、施用，土壤耕作与深翻，灌溉的方式及影响，预防性的植物保护措施，直接性的植物保护措施，生态环境设计及利用，档案的格式、记录及保管。

第五节 作物有机生产技术

一、有机种植的土壤培肥与施肥

（一）土壤培肥措施

秸秆还田：由于有机农业禁用化学合成肥料，维持土壤肥力完全有赖于有机肥料的供给，因此农作物秸秆是重要的有机肥源，它为土壤提供足够的碳源和氮源，协调土壤的碳氮比，改善土壤的理化性状及生物学性状，并以有机质的良性循环来实现物质交换和能量转换。

种植绿肥：绿肥适应性广、生长快、光合效率高、养分含量多，既是氮肥的重要来源，又能富集磷钾等元素。

施用厩堆肥：以人、畜、禽粪便为主的厩堆肥是有机肥的重要来源，这类肥料除氮素外，还含有比较丰富的磷钾与多种微量元素，其营养成分完全、肥效持久，能改善土壤肥力状况，特别在保持土壤磷钾平衡、提高磷钾供应水平、缓解环境污染矛盾、改善环境质量等方面均起重要作用。

施用饼粕类肥料：我国饼粕种类多、数量大，大豆、花生、芝麻、油菜、向日葵、胡麻等榨油后的饼渣是优质的肥料和饲料。这些饼粕经过发酵后可直接做基肥和追肥。

（二）施肥技术

1. 肥料种类

施用有机肥料，按其来源、特性和制作方法，可分为以下五类：

（1）作物秸秆还田：秸秆的碳氮比值较高。

（2）绿肥：分栽培绿肥和野生绿肥，包括豆科与非豆科绿肥。

（3）粪尿肥：人粪尿、畜禽粪尿、厩肥等。

（4）堆沤肥：堆肥、沤肥与沼气渣液等。

（5）土杂肥：饼肥、塘泥、河泥、泥炭、腐殖酸类等。

2. 施用技术

（1）根据有机肥特性进行施用。有机肥的正确施用能充分发挥其肥效，既能提供作物养料，又能改善土壤；反之，不但肥料流失，还可能影响作物生长与污染环境。总的原则是除秸秆还田和绿肥外，其他均需经过充分腐熟后才能施用。具体施用要点：①厩肥、堆沤肥、绿肥只能作基肥用，不能与种子、秧苗直接接触，以免引起"烧苗"。②塘泥、河泥是优质有机肥之一，用来改良中低产田及旱地，可作为小经济作物的基肥。但已被污染的塘泥、河泥却不能用作有机农业的基肥。③人粪尿含氮高，是速效肥，适宜作追肥，其中含有 1％左右盐类，氯离子含量高，对忌氯作物不宜过多施用。④草木灰是最普遍的钾肥，含氧化钾 5％～10％，但碱性强，不宜与腐熟的粪尿、厩肥混合使用，以避免氨的挥发而降低肥效；同时它容易流失，宜控制用量，分次施用。

（2）根据作物品种及其生长规律进行施肥。作物的不同种类对养分需要量的比例是不同的，薯类作物比禾谷类作物需要更多的钾，蔬菜、茶叶、桑等以茎叶为主的作物需氮肥较多；豆科作物能通过固氮获得氮肥，但需较多的磷钾以及钙、钼等矿质元素。不过，同一作物，不同品种或同一品种的不同生育阶段对养分吸收是不一样的。因此，对不同有机肥的氮、磷、钾的含量及其比例应有所了解。

（3）根据土壤性质进行合理施肥。必须结合土壤的特性，因地制宜，按土、按苗、按时施肥。

（4）根据各国有机农业的相关规定进行施肥。天然矿质肥料的投入量严格地被控制在每年 170 kg/hm^2 以内，并且施用的原则是必须在保证有利于最优化培肥土壤的前提下进行。施肥时期可以是作物养分需要临界期、作物养分需求最大效率期等。

二、有机种植的病虫害防治

（一）物理防治

利用各种物理因素、人工或器械杀灭病虫害的方法包括：①防虫网；②种子、土壤消毒；③人工捕杀，灯光诱杀；④毒饵诱杀，色板（膜）诱虫，如黄色的粘板可用于粘蚜虫、美洲斑潜叶蝇，银灰薄膜有避蚜作用。

（二）生物防治

利用生物农药、天敌、植物提取液、生物肥料等无害化方法进行病虫防治，具有成本低、无污染等特点。

（1）以虫治虫。直接利用大量繁殖的昆虫天敌来杀灭害虫，如寄生蜂、草蛉、食虫、食菌瓢甲及某些专食害虫的昆虫。利用拟澳洲赤眼蜂防治烟青虫、瓜野螟效果良好，赤眼蜂是一种卵寄生蜂，将自己的卵产于害虫卵内，致使害虫不能孵化而杀死害虫。

（2）生物农药。包括生物杀菌剂、生物杀虫剂、生物病毒防治剂。

①生物杀菌剂。用发酵法繁殖多种不同的良性霉菌或生物代谢物，用于防治不同的病害，如丰宁B1、农抗120、井岗霉素、农用链霉素、新植霉素、春雷霉素、454、农丰菌等。

②生物杀虫剂。利用有益微生物及其代谢物，还有昆虫激素进行杀灭害虫。如BT系列、苏云金杆菌、青虫菌、白僵菌、威敌、强敌311、强敌312、菜蛾清、菜蛾敌、绿菜宝、卡死克、抑太保、农梦特、灭幼脲、绿灵等。目前以阿维菌素（Avermectin）最引人注目，该剂作用机制特殊，对小菜蛾、棉铃虫、潜叶蝇等多种蔬菜害虫有很高防效，近年已开发出一系列该类药剂，如害极灭、阿维虫清、齐螨素、螨虫素（虫螨灵）、虫螨克、虫螨光、青青乐、爱福丁、阿巴丁、除尽等。

③生物病毒防治剂。蔬菜病毒种类多，发生普遍，危害严重，近年相继研制了一系列病毒防治剂，如弱毒疫苗N14、卫生病毒S52、植物病毒钝化剂－912、高脂膜、83增抗剂、植病灵、病毒A、抗毒剂一号（病毒K）、抗病毒、病毒净、病毒灵等。

（3）植物提取液（植物农药）。从植物体内提取杀虫杀菌成分用于防治病虫害，如楝科植物中的印楝，其种子中含有印楝等多种杀虫活性物质，已商品生产的有0.5%楝素杀虫乳油（蔬果净），还有菊科植物中的除虫菊、万寿菊，以及大蒜、番茄叶、黄瓜蔓、丝瓜叶蔓、马尾松、皂角树叶、枫树叶、桃树叶、辣椒、韭菜、洋葱等，均含有杀虫或杀菌活性物，可用来自制杀虫剂或杀菌剂。

（4）生物肥料。施用优质的农家肥，如腐熟的人畜粪肥、堆沤的厩肥、秸秆还田和种植绿肥翻压等，尽量减少化肥的施用量，是实现蔬菜有机生产、达到优质高产的关键，但优质农家肥远远满足不了当前生产所需，因此多效生物肥异军突起，以弥补有机肥之不足。如5406菌肥、TBS高效生物菌肥、绿友生物肥料、阿姆斯世纪地得力、道林生物肥、高效生物菌肥、生物固氮肥、酵素菌肥、生物钾肥等，这些肥料本身含有丰富的有益微生物（巨大芽孢杆菌、蜡状芽孢杆菌、硅酸盐细菌、固氮芽孢杆菌、磷细菌、钾细菌等）和有机质，可改良土壤理化性质，促进土壤中无效态营养元素向有效态转化，提高土壤中P、K元素的利用率，增强植株根际土壤的活性，增加土壤有机质的含量，提高蔬菜产量和品质，增强抗病能力。

三、杂草防治

对有机农业生产体系而言，杂草在农闲生态系统中有其积极的作用，在某些情况下杂草对防治害虫有益。杂草是某些天敌的食物来源。许多寄生蜂或捕食害虫的益虫，需要花粉与花蜜来完成其生活史，某些杂草通常是其食物的自然来源。如果这些杂草不存在，就有可能丧失这种有益昆虫。因此，当知道某一杂草是生物防治系统的一部分时，就应适当保留某些杂草，并改变某些栽培习惯。

在有机农业生产体系中，要充分考虑到杂草的两重性，不是彻底清除所有杂草，而是对一些有害的杂草，采用耕作措施、生物防治和机械手段控制其生长。其主要方法有：一是利用作物轮作，减少杂草的生长；二是利用堆肥，在堆制过程中杀死杂草种子；三是作物种植前，对田间进行清理；四是栽培措施上，采用增加密度、缩小行株距等，使作物迅速占领空间，从而抑制杂草生长；五是适时进行机械或人工除草；六是调整播期，合理密植，作物间作与轮作，地面覆盖等；七是生物防治，以虫治草，以菌治草，放养草食动物，以植物抑制杂草（如芝麻-白茅）。

第六章　节水农业理论与技术

第一节　概　述

一、我国发展节水农业的意义

我国水资源总量为 2.8 万亿立方米，居世界第六位，但人均水资源占有量仅为 2200 m³，是世界水平的 1/4，居世界第 119 位，被列为世界上最缺水的 13 个国家之一。四川虽然是一个水资源总量较为丰富的省份，但由于降水时空分布极度不均，与作物需水在时间上又存在矛盾，加之土地瘠薄，蓄水、保水能力差，经济落后，工程设施跟不上，使得四川省的水分有效利用率极低，灌溉水利用率长期低于 40%，造成了旱灾长期威胁着农业生产的局面。近年来，随着全球气候的日益变暖和厄尔尼诺现象加剧，旱情日益严重，降水总量已出现严重不足。

利用综合节水农业技术，对提高我国农作物产量，达到节水增产、优质高效的目的，有着极为重要的意义。我们应大力发展节水灌溉技术，从传统的粗放型灌溉农业和旱地雨养农业转变为节水高效的现代灌溉农业和现代旱地农业。对灌溉农业区，节水灌溉技术应以改进地面灌溉为主，推广适合我国国情的地面灌溉节水技术（如平地、沟灌、间歇灌等）。在北方渠灌区推行井渠结合的灌溉方式，有条件的地区可发展喷灌和滴灌。应使水利工程和农业技术相配合。进行节水的轮作制度，推广耕作栽培、培肥施肥和抗旱高产优质品种。对旱地农业区，应按照水旱互补的方针，充分利用雨水集蓄节灌等现代旱地农业技术，进行以坡改梯为重点的基本农田建设，并通过各种措施，降低无效蒸发，提高土壤有机质，建设水库，增加储水。同时，根据不同作物的需水特征和当地水资源条件，调整作物布局，优化种植结构，选育优良品种。

二、作物水分吸收规律

在全球范围内，水是作物生产的一个最重要的限制因素，水的收支平衡是作物高产的前提条件之一。

（一）作物水分平衡

作物从土壤中吸收水分，经根、茎、叶运输到叶片，然后向大气蒸腾散失，这是一个连续的过程。

1. 作物根系吸水

根系是作物吸收水分的主要器官。被根系吸收的水分，由外部的根细胞至内部中央的木质部后运输到地上部分，再经过木质部导管被输送至叶片。输送到叶片的水分，大部分供作物蒸腾所用，只有一部分带着光合的初步产物沿着筛管向下运移至根部，从而完成了作物的水分代谢过程。在土壤－作物体系中，水的吸收与移动主要为被动过程，即从高水势到低水势。作物叶片蒸腾失水导致叶片水势降低或土壤含水率增加，都将增加从土壤到根直至叶片的水势梯度，致使更快地吸水。

2. 作物蒸腾失水

蒸腾控制着水分吸收与液流上升的速度，进而间接影响作物根系从土壤中对养分的吸收及养分在植物体内的运输。作物吸收的水分主要通过叶片气孔蒸腾散失。常用蒸腾系数表示作物蒸腾作用的大小。蒸腾系数是指作物每形成 1 g 干物质所消耗的水分的克数。表6-1是根据国内外的试验结果所概括的作物的蒸腾系数幅度。

表 6-1　各种作物的蒸腾系数

蒸腾系数	作　物
200~400	粟、黍稷、高粱
300~600	玉米、大麦、棉花
400~600	小麦、马铃薯、甜菜
400~800	黑麦、蚕豆、豌豆
500~600	荞麦、向日葵、豇豆
500~800	燕麦、稻
600~900	大豆、苜蓿、苕子
800~900	油菜、亚麻

3. 作物水分平衡

在自然环境中，作物吸水和蒸腾失水通常是不相等的，如果吸水比蒸腾缓慢，水分吸入与支出的差额由组织内储存的水分补充。如果吸收比蒸腾快，多余的水分便用于增加作物组织水分的含量。而大多数作物的储水能力有限，即与吸收和丧失水量相比，作物体内储存量很少，因此在整个生育期内，必须精细地保持水分收支平衡，以避免作物储水水平过度波动，特别要避免作物水分过低而伤害组织。作物会采用各种方法来保持这种平衡，其中最重要的是气孔调节。当白天无严重水分亏缺时，气孔完全张开，蒸腾速度主要取决于大气条件。当叶片水分亏缺超出临界水平而过度缺水时，气孔部分关闭或完全关闭，蒸腾减慢甚至停止，以减少作物严重缺水的进一步发展。

（二）作物各生育时期需水量与水分临界期

1. 作物各生育时期的需水量

作物需水量是指作物在适宜的土壤水分和肥力水平下，经过正常生长发育，获得高产时的植株蒸腾、棵间蒸发以及构成植株体的水量之和。由于构成植株体的水量很小，不足1%，故可忽略不计。因此，计算时可认为作物需水量等于植株蒸腾量与棵间蒸发量之和，称为蒸发蒸腾量，简称蒸散量，一般以某时段或生育期所消耗的水层深度（mm）或单位面积上的水量（m^3/hm^2）来表示。

作物需水量随生育阶段的不同而变化。在作物生长发育过程中，需水量的变化规律是先由小到大，再由大到小。即从苗期开始，需水量随叶面积的增加而增大，然后又随叶面积的减少而减小（见表6-2）。

表6-2　几种作物各生育阶段日需水量　　　（单位：mm）

	地点	移植返青	分蘖前期	分蘖后期	拔节孕穗	抽穗开花	乳熟期	黄熟期	全生育期
双季早稻	广西	3.1	3.8	3.7	3.9	5.3	4.2	3.6	3.9
	广东	3.6	4.3	4.5	4.8	5.6	6.1	5.7	4.9
	福建	2.8	3.3	3.9	4.8	5.4	6.3	5.9	4.6

	地点	播种—越冬	越冬—返青	返青—拔节	拔节—抽穗	抽穗—成熟	全生育期
冬小麦	河北	2.11	0.17	0.89	3.68	5.33	1.82
	山西	1.06	0.38	2.34	3.18	3.93	1.79
	河南	0.86	0.85	1.29	4.19	3.81	1.98

	地点	苗期	拔节期	抽雄期	灌浆期	全生育期
夏玉米	山东	2.40	4.81	4.78	3.22	3.59
	河北	3.16	3.40	3.00	3.22	3.16
	山西	2.56	3.89	3.10	1.55	2.90
	河南	2.22	3.09	3.47	2.52	2.82

2. 水分临界期

作物生长发育的不同阶段对水分的敏感程度不同。当水源不足时，可将有限的水源用于作物最需要水的生育时期，以获得较好的收获。

作物一生中对水分最敏感的时期，称为需水临界期。在临界期内，若水分不足，对作物的生长发育和最终产量影响最大。如小麦的需水临界期是孕穗至抽穗期，在此时期内，植株体内代谢旺盛，细胞液浓度低，吸水能力小，抗旱能力弱。如果缺水，幼穗分化、授粉、受精、胚胎发育都受阻碍，最后造成减产。主要作物的需水临界期见表6-3。

不同作物与品种，水分临界期长短不同。一般来说，水分临界期较短的作物与品种，适应不良水分条件的能力较强；而水分临界期较长的作物和品种易遇到不良水分条件的危害。

· 80 ·

表 6-3　主要作物的需水临界期

作　　物	需水临界期
水稻	孕穗—开花
冬小麦与黑麦	孕穗—抽穗
春小麦、燕麦、大麦	孕穗—抽穗
玉米	开花—乳熟
黍类（高粱、糜子）	抽花序—灌浆
豆类、荞麦、花生、芥菜	开花
向日葵	葵盘的形成—灌浆
棉花	开花结铃
瓜类	开花—成熟
马铃薯	开花—块茎形成

第二节　节水灌溉措施

对农作物进行灌溉，从水源引水，包括降水利用，到作物耗水形成产量要经过一系列的物理和生物过程。农田耗水除作物生长期间的降水外，其余部分由人工的灌溉补给。人工灌溉补给的灌水方案称为灌溉制度，其内容包括作物生长期间内的灌水时间、灌水次数、灌水定额和灌溉定额等。

灌水定额指单位面积上的一次灌水量，常以 m 表示。灌溉定额是指单位面积上作物全生育期内的总灌溉水量，常以 M 表示，$M=\sum m$ 或 $M=E-P_0-(W_0-W+K)$。其中，M 为灌溉定额（m^3/hm^2），E 为全生育期作物田间需水量（m^3/hm^2），P_0 为全生育期内有效降雨量（m^3/hm^2），W_0 为播种前土壤计划层的原有储水量（m^3/hm^2），W 为作物生育期末土壤计划层的储水量（m^3/hm^2），K 为作物全生育期内地下水利用量（m^3/hm^2）。

节水灌溉就是要充分有效地利用自然降水和灌溉水，最大限度地减少作物耗水过程中的损失，最优化确定灌水次数和灌水定额，把有限的水资源用到作物最需要的时期，最大限度地提高单位耗水量的产量和产值。

一、低压管道输水灌溉技术

用塑料管或混凝土等管道输水代替土渠输水到田间对农田实施灌溉，不仅可大大减少输水过程中的渗漏、蒸发损失，水的输送有效利用率可达 95%，还可减少渠道占地，提高输水速度，加快浇地进度，缩短轮灌周期，有利于控制灌水量。管道输水系统通常由地埋管道、给水栓和地面移动管道组成，采用低压输水。主要设备包括双壁波纹塑料管、薄壁 PVC 塑料管等多种管材和管件。技术易于掌握，管理较为方便。在山丘区发展低压管道自压灌溉，可节省能源，有效降低灌溉成本。全国低压管灌溉面积占节水灌溉总面积的 25%。

目前四川省管道输水灌溉工程建设中常用的形式有：①水泥预制管输水灌溉，常用的有钢筋混凝土管和素混凝土管，管径有 200 mm、300 mm、400 mm、600 mm 等规格；②塑料管输水灌溉，常用的有 PVC 管。据统计，管道输水一般比土渠输水节水 30%～50%，输水利用系数平均在 0.95 以上，与土渠相比，平均亩次毛灌水量减少 30～40 m³，减少渠道占地相当于耕地的 1%，减少提水能耗 30%～40%。

采用管道代替明渠，改变了人们的用水观念，实行科学用水，所以，群众将这种灌溉系统称为"田间自来水"。目前四川省管道输水灌溉工程面积 3 万公顷，管道长度 130 万米。实践证明，管道输水灌溉是解决丘陵坡地输水灌溉的有效方式。

二、渠道防渗技术

通过对渠床土壤处理或建立不易透水的防护层，如混凝土护面、浆砌块石衬砌、塑料薄膜防渗和混合材料防渗等工程技术措施，可减少输水渗漏损失，加快输水速度，提高浇地效率。与土渠相比，浆砌块石衬砌防渗可减少渗漏损失 60%～70%，混凝土护面可减少渗漏损失 80%～90%，塑料薄膜防渗可减少渗漏损失 90% 以上。

渠道输水是四川省农田灌溉的主要输水方式，大多数为土渠。传统的土渠输水渗漏损失大，占引水量的 50%～60%，是灌溉水损失的重要方面。为了减少输水过程中的这部分损失，渠道采用不易透水的防护层，进行防渗处理，既减少了水的渗漏损失，又加快了输水速度，提高了灌溉效率，深受农民欢迎，成为四川省目前应用最广泛的节水技术之一。

渠道防渗的方法很多，目前四川省常用的防渗方法有：①砌石防渗：具有较好的防渗效果，可就地取材，常用的石料有条石和卵石；②混凝土防渗：是目前四川省使用最广泛的一种渠道防渗措施，可分为现场浇注和预制装配两种，防渗效果好，使用寿命长，特别是使用混凝土 U 形渠槽防渗，还可以提高渠道流速和输沙能力。

三、喷灌技术

喷灌（sprinkler）是利用专门的设备将水加压，或利用水的自然落差将有压水通过压力管道送到田间，再经喷头喷射到空中散成细小的水滴，均匀地散布在农田上，达到灌溉目的。

喷灌技术在大面积农田承包中运用较多，如蔬菜种植和瓜果种植等。该技术将水源输送到设置于田间的喷头处，再利用高低压之间的压力差将水喷出。喷灌技术使用的机械主要由水源动力机、水泵、管道系统和喷头等部分组成。水源动力机、水泵辅以调压和安全设备构成喷灌泵站，与泵站连接的各级管道和闸阀、安全阀、排气阀等构成输水系统。喷洒设备包括末级管道上的喷头或行走装置等。

喷灌可用来灌水，又可用于喷洒肥料、农药等。喷灌可人为控制灌水量，对作物进行适时适量灌溉，不产生地表径流和深层渗漏，与地面灌溉相比，可节水 30%～50%，且灌溉均匀，质量高，利于作物生长发育，减少占地，能扩大播种面积 10%～20%；能调节田间小气候，提高农产品的产量及品质；利于实现灌溉机械化、自动化等。喷灌也有局限性，如受风的影响大，耗能多及一次性投资高等。为充分发挥喷灌的节水增产作用，应优先应用于经济价值较高、连片种植集中管理的作物。

现阶段适合在全国大面积推广的主要有固定式、半固定式和机组移动式三种喷灌形式。喷灌时需注意喷头压力，应将其控制在 200 Pa 以内。对喷洒范围更广的农田，采用喷枪式灌溉，其喷洒压力为 275～900 Pa，节水灌溉效率较高。

从喷灌技术衍生出来的微喷技术特别适合农业温室大棚内投入使用，还可以扩充成自动控制系统。一个标准大棚微喷系统设备投资一般在 800 元左右。微喷系统主要由水源工程、输水管网、微喷头三部分组成，主要设备包括水泵及动力机、过滤器、施肥器、输水管道和微喷头。

四、微灌技术

微灌（micro-irrigation）是一种新型的最节水的灌溉工程技术，它根据作物需水要求，通过低压管道系统与安装在末级管上的灌水器，将水和作物生长所需的养分以很小的流量均匀、准确、适时、适量地直接输送到作物根部附近的土壤表面或土层中进行灌溉，从而使灌溉水的深层渗漏和地表蒸发减少到最低限度，其主要形式有滴灌、微喷灌和涌泉灌。

微灌具有以下优点：一是省水节能。微灌系统全部由管道输水，灌水时只湿润作物根部附近的部分土壤，灌水流量小，不易产生地表径流和深层渗漏，一般比地面灌省水 60%～70%，比喷灌省水 15%～20%；微灌是在低压条件下运行，灌水器的压力一般为 50～150 kPa，比喷灌能耗低。二是灌水均匀，水肥同步，利于作物生长。微灌系统能有效控制每个灌水管的出水量，保证灌水均匀，均匀度可达 80%～90%；微灌能适时适量向作物根区供水供肥，还可调节棵间温度和湿度，不会造成土壤板结，为作物生长提供了良好的条件，利于提高产量和质量。三是适应性强，操作方便。可以根据不同的土壤入渗特性调节灌水速度，可适用于山区、坡地、平原等各种地形条件。微灌系统不需平整土地和开沟打畦，可实现自动控制，大大减少了灌水的劳动强度和劳动量。微灌的不利因素在于系统建设的一次性投资大、灌水器易堵塞等。

五、膜上灌、膜下灌技术

用地膜覆盖田间的垄沟底部，引入的灌溉水从地膜上面流过，并通过膜上小孔渗入作物根部附近的土壤中进行灌溉，称为膜上灌。其深层渗漏和蒸发损失少，节水显著，并能起到对土壤增温和保墒作用。膜上灌适用于所有实行地膜种植的作物，与常规沟灌玉米、棉花相比，可省水 40%～60%，并有明显增产效果。

在干旱地区可将滴灌管放在膜下，或利用毛管通过膜上小孔进行灌溉，称为膜下灌。这种方式既具有滴灌的优点，又具有地膜覆盖的优点，节水增产效果更好。

六、地下灌溉技术

地下灌溉是把灌溉水输入地面以下铺设的透水管道或采用其他工程措施普遍抬高地下水位，依靠土壤的毛细管作用浸润根层土壤，供给作物所需水分的灌溉技术。地下灌溉根据供水方式的不同，可分为地下浸润灌溉、地下管道灌溉和地下排灌两用系统。地下浸润灌溉适用于地下水位较高，地下水及土壤含盐量较低，土壤透水性较好，又有一定排水条件的地区。地下管道灌溉适用于水资源紧缺，地下水位较深，灌溉水质好，计划湿润土层以下有弱透水土层的地区。地下排灌两用系统适用于地下水位较浅，土壤无盐碱化的低洼易涝又有干旱威胁的地区。地下灌溉可减少表土蒸发损失，灌溉水的利用率较高，与常规沟灌相比，一般可增产 10%～30%。

七、作物调亏灌溉技术

作物调亏灌溉技术是从作物生理角度出发，在一定时期内主动施加一定程度的有益的亏水度，使作物经历有益的亏水锻炼后，达到节水增产、改善品质、控制地上部的生长量、实现矮化密植、减少剪枝等工作量的目的。

该方法不仅适用于果树等经济作物，而且适用于大田作物。如在渭北平原进行的玉米调亏灌水结果表明，苗期进行中度亏水，拔节期进行轻度亏水，既利于提高作物水分利用效率，又利于产量提高。

第三节　农艺节水措施

一、节水栽培技术

作物生产离不开水，自然降水、土壤蓄水、人工灌溉为农作物生长发育提供了必需的水分。节水栽培的任务是在农作物增产、稳产的前提下探求最充分地利用天然降水和土壤蓄水，减少灌溉用水量的栽培技术措施。

作物节水栽培技术的宗旨是根据作物生长发育特性和环境条件的变化规律及其相互关系，以提高水分利用效率为中心，采取有效措施，调节好作物与环境、个体与群体以及作物各生育阶段间的各种矛盾，把土、肥、水、种、密等各种因素合理协调起来，以实现节水、增产、低耗、高效的目的。

（一）优化种植结构

我国很多地区降雨量偏少，且年内、年际间变异很大，雨水集中的 7 月、8 月、9 月的降雨量占年降雨量的 60%～70%。因此，这些地区如何根据降水特点，合理安排作物的种植结构，达到雨、热同步，更好地利用水、热资源就显得非常重要。在四川，应根据各区不同的降水情况，合理调整作物种植结构，以趋利避害。

1. 盆地西部

盆地西部主要是春夏旱对农作物的影响较大。因此，水稻宜选用中熟偏迟的品种，播种期最好掌握在 4 月上、中旬，5 月下旬至 6 月上旬栽插，在 7 月下旬抽穗扬花。这时，春夏旱已经过去，水稻可望丰收。玉米的播种期可在 4 月中旬初，避开干旱对生长敏感期的危害，又可为秋季旱粮作物的丰收奠定基础。

2. 盆地中部

盆地中部是四川春、夏、伏旱的交错区，但对农作物威胁最大的主要是夏旱和伏旱。因此，水稻宜选用中熟品种，栽种期要比盆地西部略早，抽穗扬花期在 7 月上、中旬。玉米在 3 月下旬播种，等到伏旱最严重的 7 月下旬至 8 月上旬时，已躲过了敏感期，可大大减轻旱灾的危害。

3. 盆地东部

盆地东部是四川省的主要伏旱区。该区历年春雨来得较早，栽种问题不大，关键是战高温，抗伏旱。水稻宜选用中、早熟品种，抓早播种、早栽插。玉米、红苕也要尽可能地早栽早种。

（二）建立高效、低耗群体结构

所谓高效、低耗群体结构，是由适宜的基本苗数、各生育阶段的总茎数、叶面积指数及协调的产量构成。个体与群体、营养生长与生殖生长协调，不过多消耗地力和水分，使单株有较高生产力，才能保证群体获得高产及高水分利用效率。据研究，作物需水量的差异主要是由于物质生产量不同之故。如小麦耗水量随产量的提高而增加，但增加的幅度逐渐减小，即产量越高，耗水系数越小，水分利用效率（WUE）越高。

（三）种子包衣技术

种子包衣剂的配方为复合型，可分为两大类物质，即农用活性物质和加工过程中所需的填充、辅助物质。

农用活性物质包括大量元素（氮、磷、钾）、微量元素、生化营养素（黄腐酸、多效唑、生根粉）、保水剂等；填充、辅助物质包括沸石、黏合剂、防腐剂等。目前，种子包衣技术已广泛应用于小麦、玉米、棉花等作物，其主要功能有：抗逆、耐旱节水；综合防治苗期的病虫害；调节微域环境的富肥保湿，给幼苗的生根发芽创造良好的生长发育条件，促苗早发，苗全苗壮等。

（四）节水抗旱播种技术

巧播提苗是充分利用蓄水的重要一环，有苗才能利用蓄水，提高水分转化效益。由于播种期间经常水分不足，为了保证出苗和全苗，有抢墒播种、提墒播种、找墒播种、造墒播种和育苗移栽抗旱播种等行之有效的抗旱播种方法。

1. 抢墒播种

抢墒播种就是针对墒情，采取各种办法抓住有利时机，抢时间播种，以达到不误农时，争取全苗、壮苗的目的。其方法主要有：

（1）北方初春气温回升，表土开始解冻，因风大失墒快，为了保住和利用表墒，在冻土层未完全融化之前，及时顶凌耙耱，并播种耐寒作物，如春小麦、春大麦等，能确保苗全苗壮。

（2）热犁热种。夏播作物播种期间，正是高温季节，前茬作物收割后，地面裸露，土壤蒸发强烈。此时应及时浅耕灭茬保住表墒，抓紧时机施足底肥，抢时翻地、耙地播种。

2. 提墒播种

秋耕过的春播地，经过早春耙地，表土含水量仍在 15% 以下时，应在播种前进行镇压，以减少非毛管孔隙和水分蒸发损失，同时，保持毛管孔隙的连贯，提吸下层土壤水分，对提高播种质量，改善土壤水分（耕层含水量可提高 1%～3%），达到全苗、壮苗具有良好的效果。镇压要因地制宜，对土壤较干，且质地黏重的地要早镇压、重压，必要时应压两遍或多遍。轻质沙土应在潮湿时压，干时压反而效果差；低洼地、盐碱地不宜镇压；土壤过分干燥，耕层内墒情很差，单靠镇压解决不了问题时，要辅以灌溉措施。

3. 找墒播种

找墒播种包括垄沟种植、深沟播种、玉米的明沟深播等。这些播种方法本来是特别干旱情况下的应急手段，现已成为某些作物夺取高产的必要措施。具体做法是开沟将表层干土移至两侧，种子播于沟内湿土中，底土不够湿时，播后可顺沟镇压或轻拍。试验表明，播后即踩的土壤含水量比不踩的相对高 43.2%，比 5 d 后再踩的高 18.9%。播种以后结合中耕逐步埋平。采用此法播种，作物出苗快而整齐，根深而抗旱力强，比平播明显增产。

4. 造墒播种

（1）坐水起脊播种。在坐水播种后用覆土起埂器或其他工具在行间开沟覆土起脊。开沟深度随作物而不同，棉花以 3 cm 为宜，棉籽上覆土 3 cm，土脊高 5 cm。起脊后用凹形镇压器镇压一遍。当有 70%～80% 种子发芽时，及时去脊耙平，棉籽上剩余覆土厚度不宜超过 2 cm。土脊能养墒防旱，遇雨还能防止板结，是一种抗旱播种的好办法。

（2）沟浇洇墒垄播。采用宽窄行播种，先在窄行的中间开沟，沟内浇水。浇后将沟两边垄脊上的干土耙入沟内。洇湿耙平，1～2 d 后把宽垄上的表土搂平，疏松土壤，即可在灌水沟两侧播种。

5. 育苗移栽抗旱播种

在水源紧缺地区，大面积等墒、洇墒将会延误适宜播种期，因此可先行育苗，而后分期分批造墒移栽或雨后移栽。育苗移栽的优点：一是因在苗床上覆盖地膜，可提早播期，加上精心管理，可培育壮苗；二是苗床面积小，育苗期用水量小；三是移栽时间比较灵活；四是成熟期稍早，比直播增产。有的作物移栽后茎秆矮壮，根系发达，抗旱、抗涝、抗倒伏。育苗方法一般有苗床育苗、地边密播育苗和营养钵育苗等。苗床育苗要抓好育苗、移栽和管理三个环节。苗床播前要浇足底墒水，增施农家肥，播种后苗期不再浇水。移栽时要掌握适当苗龄，棉花一般 2～4 片真叶。

二、水肥耦合技术

水肥耦合技术就是根据不同水分条件，提倡灌溉与施肥在时间、数量和方式上合理配合，促进作物根系深扎，扩大根系在土壤中的吸水范围，多利用土壤深层储水，并提高作物的蒸腾和光合强度，减少土壤的无效蒸发，以提高降雨和灌溉水的利用效率，达到以水促肥、以肥调水、增加作物产量和改善品质的目的。

（一）水分对提高肥效的作用

养分常常是溶于土壤水中，并与水分一起被作物吸收的，土壤水分状况决定着作物的需肥量和从土壤中吸收养分的能力。一般来说，施肥效果随土壤含水量的提高而增加。

当土壤含水量不足时，由于水分直接抑制了作物的正常生长和发育，光合作用减弱，干物质生产较少，肥料的利用率降低，因而施肥难以发挥应有的效果。随着土壤水分的提高，作物长势增强，吸收养分能力提高，从而大大地提高了施肥增产效果，尤其是在施肥量大的情况下，更应该重视土壤含水量的调节，这样才有利于发挥肥料的增产潜力。因此，在干旱年份，如果没有良好的灌溉条件，盲目地施用化肥，势必降低肥效造成浪费；相反，在多雨年份，适当增施肥料，则有利于增产，提高肥料的经济效益。但是，也要防止由于土壤水分过多或施用氮肥过量造成作物贪青晚熟而减产。

（二）施肥与水分利用效率的关系

（1）施肥可促进作物根系发育，扩大作物觅取水分和养分的土壤空间。作物对水分和养分的吸收有赖于根系的扩展。水分是液体，具有由高水势向低水势移动和扩散的能力。根系对土壤水分的消耗必然会造成周围土壤水分的亏缺，加速水分向此区迁移。因此，发育良好的根系系统对作物增产是至关重要的。

（2）施肥可提高作物蒸腾量，减少水分蒸发量，使水分得到更有效的利用。蒸腾作用的强弱是植物水分代谢的重要指标。干物质的形成，作物产量的高低都与蒸腾量和蒸腾效率有关。与蒸腾相反，蒸发却是水分的无效消耗。因此，提高作物的蒸腾量和蒸腾效率，尽量减少蒸发，在农业生产中有着十分重要的意义。施肥以后蒸腾耗水增加，而蒸发损失减少。蒸腾与蒸散所消耗的水分比值明显提高，蒸发减少程度和蒸腾蒸散比值提高程度均与施氮量有明显的线性关系。原因在于施肥后作物长势强，能较多地利用土壤水分，减少水分蒸发损失；较大的叶面荫蔽地面，减少了蒸发速率。施肥不仅提高了作物的蒸腾量，而且提高了作物的蒸腾效率，使蒸腾的水分得到更有效的利用。

（3）施肥可提高水分利用效率。水分利用效率（WUE）是用来描述作物生长量（尤其是籽粒产量）与水分利用量之间关系的一个术语。$WUE(ET)=Y/ET$，其中 Y 为籽粒产量，ET 为蒸散耗水量。从表 6-4 可以看出，施肥与未施肥相比，消耗的水分无明显区别，但由于显著地增加了作物产量，水分利用效率显著提高。提高程度因施肥量的不同而不同，随着施氮量的增加，籽粒的水分利用效率一直稳定增加。由此可见，施肥的增产作用并不在于以消耗较多的土壤水分为代价，而是以提高水分的利用率为基础。

表 6-4　不同施肥量的春玉米对水分利用效率的影响

测定或计算项目	施氮量（kg/hm²）				
	0	30	60	90	120
籽粒产量（kg/hm²）	1749	2394	3264	3949	4240
消耗水分（mm）（2 m 深度）	330.3	312.1	332.5	319.5	323.7
WUE（*ET*）	0.35	0.51	0.65	0.82	0.87

三、地膜覆盖保墒技术

地膜覆盖是指把聚乙烯薄膜铺在田面上的一种保护性栽培技术，已成为干旱地区农业节水增产的一项重要措施。地膜覆盖能改善作物耕层水、肥、气、热和生物等诸因素的关系，为作物生长发育创造良好的生态环境。

1. 地膜覆盖的主要作用

（1）提高地温。在北方和南方高寒地区，春季覆盖地膜，可提高地温 2℃～4℃，增加作物生长期的积温，促苗早发，延长作物生长时间。

（2）保墒。覆盖地膜切断了土壤水分同近地表层空气的水分交换通道，并由于昼夜温差的缘故，从土壤底层蒸发出来的水分凝聚在膜上，随着湿度的加大，水滴在重力的作用下滴入土壤表层，这样构成了一个从膜到耕层的水分循环，有效地抑制了土壤水分的蒸发，提高了土壤表层的水分含量，促使耕层以下的水分向耕层转移，使耕层土壤水分增加 1%～4%。在干旱地区覆盖地膜后全生长期可节约用水 150～220 mm。

（3）改善土壤理化性状。地膜覆盖可保墒增温，促进土壤中的有机质分解转化，增加土壤速效养分供给，有利于作物根系发育。

（4）提高光合作用。地膜覆盖可提高地面气温，增加地面的反射光和散射光，改善作物群体光热条件，提高下部叶片光合作用强度，为早熟、高产、优质创造了条件。

2. 地膜覆盖技术

（1）整地作畦（起垄）。地膜覆盖的作物在整个生育期一般免耕，还要使地膜密贴于畦面上，因此整地作畦要求高质量。

①平整土地，细致碎土。结合整地彻底清除田间根茬、秸秆、废旧地膜及各种杂物，在充分施入有机肥的同时耕翻碎土，使土壤表里一致，疏松平整，土壤内不存在大土块。地面不平，土壤不细，畦面难以整平，必然导致地膜封盖不严，不仅妨碍保温、保水等多种性能的发挥，而且易使杂草滋生，消耗地力，影响作物正常生长。如果底墒不足，可以提前灌水造墒，再进行整地；在无灌溉条件的地区，早春应提早耙地，镇压保墒，并及时作畦（起垄）覆盖地膜，防止水分蒸发散失。

②作高畦或高垄。为蓄热提高地温，地膜覆盖要求作高畦或高垄，一般东北地区采用多垄作，而华北及南方地区多采用高畦栽培。畦型多采用中间略高的"圆头高畦"，这样铺盖地膜时，地膜易与畦面密贴，压盖牢固，不易被风吹而抖动；平畦覆盖多用在蔬菜短期覆膜栽培上。

（2）盖膜。提高覆膜质量是地膜覆盖栽培中的关键一环。注重连续作业，整地、施肥、作畦（垄）后要立即覆盖地膜，防止水分蒸发以利保墒。手工覆膜可三人一组，一人铺放拉紧地膜，二人在畦侧压土，达到盖膜"平、紧、严"的标准，沙壤土更需固定压牢，步道一般不盖膜，以利于灌水、施肥和田间作业。在大面积栽培时，可进行机械化覆膜，一般简单覆膜机可一次完成作畦、覆膜、压土固膜作业，提高工效 10 倍以上。应用联合作业覆膜机械，则可一次完成整地、碎土、施肥、作畦、喷洒除草剂、覆盖地膜、压土打孔、播种、封盖播种孔等全部多项作业，提高工效达百倍。

覆膜作业的方法可分为先覆膜后播种、定植和先播种、定植后覆膜人工开口放苗或套盖地膜两种，可根据需要及具体情况选择应用。

3. 地膜覆盖方式

地膜覆盖的方式依当地自然条件、作物种类、生产季节及栽培习惯不同而异。

（1）平畦覆盖。

畦面平，有畦埂，畦宽 1.00~1.65 m，畦长依地块而定。播种或定植前将地膜平铺畦面，四周用土压紧，或短期内临时性覆盖。覆盖时省工、容易浇水，但浇水后易造成畦面淤泥污染。覆盖初期有增温作用，随着污染的加重，到后期又有降温作用。一般多用于种植葱头、大蒜以及高秧支架的蔬菜，小麦、棉花等农作物、果林苗木扦插也采用。

（2）高垄覆盖。

畦面呈垄状，垄底宽 50~85 cm，垄面宽 30~50 cm，垄高 10~15 cm。地膜覆盖于垄面上，垄距 50~70 cm。每垄种植单行或双行甘蓝、莴笋、甜椒、花椰菜等。高垄覆盖受光较好，地温容易升高，也便于浇水，但旱区垄高不宜超过 10 cm。

（3）高畦覆盖。

畦面为平顶，高出地平面 10~15 cm，畦宽 1.00~1.65 m。地膜平铺在高畦的面上。一般种植高秧支架的蔬菜，如瓜类、豆类、茄果类以及粮、棉作物。高畦高温增温效果较好，但畦中心易发生干旱。

（4）沟畦覆盖。

将畦做成约 50 cm 宽的沟，沟深 15~20 cm，把育成的苗定植在沟内，然后在沟上覆盖地膜，当幼苗生长顶着地膜时，在苗的顶部将地膜割成十字，称为割口放风。晚霜过后，苗自破口处伸出膜外生长，待苗长高时再把地膜划破，使其落地，覆盖于根部，俗称先盖天，后盖地，如此可提早定植 7~10 d。保护幼苗不受晚霜危害，既起着保苗，又起着护根的作用，从而达到早熟、增产、增加收益的效果。早春可提早定植甘蓝、花椰菜、莴笋、菜豆、甜椒、番茄、黄瓜等蔬菜，也可提早播种西瓜、甜瓜等瓜类及粮食等作物。

（5）沟种坡覆。

在地面上开出深 40 cm，上宽 60~80 cm 的坡形沟，两沟相距 2~5 m（甜瓜为 2 m，西瓜为 5 m），两沟间的地面呈垄圆形。沟内两侧随坡覆 70~75 cm 的地膜，在沟两侧种植瓜类。

（6）穴坑覆盖。

在平畦、高畦或高垄的畦面上用打眼器打成穴坑，穴深 10 cm 左右，直径 10~15 cm，穴内播种或定植作物，株行距按作物要求而定，然后在穴顶上覆盖地膜，等苗顶膜后割口放风。可种植马铃薯等作物。

4. 地膜覆盖新发展

(1) 地膜覆盖水稻旱种技术。

①技术要求。整地是地膜覆盖的基础，在充分施用有机肥和计算好肥料的配比的前提下，提早进行灌水、耕翻、耙匀、开沟，足墒穴播，然后覆膜，覆膜前喷除草剂防治杂草。注意及时破膜引苗，也可先覆膜后破膜穴播。

②技术优点。早稻可提前播种，抵御寒潮，延长水稻生育期；由于没有水层，土壤升温快，通透性好，水、肥、气、热协调，水稻苗期早发，根系发达；节水、省工、增产增收。试验表明可节约灌水 100～150 mm，增产 20％以上。

③适用范围。适宜于地下水位不低于 1 m 的平原地区，以及广大南方丘陵梯田坡地等降水量相对较多，但有季节性干旱，有时需补充灌溉的地区。

(2) 地膜周年覆盖保水集水栽培技术。一年两熟以地膜为主的周年覆盖栽培技术，在不增加成本的基础上，由于秋覆膜比春覆膜提早 6 个月盖膜且覆盖率达 75％以上，垄与沟形成一个小型集流区，使垄面降水向沟内集中，变无效雨为有效雨，小雨变大雨，减少水分蒸发 30％～50％，年集雨节水达 240 mm，起到伏水春用、春旱秋抗的作用；同时，对于防止土壤板结、提高土壤养分供应、抑制盐分上升等也有明显作用。可使降水利用率提高 60％以上；小麦冬前停止生长期延迟 7～10 d，每公顷总茎数增加 150 万～225 万，春天早返青早发育 7～10 d。秋覆膜套种作物产量比春覆膜增产 15％～40％。

该技术要点：改旱地春覆膜短期平盖为头年秋季覆膜并以膜、草结合，对沟、垄进行早盖、全盖、周年盖。即在汛期结束、秋种之前进行深耕，一次施足两季所需的全部肥料。整地后立即起高垄，喷除草剂，覆盖地膜。秋种时在沟中播种小麦，春天在垄上播种经济作物，麦收时高留茬，麦收后灭茬盖沟。下一轮秋种时，沟垄换茬轮作。该项技术非常适合我国旱农地区。

5. 地膜覆盖的不良影响

地膜覆盖栽培中会产生一些不良影响，如多年覆盖地膜，残膜清除不净，造成土壤污染，由于盖膜后有机质分解快，作物利用率高，肥料补充少，使土地肥力下降，或因覆盖膜的管理不当也会造成早熟不增产，甚至有减产现象。在旱沙地、贫瘠土地、重黏质土地上，不宜采用地膜覆盖栽培。因为旱沙地盖膜后土壤温度在中午时易产生高温，在干旱比较严重的情况下反而会造成减产。在贫瘠土地上，覆盖膜后不便追肥，播种时施用基肥不足，覆盖也不能增产。重黏质土地在干旱时大块状土团多，整地时难以耙碎，盖膜后很难与地面贴紧，刮大风时地膜容易吹破、刮跑。因此，采用地膜覆盖栽培必须掌握一定条件才能达到早熟高产、稳产的目的。

四、节水耕作技术

（一）虚实并存、深松保墒耕作技术

因长期的传统耕作，除沙土地外，大部分土壤在 16～25 cm 之间形成了一个坚硬、黏重而密实的犁底层，阻碍了雨水下渗，增加了径流损失，减少了土壤蓄水量，并影响作物根系下扎等。利用深松机械对土壤进行深松，在不打乱土层的情况下，打破犁底层，形成虚实相间的土壤结构，不仅能促进降雨入渗，起到蓄水保墒的效果，而且还改变了土壤水分的运移规律，改善了作物的生长环境，提高了作物产量和水分利用率。深松保墒耕作技术的关键如下：

（1）深松土壤应抢时间进行。由于目前作物复种指数提高以及适宜深松土壤水分制约，可用来进行深松的时间较短，深松土壤应抢时进行。在深松时间安排上，留春地早春深松较好，夏收秋播期间就显得过于紧张，若是夏闲地，夏收后深松蓄水保墒效果最佳。收获后至冬播结合翻地也是一个深松的好时机。

（2）深松形式。以间隔深松，创造虚实相间土壤为好，间距视作物要求可在40～50 cm之间；深松深度应在 30 cm 左右，以打破犁底层为度。过浅则达不到目的，过深不仅能耗量大，效果也不理想。

（3）深松土壤应配合一定的保墒措施。深松土壤后应及时浅耕耙糖，以减少水分损失，若有条件最好能灌一次踏墒水。也可以在深松犁后带一拖土器，以便及时掩盖大土缝，防止土壤跑墒。

（二）少免耕技术

少免耕可以减少土壤水分的损失，具有明显的保墒防旱作用。由于减少土壤耕作次数、项目或面积，甚至不进行任何土壤耕作，土壤结构相对较坚密，可以减少水分的蒸发损失，提高土壤的保墒能力，且土壤结构未被破坏，上下土层的毛细管畅通，可以提升下层土壤水分，因此少免耕也是一种有效的节水耕作技术。

五、选用抗旱、耐旱、高 WUE 品种

节水高产作物品种是指具有节水、抗逆、高产、高 WUE 的作物品种。现在一般认为，作物 WUE 是一个可遗传的性状，既受遗传基因的控制，又受环境因素和栽培条件的影响，而且随其变化而变化。同种作物间 WUE 的差异一般比不同作物间小，但差异仍很明显。据研究表明，品种间需水量的差异主要是由于干物质产量不同之故，而蒸腾量与需水量之间无显著的相关性，培育发达、WUE 高的品种则可将高产与抗逆的目标统一起来。通过引种选种来提高作物的 WUE 是有潜力的。作物品种对水分亏缺的适应和 WUE 的差异，是作物品种选择和布局搭配的重要依据之一。

优良品种是相对的，万能优种是不存在的，所以只有发挥品种系列群体的功能，才能保证作物持续平衡增产。品种合理布局系列化是指在一定的生态农业种植区域内以几个相对高产稳产、适应性强、综合性状好的良种为骨干，与几个有特殊适应性（如抗旱）的品种相配合，构成适应不同水肥条件、土壤条件、耕作制度等的优良品种的合理布局。

六、化学制剂保水节水技术

化学制剂保水主要运用高分子化合物——保水剂来达到保水节水的效果。它与水分接触时，能够迅速吸收和保持相当于自身重量几百倍至几千倍的去离子水、数十倍至近百倍的含盐水分，而且具有反复吸水功能，吸水后膨胀为水凝胶，可缓慢释放水分供作物吸收

利用，从而增强土壤保水性，改良土壤结构，减少深层渗漏和土壤养分流失，提高水分利用率。大量试验研究表明，保水剂能提高农田保水保肥能力，节约农田用水量，改良土壤结构，提高种子出苗率、幼苗移栽成活率，促进作物幼苗生长发育等。保水节水化学制剂大致可分为植物生长调节剂、吸水剂、土面增温保墒剂三大类。

（一）植物生长调节剂

植物生长调节剂是人工合成的植物生长的调节物质。它具有生理活性，可调节作物生长发育过程，增强根系活力，提高抗逆性和光合效率，调节物质分配，改善株型和群体结构，提高作物产量和质量，实现节水的目的。

1. 抗蒸腾剂

如生产上使用的抗旱剂一号，主成分为黄腐酸，其功能主要为：缩小叶片气孔开度，降低作物叶片蒸腾强度，提高作物的抗旱能力；增加叶绿素含量，增强光合作用；促进根系发育，有利于根系下扎吸收深层的土壤水分和养分。抗蒸腾剂可用于大田喷施及拌种。

2. 生长延缓剂

这一类生长调节剂可以降低作物体内的 GA3 等生长促进类激素的含量，提高 ABA 等抑制类激素的含量，调节其生化代谢活动，如提高游离脯氨酸的含量，增强某些与抗逆有关的酶活性，从而提高作物的抗旱性。用这一类化学试剂处理作物，在形态上表现为植株变矮，叶片变小变厚，根系更发达，活力更高，忍耐和抵抗干旱的能力更强，同时因幼苗矮壮，分枝分蘖增加，还可增加作物产量，从而提高作物的 WUE。

目前生产常用的生长延缓剂很多，主要的有矮壮素（CCC）、缩节胺（DPC）、多效唑（PP333）、烯效唑（S3307）等。

（二）吸水剂

吸水剂即高吸水性树脂，又称保水剂，是一种人工合成的高分子材料。它与水分接触时能吸收和保持相当于自身重量几百倍至几千倍的水分。

1. 吸水剂的主要功能

（1）提高种子出苗率。吸水剂包衣的种子播入土壤后，能立即吸收种子周围的土壤水分，在种子表面形成一层水膜，为种子萌发提供水分，促使作物出苗不齐。

（2）提高移栽作物的成活率。吸水剂的水凝胶蘸于苗木根部，它保蓄的水分可不断提供给根系，在一定时间内，可防止移栽过程中苗木根部失水死亡，提高苗木的成活率。

（3）促进幼苗生长。用 XJ-1 型吸水剂，以 0.5% 的比例施入各种土壤，能使土壤含水量增加 7%～20%。可较长时间供应幼苗所需水分，促进幼苗迅速生长。

（4）由于吸水剂具有吸水膨胀、失水收缩的作用，施入土壤内可促使土壤疏松，增加土壤孔隙率 7%～10%，改善土壤结构。

（5）增产作用。吸水剂用于大田作物一般可增产 5%～17%。

2. 吸水剂的使用方法

（1）种子包衣。将吸水剂与等量的填充剂混合均匀，按 3：100 的比例均匀拌撒在先用水湿润的种子上，吸水剂立即牢固地黏附在种子表面，稍后即可播种。

（2）移栽蘸根。将吸水剂与水按 1：50 左右的比例配成水胶状，然后将刚挖出并去掉泥土的移栽苗木根系放入水凝胶中蘸后取出，水凝胶均匀黏附在苗木根上即可移栽。

（3）与培养土混用。将占培养土重 0.3%～0.5%的吸水剂与干培养土混合均匀后即可浇水播种。吸水剂用量过少效果不显著，过多会造成吸水量过大降低土温，使土壤透气性不良而引起烂籽烂根。

（三）土面增温保墒剂

土面增温保墒剂为黄褐色膏状物，是一种田间化学覆盖物，又称液体覆盖膜，属油型乳液，成膜物质有效含量30%，含水量70%，加水稀释后喷洒在农田土壤表面能形成一层均匀薄膜。

1. 土面增温保墒剂的功能

（1）制剂覆盖土壤表面能阻挡土壤水分蒸发，减少灌溉次数，节约用水。

（2）土壤水分蒸发要消耗热量，覆盖制剂减少了土壤水分蒸发，也减少了汽化的热量消耗，因而提高了地温。

（3）制剂具有一定黏着性，覆盖地表等于覆上一层保护层，能避免或减轻农田土壤风吹水蚀。

2. 使用方法

（1）根据种子萌芽和播种时的天气确定使用时间，春播作物较正常提前 10 d 使用，尽可能选在晴天上午喷洒。

（2）田块要整平，尽可能将大土块压碎，否则会影响剂膜的完整性。喷洒前浇足底墒水，施足底肥。

（3）每公顷用1200～1500 kg 制剂，兑水 5～6 倍稀释，边拌边加水配成乳剂。

（4）乳剂喷洒前用纱布或细筛过滤，喷洒要均匀，否则膜厚不匀，会造成出苗不齐。

（5）一般喷剂后 30 d 以内不灌水施肥。若后期需要浇水，宜采取小沟灌水，水层不上苗床，延长剂膜增温保墒作用。

第七章　设施农业理论与技术

设施农业是利用现代工程技术手段和工业化生产方式，为动植物生产提供可控制的适宜的生长环境，充分利用土壤、气候和生物潜能，在有限的土地上使用较少的劳动力，以获得最高的产量品质和经济效益的一种高效农业。设施农业具有高投入、高技术含量、高品质、高产量和高效益等特点，是现代农业发展史上的一次革命，是由传统农业向现代化集约型农业转变的有效方式，是实现农业现代化的必由之路。

第一节　设施农业发展概况

一、设施农业的基本概念

设施农业是采用一定设施和工程技术手段，按照动植物生长发育要求，通过在局部范围改善或创造环境气象因素，为动植物生长发育提供良好的环境条件，从而在一定程度上摆脱对自然环境的依赖进行有效生产的农业。设施农业包括的内容主要有：

（1）设施栽培。主要是蔬菜、花卉、瓜果类的设施栽培，主要设施有各类塑料棚、各类温室、人工气候及配套设备。

（2）设施养殖。主要是畜禽、水产品和特种动物的设施养殖，主要设施有各类保温、遮阴棚舍和现代集约化饲养的畜禽舍及配套设施设备。

（3）设施林业。主要有林业育苗。

本书主要介绍农作物的设施栽培相关内容。

二、我国设施农业发展现状

1. 设施栽培的主要类型

目前，我国设施栽培的类型主要是塑料小拱棚、塑料中拱棚、塑料大棚、日光温室和现代化温室。栽培的作物以蔬菜、花卉及瓜果类为主，并逐步向畜禽、水产养殖，林木育苗，食用菌、中草药种植等领域扩展。

大型连栋温室前期主要从荷兰、日本、美国、以色列、韩国等引进，面积约140 hm²；目前基本为我国自行设计建造，面积不断扩大；大型连栋温室中连栋塑料温室约占 2/3 以上，其余为玻璃温室。建设在南方的大型温室以生产花卉为主，北方的则以栽培蔬菜为主，少部分温室用于栽培苗木。

2. 设施农业发展的特点

（1）全国以蔬菜栽培为主体的设施农业发展迅速。

（2）初步形成了具有中国特色、符合中国国情、以节能为中心的设施农业生产体系。

（3）设施农业的总体水平有了明显提高。

（4）设施农业成为"都市农业"的首选项目。

（5）全国各地都在探索农业现代化的道路。

（6）设施农业工程的科学研究受到重视与支持。

（7）已形成了一支从事设施农业工程专业的科技队伍。

（8）设施农业已经从政府主导向着自我发展、自我完善的良性循环道路延伸，生产的技术水平、管理水平、产品品质和质量不断提高，经济效益稳步增长，农民的积极性被充分地调动起来。

随着科学技术的不断进步和人类生产方式的转变，设施农业未来向着设施标准化、大型化，作业机械化，设施环境监控自动化、智能化、网络化，温室覆盖材料多样化，生产体系专业化、产业化、国际化，农业生产工厂化等方向发展。

第二节　设施农业工程设施

一、我国设施农业保护设施与设备

（一）塑料棚

塑料棚是一种简易的保护地栽培设施，由于其建造容易、使用方便、投资较少而被世界各国所普遍采用。从塑料棚的结构和建造材料上分析，应用较多的主要有如下 4 种类型。

1. 中、小拱棚

中、小拱棚是我国目前应用最为广泛的一种简易栽培设施，约占全国设施栽培面积的45％以上。中、小拱棚的跨度一般为 1.5～4.0 m，高度为 0.8～2 m，长度为 30～40 m。建造材料主要为竹片、细竹竿、树枝、钢筋和钢管。把竹片等弯成圆弧形，两端插入地下（30～50 cm），顶端形成拱形，用一根纵向拉杆将各拱杆连接起来，拱架上覆盖薄膜，拉紧后端头插入土中，构成中、小拱棚。在长江中下游，工厂化生产的钢管装配式塑料中、小拱棚有较多的应用，常采用直径 22 mm 的热镀锌钢管构成主要构件，用专用卡具连接，现场组装。其跨度为 4 m，高度为 1.8～2.0 m，长度为 20～40 m。

2. 简易竹木结构大棚

简易竹木结构大棚的跨度为 6～12 m，肩高 1.0～1.5 m，顶高 1.8～2.5 m，按跨度方向每 2 m 设一根立柱，地下埋深 50 cm，将竹片固定在立柱顶端，形成拱形，两端加横木埋入地下夯实，拱架间距 1 m，并用纵向拉杆连接，形成整体，拱架上覆盖薄膜，拉紧后膜的端头埋入四周的土中，拱架间的薄膜上用压膜线或铁丝、竹竿等压紧薄膜。其优点是取材方便，造价较低，建造容易；缺点是棚内柱子多，遮光率高，作业不方便，寿命短，抗风雪荷载能力差。

3. 焊接钢结构大棚

焊接钢结构大棚拱架是用钢筋、钢管或两种结合焊接而成的平面桁架，上弦用直径 16 mm 的钢筋或 20 mm 的钢管，下弦用 12 mm 的钢筋，纵拉杆用 9～12 mm 的钢筋。跨度 8～12 m，顶高 2.6～3.0 m，长度 30～60 m，拱间距 1.0～1.2 m，拱架上覆盖薄膜，在拱间的膜上设压线压紧薄膜。其优点是骨架坚固无立柱，棚内空间大，透光性好，作业方便，但需 1～2 年给骨架涂刷一次油漆防锈，一般使用寿命可达 6～7 年。

4. 热镀锌钢管装配式大棚

热镀锌钢管装配式大棚的拱架、纵拉杆、端头立柱均为薄壁钢管，用专用卡具连接形成整体，所有插件和卡具采用热镀锌防锈处理，我国已形成有 20 多种工厂化生产的系列产品，其跨度 6～12 m，肩高 2.5～3.0 m，拱间距 0.5～1.0 m，长度 20～60 m，用纵向拉杆连接各拱架，使其固定成整体，骨架上覆盖薄膜，拱架间的膜外用压膜线压紧，可设卷膜机构卷膜透风，用保温幕保温，遮阴网遮阴和降温。这种大棚为组装式结构，建造方便，有利于作物生长，构件抗腐蚀，整体强度高，承受风雪载荷能力强，使用寿命可达 15 年以上，是世界各国普遍采用的最先进的大棚骨架结构。

GP 系列塑料大棚骨架均采用内外热镀锌的碳素钢管作为主体构件材料。整体骨架由拱杆、纵横向拉杆等主要构件和专用卡具构成。各构件间主要有管与管、管与卡槽、卡槽与卡槽 3 种连接方式，其棚形主要有圆弧落地拱形和倾斜壁拱圆形顶两种类型。该类大棚的基本参数：管径 22 mm×1.2 mm、5 mm×1.2 mm，跨度 4～13 m，肩高 1.0～1.5 m，脊高 2.5～3.0 m，长度 20～60 m，承载风压 303.8～343 kN/m²，承载雪压 225.4～343 kN/m²，承载作物吊重 117 kN/m²，耐久年限 15 年以上。

（二）日光温室

日光温室是采用较简易的设备，充分利用太阳能，在寒冷地区一般不加温进行蔬菜越冬栽培的设施，也是我国独有的一种设施。主要在北纬 40°以上的寒冷地区适用，因此在我国北方地区，主要依靠日光温室从事设施栽培。日光温室的结构主要有竹木结构、钢木结构、钢－钢混凝土结构、全钢结构、全钢筋混凝土结构、悬索结构、热镀锌钢管装配式结构等。

日光温室的主体结构参数：温室跨度一般为 5～8 m，温室脊高一般为 2.5～3.2 m，温室后墙高度一般为 1.8～2.0 m，后坡仰角一般为 30°～45°，温室长度一般为 50～60 m，温室面积是跨度与长度的积。在北纬 40°以上地区，温室跨度在 6 m 以下；在北纬 35°～40°地区，温室跨度为 6～7 m；在北纬 35°以南地区，温室跨度可选 7 m 以上，但不宜超过 8 m。

（三）大型连栋塑料温室

大型连栋塑料温室与玻璃温室相比，其重量轻，骨架材料用量少，结构构件遮光率小，造价低，环境控制能力基本可以达到与玻璃温室相同的水平，有快速发展的趋势。

1. 大型塑料温室的类型

根据温室连栋数，可分为单栋温室和连栋温室；根据温室侧墙和山墙的形式，可分为直壁温室和斜壁温室；根据温室屋面形式，可分为拱网顶温室、尖屋顶温室、锯齿形温室和屋脊窗温室；根据覆盖材料及方式，可分为卷材塑料温室和片材塑料温室以及单层覆盖温室和双层覆盖温室。

2. 大型连栋温室的结构

通用的温室跨度为 6～12 m，开间 4 m，檐高 3～4 m。自然通风为主的连栋温室在侧窗和屋脊窗联合使用时，温室的最大宽度在 50 m 以内，最好在 30 m 左右，以机械通风为主的连栋温室，温室的最大宽度可以达 60 m，但最好 50 m 左右，温室的长度主要从操作方便以及地势、地形来考虑，一般限在 100 m 以内。主体结构最好采用热浸镀锌钢管作主体承力结构，工厂化生产，现场安装。屋面用钢管组合或独立钢，室内第二跨度或第二开间设垂直斜撑，在温室的外围护结构以及屋顶设置空间支撑，在温室的檐口处最好设置斜支撑锚固于基础。主体结构一般要求抗风能力 8～10 级，抗雪荷载不小于 343 kN/m²。

3. 双层充气温室

双层充气温室是一种节能（40%左右）温室，对不加温地区，比单层塑料温室的春提前和秋延后时间达半个多月，其保温能力低于日光温室。双层充气温室在结构上主要是不用压膜线，只在四周固定，并设气泵或鼓风机，用气压来支撑塑料膜，使内层塑料膜紧贴骨架，外层塑料膜靠气压与内层膜隔离，形成空气夹层，以利保温。此外，这种双层充气温室要求固膜牢固，不漏气，因此，要用专用的固膜卡具，同时需备用电源、鼓风机和气压计等。

大型连栋塑料温室的性能和使用功能基本达到玻璃温室的水平，所以，它的环境控制技术和设备也与玻璃温室一样，基本可以通用。

（四）玻璃温室

玻璃温室是指以玻璃为采光材料的温室，在栽培设施中，是透光率最高、使用寿命最长的一种温室形式，适合于多种地区和不同气候条件下使用。

1. 玻璃温室的类型

玻璃温室的类型按建筑造型，可分为大层面温室和小层面温室；按平面单元的组合方式，可分为单栋温室和连栋温室；按使用功能，可分为生产温室、试验温室、商用温室、观赏温室和庭院温室等。

2. 玻璃温室的玻璃材料

玻璃温室所选用的玻璃多为浮法平板玻璃，欧美地区通常采用 4 mm 厚的玻璃，而在我国则多参照民用建筑的市场要求和常用的规格，采用 5 mm 厚的玻璃，未来将会趋向采用 4 mm 厚的玻璃。

3. 玻璃温室的主要技术参数

玻璃温室的跨度有 6.0 m、6.4 m、8.0 m、9.6 m、12.8 m、16.0 m、19.2 m、24.0 m 等，开间为 3.0 m、3.3 m、4.0 m 等，檐高为 3.0 m、3.3 m、3.5 m、4.0 m、5.0 m 等，脊高一般为 3.5～5.5 m 或 6～7 m，层面坡度为 1∶2 或 1∶2.5。

二、设施栽培环境控制设备

1. 通风系统

通风系统是指在温室顶部或两侧通过传动机构将温室顶窗或侧窗开启和关闭，达到通风、去湿目的的设备。常用的有齿轮齿条开窗机构、卷膜器开窗机构、推拉窗开窗机构等，分手动和电动两种。其中，齿轮齿条开窗机构主要用于大型连栋温室；卷膜器开窗机构则主要用于塑料温室大棚等单层膜为覆盖材料的温室，开窗部位为了防虫可设置防虫网。

2. 灌溉系统

灌溉系统包括增压水泵、管道、过滤器、水源、控制阀门、滴头、喷头等。主要分为滴灌、喷灌、微喷灌等灌溉形式。滴灌是一种很好的节水灌溉形式，水经过滴管或滴头直接滴在作物根部，减少了水分的蒸发和渗漏，节约了水资源。喷灌主要为温室或大田作物灌溉，既节水又降低了劳动强度。微喷灌主要为温室作物补充叶面水分，增加温室湿度。

3. 温度控制系统

温度控制系统包括降温和增温两部分。

温室降温主要采取配置遮阳网、湿帘风机等设备。遮阳网有黑色针织遮阳网、塑料编织遮阳网、铝箔遮阳网等品种，遮阳网的开启和闭合控制有电动和手动两种形式。遮阳网可以置于温室顶部，也可置于温室内部。湿帘风机一般安装在温室后端或侧面，通过风机将湿帘内的水汽吹入温室降温。

温室加温装置主要有水暖和气暖两种类型。水暖型以水为热介质，由锅炉、管道、暖气片等组成，锅炉安装在温室外。特点是温度变化稳定，运行成本较低，但升温具有滞后性。气暖型以空气为热介质，由热风炉直接加热空气进入温室。热源分燃煤、燃油两种，特点是升温快，易于控制，但运行成本较高，温度不稳定。

4. 病虫害防治设备

设施农业内的常用病虫害防治设备主要有频振杀虫灯、硫黄熏蒸器、臭氧解毒机等，这些设备操作简单，使用方便，能实现温室的防虫、杀菌、消毒，并且无毒害、无污染，是利用温室设施进行无公害蔬菜生产的有效设备。

5. 补光设备

设施农业中配置有补光灯具，可以补充光照的不足，满足作物生长对光的需要。温室一般以补充红蓝光对于作物的生长最有利。补光光源则以 LED（发光二极管）为主，它节能省电，光效率高，是冷光源，不发热，不影响作物生长。

6. 农业设施作业配套农机具

用于开沟、作畦、起垄、中耕、铺膜、播种、植保、施肥、运输等农业设施作业的配套农机具，须具有生产率高、功能多、结构简单、操纵灵活、重量轻、适应农业设施边角低矮环境作业的特点。目前应用主要以 2.94~4.41 kW 微耕机配套多种农机具为主。

第三节　设施农业栽培技术

一、温室栽培

（一）日光温室的环境特点及其调节

作物生长必须有适宜的环境条件相匹配，在温室条件下，诸项环境因子中，对作物生长影响起主要作用的是温度、光照、水分、气体养分。

冬春季节北方地区由于日照时间偏短，太阳辐射偏斜，往往光照不足，热量不够。因此，在设计温室时应尽量调节好太阳光的入射角度，减少阴影面积，适时掀苫、盖苫，增加光照时间，尽量采用新薄膜和耐老化的无滴薄膜，或悬挂反光幕以改善弱光区的光照强度。

日光温室主要靠太阳辐射增温，因此，晴天或白天室内温度较高；而夜间或阴雨天温度必然下降。为保持相对稳定的温度条件，一般用增加保温设施或放风的措施来调节，以避免温度过高或过低。

湿度往往与光照、温度呈负相关。当光照好、温度高时，湿度较小；而阴雨低温天气，湿度较大。因此阴雨天也要适当放风，同时起到换气的作用；还可利用地膜覆盖和控制灌水量来降低湿度。

（二）日光温室的建造及施工

温室的投资较大，使用年限较长，所以建造前要选择场地，科学布局，合理设计，使其能充分利用光热条件，以利作物生长，并力求坚固耐用，成本低廉。

1. 场地选择

建造温室的场地应避风向阳，地势平坦，土质肥沃，排灌方便，地下水位低，四周无高大建筑，光照和通风条件良好，周围无污染源。有电力条件并靠近道路，便于材料运输及日后产品的运输。

2. 场地的规划布局

温室的方位一般采用正东西走向，有的向东南方向偏5°左右，前后两排温室间的距离以冬至时前排温室产生的投影不影响后排温室的采光为宜。一般前后两个温室间距留出工作间及4~6 m宽的道路即可。

3. 建造材料的选择

建造材料的选择可根据用户经济实力而定。实力强的可选用钢管和钢筋结构，中等的可选用钢木混合结构，差的一般采用竹木结构。

（三）温室栽培的应用

温室的类型较多，性能各异，因此应用方法及范围也有多种，各地区、各季节其用途也不一样。概括起来，主要有育苗、蔬菜生产、花卉生产、草莓栽培、香椿栽培和食用菌栽培等多种用途。现仅就蔬菜生产的栽培种类、栽培时期和栽培特点简述如下。

1. 栽培种类

大部分喜温蔬菜、耐寒蔬菜均可栽培。从经济角度和周年供应考虑，栽培面积较大的有黄瓜、西红柿、青椒、菜豆等，辣椒、茄子、甘蓝、菜花、西葫芦、西瓜、甜瓜有少量栽培，用于加茬栽培的还有油菜、茼蒿、芫荽、茴香等叶类菜。

2. 栽培时期

温室栽培一般分为秋延后栽培、冬茬栽培和冬春茬栽培。

（1）秋延后栽培：8月下旬至9月上旬播种，9月下旬至10月上旬定植，11～12月收获。

（2）冬茬栽培：10月上中旬育苗，11月中下旬定植，12月至翌年2月上旬收获。

（3）冬春茬栽培：12月中下旬播种，翌年2月上旬定植，4～5月收获。

3. 栽培特点

（1）温差大。白天气温较高，夜里温度较低，易造成低温及高温危害，加上光照较弱，容易徒长。

（2）湿度大，病害发生严重。特别是喜欢潮湿的真菌病害较难控制，如叶霉、灰霉、霜霉及疫病等。

（3）温室内昆虫活动少，给瓜果类蔬菜的授粉带来困难。可用放风及使用植物生长调节剂来解决。

（4）温室栽培种类有限，重茬严重。故应注意轮作及合理的茬口安排。

二、塑料拱棚栽培

塑料拱棚根据大小、规模，可分为塑料小棚、塑料中棚和塑料大棚三种类型。现就塑料大棚的性能及其调节简述如下。

（一）温度条件及调节

塑料大棚的气温直接受外界温度变化的影响，不同季节，一天内不同的时间，其温度存在着明显差异。

1. 不同季节的温度差异

一般2月上旬至3月上旬气温开始回升。3月中下旬，当外界气温偏低时，棚内平均气温在10℃以上，最高可达38℃，夜间最低气温为0℃～3℃，地温12℃左右，这时即可定植较耐寒的蔬菜及瓜果菜类；4月，棚内气温一般维持在10℃～30℃之间，最高可达40℃以上，白天应加大通风，降温降湿；5～6月，最高温度可达50℃以上，如不及时通风，会造成高温危害，这时应全天放风，加大通风口；9月气温开始下降，9～10月为作物生长适期；进入11月，逐渐减小通风口及通风时间，11月下旬以后，大棚内气温在0℃以下，作物不能生长；12月至翌年2月为休闲时期。

2. 日温度变化

由于塑料薄膜的作用，棚内气温昼夜相差较大。晴天日出后2 h棚内气温迅速回升，

12:00～13:00 时气温最高，比外界高出 10℃～20℃，下午 15:00 以后开始下降，夜间 4:00～5:00 时降至最低点，造成昼夜 15℃～20℃ 的温差。阴天增温效果不明显。这种大温差有利于喜温蔬菜的生长，因此，春秋两季常栽培瓜类和茄果类。

（二）光照条件及其调节

大棚多南北走向，东西两面接收光线，所以采光较好。以棚顶光照条件最强，为 61%；150 cm 高处为 34.7%；近地面为 24.5%；东西两侧和中部的水平光差仅为 1%。

不同质地的薄膜与光照有很大关系，新膜和透明薄膜能透过 90%～93% 的自然光。两天后即下降 14.3%，半月后下降 28.3%，一个月后仅为露地光照的 5% 左右。

不同作物对光照强度及时间的要求不同。要求强光的蔬菜有番茄、茄子、冬瓜、西瓜和菜豆等，黄瓜、青椒喜欢光但较耐弱光，弱光性蔬菜有韭菜、芹菜、菠菜等。

因此，栽培强光性蔬菜时，往往由于光弱而引起徒长。一般通过控制温度和水分来防止徒长或采取补光措施，如尽量延长受光时间、保持棚膜清洁、喜光与耐阴作物间作和人工补光等。

（三）湿度条件及其调节

大棚由于有覆盖物，水分难以散发，棚内往往湿度较大，一般通过通风来降湿，特别是夜间温度低，不通风，空气相对湿度可达 100%，白天随着棚内温度逐渐升高，而湿度逐渐减低。晴天、有风天气湿度较低，阴天、雨天湿度较大。棚内的土壤湿度也影响空气湿度。因此，大棚内要控制浇水，改变浇水方式，以降低湿度，或通过中耕调节土壤湿度。

不同作物对湿度的要求不同，黄瓜喜欢潮湿，要求空气相对湿度在 80%～90%；而番茄则要求在 50%～60% 之间，若湿度太大，病害发生严重，会引起落花落果。所以湿度调节也要根据不同作物区别对待。

（四）气体条件及其调节

塑料大棚由于密闭性较强，气体条件与外界有较大不同。夜间作物的自身呼吸作用，加上肥料的分解会释放出 CO_2，使棚内 CO_2 浓度高于外界；日出之后，随着光合作用的增强，CO_2 浓度又逐渐下降而低于外界。所以必须及时通风，调节 CO_2 浓度，同时排除有毒气体，在通风时间短的季节，可通过 CO_2 施肥来补充。CO_2 施肥有燃烧石油和煤油法，或用固体 CO_2 来产生。

（五）土壤营养条件及其调节

大棚生产是高度集约化的生产，产出量大，消耗大，投入也相应增大。大棚内环境条件适宜，作物生长快，所以必须多施肥、施优质肥，才能保证足够的营养供应。每茬作物每亩的农家肥等基肥用量应在 5000 kg 以上，还要定期施几次追肥或叶面喷施。同时注意营养均衡，增施钙、镁、铁及其他微量元素。大棚施肥要注意不能施未腐熟的肥料，以免伤苗。

第四节　无土栽培技术

一、无土栽培技术概述

（一）无土栽培技术的定义与分类

定义：指不用天然土壤栽培作物，而将作物栽培在营养液中，这种营养液可以代替天然土壤向作物提供水分、养分、氧气、温度，使作物能够正常生长并完成其整个生命周期。

分类：无土栽培从实验室走向大规模的商品生产的过程中发展出多种类型，可以进行如下分类：

（二）无土栽培的优点

（1）不受地区限制，且规模可大可小。

（2）能克服土壤连作障碍，可避免温室大棚长年连作造成的土传病害及土壤缺素症。

（3）能实现作物早熟高产。据中国农业工程研究设计院在北京太阳宫试验结果表明，无土栽培的番茄比土培番茄提早上市 7~10 d，产量提高 10％以上，且果实大、均匀、颜色鲜艳，维生素和糖的含量高，口感好。

（4）节水节肥。无土栽培采用管道输水的滴灌或循环水方式供液，从而避免了土壤深层渗漏和表土蒸发等造成损失，节水 50％以上。另外，无土栽培是按作物不同生育期对养分不同的需要来配制和供给营养液的，实践证明较土培节肥 50％以上。

（5）改善劳动强度。无土栽培采用自动化操作，不像土培那样需要劳动力去深翻、整地、作畦、中耕、除草、堆肥、施肥等，可节省劳动力 1/3~1/2。

（6）生产无公害的优质蔬菜。无土栽培可避免重金属离子、寄生虫、传染病菌等对产品的污染，也能避免土耕时大量浇灌人粪尿、家畜家禽粪等有机肥。无土栽培所用的均是化学品，无不良气味，还能避免蚊蝇滋生，减少农药用量，使产品清洁卫生、品质好。

二、营养液栽培

(一) 营养液的组成

1. 营养液的组成原则

(1) 营养液必须含有植物生长所必需的全部营养元素，现已确定高等植物必需的营养元素有 16 种，其中碳主要由空气供给，氢、氧由水与空气供给，其余 13 种由根部从土壤溶液中吸收。

(2) 含各种营养元素的化合物必须是根部可以吸收的状态，即可以溶于水的呈离子状态的化合物。

(3) 营养液中各营养元素的数量和比例应符合植物生长发育的要求。

(4) 营养液中各营养元素的无机盐类构成的总盐分浓度及其酸碱反应应适合植物生长要求。

(5) 组成营养液的各种化合物在栽培植物的过程中，应在较长时间内保持其有效状态。

(6) 组成营养液的各种化合物的总体，在被根系吸收过程中造成的生理酸碱反应应是比较平稳的。

2. 营养液配方

在规定体积的营养液中，规定含有各种必需营养元素的盐类数量称为营养液配方。现在世界上已发表了无数的营养液配方，Hewitt E J（1966）收录了约 160 种。其中 Hoagland 营养液配方和日本研制的园试配方的均衡营养液被广泛使用，现列出以作比较，见表 7—1。

表 7—1　营养液配方实例

化合物名称		霍格兰配方 (Hoagland & Arnon, 1938)				日本园试配方（堀，1966）				
		化合物用量		元素含量 (mg/L)	大量元素总计 (mg/L)	化合物用量		元素含量 (mg/L)		大量元素总计 (mg/L)
		mg/L	mmol/L			mg/L	mmol/L			
大量元素	$Ca(NO_3)_2 \cdot 4H_2O$	945	4	N 112	Ca 160	945	4	N 112	Ca 160	N 243 P 41 K 312 Ca 160 Mg 48 S 64
	KNO_3	607	6	N 84	K 234	809	8	N 84	K 234	N 210 P 31 K 234 Ca 160 Mg 48 S 64
	$NH_4H_2PO_4$	115	1	N 14	P 31	153	4/3	N 14	P 31	
	$MgSO_4 \cdot 7H_2O$	493	2	Mg 48	S 64	493	2	Mg 48	S 64	

续表7-1

化合物名称		霍格兰配方 (Hoagland & Arnon, 1938)				日本园试配方（堀，1966）			
		化合物用量 mg/L	mmol/L	元素含量 (mg/L)	大量元素总计 (mg/L)	化合物用量 mg/L	mmol/L	元素含量 (mg/L)	大量元素总计 (mg/L)
微量元素	0.5%FeSO₄ 0.4%H₂C₄H₄O₆ }溶液	0.6 mL ×3/1·周		Fe 3 3/1·周					
	Na₂Fe-EDTA					20		Fe 2.8	
	H₃BO₃	2.86		B 0.5		2.86		B 0.5	
	MnSO₄·4H₂O					2.13		Mn 0.5	
	MnCl₂·4H₂O	1.81		Mn 0.5					
	ZnSO₄·7H₂O	0.22		Zn 0.05		0.22		Zn 0.05	
	CuSO₄·5H₂O	0.08		Cu 0.02		0.08		Cu 0.02	
	(NH₄)₅Mo₇O₂₄·4H₂O	0.02		Mo 0.01		0.02		Mo 0.01	

3. 对营养液浓度的要求

（1）总盐分浓度的要求。

根据 Hewitt 对许多无土栽培研究结果的总结，以渗透压表示营养液的浓度，其范围一般在 $0.3 \sim 1.5$ atm 之间，而较适中的浓度约为 0.9 atm。

（2）各营养元素的比例与浓度要求。

确定这两种指标的依据是生理平衡与化学平衡的适宜性。

①生理平衡就是植物能在营养液中按其生理要求吸收到所需的一切营养元素，且要吸收到符合比例的数量。影响营养液生理平衡的因素主要是营养元素之间的拮抗作用。根据多年的研究经验，已经明确了一条原则，就是具体分析生长正常的植物体中各营养元素的含量以确定其比例，以此作为基础制订营养液配方。

②化学平衡就是要考虑营养液中有些营养元素的化合物，当其离子浓度达到一定值时，会相互作用形成难溶性的沉淀而从营养液中析出，使营养液中营养元素的比例失去平衡。具体地说，就是 Ca、Mg、Fe 等的阳离子与 P、S、O 等的阴离子形成难溶性化合物沉淀的问题。

运用溶度积常数及其关系式，就可计算一种溶液中是否会产生难溶性化合物的沉淀，从而决定是否采取一定的措施保持正常的比例。例如在无土栽培的水培条件下，营养液中的 Fe 常被磷酸盐所沉淀，致使作物吸收不到 Fe 而出现缺 Fe 症，这个突出问题经长期研究后已得到解决，主要是应用有机络合物将 Fe 离子络合成为 Fe 的络合物而隐蔽了 Fe 离子原有的化学反应特性，铁离子便不会与 $PO_4{}^{3-}$ 起化学反应而沉淀，但仍可溶于水中并被作物吸收利用。

（二）营养液的配制

总的原则是避免难溶性物质沉淀的产生。生产上配制营养液一般分为浓缩储备液（母液）和工作营养液（或称为栽培营养液）。

1. 浓缩储备液

配制时不能将所有营养盐都溶在一起，因为浓缩了以后有些离子的浓度的乘积超过其溶度积常数而形成沉淀。所以一般将浓缩储备液分成 A、B、C 三种，称为 A 母液、B 母液、C 母液。

A 母液以钙盐为中心，凡不能与钙作用而产生沉淀的盐都可溶在一起。

B 母液以磷酸盐为中心。

C 母液由铁和微量元素合在一起配制而成，因其用量小，可配高浓缩液。

母液的浓缩倍数要根据营养液配方规定的用量和各盐类在水中的溶解度来确定，以不致过饱和而析出为准。其倍数以配成整数值为好。

母液在储存时间较长时，应将其酸化，以防沉淀的产生。一般可用 HNO_3 酸化至 pH＝3~4。母液应储存于黑暗容器中。

2. 工作营养液

一般用浓缩储备液配制，在加入各种母液的过程中，也要防止沉淀的出现。配制步骤：在大储液池内先放入相当于要配制的营养液体积的 40％水量，将 A 母液应加入量倒入其中，开动水泵使其流动扩散均匀。然后再将应加入的 B 母液慢慢注入水渠口的水源中，让水源冲稀 B 母液后带入储液池中参与流动扩散，此过程所加的水量以达到总液量的 80％为准。最后，将 C 母液的应加入量也随水冲稀带入储液池中参与流动扩散。加足水量后，继续流动一段时间使其达到均匀。

（三）管理

营养液的管理主要是指在栽培作物过程中循环使用的营养液的管理，主要包括以下三个方面。

1. 溶存氧

在水培营养液中，溶存氧的浓度一般要求保持在饱和溶解度 50％以上，这在适合多数植物生长的液温范围（15℃~18℃）内，含氧量在 4~5 mg/L 之间即可。这种要求是对栽培不耐淹浸植物而言的。

向营养液中补充溶氧量有两个来源：一是从空气中自然向溶液中扩散的氧，但速度较慢；二是人工增氧，这是水培（包括深液流和营养液膜）技术中的一项重大课题。经过几十年的探索，曾提出过如下几种途径：①搅拌；②用压缩空气通过起泡器，向液内扩散微细气泡；③用化学试剂加入液中产生氧气；④将营养液进行循环流动，此法效果很好，是生产上普遍采用的办法。

2. 营养液浓度与 pH 的调整

（1）水分和养分的补充。

水分的补充应每天进行，一天之内应补充多少次，视作物长势、每株占液量和耗水快慢而定，以不影响营养液的正常循环流动为准。

养分的补充应根据浓度的下降程度而定，浓度测定要在营养液补充足够水分使其恢复到原来体积时取样。浓度的高低以总盐分浓度反映，用电导率表达。

（2）营养液 pH 的调整。

必须用实际滴定曲线的办法来确定用酸量，具体做法是取出定量体积的营养液，用已知浓度的稀酸逐滴加入，随时测其 pH 的变化，达到要求值后计算出其用酸量，然后推算出整个栽培系统的总用酸量。应加入的酸要先用水稀释，以浓度为 $1\sim2$ mol/L 为宜，然后慢慢注入储液池中，随注入随搅拌。注意不要造成局部过浓而产生沉淀。

3. 营养液的更换

循环使用的营养液在使用一段时间以后，需要配制新的营养液将其全部更换。用软水配制的营养液一般 $2\sim3$ 个月更换 1 次。用硬水配制的营养液，常需作酸碱中和的，则每月要更换 1 次。

三、固体基质栽培

近年来随着生产上工厂化育苗技术的推广，以及具有良好性能的新型基质的开发，使用固体基质的营养液栽培具有的性能稳定、设备简单、投资较少、管理较易的优点得到了充分发挥，并产生了较好的经济效益，因而越来越多的人采用固体基质栽培来取代水培。

无土栽培用的固体基质有许多种，包括砂、石砾、珍珠岩、蛭石、岩棉、泥炭、锯木屑、稻壳、多孔陶粒、泡沫塑料等。

（一）固体基质的作用

（1）支持固定植物。要求固体基质在作物扎根其中生长时，不致沉埋和倾倒。

（2）保持水分。要求固体基质吸持的水分，在灌溉期间不致作物失水而受害。

（3）透气。要求固体基质的性质能够协调水分和空气两者的关系，以满足作物对两者的需要。

（二）固体基质的选用原则

（1）适用性。指选用的基质是否适合种植所要种的作物。一般来说，密度在 0.5 g/cm³左右、总孔隙度在 60% 左右、大小孔隙比在 0.5 左右、化学稳定性强、酸碱度接近中性、没有有毒物质的基质，都是适用的。

（2）经济性。有些基质虽对植物生长有良好的作用，但来源不易或价格太高，因而不能使用。现已证明，岩棉、泥炭是较好的基质，但我国的农用岩棉只处在试产试用阶段，多数岩棉仍需靠进口，增加了生产成本。泥炭在南方的储量远较北方为少，价格比较高，但南方作物茎秆、稻壳等植物性材料丰富，如果用它们作为基质，则价格便宜。

（三）无土栽培基质的分类

根据基质的来源，可分为天然基质和人工合成基质。如砂、石砾等为天然基质，而岩棉、泡沫塑料、多孔陶粒等则为人工合成基质。

根据基质的组成，可分为无机基质和有机基质。砂、石砾、岩棉、蛭石和珍珠岩等为无机基质，而树皮、泥炭、蔗渣、稻壳等为有机基质。

根据基质的性质，可分为惰性基质和活性基质。惰性基质是指基质本身不起供应养分作用或不具有阳离子代换量的基质（砂、石砾、岩棉、泡沫塑料等），活性基质是指具有阳离子代换量或本身能供给植物养分的基质（泥炭、蛭石等）。

根据基质使用时组分的不同，可分为单一基质和复合基质。单一基质是指使用的基质是以一种基质作为生长介质的，如沙培、砾培使用的沙、石砾，岩棉培的岩棉。复合基质是指由两种或两种以上的基质按一定的比例混合制成的基质。

（四）常用固体基质栽培生产设施及管理

1. 砾培

砾培是无土栽培初期阶段的主要形式。砾培所用的石砾以花岗岩碎石最为理想。要求质硬、棱角较钝，粒径在 $5\sim15$ mm 范围，密度为 1.5 g/cm^3 左右，总孔 40%，持水孔隙占 7% 左右。

（1）设施：包括种植槽、灌排液装置、循环系统等。

（2）管理：包括营养液的配制与补充和灌排管理。

营养液灌入种植槽内的液面应在基质表面以下 $2\sim3$ cm，不要漫浸基质表面。一般比较标准的石砾，在白天每隔 $3\sim4$ h 灌排液 1 次。在定植幼苗初期，容许灌入营养液后不随即排去，保留 $1\sim2$ h 才排去，以利缓苗发根。

2. 砂培

砂培系统的特征是砂粒基质能保持足够湿度，满足作物的生长需要，又能充分排水，保证根际通气，由于其保水性比砾培高，因此营养液供液方式不是漫灌循环而是滴灌开放。实际应用的砂粒以粒径为 $0.02\sim2$ mm 的细砂或粗砂最为理想。

（1）设施：固定式种植槽、滴灌系统。滴灌装置由毛管、滴管和滴头组成，每一植株有一个滴头，务求同一行的各植株的滴液量基本相同。所用营养液需要经过一个装有100 目纱网的过滤器，以防杂质堵塞滴头。

（2）管理：在选定营养液配方时，宜选生理反应比较稳定、低剂量的配方。在正常情况（吸水吸肥同步）下，可根据作物对水分的需要来确定供液次数，每天可滴灌 $2\sim5$ 次，每次要满足水分。

3. 岩棉培

岩棉培是 1969 年丹麦的格罗丹公司首先开发的。岩棉是一种用多种岩石熔融在一起，喷成丝状冷却后黏合而成，疏松、多孔、可成型的固体基质。植物根系很容易穿插进去，透气、持水性能好。岩棉培一般用于滴灌技术。

四、常用水培生产设施及管理

水培的主要特征是植物的根系不是生活在固体基质中，而是生活在营养液中。要使水培能够成功，其设施必须具备四项基本功能：①能装住营养液而不致漏掉；②能锚定植株并使根系浸润到营养液；③使营养液和根系处于黑暗之中；④使根系获得足够的氧。

用于大规模生产的水培设施，概括起来有两大类型：一是深液流技术（DFT），二是营养液膜技术（NFT）。这两大类型的主要区别在于，前者所用营养液的液层较深，植株悬挂于液面上，其重量由定植网框或定植板块所承载，根系垂入营养液中；后者所用液层很浅，植株置放于盛液槽的底面，其重量由槽底承载，根系平展于槽的底面，让营养液以很薄的一层流过。

（一）深液流技术

深液流是最早开发成可以进行农作物商品生产的无土栽培技术。现已成为一种有效实用的、具有竞争力的水培生产设施类型，其特点如下：

（1）液量多而深，营养液的浓度（包括总盐分、各养分、溶存氧等）、酸碱度、水分存量都不易发生急剧变动，为根系提供了一个较稳定的生长环境。

（2）植株悬挂于营养液的水平面上，使植株的根颈（植物主茎的基部发根处）离开液面，而所伸出的根系又能触到营养液，这样防止根颈浸没于营养液中而导致腐烂。

（3）营养液要循环流动，以增加营养液的溶存氧，带走根表有害的代谢产物，消除根表与根外营养液的养分浓度差，使养分能及时送到根表等。

（二）营养液膜技术

营养液膜技术是由英国温室作物研究所库柏（Cooper A J）在 1973 年发明的，1979年以后，该技术迅速在世界范围内推广。它不用固体基质，且营养液仅为数毫米深的浅层在槽中流动，作物根系一部分浸在浅层营养液中，另一部分则暴露于种植槽内的湿气中，只要维持浅层的营养液在根系周围循环流动，就可较好地解决根系呼吸对氧的需求。同时NFT 的种植槽是用轻质的塑料薄膜制成的，使设备的结构轻便简单，大大降低了投资成本。

第八章 精确农业理论与技术

第一节 概　述

一、精确农业的基本概念

精确农业（Precision Agriculture），又称精确农作（Precision Farming），是近年来国际上农业科学研究的热点领域。精确农业是指按照田间每一操作单元的具体条件，精细准确地调整各项土壤作物管理措施，最大限度地优化使用各项农业投入，以获取最高产量和最大经济效益，同时保护农业生态环境和土地等农业自然资源。

精确农业是现有农业生产措施与新近发展的高新技术的有机结合，其核心技术是地理信息系统（GIS）、全球卫星定位系统（GPS）、遥感技术（RS）和计算机自动控制系统。精确农业是信息农业的重要组成部分，其特点是应用地理信息系统将已有的土壤和作物信息资料整理分析，作为属性数据并与矢量化地图数据一起制成具有实效性和可操作性的田间管理信息系统。在此基础上，通过 GIS、GPS、RS 和自动化控制技术的应用，按照田间每一操作单元（位点上的具体条件），相应调整投入物资的施入量，达到减少浪费、增加收入、保护资源和环境质量的目的。

二、精确农业的技术体系及实施

大田精确种植技术体系各环节的关系如图 8—1 所示。

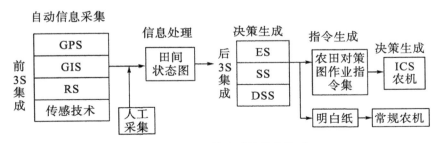

图 8—1　大田精确种植技术体系

　　显然，前 3S 集成的作用是及时采集田间信息，经过信息处理形成田间状态图，该图应能反映田间状态（肥、水、病、虫、产量）的斑块状不均匀分布。

　　后 3S 集成的作用是即时生成优化了的决策，它的支撑技术包括专家系统（知识模型）、模拟系统（数学模型）和决策支持系统（从多方案中优选或综合得出决策）。决策的表述形式可以是农田对策图或指令 IC 卡，后者便于智能控制新式农业执行田间作业，达到按需投入（种、水、肥、药）。

　　前 3S 与后 3S 以及 ICS 构成了农业精确种植的完整体系。由于精确种植技术体系尚处于发展阶段，若干环节都不够成熟，目前花费还很大，往往令人望而却步。其实完全可以在生产实践上分步推行，即首先应用投资不多而又较为成熟的阶段性研究成果。比如，目前个人计算机（PC）已趋于普及，农村通信网建设也很快，可以首先发展后 3S 集成，投资不会很大，而且容易见效，国家可以组织力量研制一批适用软件和开发工具（如安徽、河北等省市已经开展的各种专家系统咨询服务），在专业人员和网络的支持下向县、乡、村、户推广科技服务。对于前 3S，目前可集中组织有关单位攻关，在尚未实用化之前不妨暂时先以人工采集信息来替代。目前国际市场上 ICS 型农机具价格昂贵，可先由有关单位有计划引进消化逐步实现国产化，在批量投产之前亦不妨暂时以常规农机（最好加以局部改造）进行时间"准"精确作业，这样分环节、按层次从我国国情出发逐步推进，相信农业种植水平一定会有很大的提高。

三、精确农业基本技术的功能

　　精确种植的基本技术至少要具备以下四项功能：①随时间或（及）空间变化采集数据；②根据数据绘制数据电子地图，即田间状态图，并加工、处理，形成管理设计（或作业执行电子地图，即对策图）；③精确控制田间作业；④对精确种植的农业效果、经济效益及环境效益进行评估。精确农业技术包括全球定位系统（GPS）、地理信息系统（GIS）、计算机控制器、传感器及遥感系统（RS）、变量投入设备、绘制电子地图及数据处理加工软件、专家系统（ES）和决策支持系统（DSS）等软件及硬件。

第二节　全球定位系统

　　全球定位系统（GPS）是缩写词 NAVSTAR/GPS 的简称，其含义为导航卫星测时和测距或全球定位系统，即 Navigation Satellite Timing and Ranging or Global Positioning System。

一、GPS 导航定位系统的组成

　　一般卫星导航定位系统都由卫星、地面站组和用户设备 3 部分组成。导航定位参数的测量和用户位置的解算任务可由系统任何一个组成部分来完成。为了提高系统工作的可靠性和降低成本，通常由地面站和用户来完成解算任务是较合理的。在这种系统中，地面站组集中了系统的全部信息，便于对用户进行监视和管理。但由于地面站组的能力有限，卫星传输信息的能力也有限，这样就会对用户数量有所限制。另外，为了向地面站组提供每个用户的位置信息，用户必须发射信号，这实际上就暴露了用户的位置。因此，GPS 系统将用户位置的计算交给各用户设备来完成。用户不必发射信号，只需接收信号。这样做的结果是可以容纳无限多个用户，还保证了用户自身不暴露。

在导航领域通常把求解对应任意时刻的卫星位置（有时还包括卫星速度）称为卫星的星历计算。

（一）导航卫星

GPS 定位卫星在地球上空高约 21083 km 的近圆形轨道上运行，是一种高轨卫星系统。卫星运行周期接近 12 h。精确地说，卫星经过地面上同一点上空的时间，每天要提前 4 min。GPS 系统的地面控制站均设在美国本土内，这样的安排使每一颗卫星每天至少能通过一个地面控制站的上空。

（二）地面站组

地面站组又称地面控制部分，它包括 4 个监控站、1 个上行注入站和 1 个主控站。每个监控站设有 1 台四通道的用户接收机、1 台原子钟，收集当地气象数据的传感器和进行数据初步处理的计算机。监控站接收卫星的扩频信号，求出相对于原子钟的伪距和伪距差，并在检测出卫星的导航数据后，将伪距、星历、气象数据以及卫星状态数据一并传送至主控站。在主控站对测得的伪距进行传播时的改正，其中包括电离层、对流层、相对论效应、天线相位中心的位置以及地球自转和时标的改正，然后利用卡尔曼估算器对数据进行处理。数据在进行平滑处理后，利用最小二乘法及多项式来拟合测得的伪距和伪距差。经过计算处理可以获得下列数据：卫星位置和速度的 6 个轨道根数的摄动，每个卫星的 3 个太阳压力常数，卫星的时钟偏差，漂移和漂移率，3 个监控站的时钟偏差，所有监控站的对流层残余偏差等。主控站将这些数据编成导航电文送到注入站。

（三）用户设备

用户接收机应具备的主要功能是接收卫星播发的信号，并利用本机产生的伪随机编码取得距离观测量和导航电文，再根据导航电文提供的卫星位置和钟差偏差改正信息，计算接收机的位置。GPS 系统的卫星在发送导航电文时，为了提高抗干扰性能，采用了伪码扩频调制方式。它先把数变成编码脉冲，形成导航数据码、数据码和伪随机码模二相加后，再对载频进行相位调制，最后由天线发射出去。载频有两个，L_1 为 1575.42 MHz，L_2 为 1227.60 MHz。卫星播发的信号包括 P 码、C/A 码和 D 码，其中 L_1 调制有 P 码、C/A 码和 D 码，L_2 载波上只调制 P 码和 D 码。其中 L_1 采用四相移相键控调制（QPSK），L_2 采用双相移相键控调制（DPSK）。选择 L 波段的原因之一是电磁波的云雨吸收在这一波段比较小。电离层误差是信号传播延迟测量的主要误差源之一，为了削弱电离层的影响，所以 GPS 系统使用 L 波段的两个频率作为载波频率。

二、GPS 信号的接收与测量原理

(一) 主动测距与被动测距

GPS 属于被动式卫星导航系统，在被动式测距系统中，用户天线只需要接收来自这些卫星的导航定位信号，从而就可测得用户天线至卫星的距离或距离差。这种发送测距信号和接收测距信号分别位居两个不同地方的测距方式，称为被动测距。用它所测得的站星距离，并利用已知的卫星在轨位置，可推算出用户天线的三维位置。这种基于被动测距原理的定位，称为被动定位。如果发送设备所发射的测距信号经过反射器的反射或转发，又返回到发送点，为其接收设备所接收，进而测得测距信号所经历的距离。这种发送和接收测距信号位于同一个地方的测距原理，称为主动测距。用它所测得的站星距离和已知的卫星在轨位置，也可推算出用户现时的三维位置。这种基于主动测距原理的定位，称为主动定位。

(二) GPS 伪距测量

GPS 全球定位系统采用多星高轨测距体制，以距离作为基本观测量，通过对 4 颗卫星同时进行伪距测量，即可推算出接收机的位置。由于测距可在极短的时间内完成，即定位是在极短的时间内完成的，故可用于动态用户。

现代测距实质上是使用无线电信号测量其传播时间来推算距离。可以测量往返传播延迟，也可以测量单程传播延迟。往返传播测距即主动测距，要求卫星与用户均具备收发能力。对用户来说，这不仅大大增加了仪器的复杂程度，而且从隐蔽性来看也是十分不利的，因为发射信号易造成暴露。单程测距（即被动测距）则在很大程度上避免了上述的缺点。但单程测距要求卫星与用户接收机的时钟同步。如果两个时钟不同步，那么在所测量的传播延时时间中，除了因卫星至用户接收机之间距离所引起的传播延迟之外，还包含了两个时钟的钟差。要达到卫星与用户时钟同步，在实际工作中很难做到，但可通过适当方法解决。

(三) 伪随机码与伪随机码测距

在有噪声干扰的情况下，综合考虑测距精度、信号带宽、所需功率及不同卫星识别等问题，全球定位系统采用了伪随机码测距技术。伪随机码又称为伪噪声码，是一种可以预先确定并可以重复地产生和复制，又具有随机统计特性的二进制码序列。在深空通信场合，利用伪随机编码信号可以实现低信噪比接收，大大改善了通信的可靠性，且可实现码分多址通信。此外，利用伪随机编码信号可以实现高性能的保密通信。这些特点正符合GPS 系统的技术要求。

根据信号检测理论的普遍结果，在噪声为具有均匀功率谱的白噪声条件下，测距的最佳接收机是一个相关接收机。这种接收方式是用发射信号的复制信号（称为本地信号）和所接收到的信号与噪声之和进行相关计算，然后通过测量相关函数的最大值的位置来确定目标的距离。从相关接收的方式来看，要求测距信号具有类似白噪声的自相关特性。伪随机码测距技术就是这一思想的体现。

用伪随机码测定信号传播延迟，需检测相关输出的极大值。这只能靠逐码位地移动本地码进行检测。考虑到检测是在积分器进行积分之后进行的，积分时间又不宜太短，这样检测到最大相关输出就要花费一定的时间，即需要一定的捕获时间。在事先不知道待测距离及站钟钟差的情况下，码越长，所需要的捕获时间就越长。为了缩短捕获时间，GPS卫星还播发一种短码，即C/A码，也称租码。由于C/A码是采用两个具有良好互相关特性的同码序列构成的戈尔德码族，与P码保持同步，所以在捕获C/A码后，可以很方便地捕获P码。

（四）GPS接收机的接收特点

GPS全球定位系统的接收机是一种相关接收机，与普通接收机相比较，它具备码的捕获、码的锁定、电文解调和位置计算等功能。其计算功能由机内的微处理器和有关的存储器（包括软件）部分来实现，码的捕获、锁定和解调则由相应的部件来实现，如图8-2所示。

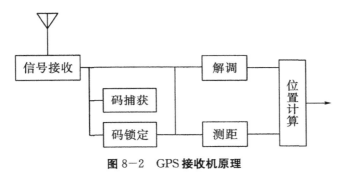

图 8-2　GPS接收机原理

1. C/A码的捕获

C/A码的捕获是采用相关原理来实现的。一般步骤是先选某一个初相的本地码与所接收的码进行相关检测，如果相关输出为低电平，则移动本地码，这样逐次移动本地码（通常一次移动半个码元），直到取得最大相关输出。由于C/A码的码长为1023 bit，因而相关探测最多进行的次数为1023×2次。C/A码的码率为1.023 MHz，即1 ms的时间周期内有1023个码元，使用自动搜索检测自相关函数峰值的方法，通常最多需90 s即可完成码的捕获。

2. P码的捕获

一般的GPS接收机只能接收C/A码，而对于特殊用户，为了获得较高的定位精度，则需要接收P码。由于P码的码长为2×10^{11}个数量级，如果采用C/A码的这种试探捕获法，所需的捕获时间就很长。但由于P码是一种复合码，利用复合码的特性，通过导航电文将两个P码子码的状态用交接字HOW的方法播发给用户，这样用户在捕获C/A码并保持其锁定状态的基础上，只需通过对本地码的预置方法即可在短时间内完成对P码的搜索并捕获P码。

3. 码的锁定

由于卫星相对接收机的位置是不断变化的，伪距离也随着不断变化，必须使接收机在完成码捕获后自动地跟踪伪距的变化，始终保持相关输出为最大，获得瞬时的伪距。码的锁定通常采用双比特延迟锁定回路和单比特延迟锁定回路来实现，也有用交替相关锁定回路来实现的。

4. 电文码的解调

GPS 卫星向用户发送的导航电文采用扩频方式，先将基带信号扩频，然后再发射出去。具体办法是将伪随机码通过码的模二相加（即波形相乘），将基带信号调制到伪随机波形上。接收机接收到扩频调制信号以后，只需用一个与接收到的伪随机码相同且具有零延迟的伪随机码与扩频信号相乘，即可还原得到基带信号。零延迟是通过所接收码与本地码的同步来实现的，也就是说，要靠码的捕获与锁定才能进行电文解调。

（五）伪距导航定位的主要误差源

GPS 全球导航定位系统的测试误差主要来自以下三个方面。

1. 卫星部分的误差

主要是卫星星历误差、卫星钟误差和设备误差。一般卫星星历误差的等效伪距误差约为 4 m，卫星钟误差的等效伪距误差约为 3 m。对于 GPS 系统来说，其卫星为高轨卫星，可以认为卫星星历误差和钟误差与接收机对卫星的位置无关。

2. 信号在空间传播的误差

信号在空间传播，通过电离层和对流层时会使信号传播产生延迟，多路径效应也将引入误差。电离层引起码信号的附加延迟，白天的附加延迟比夜间要大若干倍，在低仰角时这一误差也会增大，而应用双频测量可以有效地削弱电离层引起的附加延迟误差。

3. 用户接收机的误差

用户接收机的误差主要来源于测距码的分辨率和接收机的噪声。测距码的分辨率与码元宽度有关，一般来说，P 码和 C/A 码的测距误差分别为 0.3 m 和 3 m 左右；而伪距测量噪声，P 码约为 1.5 m，C/A 码约为 7 m。

除了以上伪距测量误差之外，导航定位精度还直接与用户接收机和所测卫星几何学位置有关。GPS 系统采用几何精度衰减因子 GDOP（Geometric Dilution of Precision）进行作业及其估算。GDOP 的应用始于罗兰－C 导航系统，用于 GPS 系统需要扩展到三维定位以及授时，它表示定位误差是测距误差的多少倍。比如测距误差是 4.2 m，几何精度系数为 2，则定位误差等于 8.4 m。

（六）航速与时间的测定

对于动态用户来说，除了确定接收机天线的位置外，还需要测定航速，即接收机的运动速度。原则上可利用相邻时刻的定位结果求得这一段时间的平均航速。

对于一些特殊的用户，往往需要对时间测定和时间同步提出要求。与其他时间传递方法比较，GPS 可以提供较高精度和更简便的操作，而且随时可以进行这种时间测定。

在实际使用中，往往要求两个或两个以上不同时间的同步，即要求测定载体间的钟差。GPS 系统可以向用户提供方便的双高精度的时间比对。其办法是每一接收机载体都可自同一卫星求得站钟与卫星的钟差，取两载体的测定结果之差，即可得到两载体间的钟差。通常称这种测量方法为共视法时间比对测定，所得到的钟差将不受卫星钟的钟差的影响。

（七）GPS 接收机系列介绍

1. GPS 接收机的分类

GPS 接收机是一个庞大的体系，根据其不同的特点，可作如下分类：

（1）按使用要求的不同，可分为 X 型、Y 型和 Z 型。X 型具有高精度、高速度和高抗干扰能力，适用于航天飞机等高速飞行体；Y 型适用于军用飞机；Z 型提供给定位精度较低的低速用户，如商船、民用飞机等。

（2）按载体，可分为弹载、机载、舰载、车载、背负式和袖珍式等。

（3）按接收机通道数，可分为单通道、双通道和多通道。

（4）按使用信号的种类，可分为 C/A 码、C/A 码和 P 码、无码接收。

（5）按使用频率，可分为单频（L_1）、双频（L_1/L_2）。

（6）按用户工作方式，可分为多通道连续接收机、单通道时序接收机、双通道时序接收机、单通道复用接收机和双通道多路复用接收机。

（7）按测量方法，可分为伪距法、多普勒法、载波相位法和干涉法。目前大多数用于实时导航的用户设备都采用伪距法。采用后两种方法的是无码接收机，主要用于测量，一般不作实时定位而可以后处理。

（8）按跟踪通道，可分为码相关通道、平方通道和码相位通道。

2. 导航型 GPS 接收机

导航型 GPS 接收机通常是指那些利用 C/A 码或 P 码进行测距（和多普勒频移）测量，能接收导航电文并能实时求得定位（或测速）解的 GPS 接收机。这类接收机可用于军事和民用导航。中等精度定位和高精度时间传递是目前应用最广的一类 GPS 用户接收机。

导航型 GPS 接收机具备如下功能：①能对 4 颗或 4 颗以上 GPS 卫星同时进行伪距和多普勒测量；②能接收每颗所测卫星播发的导航电文；③能存储全部卫星的日程表，在同时观测 4 颗 GPS 卫星时，能实时进行最佳选星，并可显示其 GDOP 值；④机内计算机应能按所接收的卫星星历计算所测卫星在观测时刻的位置和速度，并依所得的伪距和多普勒观测值计算接收机的位置和速度；⑤具有输入输出功能，能方便地输入接收机粗略位置、工作模式的选择和输出导航结果。

第三节　地理信息系统

地理信息是指表征地理诸要素的数量、质量、分布特征、相互联系及其变化规律的数字、文字、图像与图形特征的总称。其信息属于空间信息，具有区域性、多维结构特征。例如，在一个地面点位上，可取得高度、土壤肥力、作物单产量、噪声、污染、交通等多种信息。地理信息有明显的时序特征，即动态变化的特征。

作物高效生产理论与技术

一、地理信息系统的特征

地理信息系统（GIS）是以地理空间数据库为基础，在计算机软、硬件的支持下，对有关空间数据按地理坐标或空间位置进行预处理、输入、存储、查询、检索、运算、分析、显示、更新和提供应用、研究，并处理各种空间实体及空间关系为主的技术系统。它具有如下特性：

（1）具有采集、管理、分析和输出多种空间信息的能力。

（2）具有空间分析、多要素综合分析和预测预报的能力，为宏观决策管理服务。

（3）能实现快速、准确的空间分析和动态监测研究。

二、地理信息系统的分类

地理信息系统按其内容可分为以下三类：

（1）专题地理信息系统。如水资源管理信息系统、矿产资源信息系统、农作物估产信息系统、草场资源管理信息系统、水土流失信息系统、环境管理信息系统等。

（2）区域地理信息系统。如加拿大国家信息系统、中国京津唐区域开发信息系统等。

（3）地理信息系统工具（软件平台）。此系统工具具有图形和图像数字化、存储管理、查询检索、分析处理和输出等基本功能软件包。

三、地理信息系统的组成

（一）计算机硬件系统

（1）中央处理器（CPU）和磁盘驱动器：提供存储程序和数据的空间。

（2）数字化仪或其他数字化设备：可将地图或遥感图像等数字化后输入计算机。

（3）绘图仪和其他设备：用来表示处理结果。

（4）磁带（盘）机：主要是存储数据和程序或与其他系统进行通信。

（5）显示器：用户通过显示器或终端控制计算机和外围设备。

（二）计算机软件系统

（1）计算机系统软件。计算机系统软件是计算机厂家提供的使用计算机的程序系统，包括操作系统、汇编程序、诊断程序以及各种维护使用手册。

（2）地理信息系统软件和应用分析软件。地理信息系统软件一般包括五类基本模块，即数据输入和校验、数据存储和管理、数据变换、数据显示和输出、用户接口等。应用分析软件是系统开发人员根据地理专题或区域分析模型编制的程序，是系统功能的扩充和延伸。

· 116 ·

（三）地理空间数据

地理空间数据是指以地球表面空间位置为参照，描述自然、社会和人文经济的数据。它包括图形、图像、文字、表格和数字等，通过数字化仪、键盘、磁带机或其他系统通信输入。

地理信息系统的数据模型包括 3 个方面：①在某个已知坐标系中的位置。②实体间的空间相关性即地理事物点、线、面实体的空间联系，用拓扑关系表示。如网络节点与网络之间的枢纽关系，线与面实体的构成关系，面实体与内部点的包含关系等。空间拓扑关系对地理空间数据的编码、格式转换、存储管理、查询检索和模型分析有重要意义，是地理信息系统的特色之一。③与几何位置无关的属性。属性分为定性和定量两种。定性的包括名称、类型、特性等，如气候类型、土地利用、行政区划等；定量的包括数量和等级，如面积、长度、土地等级、人口数量、降水量等。

（四）系统开发、管理和使用人员

人是地理信息系统的重要构成因素，地理信息系统不同于一幅地图，而是一个动态的地理模型，仅有软件、硬件和数据构不成完整的地理信息系统，需要人进行组织、管理、维护和数据更新、扩充完善、应用程序开发，从地理分析模型提取多种信息，为决策与管理服务。

四、地理信息系统与遥感结合的途径

地理信息系统与遥感结合通常有两条途径：一是将地理信息系统作为遥感技术系统或资源卫星应用系统的子系统。地理信息系统可增强遥感信息的处理和分析能力，提高遥感数据的分类精度，同时利于地理信息系统数据库的更新。二是地理信息系统作为独立的应用实体，遥感作为其重要信息源，通过数据转换处理为系统提供可靠的动态数据信息。

地理信息系统与遥感技术结合已经历了由低级向高级的发展阶段。早期的地理信息系统一直以各种类型的地图作为主要的信息源，有不少专题图是由航空遥感图像，经目视解译和处理后编成的，然后将它们数字化输入信息系统。此后，大量的遥感数据及自动分类的信息可直接进入地理信息系统。随着遥感固像分辨率的提高，遥感数据必将成为地理信息系统的主要信息源，实现图形与图像处理相结合，综合分析与动态监测相结合，并能实现模型的构建，与专家系统相连接，使地理信息系统与遥感技术两者相辅相成，形成一体化。

第四节　遥感技术

遥感技术已成为 20 世纪迅速发展的高科技之一。遥感技术所牵涉的学科较多，但该学科本身的发展基础还是物理学。如果讨论其应用的话，就牵涉各个所应用的领域，如农业遥感就涉及农业领域中的各个学科。

一、遥感的概念

所谓遥感（remote sensing），就是从遥远的地方感觉一个物体的客观存在。它在人类的生活领域中是广泛存在的现象。如每个人通过自己的两只眼睛，不与之接触就能观察到不同距离的物体的存在，这就是遥感。从现代的科学定义上来说，遥感就是在一定距离之外，不与目标物体直接接触，通过传感器收集被测目标物所发射出来的电磁波能量而加以记录，并形成影像，以供有关专业信息的识别、分类和分析的一种技术学科。

（一）遥感系统的组成

一个完整的遥感系统应当由三个部分组成，即传感器（sensor）、载体（carrier）和指挥系统（command system）。一个人就是一个天然的、完整的遥感系统，一对眼睛就是两个天然的传感器，人的身体即为载体，人的大脑即为指挥系统。

所谓传感器，就是收集目标物所反射或者发射的电磁波信息的装置。它是遥感系统主要的功能组成部分。最普遍、最常见的人工传感器是照相机，它将各种地物所反射的可见光的电磁波特征用感光胶片记录下来，形成相片。传感器的发展很快，目前有多波段照相机、电视摄影机、多波段光谱扫描仪（MSS）、电荷耦合器（CCD）、红外光谱仪等。

所谓载体，又称平台（platform），是指负载这些传感器的工具。最常见的有相机支架、气球、飞机，目前已发展为各种卫星。

所谓指挥系统，就是指挥和控制传感器与平台，并接收其信息的指挥部。现代遥感的指挥系统一般均为计算机系统。如在卫星遥感中，由地面控制站的计算机向卫星发送指令，以控制卫星载体运行的姿态、速度，命令将星载传感器探测的数据和来自地面遥测站的数据向指定地面接收站发射；地面接收站接收到卫星发送来的全部数据信息，送交数据中心进行各种预处理，然后提交用户使用等。这些均由指挥系统来控制。

（二）遥感技术的研究和发展

遥感技术的研究主要分两个方面，即遥感技术的进步和遥感技术的应用，两者结合推动遥感事业的发展。

1. 遥感技术本身的研究

遥感技术本身的研究主要包括：①各种类型的传感器和各种载体的研究，多集中于国家的航天专门机构内进行；②各种特征的地物波谱特性，多集中于各个遥感工作站和地物光谱场。它的研究是为传感器的波段选择与各专业解释提供依据。

2. 遥感技术的应用研究

遥感技术的应用研究主要集中于各专业部门，如农业、林业、水利、地质、铁道、矿产等各个部门的研究机构与大学。应用部门要应用遥感资料来解决本专业的理论与生产实践问题。其特点首先是各自的专业解译，主要依靠本专业领域的基础知识，结合遥感技术的特点而加以研究和利用；其次是它与遥感技术本身相比，往往具有更多的专业人员和技术领域。

二、遥感技术的分类

遥感技术内容广泛，因而分类依据各异。按其电磁波工作波段，可划分为可见光波段遥感、红外遥感、热遥感、微波遥感等。按遥感成像时传感器是否向地面发射电磁波，可分为主动遥感和被动遥感。例如先由传感器向地面目标物发射电磁波，然后再收集返回到传感器，则称之为主动遥感（如带闪光灯的摄影、雷达等）；如果传感器仅是收集来自地面目标物的电磁波，则称之为被动遥感（如一般摄影、扫描成像等）。另外，按成像与否，可分为成像遥感和非成像遥感；按遥感平台，可分为航空遥感和航天卫星遥感；按应用特点，可分为农业遥感、林业遥感、地质遥感、水利遥感等。

（一）遥感技术的农业应用分类

遥感技术
- 航空遥感
  - 高空摄影：包括黑白相片和彩色相片，主要用于中比例尺资源调查
  - 普通航空摄影：包括黑白相片与彩色相片，主要用于大比例尺资料详查
  - 低空红外摄影：主要用于土壤水分、作物病虫害监测和作物估产
- 航天遥感
  - 低轨短寿命卫星：主要用于资源清查
  - 陆地资源卫星：用于资源调查、监测与作物估产
  - 极轨气象卫星：用于天气预报、作物估产与大面积监测

（二）遥感技术的综合分类

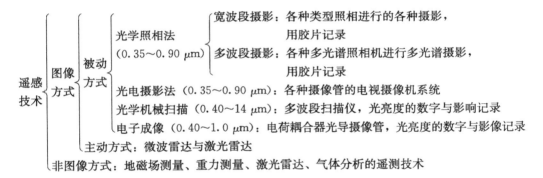

遥感技术
- 图像方式
  - 被动方式
    - 光学照相法（0.35～0.90 μm）
      - 宽波段摄影：各种类型照相进行的各种摄影，用胶片记录
      - 多波段摄影：各种多光谱照相机进行多光谱摄影，用胶片记录
    - 光电摄影法（0.35～0.90 μm）：各种摄像管的电视摄像机系统
    - 光学机械扫描（0.40～14 μm）：多波段扫描仪，光亮度的数字与影响记录
    - 电子成像（0.40～1.0 μm）：电荷耦合器光导摄像管，光亮度的数字与影像记录
  - 主动方式：微波雷达与激光雷达
- 非图像方式：地磁场测量、重力测量、激光雷达、气体分析的遥测技术

三、大气窗口

太阳辐射通过大气层而到达地球表面是一个非常复杂的物理过程，它与大气物质之间有反射、散射、吸收和透射等多种物理作用。虽然有各种模拟计算公式，但这个过程如果要进行严格的计算也是很困难的，因为这与太阳高度角、大气组成、地理位置等时间和空间的变化有关。一般来说，太阳辐射到达地球大气层外，有 2%～30% 被云层和其他大气成分反射而返回太空。约有 20% 的太阳辐射能被大气成分散射为漫射光而到达地球表面，17% 的太阳辐射被地球大气吸收，因此，仅 40% 左右的太阳辐射通过大气透射而到达地球表面。在电磁波辐射通过大气层的过程中，被吸收和散射的比例较小而透过率很高的波段，就是电磁波在大气中传输损耗率很小的波段，它被称为大气窗口。

四、透射特性与遥感信息的关系

遥感信息主要是利用传感器，通过有关大气窗口，在太空来获取地球表面的地物反射和发射的光谱信息。但是，大气状况往往严重影响它的遥感成像光谱辐射值及其成像清晰度。

首先是太阳高度角。太阳高度角越小，电磁波辐射通过大气层的厚度越大，因而产生散射、吸收的比例也就越大。所以，一般航空遥感或卫星遥感摄影都控制太阳高度角在60°以上；否则，由于大气效应产生的影响，使其影像的光谱辐射分辨率降低，影响专业解释。

其次是大气的成分。特别是水汽所形成的云量及空气中悬粒形成的霾、雾等产生的气溶胶散射，都会影响光谱值与影像的质量。因此，在湿润地区的云、雨气候及干旱地区的风沙气候都会影响影像的质量。

在正常天气下，由于散射会影响大气能见度，而且每日每时均在变化，所以卫星遥感影像的光谱值也随时在变化。因此，在严格要求时就需进行大气辐射校正。只有微波波段是呈直线传播的，在空中不受电离反射的影响和其他干扰，所以它是一种不受成像时间、光照条件及云雾等气象条件限制的全天候遥感。

五、地物的光谱反射特性

太阳光在通过大气层时，经过吸收、散射以后而剩余的部分通过大气窗口透射而到达地球表面，投射到不同物体上。不同类型物体对光谱不同波段的响应特性是不一样的，因为只要是不处于绝对温度的零度以下，任何物体都能反射和吸收电磁波。由于物体的物理化学特性不同，它对电磁波的吸收、反射和发射的规律也不太一样，这就是人们识别地面地物的光学基础，也是解译遥感影像的基础。

（一）物体对电磁波响应的特性

研究物体的辐射波谱特性是遥感技术的一个重要方面，它为传感器工作波段的选择提供依据，又是遥感资料解译分析的理论基础。物体对电磁波的响应特性一般包含以下4个方面。

1. 辐射波的波谱特性

这种特性在可见光谱的范围内就是我们所观察到的地球表面物体的各种颜色，在远红外光谱区就是人们所感觉到的物体本身温度。辐射波的波谱特性是现代遥感技术探测的重要理论依据。

2. 空间特性

空间特性即波谱反射的空间分布特性，它所反映的是物体的形状、大小和粗糙度等几何性状，普通航空摄影的判读技术就是以此为主要依据的。

3. 辐射偏振特性

辐射偏振特性即电磁波在物体表面从入射到反射之间的偏振面的变化，称之为偏振性，如折射、反射等，它也是地物解译的一个重要光学标志。

4. 时间性

物质运动随时间变化，相应表现为光谱响应的变化，特别是农业遥感中所研究的再生资源，其时间性的观测与监测即在于此。

（二）几种主要地物的光谱反射特性

对地物的认识本来就是通过其光谱反射的响应特性、形状大小等判别的，遥感影像的判读也是如此。不过，现代遥感技术的发展，特别是卫星遥感技术的发展，由于受地面分辨率的限制，原来以航空遥感上所仅有的形状、大小、纹理等几何特征就不够了，更多的是依靠其光谱特性，特别是多波段的光谱特性。

在遥感研究工作中，为了获得不同地物的光谱特性，一般要在室内和野外利用光谱反射的测试仪器，对不同的物体进行光谱反射比的测试。总的来说，在实验室内利用分光光度计对地物的测试，其反射率比较稳定，但对农业遥感来说，更多的是要求在田间和大自然中利用光谱辐射仪，直接对物体进行测试。当然，野外的田间调试，由于大气的干扰和背景的影响，往往其地物的光谱特性十分不稳定，特别是人们所测定的地物光谱特性与航天平台上所接收到的地物光谱特性，由于大气效应的影响，两者之间是有差异的。虽然如此，但还是必要的，而且也常常可以看出某些与遥感影像解译有关的地物光谱反射比的规律。

目前所使用的光谱仪有棱镜型、光栅型和滤光片型等，在野外以光栅型和滤光片型为好。仪器的支撑也是各式各样的，有支架型，也有光谱车型。

第五节　精确农业中的物联网技术

物联网（The Internet of Things）一般来说是通过射频识别（RFID）、红外感应器、全球定位系统、激光扫描器等信息传感设备，按约定的协议，将任何物品与互联网相连接，进行信息交换和通信，以实现智能化识别、定位、追踪、监控和管理的一种网络技术，其核心和基础仍然是"互联网技术"，但用户端可以延伸和扩展到任何物品和物品之间。物联网主要包括 3 个层次（如图 8-3 所示）：第 1 个层次是传感器网络，是指包括 RFID、条形码、传感器等设备在内的传感网，可以实现信息的感知、识别和采集；第 2 个层次是信息传输网络，可以实现远距离无缝传输来自传感网所采集的巨量数据信息；第 3 个层次是信息应用网络，该网络可以实现通过数据处理及解决方案来提供人们所需要的信息服务。正是这 3 个层次赋予了物联网能全面感知信息、可靠传递数据、有效优化系统以及智能处理信息等特征。

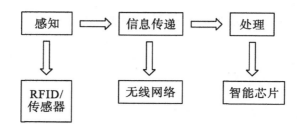

图 8-3　物联网的 3 个层次

所谓农业物联网，是指通过物联网技术实现农作物生长、农民生活、农产品生产流通等信息的获取，通过智能农业信息技术实现农业生产的基本要素与农作物栽培管理、畜禽饲养、施肥、植保以及农民教育相结合，以提升农业生产、管理、交易和物流等各环节智能化程度，为建立现代农业、发展农村经济、增加农民收入、完善基层农业技术推广和服务体系、提高农业综合生产能力、推进农村综合改革、提升农村行政服务效能以及推进社会主义新农村建设提供新一代技术支撑平台。

一、物联网技术在农业上的应用现状

为加快传统农业转型升级，应把信息技术特别是物联网技术的研究和应用提升为更高的发展战略目标，可为加快农业现代化进程、增强农业综合竞争力提供新的技术支撑。

（一）农业生产环境信息监测与调控

传统农业中，人们主要通过人工测量与监测的方式获取农田信息与农产品信息，这需要消耗大量的人力、物力。现在，先进的农业生产基地已经发展为另一种模式：应用物联网技术可实时地收集温度、大气、湿度、风力、降雨量，精准地获取土壤水分、压实程度、pH 值、电导率、氮素等土壤信息。瓜果蔬菜该不该浇水、施肥、打药，怎样保持精确的浓度，温度、湿度、光照、CO_2 浓度如何实行按需供给等一系列作物在不同生长周期曾被"模糊"处理的问题，都由信息化智能监控系统实时、定量、"精确"把关，农民只需按个开关做个选择，或者完全听"指令"，就能种好农作物。

（二）农产品质量追溯与监管

近年来，我国农产品安全事故频发，引起社会的广泛关注。如何对农产品进行有效跟踪和追溯，对食品进行安全管理成为一个亟待解决的课题。利用 RFID 技术对农产品供应链中从种子、饲料等生产资料的供应环节，到最终到达销售和消费的全过程进行跟踪和追溯，结合数字化系统支持的网络体系，实现农产品的数字化物流，从而将食品供应链打造成为一个高效管理和运作的链条，保障农产品食品安全。

食品安全是北京奥运会成功举办的首要条件之一，为保障食品安全，由政府牵头，基于 RFID 的奥运食品安全监管工程得以实施。联合相关企业承担建设和运营的 RFID 电子标签，成为贴在大米、面粉、油、肉类、乳类食品上的电子身份证，它已对奥运食品的生产、加工、运输和销售进行全程跟踪监控。RFID 技术作为一种新型技术，在国外已应用到农产品监管领域，并取得良好效果，澳大利亚建立了畜牧标示和追溯系统。该系统采用RFID技术对牛肉、羊肉的生产和流通领域环节的信息进行采集和记录，保持生产及监管的透明度，并能在食品供应链发生异常时及时地获取信息，从而能及时采取措施以避免造成严重的灾害和损失，这对农产品食品安全管理具有重要的现实意义。

（三）动植物远程诊断

对我国广大农村普遍存在的种养殖规模分散、农作物病虫害频发、农业专家短缺、现场诊治不方便等难题，针对农产品生产过程监控和灾害防治专项应用的农业远程诊断系统，可以使上述难题得到有效解决。该系统由传感器网络、通信传输网络、农业专家团队和专家平台构成，前端设备支持多种传感器接口，集视频、音频采集功能为一体，支持农业专家远程双向对讲功能，农业专家可以通过PC端或移动终端来远程指导、诊断农业生产。该系统目前已在山东寿光蔬菜基地实施应用，并取得了良好的社会效益和经济效益。江苏省扬州部分地区利用物联网技术实施测土配方施肥，农户通过智能终端接入数据库，根据农业专家提出的决策方案，对作物施肥进行精细控制和管理，可极大提高生产效率。

二、农业物联网发展趋势

物联网作为当代信息技术的新发展方向，很多国家都在投入巨资研究物联网，我国也正高度关注物联网的研究，尝试在各个行业进行应用物联网示范工作，在农业上的应用也取得一些成效。农业物联网可以把感应器嵌入农业机械、土地、灌溉系统等各种物体中，然后将"物"与互联网整合起来，通过智能分析，实施实时的管理和控制。这样，人类可以以更加精细和动态的方式管理农业生产，提高资源利用率和生产力水平，促进可持续发展。

农业物联网发展趋势主要体现在：应用无线传感器网络进行农作物田间及温室环境控制和信息反馈，用其检测动植物的环境信息监测，保证动植物良好的生长环境以提高产量和保证质量；还可以应用农用传感器于移动信息装备制造产业、农业信息网络服务产业、农业自动识别技术与设备产业、农业精细作业机具产业和农产品物流产业。

第六节　精确农业应用实例

结合近年来我们在烟草精准化施肥管理方面的研究与实践，本书以"'Flex API＋REST API＋SQL'的WebGIS开发技术在烟草生产施肥管理中的应用研究"为例展示精确农业的应用实践。

我们根据烟草施肥管理要求，在建立施肥模型和施肥方案的基础上，综合区域土壤肥力差异、供肥性能、作物需肥规律等众多因素，以攀枝花烟草种植区为系统试行合作地点，利用"Flex API＋REST API＋SQL"构建了基于RIA WebGIS的烟草信息管理及施肥推荐决策系统，实现了攀西复杂山区烟草信息管理和智能化施肥决策的有机耦合与集成。

下面简介该系统的构成与实现过程。

一、研究区域及系统主要模型简介

1. 研究区域简介

攀枝花位于东经 $108°08'\sim102°15'$，北纬 $26°05'\sim27°21'$，地处西南川滇交界部，金沙江与雅砻江汇合处，属于我国亚热带西段金沙江至元江岛状南亚热带干热河谷气候区，干雨季分明而四季不分明，垂直气候显著，区域性气候差异明显且复杂多样；雨热状况，年降雨量 1094.2 mm，热量充沛，气温日变幅大，年变幅小，年均气温 20℃～22℃，年均日照数 2745.2 h，无霜期 307.5 d。地形地貌状况，境内以中山、低山、丘陵和宽谷河坝为主，地势西北高、东南低，地形起伏较大、高差悬殊。土壤状况，土壤类型复杂多样，主要有红壤、水稻土、紫色土、石灰岩土、黄棕壤和赤红壤。养分状况，烟草种植区土壤有机质平均 22.46 g/kg，碱解氮 120 mg/kg，有效磷 18.62 mg/kg，速效钾 141 mg/kg，pH 值主要在 5.5～6.5。

2. 系统主要模型

（1）土壤肥力评价模型。

根据现有土壤肥力评价研究以及各养分指标对烟草的重要性研究，结合该区域土壤特点，选择 pH、有机质、碱解氮、有效磷、速效钾 5 个因素作为评价指标。根据各因素在不同土壤中的实际差异状况，确定其适合的评价指数，建立烟草种植区土壤肥力评价指标体系。

指标隶属度值的计算：参照国内外优质烟草种植区土壤适宜性指标，确定各指标适用的函数类型及函数上限（U）、下限（L）和最优值（O）等参数，见表8-1。据此将各指标实测数代入函数公式，即可得到各项指标的隶属度值。其值都在 0.1～1.0 之间，值的大小反映了其隶属的程度，其中最大值 1.0 表示土壤肥力良好，适宜优质烟草的生长；最小值 0.1 表示土壤肥力严重缺乏或不协调。

表 8-1　各指标隶属度函数类型及其参数

评价指标	隶属度函数类型	下限（L）	上限（U）	最优值下限（O_1）	最优值上限（O_2）
pH	抛物线型函数	4.5	7.5	5.5	7
有机质（g/kg）	抛物线型函数	10	45	15	25
碱解氮（mg/kg）	抛物线型函数	30	100	50	70
有效磷（mg/kg）	S 型函数	10	20	—	—
速效钾（mg/kg）	S 型函数	80	150	—	—

在各指标隶属度函数类型及其参数表中，S 型隶属度函数（如图8-4所示）为

$$f(x)=\begin{cases}0.1, & x\leqslant L, x\geqslant U\\ 0.1+0.9(x-L)/(O_1-L), & L<x<O_1\\ 1.0, & O_1\leqslant x\leqslant O_2\\ 1.0-0.9(x-O_2)/(U-O_1), & O_2<x<U\end{cases}$$

抛物线型隶属度函数（如图8-5所示）为

$$f(x) = \begin{cases} 0.1, & x \geqslant U \\ 0.1 + 0.9(x-L)/(U-L), & L < x < U \\ 0.1, & x \leqslant L \end{cases}$$

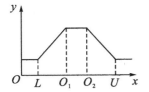

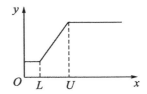

图8-4 S型隶属度函数   图8-5 抛物线型隶属度函数

综合评价指标值的计算：在得到上述各评价指标的隶属度值后，将其作为各评价指标的分值，用加权求和公式计算出反映土壤养分肥力状况的综合指标值IFI（Integrated Fertility Index），其计算公式为

$$IFI = \sum_i^n W_i N_i$$

式中，N_i，W_i 分别表示第 i 种养分指标的隶属度值和权重系数，W_i 采用 AHP 决策分析法实现。

（2）施肥推荐模型。

本研究根据氮磷钾配比试验、大田校正试验建立肥料效应函数，结合养分测定值，应用"养分平衡法"计算施肥量。养分平衡法即根据实现作物目标产量所需的养分量与土壤养分供应量之差作为施肥依据，它由著名土壤化学家 Troug 于 1960 年首次提出，后几经改进，建立了如下计算公式：

$$施肥量 = \frac{[烟叶计划产量×单位产量吸收养分量] - [土壤速效养分测定值×0.15×土壤养分利用系数]}{肥料利用率}$$

说明：

①施肥量为 N、P、K 的纯需求量，单位为 kg/亩。

②根据氮磷钾配比试验中的频次分析和烟叶产量与质量的综合分析得出试验烟草种植区烟叶产量最适宜范围是 155~175 kg/亩；根据大田校正实验得出实验烟草种植区 100 kg 烟叶需要从土壤中吸收 N、P_2O_5、K_2O 的量见表8-2。

③土壤速效养分测定值为碱解氮、速效钾、有效磷的测定值，单位为 mg/kg；0.15 是换算系数。经过空白试验计算得出土壤养分利用系数，氮素为 31.68%±2.34%，磷素为 37.04%±6.14%，钾素为 22.93%±0.56%。

④试验区不同地点肥料的利用率也略有差异，对各试验点在最优施肥量条件下的肥料利用率进行分析，剔除极值后得出该实验区的氮肥利用率 39.26%±8.39%，磷肥利用率为 22.93%±5.22%，钾肥利用率为 31.97%±0.56%。

表 8-2 100 kg 烟叶需要从土壤中吸收 N、P$_2$O$_5$、K$_2$O 的量

植烟品种	地形及土地利用方式	N、P$_2$O$_5$、K$_2$O 需求量		
		N (kg/100kg)	P$_2$O$_5$ (kg/100kg)	K$_2$O (kg/100kg)
红大系列	塝田	2.68±0.20	1.17±0.13	6.71±0.53
	坡地	2.75±0.21	1.21±0.13	6.95±0.54
云烟系列	坝田	3.04±0.24	1.28±0.14	6.31±0.49
	塝田	3.47±0.28	1.53±0.16	6.71±0.53
	坡地	3.61±0.29	1.69±0.17	6.95±0.54

注：红大系列烟叶在攀枝花烟区不适宜在坝田里种植。

二、系统设计与实现流程

1. 系统总体设计

该系统是集土壤肥力评价模型、平衡施肥模型、数据库系统、地理信息系统（ArcGIS）、网络技术及专家系统技术在烟草施肥方面的综合应用。根据试验数据，进行相关性分析，在建立烟草种植区土壤评价模型和施肥模型基础上，通过 ArcGIS 软件和 SQL Server 等建立所需数据库、知识库、模型库和事实表的结构；在 Windows 2003 环境下选用"Flex API+REST API+SQL"模式搭建系统框架，设计系统开发流程图和功能结构图，构建用户层/服务层/数据层的三层式决策支持系统，形成智能化、网络化的在线咨询服务系统，达到烟草施肥管理与决策功能的统一。

系统的主要研究内容包括烟草生产信息管理、推荐施肥模型和图形信息管理三部分。

2. 系统框架结构

基于网络技术和 GIS 技术研究，将 Flex 框架和 REST 风格架构应用于 WebGIS，提出新的系统框架结构，如图 8-6 所示。用户层选用 Flex Builder 4.0 集成开发环境，基于 Flex API 和 Flex Viewer 2.3 框架具体实施。服务器层选取 J2EE 作为 Web 应用服务器，ArcGIS Server 10.0 作为 GIS 应用服务器。数据层采用 SQL Server 2005 Express 数据库和 ArcSDE 空间数据引擎。

三、系统主要模块与功能介绍

1. 地图操作

地图操作包括：①地图导航（如放大、缩小、漫游、全图、前一视图、后一视图、鹰眼等），信息浏览基本功能；②动态图例，随着地图在不同比例尺下地图信息的变化和根据用户打开和关闭的图层，自动识别当前视图范围内的地图信息，并呈现相应图例符号信息查询；③图层控制，根据需要有针对性地显示或隐藏地图图层，突出用户感兴趣的图层信息；④地图书签，存储用户感兴趣和常用的地图区域，方便用户下次快速访问此区域；⑤地图测量，提供长度量测、面积量算以及重要信息标注；⑥地图打印和地图导出。

图 8-7 是专题地图叠加在地形底图上的效果，用户通过"图层控制"Widget 将土壤

样点、防雹点、育苗棚、烟站等图层关闭。图 8-8 是专题地图叠加在拓扑地图上的效果，用户通过"动态图例"Widget 识别地图信息。

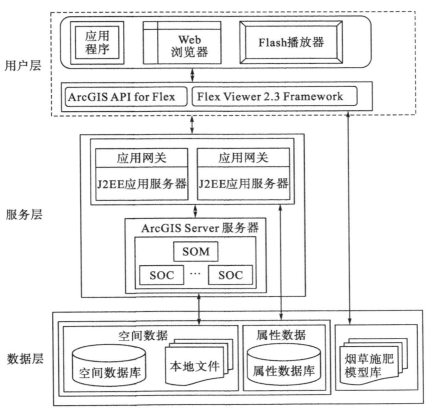

图 8-6　系统框架结构

图 8-7　专题图层叠加（专题地图、地形图）

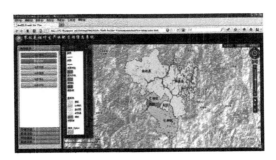

图 8-8　专题图层叠加（专题地图、拓扑地图）

2. 查询统计

查询统计主要是实现对空间数据、属性数据的查询和专题属性数据查询等功能。本系统中包含复合的查询模块和独立的查询模块两类。前者主要是附属在其他类的查询功能，如精准施肥模块中的基本信息显示。后者分为两类：一类是简单查询（如防雹点、育苗棚、烟站、烤房等的查询搜索模块），它们以名称进行查找，按行政区划级别进行过滤；另一类是 SQL 高级查询，利用图层分类、关系符号、逻辑符号、算术符号的任意组合，进行满足条件的属性信息及相关图形信息查询。

图 8—9 和图 8—10 分别为烟站过滤查询前后的效果图，用户将地理地图切换到拓扑视图下面，在"烤房查询"Widget 的过滤查询界面输入"盐边县"后，在 Show info window 中显示内容为"盐边县惠民乡民王村"烟站位置。

图 8—9　过滤查询前（烟站、拓扑图）　　　　图 8—10　过滤查询后（烟站、拓扑图）

3．精准施肥

"精准施肥"Widget 主要完成以施肥单元为基础的精准化施肥计算和指导。它包括：①基本信息显示界面（如图 8—11 所示），包括施肥单元立地条件信息、土壤养分信息等；②模型参数修订界面（如图 8—12 所示），对于烟草施肥专家模型中易受时间和其他条件影响的模型参数信息，用户通过人机交互进行调整，使其进一步科学可靠；③施肥计算结果界面，主要给出各烟草田 N、P、K 需求量的计算结果、中微量元素丰缺的诊断结果和相应复合肥配方以及复合肥、单质肥的用量结果；④推荐施肥卡界面，综合展示当前施肥单元土壤肥力水平、施用情况以及施用方法的参考。

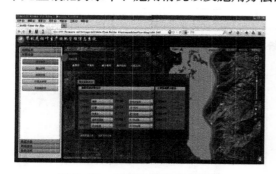

图 8—11　烟草田基本信息界面　　　　图 8—12　模型参数修订界面

第九章　秸秆还田理论与技术

第一节　概　述

一、秸秆还田的意义

农作物秸秆是成熟农作物茎叶（穗）部分的总成，通常指小麦、水稻、玉米，薯类、油料、棉花、甘蔗和其他农作物在收获籽实后的剩余部分。秸秆占作物生物产量的50％左右，是一类极其丰富的最能直接利用的可再生有机资源。由于它含有相当数量的为作物所必需的营养元素，又具有改善土壤的物理、化学和生物学性状，提高土壤肥力，增加作物产量等作用，加之它来源广、取材易和数量大等特点，在化肥出现和使用之前，作物秸秆就以多种方式（包括堆沤、垫圈和直接回田等）与厩肥、圈肥、人畜粪尿等一起，在长期的农业生产中发挥着重要作用。中国是世界第一秸秆大国，且秸秆产量总体上呈现不断增长之势。据中国农业科学院农业资源与农业区划研究所估算，2009年中国秸秆产量8.4亿吨，比1990年增长了21.19％。中国秸秆以粮食作物秸秆为主，占到70.22％。从作物种类来看，水稻秸秆2.1亿吨，小麦秸秆1.0亿吨，玉米秸秆2.1亿吨，豆类秸秆3661万吨，油菜秸秆1958万吨，其他作物秸秆2.6亿吨，其总量相当于北方草原年打草量的80倍，共含氮400多万吨，含磷95多万吨，含钾近950万吨，相当于我国目前化肥施用量的1/3还多，还含有大量微量元素和有机物。2009年统计结果显示，我国年产农作物秸秆中30％用作农用燃料，25％用作饲料，2％～3％用作工副业生产原料，6％～7％直接还田，此外还有35％的剩余秸秆未被合理利用，废弃或焚烧，白白浪费掉！秸秆的焚烧不仅造成农田生态平衡破坏，而且污染空气，使空气能见度下降，给交通安全、飞机起落及人们的生活环境造成严重影响。

二、秸秆还田方式

秸秆还田的方式主要有堆沤还田（堆肥、沤肥、沼气肥等）、过腹还田（牛、马、猪等牲畜粪尿）、焚烧还田、直接还田（翻压还田、覆盖还田）四种方式。其中，堆沤还田、过腹还田在中国传统有机农业中占有十分重要的地位。现代秸秆还田主要采用直接还田技术，所以，本书主要介绍秸秆直接还田技术。

（一）堆沤还田

堆沤还田是将作物秸秆堆成堆肥、沤肥，在腐熟后施入土壤的方式。根据含水量分为堆肥还田和沤肥还田。秸秆堆沤时腐熟矿化加速，释放养分，降解有害的有机酸、多酚等，杀灭寄生虫卵、病原菌及杂草等，但氮素易流失，且比较费工、费时。秸秆堆沤还田是解决我国当前有机肥源短缺的主要途径，也是改良中低产田土、培肥地力的一项重要措施。

（二）过腹还田

过腹还田是指秸秆在饲喂牲畜后，以畜粪尿施入土壤中的方式，经济与生态效益明显。秸秆是反刍家畜粗饲料的重要来源，被动物吸收的养分转化为肉、奶等，既提高了经济效益，又实现了资源循环利用，但比例仅 25%～35%。

不同作物的秸秆养分存在差异。棉花秸秆虽有一定粗蛋白含量，但降解率较低；油菜秸秆粗蛋白及粗脂肪含量高于小麦和玉米。因此，过腹还田不适用于饲用价值不高的小麦、棉花秸秆等。

秸秆处理可提高其饲用价值，处理方法有物理（切段、粉碎、浸泡）、化学（氨化处理、碱化处理）、生物（微贮、青贮）等。目前我国主要有两种：一是秸秆青贮，二是秸秆氨化处理后成氨化饲料。

（三）焚烧还田

焚烧还田主要有两种形式：一是作为燃料，这是国内外农户传统的做法；二是在田间直接焚烧。田间焚烧不仅污染空气、浪费能源、影响飞机升降与公路交通，而且会损失大量有机质和氮素，保留在灰烬中的磷、钾也易被淋失，因此是一种不可取的方法。当然，田间焚烧可以在一定程度上减轻病虫害，防止过多的有机残体产生有毒物质与嫌气气体或在嫌气条件下造成 N 的大量反硝化损失。因此，田间烧灰还田弊大于利，应禁止作物秸秆田间焚烧。

（四）直接还田

秸秆直接还田方式快捷、省工。根据对作物秸秆的不同处置方式和采用的土壤耕作制度、施肥制度的不同，大致可分为秸秆翻压还田、秸秆覆盖还田和留高茬还田。

（1）翻压还田。翻压还田是指将作物秸秆或植物残体于作物收获后，下茬作物播种或移栽前，将其耕翻入土的还田方式。耕翻入土的作物秸秆或植株残体，在适宜的水热条件下，激发和加强了土壤微生物的活动，从而改善了土壤中植物养料的供应状况。这一方式在我国南方多以稻草直接翻压还田为主。近年来，许多单位的试验研究表明，稻草、麦秸等材料还田时，适当配合氮素化肥的施用和耕作措施，可避免当季作物后期脱肥的问题，且后效对下茬作物能逐渐发挥效果。

（2）覆盖还田。覆盖还田是指种植作物时将秸秆覆盖于土壤表面达 30% 以上的技术。秸秆覆盖还田不仅可以增加土壤有机质含量，补充土壤氮、磷、钾和微量元素，而且秸秆覆盖可使土壤饱和导水率提高，土壤蓄水能力增强，能够调控土壤供水，提高水分利用率。秸秆是热的不良导体，在覆盖情况下，能够形成低温时的"高温效应"和高温时的"低温效应"两种双重效应，调节土壤温度，有效缓解气温激变对作物的伤害。目前，北方玉米、小麦等的各种秸秆覆盖还田方式在很多地方（如河北、黑龙江、山西等）已被大面积推广应用。

（3）留高茬还田。留高茬还田是指作物收割时提高留茬高度，翻耕后使根茬在田间腐烂分解的方式，可提高劳动和能源投入效益，且秸秆分布均匀，群众易接受，可用于多种作物，其实质为翻压还田。但需明确留茬高度，过高会影响下茬作物生长，过低则还田量少，效果差。小麦、水稻一般分别留茬 15~40 cm、10~15 cm。

第二节　秸秆还田的生物学基础

一、秸秆还田的土壤生物学基础

进入土壤的作物秸秆和植物残体，在适宜的条件下进行着有机物质的矿质化和腐殖化过程。这两个过程的快慢取决于施入土壤的秸秆的化学组成、土壤湿度、温度、通气状况、还田方式以及在土壤剖面上的垂直分布情况。由于土壤微生物是土壤中的有机物质分解、累积的主要参与者，因此在这些因素中土壤微生物的活动起着极其重要的作用。

（一）秸秆的化学组成与土壤中有机物质的构成

一般来说，土壤中死亡的有机体和返回来的作物秸秆、根茬等残体，其主要有机成分是纤维素、木质素，其他如蛋白质、醇溶物质及水溶性物质的含量相对较少。其中纤维素含量占无灰干物质重的 26.8%~34.9%，木质素占 12.5%~20.7%（见表 9-1）。在这些成分中，纤维素、半纤维素和蛋白质等是比较容易被微生物所分解的，而木质素和蛋白质－木质素复合体则较难分解。纤维素、半纤维素属多糖物质，是微生物所需的能源和碳源。在适宜条件下，通过微生物的作用，只需几周就能分解其总量的 60%~70%。残留于土壤中的多以氨基酸、氨基糖和酚类等土壤腐殖化的物质，以及微生物自身等生命体的形态存在。

表 9-1　主要作物秸秆的化学组成

秸秆种类	化学组成（占无灰干物重%）						
	苯酚溶性物	水溶性物	半纤维素	纤维素	木质素	蛋白质	C/N
麦秸	3.01	4.38	26.6	34.9	19.9	2.63	104.2
麦根	1.67	5.34	30.0	28.7	20.7	5.34	49.3
稻秸	6.53	11.4	24.5	31.9	12.5	3.63	61.8
稻根	4.31	5.41	30.0	26.8	17.4	7.30	39.3
玉米秸	2.39	7.91	28.6	34.3	13.2	4.82	51.0

木质素是作物秸秆中最难分解的组分。它的降解是在好气条件下通过某些微生物的活动进行的。一般情况下，四个月后木质素才能被分解掉其总量的 25%～45%，其余部分作为木质素的残留物而存在。所以，作物秸秆在土壤中的转化和腐殖化作用的强弱主要取决于作物秸秆的碳氮比（C/N）和木质素含量。

微生物在参与土壤中作物秸秆和植物残体等的分解及腐殖化过程中，自身（包括活体及死亡后的残体）也成为土壤有机质的构成部分。

土壤中有机物质的构成，与还田的作物秸秆和植物残体的化学组成有密切的关系。但不是其单纯的翻版，而是通过土壤微生物和微动物等的生命活动，进行了矿质化和腐殖化的、未经矿质化和腐殖化的以及微生物等有机生命体及其残体的复杂的综合物质。

（二）秸秆还田下的土壤微生物

当作物秸秆或植物残茬耕翻入土壤后，在适宜的水热条件下，土壤中微生物因有效能源物质的加入而受到激发，出现微生物的"起爆效应"，即有机物质激发起微生物的活动，增强其活度，促进其繁殖，从而加速了土壤中原含有机质矿化作用的微生物效应。试验表明，新鲜麦秸 3000 kg/hm² 耙入 0～10 cm 的土层中，经三个月的腐解后，土壤中微生物总数比未施麦秸的土壤提高 12.5 倍，细菌数量提高 15.5 倍。

作物秸秆及其残茬施入土壤后的微生物效应，对于土壤来说具有两重性，既有积极的方面，可释放养分，合成土壤腐殖，又有消极的方面，降低土壤有机质含量、固定土壤中的养分和病原微生物的滋生等。

二、秸秆覆盖还田的土壤生物学特点

（一）减少土壤耕作频度，利于土壤物理性状的改善

采用作物秸秆或植物残茬覆盖还田方式，通常同土壤的免耕或少耕相配合。秸秆覆盖与免耕结合运用后，便充分发挥了这一综合措施的特点和长处。特别是在改善土壤的水分、温度和结构等土壤物理性状方面尤为明显。

（1）土壤水分。覆盖有作物秸秆或植物残茬的土壤，一般比经过耕翻的同类土壤能保持更多的水分。

（2）土壤温度。作物秸秆覆盖还田后，引起了土壤温度的变化。当土壤表面覆盖有作物秸秆时，土壤表面和秸秆间保持了一定量的空气，形成一层良好的类似绝缘体，且农作物秸秆本身是热的不良导体，具有低温时的高温效应和高温时的低温效应。

（3）土壤空气。秸秆覆盖还田，通过土壤微生物的活动而逐渐分解，缓慢释放出二氧化碳，使之与大气进行交换。由于这种方式是将作物秸秆铺于土壤表面，分解作用缓和，因此土壤中二氧化碳浓度一般不易超过危害浓度。作物生长季节中，土壤因覆盖秸秆而使二氧化碳释放量增加，补充了田间二氧化碳的不足，促进了光合作用和碳水化合物的运转。

（4）土壤结构。作物秸秆覆盖还田后，减少了耕作所引起的土壤结构的破坏，秸秆逐渐分解转化，形成微生物胶结物、腐殖酸、土壤直链胶体和多糖等多种有机胶体，与土壤

胶体结合，形成有机无机复合体，改善了土壤微结构状况。从土壤耕层的剖面也可看出，覆盖秸秆后，土壤松散，作物根系发达。

（二）减缓土壤冲蚀，保持土壤养分平衡

因地表径流而引起的土壤侵蚀，对农业带来了严重的损害，四川丘陵地区的土壤侵蚀特别严重。培肥土壤，首先必须防止水土流失。作物秸秆覆盖还田，也是防止水土流失的有效方法。由于秸秆覆盖于土壤表面，防止了雨季时土壤裸露和雨滴对土壤的拍击，因此防止水土流失作用明显。据统计，保留在地表的作物残茬，能有效地减少地表径流，增加降水的渗透，从而减轻土壤的侵蚀（见表9-2）。

表9-2　作物残茬对径流、渗透及土壤流失的影响

作物残茬遗留量（t/hm²）	径流（%）	渗透（%）	土壤流失量（t/hm²）
0	45.3	54.7	30.8
0.62	40.0	60.0	8.0
1.24	24.3	74.7	3.5
2.47	0.5	99.5	0.7
4.94	0.1	99.5	0
9.88	0	100.0	0

三、秸秆还田的产量效应

秸秆作为有机肥料的一种，和其他有机肥料一样，具有养地增产的效果。作物秸秆直接还田后，不仅可以直接为作物提供养分，而且还可以为土壤微生物提供能源，间接提高了土壤供肥能力。曾木祥统计全国60多份试验资料表明，实行秸秆还田（含多种还田方式）后一般都能增产10%以上。直接还田用的作物秸秆类型不同，作物增产的幅度也受一定的影响。同时，秸秆还田后作物的产量同秸秆类型、粉碎程度、施用方法及土壤环境条件有密切关系，如还田量大、粉碎不佳、翻压不理想影响播种质量和出苗等会造成减产。此外，直接施用C/N较高（如麦秸、稻草）的单纯秸秆，常会出现对作物幼苗具有明显的生长抑制现象（外观呈现植株矮小或发黄，根系锈褐色，新根较少等）乃至减产。这种生长抑制作用的主要机制是生秸秆直接还田后土壤中出现了较强烈的氮的生长固定作用，致使作物呈现明显的缺氮症状。

第三节　秸秆还田技术措施

农作物秸秆还田技术发展较快，还田方式很多。本节在介绍这些还田技术共性的基础上，选择几种生产上应用较多的或较新的技术重点介绍。

一、秸秆还田技术关键

（1）秸秆数量。维持和逐步提高土壤有机质含量是确定秸秆还田数量的主要依据。从生产实际出发以本田秸秆还田，考虑不同地区、不同土壤产量差别较大，确定秸秆还田量的大致范围，低量适用于肥力低、产量低的地方，高量适用于肥力高、产量高的地方，中等肥力、中等产量地区则介乎其间。

大田覆盖试验表明，作物产量随盖草量增加而增加。微区试验增产 10.3%～17.6%，大田试验增产 4.2%～15.6%。从调查中发现，盖草量太少不能达到理想的保水调温和抑制杂草的效果；盖草量太大，在雨量少的干旱年份，麦秸不易腐烂，影响下茬作物的播种质量。一般盖草量以每公顷 2～3 t 为宜。

据调查，小麦留高茬 20～40 cm 还田，其秸秆量占麦秸地上部总重量的 1/2～3/5。在高产田留茬量每公顷可达 3～3.6 t，中低产田留茬量每公顷为 2.3～3.0 t。

（2）秸秆还田的适宜水分条件。合适的土壤水分含量是影响秸秆分解的重要因素。研究证明，无论是在肥土或瘦土上，秸秆分解量都是随着土壤水分含量提高，二氧化碳释放量也随之增加，当土壤水分含量达到 20% 左右时，微生物数量最多，二氧化碳释放量最大。当土壤水分含量大于 25% 时，二氧化碳释放量反而有下降趋势。在土壤水分含量小于 10% 时，二氧化碳释放量最小，说明秸秆还田必须把土壤水分含量调控至 20% 左右才最有利于秸秆的分解腐烂，土壤水分太高减缓了矿化速度，水分太低则严重影响秸秆的分解。

调控土壤含水量的目的，不单是为了秸秆的腐烂，同时也是为种子出苗提供适宜的水分条件。小麦、玉米种子出苗的水分条件和秸秆矿化的水分条件几乎是一致的。在土壤含水量为 20% 左右时，小麦出苗率达 85%，玉米出苗率达 90%。

生产实践证明，麦收前 3～7 d，每公顷浇水 450～600 m³，收割后及时耕翻整地，播种时的土壤水分能够调控在 18%～22%。

（3）农业机械。农业机械是制约秸秆还田的重要因素。粉碎和翻压都需要合适的机具，目前靠人畜力翻压的情况很少，翻压还田主要是指机械粉碎翻压还田。

不同翻压深度的盆栽试验表明，秸秆翻压深度大于 20 cm，对玉米苗期的生长影响不大，翻压深度小于 20 cm，则对苗期生长不利。但从大田机械翻压的情况看，大多数秸秆都翻压在 15 cm 以下时，没有发现不良影响。从生产实际出发，翻压深度大于 15 cm 是符合生产实际的。从粉碎程度看，秸秆长度小于 10 cm 较好。

对我国农业机具的调查表明，我国的秸秆还田机具还是比较齐全的。联合收割机尾部配置铡草装置、茎秆切碎器等，可把秸秆切碎均匀撒在地面。此外，小麦割晒机、小麦脱粒机、各种型号机引秸秆粉碎机、反转旋耕灭茬机、水田旋耕埋草机、水田驱动耙、XFP 系列或 4LFJQ 型秸秆粉碎机（配联合收割机）、玉米免耕播种机、喷雾机（器）、各种深耕型等均可用于秸秆还田，它们大都与大、中型拖拉机配套使用，工作效率因动力而异。

（4）氮肥施用量。微生物在分解秸秆时需要吸收一定的氮素，营养自身，如果不调整好碳氮比例，会造成与作物苗期生长争氮、幼苗出现发黄的现象，影响生长。秸秆还田配合施用氮素化肥，一方面可调节秸秆的碳氮比，有利秸秆分解，另一方面可以补充作物苗期生长所需氮素。

微区试验和大田试验都证明，配合施用氮素对秸秆还田条件下作物的产量影响很大。秸秆还田后的第一季作物常会由于秸秆翻压量过大没有配合适量的氮素而造成减产，产量随着氮素施用量的增加而增加。每公顷翻压 3.0～4.5 t 秸秆，翻压时配合施用 75～150 kg/hm² 氮素，能取得较好的增产效果，微区试验增产 10.9%～22.7%，大田试验增产 12.5%～15.8%。覆盖还田和高留茬还田同样需要配合施用 75～150 kg/hm² 氮素才能取得较好的增产效果。

秸秆还田后，在播种玉米时，同时在玉米行间套种大豆，大豆靠根瘤菌固定空气中的氮，增加土壤氮素，调节碳氮比，既有利于秸秆腐烂，又有利于玉米生长。

（5）磷肥施用量。实践证明，氮磷肥配合是增加作物产量的有效措施。小麦玉米对氮磷的吸收比例在 1∶（0.4～0.5）之间。据我国化肥试验网的研究，小麦最高纯收益的氮磷比为 1∶0.63，玉米为 1∶0.55，秸秆还田每公顷施 150～225 kg 氮素（包括追肥的 75 kg 氮素），配合施用磷素（P_2O_5）75～120 kg 较好，其氮磷比例与我国化肥试验网的研究结果一致。

（6）关于秸秆适宜的翻压覆盖时间。麦秸直接翻压还田华北地区一般在 6 月上、中旬进行，麦收后将麦秸粉碎并均匀撒开，随即进行翻耕整地播种。这是由夏玉米生长季节所定的，玉米生长期约 110 d，及早翻压既有利于玉米及时播种，又能使秸秆及早腐烂，为玉米生长提供养分。因此，秸秆还田应尽量突出一个"早"字。及早覆盖和灭茬还有利于抑制杂草生长和调节地温。覆盖灭茬太晚，由于时间短，麦秸腐烂不充分，会影响秋季种麦。

（7）防治病虫。要求在秸秆还田时使用无严重传播病虫害的秸秆。玉米上的主要害虫有玉米螟和地下害虫（包括蛴螬、金针虫、地老虎及蝼蛄等），主要病害有玉米丝黑穗病和玉米黑粉病等。秸秆还田特别是秸秆覆盖为害虫提供了栖息和越冬场所，据山西省农科院的调查，旱地玉米秸秆覆盖后地下害虫和玉米丝黑穗病危害加重。如果在较大面积连续数年实施这一技术，病虫害有大流行的趋势和可能，决不可掉以轻心。玉米丝黑穗病和玉米螟的防治策略是尽可能减少覆盖秸秆中病穗的残存和越冬茎数。地下害虫的防治应推广种子包衣技术和撒播毒饵的方法。

（8）防除杂草。杂草是农业生产的大敌。它与作物争水、肥和光能，侵占地上部和地下部空间，影响作物光合作用和生长，降低作物产量品质。杂草还是作物病虫害的中间寄主，消灭杂草增加了管理用工和生产成本。据农业部统计，全国 1.33 亿公顷播种面积中，受草害的面积有 0.42 亿公顷，其中严重受害 0.1 亿公顷，平均每年损失粮食 175 亿千克，棉花 2.5 亿千克，损失率占粮食和棉花总产的 13.4% 和 14.8%。麦秸还田后 6～9 月正是高温多雨季节，杂草生长很快，及时防治杂草十分重要。玉米上防治杂草的除草剂主要是均三氮苯类与酰胺类品种，并以播种后苗前处理为主。目前使用较多的是播种后苗前用除草剂阿特拉津或乙草胺喷一次。玉米行间覆盖麦秸能有效地抑制杂草生长，如果能与使用除草剂相结合，除草效果就会更好。

（9）适应性。秸秆翻压还田受机械和灌溉条件的影响很大。如北京、天津和其他城市郊区农村以及农村中机械和灌溉条件较好的村镇都可以推广秸秆粉碎翻压还田。秸秆覆盖有良好的保水作用，特别适合北方干旱地区采用。高留茬还田只需一定的收割机械，能及时播种，灭茬又能错开夏收和夏种农忙季节，所以高留茬还田较受群众欢迎，在华北地区推广较多。

（10）还田周期。每年至少将麦秸或玉米秸任选一季还田。秸秆是一项十分有用的能源资源，目前广大农村仍然以秸秆为主要燃料。此外，秸秆还是农村牲畜的主要饲草和垫圈积肥材料。因此，农村目前还不可能做到秸秆全部直接还田。每年将麦秸或玉米秸任选一季还田，比较符合大多数农村的实际。

我国广大地区土壤的有机质含量平均在 1‰ 左右，有机质的矿化速率约为 3%，麦秸的腐殖化系数约为 0.26，由此可估算出维持土壤有机质所需的秸秆还田量约为 2.60 t/hm²。麦秸还田量 3~4.5 t/hm²，每年还田 1 次，足可补偿土壤有机质的损耗，并且可以逐年提高土壤有机质含量。如果农村中秸秆富余较多，每年还田 2 次也是可以的。

二、覆盖还田技术

（一）小麦免耕稻草覆盖栽培技术

小麦稻草覆盖免耕栽培技术通常是中稻收获后，在稻田土表直接进行条播、撒播、播前化学除草、施肥、播后稻草覆盖、配套后期科学管理的一项高产高效简化栽培技术。

1. 小麦播前准备

（1）稻草的准备。水稻收获后将稻草晒至五成干堆好待用，如果稻草过干，不利于堆沤腐烂，且干稻草覆盖小麦种子，由于稻草间隙过大，不利于保墒出苗；稻草过湿，易腐烂，不便于覆盖操作，晒至五成干既有利于稻草腐烂及保墒出苗，又便于操作。

（2）开沟整厢。选择水源、排灌方便的中稻田，水稻收获后，适墒开沟整厢，即按厢宽 2.5 m 开沟整厢，整理好厢沟、围沟、腰沟和田间排灌沟，做到"四沟"配套，沟沟相通，排灌畅通，平整田面，清洁田园（小麦收获后保留固定厢沟格局，免耕抛栽种植水稻）。播前 2~3 d，每亩用 200~250 mL 百草枯或 150~180 mL 克瑞踪加金都尔 60 mL，按每桶水加 50 mL 百草枯或 38~45 mL 克瑞踪和金都尔 15 mL 的用量，均匀喷施于田间杂草及残茬上，进行除草和杀死残茬，喷施百草枯要注意不能用混泥水配兑，喷施时田间必须无水。

（3）施足底肥。一般在播种前一天，每亩施复合肥 50 kg，或用磷肥 30 kg，钾肥 15 kg，尿素 10 kg，将三者混合均匀后撒于田面，碳铵挥发性大，不宜作底肥。

（4）小麦种子处理。小麦种子在播前晒种 1~2 d，然后每千克种子用 15% 粉锈宁 2 g 拌种，随拌随播。

2. 播种及播后管理

（1）合理密植：免耕小麦分蘖节位底，分蘖多，成穗率高，播种时要严格控制播种量，中等肥力以上田块，每亩播量不超过 9 kg，肥力偏低田块每亩播量 10 kg。

（2）适墒播种：根据土壤墒情选择适宜播种期，如郑麦 9023、鄂麦 18、鄂麦 23、宛麦 369，适宜播期以 10 月 15~25 日为宜，而四川小麦的适宜播种期是 10 月 26 日~11 月 5 日。

（3）规范盖草：小麦播种后要及时盖草，盖草厚度为 0.25~0.5 cm，标准是既不露种又不露土，掌握薄盖不露的标准，每亩用草量 250 kg，即 1 亩水稻田稻草盖 2 亩小麦。稻草覆盖后，要用水喷湿，有利于苗齐苗全和稻草腐烂。

（4）大田管理。

合理施肥：①施足底肥，增施有机肥以及磷、钾肥和微肥。每亩生产 300~350 kg 小麦需要施纯氮（N）12~15 kg，磷（P_2O_5）6~8 kg，钾（K_2O）15~18 kg，硫酸锌 1 kg，钼酸铵 20 g，水田小麦每亩要施用持力硼肥 200~250 g，底肥追肥比例以 6：4 为宜。磷、钾肥和微肥全部作底肥。免耕小麦底肥施用后要搞好覆盖，要做到种、肥不露出田面，减少肥料流失，提高肥料的利用率，争取麦苗早发稳健生长。②早施分蘖肥。免耕小麦要注意早施苗肥，一般在小麦 2 叶 1 心时，就应追肥，施肥量占总用氮量的 15%，早施苗肥，促使麦苗早分蘖、早发根，形成冬前壮苗，对底肥施用不足、苗肥施用数量少、长势弱的田块和沟边小麦还要看苗补施平衡肥。③适时施好拔节肥。小麦在拔节到孕穗前后，是保花增粒、防退化的关键时期，而免耕小麦下层根系较少，后期土壤供肥能力差，容易早衰，施好拔节孕穗肥尤为重要，施肥适期是在群体叶色褪淡、形成拔节期以后，如果返青阶段群体偏小，个体生长偏差，叶色褪淡较早，可在剑叶抽出前，再施少量保花肥，达到攻穗稳长的目的。④叶面喷肥。一般在乳熟期以前喷施 1~2 次，7~10 d 喷一次，可用 1% 尿素加 0.1%~0.2% 磷酸二氢钾，用量每次每亩稀释液 50 kg 左右。

加强病虫草害的防治：免耕小麦由于稻兜没有耕翻入土，田间稻兜赤霉病菌残留的基数较大，侵染麦穗数量较多，发病率往往高于耕翻麦田，加上免耕小麦田早发优势强，郁闭封行早，田间湿度大，有利于中后期各种病菌的发生和蔓延。因此，对免耕小麦田病虫灾害的防治应格外重视，要及时做好农药准备和测报工作，也要注意清除田边四周杂草，减少中间寄主并及早用药防治。

防鼠、鸡、鸟：免耕小麦由于种子播于土表，易受老鼠、鸟的危害，村子附近的田块鸡也易啄食，要注意防治。

免耕小麦其他管理措施按常规小麦进行。

（二）稻茬油菜免耕高产栽培技术

稻茬油菜免耕栽培技术不犁田、不整地、不起垄上行，具有轻便、快捷、省工、节本增收的特点。在当前农村青壮年劳动力大量外出打工，农村劳动力比较紧缺的情况下，推广该技术具有重要的现实意义。

1. 油菜免耕对稻田的选择和要求

选用排水性好，土壤沙性或偏沙性的田块。冷水田、锈水田、烂泥田、落凼田和耕层太浅田块不宜进行免耕栽培。在前茬水稻穗子落黄时开沟排水。移栽前理好边沟、背沟、十字沟或井字沟，要求做到"沟直底平、沟沟相通、雨停沟干"。

2. 选用优质高产、抗逆性强的双低杂交油菜品种

如贵杂 4 号，油研 9 号、11 号、1220 号表现根系发达、抗倒力强，可作为贵州东南部油菜免耕高产栽培的主推品种。

3. 主要技术措施

（1）适时早播。适时早播，培育壮苗，及时移栽是油菜免耕的高产基础。研究结果表明，在高海拔地区 9 月上旬（1~8 日）播种为宜，中海拔地区 9 月中旬（8~15 日）播种

为宜，中低海拔地区 9 月中下旬（15~25 日）播种为宜。

（2）培育壮苗。培育壮苗是油菜免耕技术成功实施的基础，必须按照"三精三一"的要求育好苗、管好苗、栽好苗。

"三精"：精细整好苗床，精量播种，精心管理。选好苗床地（土质好、向阳、浇水方便）后，施用腐熟有机肥和适量清粪水，使苗床达到上细下粗、上紧下松、上实下虚的要求。经过晒种、盐水选种洗净晾干后，拌和适量细砂土，按 50%、30%、20% 的种量比例分三次均匀播于床面。播种后至出苗前保持床面湿润，出苗后至移栽前注意搞好匀苗，此期特别要注意防治病虫；三片真叶前防湿促根，用多效唑喷施，防止高脚苗；五片真叶平展时（或移栽前 7 d）施一次送嫁肥，结合苗情再作一次病虫处理。移栽前一天浇透水，免起苗伤根。

"三一"：一分苗床地，播一两种子，移栽一亩大田。

（3）适时移栽。移栽时间在 10 月上旬为宜，移栽过迟将影响油菜的营养生长，减少产量。改传统的锄头打窝（沟）为移栽器直接移栽，移栽时做到湿土取苗，带肥、带药、带泥移栽；严格选苗，分级移栽；使用移栽器时，移栽器的铲叶必须沿稻桩脚顺行入土破口，紧挨稻桩脚破口处栽油菜苗，另一破口处施入"油菜专用肥"或复合肥加硼肥。移栽器栽苗的一个基本要求是"菜苗紧挨稻桩脚直根栽下，随后浇入定苗肥压合土壤破口"。这就要求前茬水稻在栽秧时要严格控制密度，保证水稻密度在 1.2 万穴以上，使上等肥田油菜移栽密度达 6000 株，中等肥田达 7000 株，中下等肥田要求达到 8000~10000 株，方能获得高产。

（4）施肥管理。①按中等肥田情况安排，基肥施以油菜专用肥或单质肥料，于栽苗时施入移栽器的另一破口处，并轻轻压合破口处的土壤；②定根肥：移栽时用尿素兑清粪水淋施活棵，每亩用尿素 3 kg；③提苗肥：移栽后 7~10 d，每亩用尿素 15 kg，兑清粪水800 kg 重施；④蕾苔肥：元月中旬（最迟不要超过 2 月上旬）每亩施尿素 2 kg，加氯化钾5 kg，用移栽器穴施入土（但蕾苔必须看苗慎重追施）；⑤花荚肥：在抽苔期、初花期（2月中旬至下旬）喷施 0.3% 硼砂和 0.3% 磷酸二氢钾（铵）混合水溶液，以防"花而不实"，提高结荚数，增加粒重。需特别注意的是，每次追肥必须顺稻茬淋施，严禁撒施。

稻田免耕油菜由于前期生长旺盛、根系发达、入土深，后期易脱肥早衰，特别是砂壤性稻田，保水保肥差。为此，特别要求在抽苔期轻施一次速效氮肥，结合喷施叶面肥，可保稳产高产。

（三）玉米秸秆覆盖栽培技术

玉米秸秆覆盖地表，减少风雨侵蚀，防止水土流失，蓄水保墒，培肥改土，增产效果显著，可在年平均气温大于或等于 8℃ 的半干旱及半湿润偏旱地区的旱作玉米上推广使用。

1. 操作程序

（1）半耕整秆半覆盖。玉米立秆收获后，一边割秆一边沿硬茬顺序覆盖，盖 67 cm，空 67 cm，也可以盖 60 cm，空 73 cm。下一排根要压住上一排梢，在秸秆交接处和每隔1 m 左右的秸秆上要适量压土，以免被风刮走。第二年春天，在未盖秸秆的空行内耕作、施肥。用单行或双行半精量播种机在空行靠秸秆两边种两行玉米。玉米生长期间在未盖秸秆内中耕、追肥、培土。秋收后，再在第一年未盖秸秆的空行内覆盖秸秆。

（2）全耕整秆半覆盖。玉米收获后，将秸秆搂到地边，耕耙后按顺序覆盖整株玉米秆，覆盖方式为盖 67 cm，空 67 cm，下一排根要压住上一排梢，在首尾交接处或 1 m 左右距离的秸秆上，适量压土。第二年春天的施肥、播种以及玉米生长期间的管理与半耕整秆半覆盖相同。

（3）免耕整秆覆盖。玉米收获后，不翻耕，不灭茬，将玉米整株秸秆顺垄割倒或用机具压倒，均匀地铺在地面，形成全覆盖。第二年春天，播种前 2~3 d，把播种行内的秸秆搂到垄背上形成半覆盖。播种采用两犁开沟法，先开施肥沟，沟深 10 cm 以上，施入农家肥和化肥。第二犁开播种沟，下种覆土。生长期间管理与半耕整秆半覆盖操作程序相同。

（4）短秸秆覆盖。在玉米起身拔节期，将玉米秸秆切成 6~10 cm 的短秸秆，均匀地撒在玉米行间，其他程序同常规生产。

（5）地膜、秸秆二元覆盖。旱、寒、薄是高寒冷凉地区农业发展的主要制约因素，推广地膜、秸秆二元覆盖技术是解决旱、寒、薄三大问题的重要技术之一，它既有地膜覆盖增温保墒的作用，又有秸秆覆盖蓄水保墒、肥田改土的作用。

（6）地膜、秸秆二元双（层）覆盖技术。主要操作程序是开沟→铺秆→覆土→起垄→施肥→盖膜→打孔→播种。秋收后用犁开成 40 cm 宽、20~27 cm 深的沟，将玉米整秸秆铺于沟底后覆土，起垄过冬。要求形成垄和空挡各占一半的 133 cm 一带田。第二年春天玉米播种前在垄上先施肥覆盖 80 cm 宽的地膜，然后在膜上两侧打孔种两行玉米，小行距 50 cm。田间管理同地膜覆盖栽培技术。秋收后继续换行覆盖，其余配套农艺与地膜、秸秆单覆盖相同。

（7）地膜、秸秆单（层）覆盖技术。主要操作程序是开浅沟→铺秆→浅覆土→另起垄→施肥→盖膜→打孔播种→田间管理。开浅沟铺秆：玉米收获后，用犁开沟，沟深 10~15 cm，沟宽 25 cm 左右，将玉米整秸秆铺于沟底浅覆土（或间隔覆土）过冬，形成 133 cm 一带田，秸秆覆土和空挡各占一半（也可不开沟铺秆）。整地施肥：在空挡处，每亩施碳铵和过磷酸钙各 50 kg，沟施覆土，然后整地起垄。可在秋收覆盖秸秆之后起垄或者在第二年春天整地起垄，及时覆盖 80 cm 宽的地膜。播种管理：在地膜两边分别打孔播种两行玉米，播深掌握在 3~5 cm 之间，出苗后及早间苗、定苗。沟铺垄盖技术要求一次性施足底肥，若肥力不足，可在拔节后在膜侧开沟追肥。田间管理与地膜覆盖栽培技术相同。

2. 配套措施

（1）选用良种。玉米生物覆盖田改善了生态条件，所以应选用高产、抗病、抗倒伏的品种。

（2）合理密植。在当地常规栽培密度基础上，每亩增加 300~500 株。

（3）防治病虫害。秸秆覆盖玉米田，早春地温低，出苗缓慢，易感黑粉病，应采用种子包衣，或用 40% 拌种双按种子量的 0.3% 拌种，发现玉米丝黑穗病和黑粉病植株要及时清除，最好烧掉病株。

（4）平衡施肥。在当地配方施肥的基础上，适当增施 15%~20% 的氮肥，以便调整碳氮比，有利于秸秆腐解。一般情况下，每亩生产 600~800 kg 玉米籽粒，应该施纯氮 15~22 kg，P_2O_5 8~10 kg。地膜、秸秆二元覆盖的高产、高效田还需适当增施钾肥和锌肥。

(5) 中耕除草。秸秆覆盖田虽然可以抑制杂草，但是在不规范的覆盖田和免耕覆盖田中，还必须中耕除草，或者用除草剂在播后或苗期进行化学除草。冷凉地区玉米苗期地温低，应当做到"两要"：第一次中耕"要早"，在 4～5 叶期进行；"要深"，深度达 10～15 cm，以利于提高地温。

(6) 配备专用机具。整秆玉米覆盖可选用覆盖机覆盖或用大型农机具直接压倒覆盖。用小型旋耕机耕作施肥，用半精量播种机播种。免耕覆盖可用中国农业大学研制的 2BM-2/2 免耕播种机，一次完成扒秸、破茬、松土、播种、施肥、镇压等作业。

3. 注意事项

(1) 四盖四不盖。即盖旱地不盖保浇水地；盖向阳沟坝地不盖背阴冷凉地；盖盐碱地不盖下湿地；盖单作或两作地，不盖间套多种多收地。

(2) 技术规范。覆盖秸秆乱的田块，一定要整理规范，有利于机耕种植等作业。秸秆覆盖量过多，则地温下降过多，不利于苗期生长；覆盖量不足，则保墒差且容易草荒。秸秆压土过多，则容易引起草荒，保墒效果不好，也不易中耕除草。一般是在秸秆首尾交接处适量压土，或用带土根茬 2～3 个，如果秸秆长，或者风大的地区，应每隔 1 m 压少量土。

（四）地膜、秸秆两段覆盖栽培技术

在玉米、花生地膜覆盖栽培的基础上，小麦收获后玉米施攻苞肥时，拔去残膜，将麦秆覆盖在行间或株间，既可避免地膜后期接纳雨水困难及局部高温的危害，又可利用秸秆接纳雨水，具有保湿、防止水土流失、培肥地力等多种功能，且简便省工，易于操作。两段覆盖比地膜栽培增产 4.7%～7.6%，比露地玉米增产 35%～49%。

三、翻埋还田技术

（一）机械化秸秆还田技术

机械化秸秆还田技术就是在谷物收获后，使用机械直接将收获后的农作物秸秆粉碎翻埋或整秆编压还田。它包括秸秆粉碎还田、根茬粉碎还田、整秆翻埋还田、整秆编压还田等多种形式，可一次完成多道工序，具有便捷、快速、低成本的优势。不仅抢农时，抢积温，解决了及时处理大量秸秆就地还田，避免腐烂焚烧带来的污染环境的问题，而且为大面积以地养地、增加土壤有机质含量、改善土壤结构、培肥地力、提高农作物产量、建立高产稳产农业创出了新路。

其核心技术是采用各种秸秆还田机械将秸秆直接还入田中，使秸秆在土壤中腐烂分解为有机肥，以改善土壤团粒结构和保水、吸水、黏接、透气、保温等理化性状，增加土壤肥力和有机质含量，使大量废弃的秸秆直接变废为宝。

1. 技术规程

(1) 水稻秸秆还田：机械收获水稻，机械粉碎秸秆抛撒在田中，放水泡田后补施氮肥，然后用反转旋耕灭茬机、水田旋耕埋草机、水田驱动耙等水田埋草耕整机具进行埋草整地作业。该技术适宜双季稻或多季稻产区。

（2）玉米秸秆还田：人工收获玉米果穗后，机械粉碎玉米秸秆，或机械联合收获，同时粉碎秸秆，补施氮磷肥后深耕翻埋，整地后播种小麦，该技术适宜南北方玉米产区；高柱犁直接翻埋玉米整秸秆技术适宜北方旱作玉米单季产区。

2. 注意事项

（1）水稻秸秆还田时田面水深以 3~5 cm 为宜。

（2）水稻秸秆还田量在双季稻产区鲜秸秆以每亩 500 kg 或干秸秆 50 kg 左右为宜，还要注意补施与秸秆等量的畜肥或有机肥，这有利于养分互补。同时应一次性地施入水稻全生育期所需化肥用量80%的氮肥和全量的磷肥，用作底肥以平衡养分，调节碳氮比，加速秸秆腐解速度，提高肥效。

（3）栽插水稻秧苗后，水深不宜超过 5 cm。秧苗返青后立即采用浅水勤灌的湿润灌溉法，使后水不见前水，以便土壤气体交换和释放有害气体。

（4）使用水田旋耕埋草机和水田埋草驱动耙在田中进行埋草作业时，需用慢速和中速按纵向和横向作业两遍。

（5）不采用免耕播种的地区，秸秆粉碎还田补施氮肥后，要立即旋耕或耙地灭茬，使秸秆均匀分布在 10 cm 的耕层内。若进行深耕翻埋，耕深应不小于 23 cm，耕翻后应及时镇压。

（6）玉米秸秆和根茬粉碎还田时，要注意防止漏切，粉碎长度不超过 10 cm，根茬破碎率应达到86%以上。

（7）免耕播种夏玉米应使用带分禾器，同时能施种肥的免耕播种机。播种后，应根据要求及时喷洒杀虫剂和除草剂。

（8）玉米秸秆还田时，还田的秸秆应尽可能保持青绿。秸秆还田后应及时补水促进秸秆腐解。大田越冬前要浇好封冻水，以沉实土壤，促进秸秆腐烂分解。

（9）秸秆还田机械使用时，万向节的安装应注意三点：①应保证还田机在工作与提升时，方轴、套管及夹叉既不顶死，又有足够的配合长度；②万向节要安装正确，若方向装错，则会产生响声，使还田机震动加大并引起机件损坏；③与拖拉机配套时油缸旁边的支撑杆应改为扁铁，以不影响万向节转动为宜。

3. 适用机具

适用机具包括稻麦联合收割机、小麦割晒机、小麦脱粒机、各种型号机引秸秆粉碎机、反转旋耕灭茬机、水田旋耕埋草机、水田驱动耙、XFP 系列或 4LFJQ 型秸秆粉碎机（配联合收割机）、玉米免耕播种机、喷雾机（器）、各种深耕犁等。

（二）固定厢沟埋草还田技术

固定厢沟埋秸秆种植水稻是两季稻田的小麦秆、油菜秆直接还田的一种重要方式，它在本田内每 4~6 m 开固定厢沟，沟宽沟深 30 cm，小麦、油菜收后将秸秆全部埋于沟内，并在厢面上免耕移植水稻。这种技术兼取深埋秸秆和堆沤秸秆的优点，避免了其他堆沤技术占据田面、密闭腐解导致的费工费时、机械埋草等耗费能源和增加投入以及秸秆分解出现作物脱氮及有机酸等有毒物质伤害作物根系等问题。试验示范表明，该项技术不但可以就地、方便、大量地消化秸秆，避免焚烧秸秆造成的空气污染，还能增加土壤有机质、改良土壤、培肥地力，而且与简化栽培（抛秧、免耕等）相结合，切实可行、省工省力、简便易操作。

四、留高茬还田技术

（一）超高茬麦套稻栽培技术

超高茬麦套稻是指在麦子灌浆中后期，将稻种处理后直接撒播在麦田内，使水稻与麦子形成一定共生期，收麦时麦子留 30 cm 以上高茬自然还田。该技术集全免耕、套播、旱育、免插及大量秸秆还田于一体，是一项省工节本、高产高效的稻作轻型栽培技术。其技术要点如下：

（1）择地播种。选择田面平整、沟系配套、灌排方便、杂草少的麦田栽培超高茬麦套稻。粳稻每亩播种量 6.0～7.5 kg，杂交稻每亩播种量 2.0～2.5 kg，与麦子共生期一般为 15～20 d。播前浸种催芽至露白后，用河泥包衣露白种子，再用细土搓成单粒，按畦称种，人工均匀撒播。播种当天立即灌水，一次渗透麦田，速灌速排，确保第二天出太阳之前沟内无积水。

（2）秸秆还田方法。麦子成熟时机械收割，留茬高度 30 cm 以上，多余的麦秆就地撒开或挖沟埋草，实现全量还田。

（3）肥料运筹。以测土配方施肥为原则，水稻每亩用氮量为 12～20 kg，分蘖肥与穗肥比例为 4∶6 或 5∶5，分 2～3 次施用。同时注意磷钾肥配合施用。

（4）水浆管理。麦子收后，立即灌 2 次跑马水，使稻苗有个适应过程；分蘖阶段坚持薄水勤灌，不宜随意露田；待田间穗数达预定穗数后，只能短暂露田，切忌重搁；抽穗扬花后坚持湿润灌溉，因超高茬麦套稻成熟期比常规移栽稻迟 3 d 左右，所以要严防后期缺水干旱。

（5）防治病虫雀鼠害。易感染恶苗病的粳稻品种，要用药剂作浸种处理。播种立苗期间用药剂灭鼠防雀。麦收后密切注意稻象甲的危害，中期注意防治纹枯病，后期注意防治白穗和螟虫、飞虱。

（二）水稻连免高桩抛秧技术

连免高桩抛秧就是在稻麦（油菜）连续免耕（小麦、油菜免耕稻草覆盖）的基础上，收小麦（油菜）时只收麦穗（油菜果枝），然后在高桩小麦（油菜）秆间抛秧，利用秸秆改良土壤，从而弥补常规免耕的缺陷，实现长期免耕，使作物持续高产高效。其技术要点如下：

（1）适宜的区域与整地。该技术适合稻麦（油菜或蔬菜）两熟地区，特别是地多人少、有灌溉条件、劳力相对不足和耕作栽培技术水平较高的地区，适合于地形平坦、土壤犁底层深厚、保水保肥能力强的田块。整田的关键是整平，最好是采用该技术的第一季将田耙平，以后小春一季再将不平的地方整平。另外，水稻栽插前，将田边内耕翻 0.5 m 左右，糊抹田埂，以利于田埂保水。

（2）育秧。育秧方式可采用旱育秧或水育秧，以旱育秧为佳，因育秧苗矮健，耐旱力强，抛后易活棵分蘖。抛栽秧龄要注意从茬口衔接与易于抛栽立苗成活考虑，一般秧龄30～40 d。为提高抛栽秧苗的立苗率，可用多效唑处理一至二次以培育矮健壮秧。

（3）秸秆留桩高度。麦秆留桩高度以 30 cm 左右为宜，油菜秆可适当高些。留桩过高，易影响小春收获及水稻抛栽质量，秧苗不易着土，使成活率降低；留桩过低，秸秆在田间分布零乱，也会影响抛栽质量，并且留茬还田的秸秆量少。留桩后割下的秸秆可先堆放在田边，等秧苗扎根立苗后再撒于田间。

（4）密度与草害防治。抛栽密度以 22.5～30 万穴/hm² 较适宜。另外，搞好杂草防除也是该技术成功的关键，除了小春要搞好化学除草外，水稻也应重视杂草防治，既可在抛栽前后各喷洒一次除草剂，也可以通过人工拔草，减少农药的使用，生产无公害优质产品。

（5）施肥。氮肥施用以前期为主。氮肥用量为纯氮 10 kg/亩或测土施肥，底肥占70％，可在抛前 1～2 d 撒施于田间，也可抛栽秧苗成活后施用，切忌抛栽当天施肥，以免烧苗。另外 30％的氮肥用于分蘖期追施，既可促进分蘖早生快发，又有利于秸秆的分解腐烂，为后期提供养分，避免了后期施用化学肥料对稻米品质的影响，保证了生产出的稻米安全营养。

（6）灌溉。在返青活棵期，由于此时免耕田水分渗漏大，要做到勤灌、浅灌，既不能让秧苗失水曝晒死苗，又不能因水层过深使秧苗漂浮而不能扎根。分蘖期以浅水或湿润灌溉为宜。幼穗分化是水稻一生中需水最敏感的时期，也是需水量最大的时期，以间歇灌溉或建立 2～4 cm 浅水层为佳。抽穗后可湿润灌溉，促进茎秆老健、根系发达，为后期防早衰打下基础。

（三）小麦留高茬＋覆盖双还田免耕栽培技术

在小麦收获时留高茬，并将麦秸直接留于地面，套种或贴茬播种玉米，麦秸在玉米生长的全过程呈带状覆盖。其技术要点如下：

（1）玉米备播。5 月下旬至 6 月初小麦成熟后及时用收割机收获，留高茬（12～15 cm），麦秸直接留田。用大型联合收割机收割时将麦秆粉碎成 10～15 cm 长，均匀撒于地面；用普通小麦收割机收割时，麦秆成带状留于大田。

（2）玉米播种。6 月上旬抢时机播或点播玉米，播深 4～5 cm，采用宽窄行即（40～45）cm×（80～90）cm 播种，株距 20～25 cm，密度 4000～4800 株/亩，宜采用竖叶高产品种，如郑单 14、农大 106、偃玉 6 号等。麦秆呈带状留于大田时，播种的玉米如果恰好在带状麦秆行时，应将麦秆移至相邻宽行。

（3）玉米苗期管理（6 月中旬至下旬）。施苗肥，亩施尿素 3～5 kg，过磷酸钙30～40 kg，氯化钾 10～15 kg。大水浅浇，每亩浇水 50～60 t，造墒。地面发白时，每亩用 40％乙莠水剂 0.2 kg 兑水 50～80 kg，均匀喷洒地面（注意后退或侧翼式喷雾，避免喷雾后脚踩地面破坏药膜层）。玉米 4～5 片叶时定苗，留大去小，去弱留壮。同时注意防治苗期黏虫、蓟马等，发现虫害时可每亩用 0.1 kg 40％1605 乳油 50 kg 喷洒防治。

（4）玉米中后期管理。干旱或施肥后浇水，尤其是中午玉米叶片出现卷叶时应及时灌水。大喇叭口时应施尿素 30 kg，施肥深度 6～8 cm，抽雄时撒施尿素 5～10 kg 或测土配方施肥。出现虫害时可用甲基乙硫磷或呋喃丹 0.1 kg 兑水 3～5 kg 拌 30～50 kg 炉渣，大喇叭口时撒入玉米芯部即可。采取隔行去雄，减少养分损失，提高产量。苞叶发白时及时收获。

（四）玉米留茬免耕技术

玉米留茬免耕是近几年山区兴起的一种新农作制。所谓留茬免耕，就是连作玉米以不刨根为主，辅以药剂除草、精量播种、减（免）耕等技术的新耕作方法。留茬免耕具有良好的保持水土的效益。根茬留在土壤中的非腐解有机物能促进土壤形成更多新鲜腐殖质，保持地力并有培肥地力的良好效应，而且省工、省事、减少投入、增加产量，具有促进作物生育和抗倒伏的效果。具体操作方法如下：

（1）选地整地。选择前茬玉米地块，如果垄形较好，并能保证播种有足够的覆土，可以完全免耕，在两株玉米茬子中间刨埯，每埯播经挑选处理的种子1~2粒；如果地块垄形不完整，垄过平，地又板结，播种后无足够的覆土，则要沿垄沟浅膛起垄，以保证足量覆土。膛后在两茬子中间刨埯播种，下一年按同样方法实施。

（2）测土施肥。为了达到目标产量，应测土配方施肥，一般每亩施氮肥（N）12~18 kg，磷肥（P_2O_5）4~10 kg，钾肥（K_2O）2~10 kg，1/2氮肥和全部磷钾肥一次投入，其余氮肥作追肥。为了避免化肥烧种，种子化肥以土分隔化肥深施，种后覆土踩实。

（3）封闭除草。播后苗前用40%阿特拉津悬剂275 mL加50%乙草胺175 mL，在雨过后的潮湿地均匀喷雾封闭灭草。

（4）中耕，适时追肥。为了有利于玉米生长并给下一年造成好的垄形，在雨季前中耕起垄，以增加玉米抗倒伏能力。同时注意适时追肥，防止后期脱肥。

五、秸秆堆沤快速腐熟还田技术

秸秆堆沤快速腐熟还田技术是采用生物菌剂将秸秆制成优质生物有机肥还田的高效快速方法，不受季节和地点限制，堆制方法简便，省工省力，在秸秆资源丰富的地区普遍适用，干品鲜品都可以利用。既可充分利用秸秆资源，又保护了生态环境，是当前大规模高效率生产有机肥料的最佳途径之一。

（一）技术原理

快速腐熟秸秆是利用含有大量有益的高温高湿型微生物群体的高效生物菌剂，产生活性很强的各种酶，具有强力发酵能力，能迅速催化分解秸秆的粗纤维，使它在短时间内转化成有机肥。

（二）技术特点

（1）使用方便。采用菌剂腐熟秸秆，可以将秸秆就地堆制，不需要加土，翻堆次数比普通堆肥方法少，一次就可以成肥，降低了劳动强度，省工省力。

（2）腐熟快。使用菌剂腐熟秸秆，堆制3 d以后，堆温就可达50℃~70℃，鲜秸秆只需20 d，干秸秆需要30~40 d即可腐熟。

（3）增产节肥。据统计，水稻、小麦或油菜施用该肥平均增产3%以上。通过秸秆腐熟，既增加了土壤有机质含量，提高了地力，又减少了作物生长中后期化肥的施用量。

（4）灭杀病虫。由于堆肥过程中的堆温较高，可以杀灭秸秆中的病菌、虫卵及杂草种子。菌剂中含有的多种有益微生物，能在堆制过程和施入土壤后大量繁殖，减轻作物病害。

（三）田间堆沤秸秆快速腐熟技术

秸秆快速腐熟还田常采用的药剂有酵素菌、催腐剂、301 菌剂和速腐剂等，都是广谱性的菌剂，购买后可根据说明书使用。

1. 催腐剂快速腐熟小麦秸秆

催腐剂是一种微生物菌剂，使用其制成的肥料，具有提高肥料质量、刺激作物生长、减轻作物病害等作用，培肥地力效果十分明显，并有剂量小、不需翻堆、一次成肥等优点。

（1）堆制方法。先准备好小麦秸秆，每 50 kg 秸秆加水 1000 kg，使秸秆含水量达 60%～70%（用手握紧，能滴下水即可）。为减少用工，可就地堆沤，也可在雨季将秸秆摊开接纳雨水。

将催腐剂溶解在水中，用量为每 0.6 kg 催腐剂兑水 50 kg，拌匀，待药剂充分溶解后，用喷雾器均匀地喷洒在已用水浸透的小麦秸秆上。喷洒完毕后，将秸秆堆成梯形堆肥，表面用泥封严或用塑料薄膜盖上。要让肥堆的顶部呈凹形，以接纳雨水或进行人工浇水。夏季堆沤 20 d，冬季可加盖覆盖物，以利于秸秆保温发酵。

（2）施用方法。小麦秸秆腐熟后，可用于任何作物和土壤，用量为 (1.5～2.25) × 10^4 kg/hm²，施用前混以适量的氮磷钾化肥效果更好。

（3）注意事项。水足、药匀、封严、通气是堆肥成败的关键措施。堆垛时不能盖土过厚或在垛上猛踩，以利于通气。

2. 速腐剂快速腐熟稻草

速腐剂是在原 301 菌剂的基础上研制成功的，不仅含有 301 菌剂的高湿型菌种，还含有由固氮菌及有机、无机磷细菌和钾细菌组成的菌肥，既能速腐，又可以提高肥效。

（1）堆制方法。先用 2 倍于稻草干重的水浸泡稻草，力求湿透。按照稻草干重的 0.1% 加入速腐剂，干重的 0.5% 加入尿素，即 1000 kg 稻草加速腐剂 1 kg，尿素 5 kg，再加入适量人畜粪尿，以调节堆肥的碳氮比。将秸秆分为 3 层堆积，堆成高 1.6 m 的堆肥。第 1 层和第 2 层各厚 60 cm，第 3 层厚 40 cm。堆积时分别在各层均匀撒上菌剂和尿素，并浇上适量人畜粪尿，各层用量比自下而上为 4∶4∶2。秸秆堆高 1.6 m，宽 1.5～2 m，长度不限，就地用泥封堆或用塑料薄膜盖严，以防止温度扩散、水分蒸发和养分流失。最后在翻堆时加入由固氮、无机磷细菌和钾细菌组成的菌肥，菌肥中的微生物会大量繁殖，施入土中仍能继续生长繁殖，可以固定空气中的氮素，分解土壤中的磷、钾元素，从而大大提高肥效。

（2）施用方法。稻草秸秆腐熟后，可用于任何作物和土壤，用量 (1.5～2.25) × 10^4 kg/hm²，施用前混以适量的氮磷钾化肥效果更好。

3. 301 菌剂快速腐熟油菜秸秆

301 菌剂是一种腐生性很强的高温真菌，用 301 菌剂堆腐秸秆不受地域、季节及秸秆种类的限制。干鲜秸秆、野草、树叶均可堆沤，鲜秸秆不用铡短，干秸秆铡成 20～30 cm

长的小段。据测定，用 301 菌剂堆腐的秸秆，有机质含量高达 30％～35％，比普通堆肥法的有机质提高 1 倍多，氮和磷提高 1.5 倍，速效钾含量高达 1.8％～2％，提高 3.5 倍。还能杀死秸秆中的多种病菌、虫卵和杂草种子，对人畜无害。

（1）堆制方法。选择在背风向阴的地方，挖宽 150 cm、深 20 cm 的土坑，坑里蓄积一定量的水，可使秸秆保持适度的湿度，加快腐熟速度。坑的长度根据秸秆的多少而定，挖出的土用于修土埂。将油菜秸秆切成 30 cm 的长段，让秸秆充分吸水后建堆，随堆随踩。堆高 60 cm 时浇透水，撒上第 1 层菌种和尿素，也可以使用人粪尿代替；然后继续堆积油菜秸秆，堆高 120 cm 时再一次浇透水，并撒上剩余菌种和尿素。堆至 150 cm 高时，整平拍实。用量比例是每 1000 kg 秸秆用 5 kg 301 菌剂、5 kg 尿素和 2000 kg 水。肥堆外面加盖地膜，过 15～20 d，翻堆 1 次，浇足水封严。发酵一段时间后，从侧面取出少量肥料，如果已发黑腐烂，说明已经腐熟，可以施用。

（2）施用方法。使用 301 菌剂的堆肥与厩肥和其他堆肥用法相同，常作基肥和追肥使用。可用于任何作物和土壤，用量为 $(1.5～2.25) \times 10^4$ kg/hm²。

（3）注意事项。当堆肥温度升到 60℃～70℃时，由于堆中 301 菌强烈呼吸，会造成局部缺氧，因此，必须及时倒堆，以保证均匀腐解。如果发现部分缺水，可打洞补水。如此倒堆 2～3 次，40～50 d 后，油菜秸秆即可转化成优质有机肥。

第十章　作物化学调控理论与技术

第一节　植物生长调节物质的概念

植物化学调控是指运用植物生长调节剂促进或控制（调节）植物的生长发育，使之朝着希望的方向发展，从而达到高产、优质、高效之目的的一项技术，现已发展成为一门独立的应用学科，是近代植物生理学和农业科学的重要进展之一。

在 20 世纪前半期，人们发现植物在整个生长发育过程中，除了要求适宜的温度、光照、氧气等环境条件和需要一般的大量营养物质如水分、无机盐、有机物外，还需要一类对生长发育有特殊作用，但含量甚微的生理活性物质，这类物质仅少量存在就可以调节和控制植物的生长发育及各种生理活动。人们称这类物质为植物生长（调节）物质（plant growth substance），它包括植物激素（又称天然激素或内源激素）和植物生长调节剂（又称外源激素或类激素物质）。

一、植物激素

植物激素（plant hormones 或 phytohormones）是指植物体内产生的、在低浓度下能调节植物生理过程的化学物质，即植物体内产生的植物生长调节物质。迄今世界上公认的植物激素有五大类，即生长素类、赤霉素类、细胞分裂素类、脱落酸和乙烯。此外，日益增加的实验证据表明，油菜素甾体类、多胺类、茉莉酸类等化合物也具有激素的某些特征。

植物激素具有三个主要的生理特性：第一，它们都是内生的，是植物在生命活动过程中，细胞内部接收到特定环境信息的诱导而形成的正常的代谢产物；第二，它们在植物体内是能够移动的，不同的植物激素在植物体内由不同的器官产生，然后转运到不同的作用部位，对生长发育起调节作用，它们的转移速度和方式随植物激素的种类不同而异，也随植物及器官特性的不同而有所不同；第三，极低的浓度即具有调节功能，它们在植物体内的含量很低，但对植物的生长发育起着重要的调控作用。植物细胞的生长与分化、细胞的分裂、器官的建成、休眠与萌芽、植物的向性与感性以及成熟、脱落、衰老等，都直接或间接地接受激素的调节与控制。

植物激素的生理作用是多方面的，既能促进植物的生长发育，也可抑制或阻碍植物的生长发育。植物从种胚的形成、种子萌发、营养体生长、开花结实到植株衰老、死亡，都受到植物激素的调控。不同的植物激素具有不同的生理功能，同一植物激素往往又具有多种生理作用，植物的同一生理过程一般又受多种植物激素的调控。植物激素间既相互促进，相辅相成，又相互拮抗，它们共同协调和控制整个植株的生长发育。

二、植物生长调节剂

植物生长调节剂（plant growth regulator）是指那些由人工合成或人工提取的，能引起植物生长发育发生变化的化合物，即从植物外部施用的植物生长物质。植物生长调节剂与植物激素不同，它是外生的，不是植物自身合成的，也可能是植物体内没有的化合物，但它与植物激素一样，低浓度即可促进、抑制或改变植物的某些生理过程，调节植物的生长发育。在植物生长调节剂中，有的是分子结构与天然激素类似的化合物，也有的是分子结构与天然激素不同，但具有类似的生理效应或生理活性更高的化合物。

植物生长调节剂的生理功能也是多方面的，包括打破休眠、抑制萌发、促进生根、调节生长发育、控制株型、防止器官脱落、疏花疏果、控制雌雄性别、调节抽薹、开花结实与果实发育、促进果实成熟、防止衰老及储藏保鲜等。加之植物生长调节剂的用量少，成本低，见效快，效益高，因此，在农业生产上得到了越来越广泛的应用，已成为农业生产的一项重要增产措施。

三、植物生长调节剂与植物营养物质和生物制剂的区别

尽管植物生长调节剂具有很多生理作用，但它并不能代替植物的营养物质，二者之间存在着根本的区别。植物营养物质是指那些供给植物生长发育所需的矿质元素，如氮、磷、钾等。它们是植物生长发育不可缺少的，直接参加植物的各种新陈代谢活动，其主要元素是植物体内许多有机物质的组成成分，参与植物体的结构组成。植物的生长发育对营养物质的需要量较大，由土壤供给或施肥补充。而植物生长调节剂不提供植物生长发育所需的矿质元素，它是一类辅助物质，主要通过调节植物的各种生理活动来影响植物的生长发育，一般不参与植物体的结构组成，其效应的大小不取决于其必要元素的含量，植物对它们的需要量很小，用量过大反而会影响其正常生长发育，甚至导致植株死亡。可见，植物生长调节剂与植物矿质营养物质是完全不同的两类物质，二者不能混为一谈。目前市场上销售的有些产品如微肥属于植物营养物质，并不是植物生长调节剂。

此外，目前市场上还有一类产品——生物制剂，如增产菌、根瘤菌种等。生物制剂本身就是一种微生物，如细菌、真菌等，是有生命的东西，高温、强酸、强碱等不良条件可降低或使其失去生物活性。因此，储藏和使用过程中需要格外小心，生物制剂是利用微生物与植物之间的共生关系，相互依赖，互相促进，从而影响植物的生长发育的。生物制剂也不是植物生长调节剂。

第二节　植物生长调节剂的种类、性质和生理效应

目前人工生产的植物生长调节剂种类很多，根据其性质和作用可分为以下几大类。

一、天然激素及其类似物

天然激素（naturally occurring hormones）又称为内源激素（endogenous hormones）。目前世界公认的有五大类：①生长素类（auxin）；②细胞分裂素类（cytokinins）；③赤霉素类（gibberellin）；④乙烯（ethylene）；⑤脱落酸（abscisic acid）。

（一）生长素及其类似物

人们通常所说的生长素主要是指吲哚乙酸，它是发现得最早的一种植物激素，广泛分布于植物界，从细菌、真菌、藻类到高等植物中都有生长素存在。除吲哚乙酸外，在植物体中天然存在的生长素类物质还有吲哚乙醛、吲哚乙腈、吲哚乙胺等。

1. 生长素的分布、合成及运转

生长素在高等植物的各器官中都有分布，但不同的器官含量差异很大，一般多集中在生长旺盛的幼嫩部位，如茎尖、根尖、花芽以及正在发育的果实和种胚中，而衰老组织中含量很少。生长素主要在生长的顶端合成，运输到生长旺盛部位起作用，但只能从形态学的上端向下运输，而不能从形态学的下端向上运输，即具有极性传导的特点。

植物体内的生长素有游离型和束缚型两种。游离型的生长素是可以提取出来的，生理活性较高，具有促进生长的效应；而束缚型生长素是没有生理活性的，多与其他物质结合在一起。束缚型生长素在酶的作用下可转化为游离型生长素。

2. 生长素的生理作用

生长素的重要作用是促进细胞的增大、伸长，因而能促进植物生长。但这种促进作用只发生在一定的浓度范围，并有一最适浓度，超过这一浓度范围，不但不促进植物生长，反而会抑制生长，甚至可导致植物的死亡。这就是生长素的双重作用。不同的植物、植物的不同器官和不同年龄的细胞对生长素的反应不同，生长素一般对幼嫩细胞的作用较大，对本质化的老细胞作用较小；茎要求的最适浓度比芽高，而芽要求的最适浓度又比根高；双子叶植物对生长素一般比单子叶植物敏感，要求的最适浓度比单子叶植物低。

生长素对细胞的分裂和分化也有一定作用，不仅可诱导愈伤组织的形成和不定根的发生，还可以引起植物的向光生长。

3. 合成生长素类物质及其作用

生长素类物质是农业上应用最早的生长调节剂，其种类多、用途广。目前生产上使用的合成生长素类物质主要有吲哚化合物、萘化合物和苯酚化合物三大类，其中以苯酚化合物的活性最高，在生产上应用较多。下面介绍几种常用的合成生长素类化合物。

（1）吲哚乙酸，简称 IAA。化学名称为吲哚-3-乙酸，分子式为 $C_{10}H_9NO_2$。纯品为无色结晶，微溶于冷水，易溶于热水、乙醇等，见光易分解，在酸性介质中极不稳定，

其钠盐易溶于水。目前主要用于促进插枝生根、促进果实生长与形成无子果实、防止器官脱落。吲哚乙酸还常用于组织培养、诱导愈伤组织和根的形成，适宜浓度为1~10 mg/L。

（2）吲哚丁酸，简称 IBA。化学名称为吲哚－3－丁酸，分子式为 $C_{12}H_{13}NO_2$。纯品为白色或微黄色晶粉，稍有异臭，不溶于水，能溶于醇、酮和醚，是一种低毒、高效生长调节剂，生理活性强，比较稳定，不易降解失效。主要用于插枝生根，不能用于叶部。

（3）萘乙酸，简称 NAA。分子式为 $C_{12}H_{10}O_2$，分 α 型和 β 型，通常所说的是 α－NAA。纯品为无色无味结晶，难溶于水，易溶于乙醇、乙醚、丙酮等，其钠盐易溶于水。工业品为黄褐色粉末，常用于插枝生根、刺激生长、促进开花、防止落花落果等。

（4）萘氧乙酸，简称 NOA。化学名称为 2－奈氧乙酸，分子式为 $C_{12}H_{10}O_3$，也分 α 型和 β 型，其中 β 型的活力较强（与 NAA 相反）。纯品为白色结晶，难溶于冷水，易溶于醇、醚等。生理作用与 NAA 相似，可防止果实脱落。

（5）2，4－D。化学名称为 2，4－二氯苯氧乙酸，分子式为 $C_8H_6O_3Cl_2$，是苯氧化合物中活性最强的。纯品为无色结晶，难溶于水，能溶于乙醇、乙醚、丙酮等，生产上常用其钠盐（易溶于水）。工业品为白色或浅棕色结晶，低浓度（100 mg/L 以下）的 2，4－D能刺激植物生长，可防止落花落果，诱导形成无籽果实（故留种田不宜用）；高浓度（1000 mg/L 以上）的 2，4－D 可作除草剂用，能有效防除禾谷类作物田中的多种阔叶杂草。

（6）防落素，又名促生灵、坐果灵、番茄灵等，简称 PCPA 或 4－CPA。化学名称为对氯苯氧乙酸，分子式为 $C_8H_7O_3Cl$。纯品为白色结晶，溶于热水、乙醇、丙酮等，工业产品主要为粉剂或片剂。防落素能防止落花落果，促进坐果，加速果实发育，诱导形成无籽果实。使用时应避开幼芽和幼叶，以防止药害；留种田不宜用。

（7）增产灵和增产素。增产灵的化学名称为 4－碘苯氧乙酸，分子式为 $C_8H_7O_3I$；增产素的化学名称为 4－溴苯氧乙酸，分子式 $C_8H_7O_3Br$。二者均为白色针状或鳞片状结晶，溶于热水和乙醇，遇碱生成盐，工业品为橙黄色粉状固体，带刺激性臭味，性质稳定，可长期保存。增产灵和增产素可促进发芽和生长，调节营养物质向生殖器官运输；防止落花落果，提高结实率和粒重。

（8）2，4，5－T，也称 2，4，5－涕。化学名称为 2，4，5－三氯苯氧乙酸，分子式为 $C_8H_5O_3Cl_3$。纯品为无色结晶，无味，难溶于苯和水，易溶于乙醇、乙醚和丙酮，可长期保存，其钠盐和铵盐易溶于水，工业品有臭味。低浓度可刺激植物生长，高浓度则可作为除草剂。

（9）萘乙酸甲酯，简称 MENA。分子式为 $C_{13}H_{12}O_2$，无色油状液体，不溶于水，易溶于有机溶剂。具挥发性，可通过挥发出的气体抑制马铃薯块茎储藏期发芽，还可延长果树的休眠期。

（10）坐果酸，简称 CHPA。化学名称为 4－氯－α－羟基－邻－甲苯氧基乙酸，分子式为 $C_9H_9ClO_4$。纯品为无色结晶，微溶于水，溶于丙酮。具有生长素的作用，可提高番茄和茄子的坐果率，并使果实大小均匀。

（二）赤霉素类

赤霉素是继生长素之后发现的另一类植物激素。研究表明，赤霉素为一类物质，属于双萜类物质，由四个异戊二烯为单位，迄今已发现了 70 多种。

1. 赤霉素的分布、合成和运输

大多数甚至所有高等植物的茎、叶、根、花芽、果实和种子中都含有赤霉素，尤其是未成熟的种子中含量更丰富。不同的植物中可能含有不同的赤霉素，同一植物中有时存在两种以上的赤霉素。

赤霉素在植物顶端的幼嫩部位合成，然后从合成部位运输到作用部位。不过，与生长素不同，赤霉素的运输不表现极性，上下左右都能运输。植物体内的赤霉素也有两种形态存在，即自由型和束缚型。自由型赤霉素具有较高生理活性，能发挥其特殊生理作用；束缚型赤霉素是一种储藏或运输形式，没有生理活性。在植物不同发育时期，自由型和束缚型可以相互转化。

2. 赤霉素的性质

赤霉素的种类很多，其中研究最多、使用最广的是赤霉酸（简称 GA_3，即人们通常所说的赤霉素，工业品又称"九二〇"），其分子式为 $C_{19}H_{22}O_6$，分子量为 346.4。纯品为白色结晶，难溶于水而易溶于醇类、丙酮等有机溶剂。在较低温度和酸性条件下相对稳定，遇碱便中和失效，故使用时只能和酸性农药混用，也可与尿素、硫酸铵混用，但不能与石硫合剂等碱性农药和物质混用。工业上主要通过赤霉菌的液体发酵来提取结晶，剂型有粉剂、片剂和乳剂（或水剂），其中片剂和乳剂溶于水，粉剂不溶于水，使用时可先溶于少量酒精或 $60°$ 烧酒，再加水稀释到所需浓度。配药时切不可加热，使用的水温不得超过 $50℃$。赤霉酸对人畜无毒。

3. 赤霉素的生理作用

赤霉素是通过诱导 α-淀粉酶和其他水解酶如蛋白酶、核糖核酸酶的形成，以及调节生长素的含量而实现它的生理效应的。赤霉素的生理效应主要表现在以下几个方面：①赤霉素能促进细胞的分裂和伸长，从而促进茎叶生长，增加植株高度，矮生品种反应强烈，高秆品种反应较弱，常用于蔬菜、牧草、茶叶等以营养器官为产品的植物上，以增加产量。②打破休眠，促进萌发。赤霉素能打破某些植物种子和芽等器官（如马铃薯块茎）的休眠，促其萌发，也可提高某些种子的发芽率、发芽速度，在种子萌发时，赤霉素能诱导 α-淀粉酶的形成，将淀粉水解为糖供种子萌发生长的需要。③促进坐果，诱导单性结实，如苹果和梨在花期用赤霉素处理可提高坐果率。赤霉素处理可使无核葡萄果实增大，使有核葡萄诱变成无核葡萄。④促进开花。赤霉素可促使某些长日植物如萝卜、甜菜等抽苔开花。

（三）细胞分裂素类

细胞分裂素是一类对细胞分裂和分化有重要作用的植物激素，在高等植物中普遍存在，现已从高等植物中找到近二十种天然的细胞分裂素。

1. 细胞分裂素的分布、合成及运输

在植物体内，细胞分裂素主要存在于正在进行细胞分裂的器官中，如茎尖、根尖、萌发的种子及幼果等。现在认为，细胞分裂素主要由根尖形成，经木质部运输到地上部分。不同植物、不同器官细胞分裂素的种类组成不同。植物体内的细胞分裂素有游离存在的，也有与核糖结合在一起以核苷形式存在的，后者在一定条件下可分解释放出游离的细胞分

裂素。

2. 细胞分裂素的生理作用

细胞分裂素的主要生理作用是促进细胞分裂，正在进行细胞分裂的组织和器官中都含有较高的细胞分裂素。细胞分裂素主要是对细胞质的分裂起作用，这是通过细胞分裂所必需的特定蛋白质的活化或合成，抑制核酸和蛋白质分解而发挥其促进作用；而生长素促进细胞分裂主要是促进核分裂，而与细胞质分裂无关。细胞分裂素也可使细胞体积增大，但与生长素不同，它主要是使细胞体积扩大而不伸长。

细胞分裂素对形态发生也有调节作用。组织培养时，生长素和细胞分裂素的相互作用控制着愈伤组织的根或芽的形成。通过提高细胞分裂素的水平或降低生长素的水平，使细胞分裂素/生长素维持高比例时，可促进愈伤组织上的一些细胞形成芽、叶片和茎；而降低细胞分裂素/生长素的比例时，则利于根的形成；如果两者的比例为 1，则保持生长愈伤组织。因此，通过调整二者的比例，许多植物的愈伤组织可受诱导而生长成完整植株。

细胞分裂素可以使营养物质向其应用的部位移动。叶片的一部分用细胞分裂素进行处理后，施用于叶片另一部位上的放射性代谢物向处理部位移动并积聚，这可能与细胞分裂素加强了应用部位的蛋白质的合成，使该部位游离氨基酸的量减少，因而促进其他部位氨基酸流入该部位有关。细胞分裂素的这种对养分的动员作用与细胞分裂素的许多效应有密切关系，诸如促进芽的萌发、刺激果实生长和延缓衰老等。

3. 合成的细胞分裂素类

细胞分裂素的基本结构是具有嘌呤环，现已能人工合成 10 余种，如激动素（Kinetin）、6－苄基氨基嘌呤（6－BA）、玉米素（ZT）等，但生产成本较高。其他具有细胞分裂素活性，可作生长调节剂应用的有二苯脲、苯莱特等。

（1）激动素，简称 KT。化学名称为 6－糠基腺嘌呤，分子式为 $C_{10}H_9N_5O$，纯品为白色固体，不溶于水，微溶于乙醇、丙酮、乙醚，可溶于强酸和强碱。

（2）6－苄基氨基嘌呤，简称 6－BA 或 BAP，又名 6－苄基腺嘌呤、绿丹。分子式为 $C_{13}H_{11}N_5$，难溶于水，可溶于碱性或酸性溶液，活性高于激动素。

6－苄基氨基嘌呤和激动素目前主要用于组织培养和蔬菜生产上，诱导愈伤组织的形成及其分化，调控蔬菜组织的生长发育，延长储藏寿命和长途运输中保鲜。

（四）脱落酸

上述三类激素主要起促进植物生长发育的作用，称为促进型植物激素；而脱落酸和乙烯则是两种抑制生长、引起器官脱落的植物激素，称为抑制型植物激素。

1. 脱落酸的分布、合成

脱落酸广泛存在于高等植物的各器官中，包括叶、芽、果实、种子及块茎，在将要脱落或进入休眠的器官和组织中含量更高。在植物体内有结合态和游离态两种形式存在。但在地衣和藻类中未发现脱落酸，却存在着一种与脱落酸化学结构不同的物质，称为半月苔酸。它的作用和脱落酸在高等植物中的作用相近，与其休眠有关。

脱落酸的合成是在叶绿体中进行的，现已证明根冠也是脱落酸的合成部位。

脱落酸是以异戊二烯为基本结构单位组成的。其结构与赤霉素有相近之处，赤霉素为 20 碳的双萜，脱落酸则是 15 碳的倍半萜烯化合物。化学名称为 3－甲基－5（1′羟基－4′－

氧－2′6′6′－三甲基－2′－环己烯－1′基）2，4－戊二烯酸，分子式为$C_{15}H_{20}O_4$。

2. 脱落酸的生理作用

脱落酸是一种抑制型植物生长物质，能抑制细胞的分裂与伸长，因而能抑制植物的生长；脱落酸可促进离层的形成，引起器官脱落；在将要凋谢的叶子及成熟的果实中，脱落酸的含量都较高，说明脱落酸有促进衰老与成熟的作用；脱落酸还能促进种子和芽的休眠，抑制萌发。此外，脱落酸还有一特殊生理作用——促进气孔的关闭，从而调节叶片的蒸腾作用，提高植物的抗旱性。

（五）乙烯及乙烯释放剂

乙烯是五大类植物激素中最特殊的一种，它不仅分子结构简单（分子式为C_2H_4，分子量为28.0），而且是一种不饱和挥发性气体，即能从器官到器官，也能从植株到植株传导它的刺激效应

1. 乙烯的分布、合成和运输

乙烯在植物体内含量甚微，但分布很广，植物各组织、器官中都有乙烯的存在，而以衰老的器官、正在成熟的果实中含量更丰富，受伤的部位也会暂时增多。高等植物的所有部分，包括叶、茎、根、花、块茎、果实、种子都可产生乙烯。乙烯一般只在合成的部位起作用，不被转运。

2. 乙烯的生理作用

乙烯的生理活性很高，具有多方面的生理作用：①促进果实成熟。在果实成熟前有一个呼吸急剧上升期，称为呼吸跃变期，呼吸跃变期以后，果实即由生变熟。在呼吸跃变期以前或同时，有一个乙烯发生的高峰期，说明乙烯与果实的成熟有关。②抑制生长。乙烯能抑制生长素的合成，具有抑制细胞伸长的作用。但它也能引起横向生长，使茎秆变短变粗。③促进衰老和脱落。用乙烯处理叶片，可加速老叶的衰老和脱落，高浓度的乙烯甚至可使幼叶脱落。此外，乙烯还能促进菠萝开花、增加黄瓜和西瓜等的雌花量、诱导雄性不育等。

3. 乙烯释放剂——乙烯利

由于乙烯是气体，大田应用不方便，于是人们合成了一些在特定条件下能释放出乙烯的物质，称为乙烯释放剂，其中应用最多的是乙烯利（ethephon）。

乙烯利又名一试灵，简称CEPA。化学名称为2－氯乙基磷酸，分子式为$C_2H_6ClO_3P$，纯品为长针状无色结晶，极易吸潮，易溶于水、乙醇等。工业产品主要为40％水剂，对人、畜、鱼低毒。在常温、pH＝3以下比较稳定，pH＝4以上逐渐分解释放出乙烯，随pH值升高，分解速度加快，故不能与碱性农药混用，稀释后也不宜长期保存。乙烯利为强酸性溶液，对皮肤和眼睛有刺激作用，遇碱金属可发生化学反应，对金属容器和喷雾器械有一定腐蚀作用，储藏和使用过程中需加以注意。由于植物细胞液的pH值一般在4.1以上，乙烯利被植物吸收后就逐渐释放出乙烯，发挥其特殊生理作用。目前乙烯利主要用于果实催熟、促进叶片脱落、菠萝开花、橡胶树排胶和瓜类雌花分化等。

二、激素传导的抑制剂

在对生长素的化学结构和生理活性间的关系有所了解后，就可用类似的化合物去干扰生长素的活性，由此发现了许多生长素的抑制剂。这类物质没有生长素的活性，但结构与生长素相近，可与生长素竞争作用位点，使生长素不能与受体结合而失去生理效应，所以是生长素的竞争性抑制剂。它们同时又可阻碍生长素的极性运输，导致生长素在局部积累，从而对植株的生长发育及形态建成产生影响，属于这一类的化合物主要有三碘苯甲酸和整形素。前者具有竞争性抑制和阻碍运输双重作用，而后者只有阻碍运输作用。

1. 三碘苯甲酸

三碘苯甲酸又称梯巴，简称 TIBA，分子式为 $C_7H_3O_2I$。纯品为菱形晶体，微溶于水，可溶于热苯、乙醇、乙醚等。具有抑制生长的作用，能阻碍生长素和赤霉素在韧皮部的运输，抑制细胞分裂，使植株矮化，消除顶端优势，促进腋芽萌发，增加分枝和分蘖，使茎秆粗壮，叶色加深，促进开花，减少落果，促进果实成熟。

2. 整形素

整形素又称形态素。化学名称为 2-氯-9-羟基芴-9-羧酸甲酯，分子式为$C_{15}H_{11}O_3Cl$。整形素是一类化合物，多数是羟基芴-9-羟基的衍生物，其中使用最多的是正丁基整形素（对双子叶植物有效）和甲基-2-氯代整形素（对单、双子叶植物都有效）。它们可溶于乙醇，稳定性差，无毒。整形素可抑制生长素和赤霉素的合成，阻碍生长素的极性传导和侧向运输，使许多植物在形态上发生变化，生长上受到抑制，植株矮化，并可打破顶端优势，促使下部芽萌发。

三、生长延缓剂

生长延缓剂（growth retardant）是指那些专门抑制植物顶端下部区域（亚顶端分生组织区）的细胞分裂与伸长的化合物。它们能使植物的节间缩短，植株变矮，但叶片数目、节的多少和顶端优势相对不受影响。它们是使节间伸长的赤霉素的拮抗物。当今农业生产上应用最多的植物生长调节剂主要是生长延缓剂，如矮壮素、比久、缩节胺、多效唑等。

矮化作用是生长延缓剂的基本生物学效应。生理生化研究表明，生长延缓剂主要是降低了植物体内促进类激素——赤霉素、生长素等的含量，从而达到延缓生长的目的，因此，外施赤霉素可在一定程度上起到逆转延缓剂的作用。

目前生产上的生长延缓剂主要有以下作用：促蘖促根，培育壮苗；降高防倒，提高经济产量；抑制营养生长，改善光合产物分配。常用的生长延缓剂主要有矮壮素、多效唑、比久、缩节胺、烯效唑和抗倒胺等。

1. 矮壮素

矮壮素简称 CCC。化学名称为 2-氯乙基三甲基氯化铵，分子式为$C_7H_{13}NCl_2$，属胆碱衍生物。纯品为白色菱状结晶，易溶于水，吸湿性很强，易潮解。工业产品多为 40%或 50%水剂以及含 97%以上原药的粉剂，有鱼腥味，不能与碱性农药混用，对人、畜低毒。矮壮素能抑制植物的生长，使植株变矮壮，株型紧凑；防止徒长和倒伏，还能使叶片变厚，叶色加深，增强植株抗逆能力。目前已在小麦、棉花等大田作物及果树、蔬菜的生产上得到广泛应用。

2. 多效唑

多效唑又称控长灵，简称 PPP_{333}，属三唑类化合物。化学名称为（2Rs，3Rs）－1－（4－氯苯基）－4，4－二甲基－2－（1H－1，2，4－三唑－1－基）戊－3－醇，分子式为 $C_{15}H_{20}N_3OCl$。纯品为白色结晶，水中溶解度为 35 mg/L，稳定性好，工业品为 15％～50％可湿性粉剂，对人、畜低毒。多效唑能延缓植物的纵向生长，促进横向伸长，增加分枝（分蘖），使植株矮化紧凑，茎秆粗壮，叶色加深，增强抗逆性。

3. 比久

比久又称丁酰肼、阿拉等，简称 B_9。化学名称为 N－二甲胺基琥珀酰胺酸，分子式为 $C_6H_{12}O_3$。纯品为白色结晶，易挥发，溶于水。工业品为白色或黄色粉末，微臭，不能与波尔多液、硫酸铜等含铜药剂混用或连用，也不能与铜器接触，以免产生药害，药液随配随用，对人、畜低毒。比久可抑制植物徒长，使植株矮壮，有增强耐旱、耐寒、抗病能力，有防止落花落果、促进结实等效应。对大部分双子叶植物敏感，对单子叶植物效果微弱。

4. 缩节胺

缩节胺又称助壮素、调节啶，简称 Pix 或 DPC。化学名称为氯化二甲基哌啶，分子式为 $C_7H_{10}NCl$。纯品为白色结晶，溶于水。工业品多为水剂或粉剂，对人、畜无毒害。缩节胺可抑制植物营养生长，促进生殖生长，使植株矮壮、株型紧凑、叶色浓绿、叶片宽厚，提高坐果率，增强抗逆性。

5. 烯效唑

烯效唑又称尤康唑，简称 S_{3307}。化学名称为（E）－（Rs）－1－（4－氯苯基）－4，4－二甲基－（1H－1，2，4－三唑－1－基）戊－1－烯－3－醇，分子式为 $C_{15}H_{18}ClN_3O$。纯品为无色结晶，微溶于水，溶于丙酮、甲醇等。正常条件下储藏稳定，对人、畜微毒。烯效唑属三唑类广谱性生长延缓剂，生理活性较多效唑高，用于降低植株高度、促进分蘖和花芽形成、增加开花等。

6. 抗倒胺

商品名 Seritard，又称 CGR811。化学名称为 $4'$－氯－$2'$－（α羟苄基）异烟酰替苯胺，分子式为 $C_{19}H_{15}ClN_2O_2$。纯品为淡黄色至棕色或无色、无味棱柱形结晶，微溶于水，溶于甲醇和丙酮等，对人、畜微毒。抗倒胺对水稻具有很强的选择性抗倒伏作用，而且无药害。

四、生长抑制剂

这类生长调节剂也具有抑制植物生长，打破顶端优势，增加下部分枝或分蘖的功效。但与生长延缓剂不同，生长抑制剂主要作用在顶端分生组织区，其作用不能被赤霉素所逆转。属于这一类的化合物主要有：

（1）青鲜素。又称马来酰肼、抑芽丹，简称 MH。化学名称为顺丁烯二酰肼，分子式

为 $C_4H_4N_2O_2$。纯品为白色固体结晶，难溶于水，微溶于醇，其钠、钾、铵盐易溶于水。生产上主要用其 25％钠盐或 30％乙醇铵盐水剂，对人、畜低毒。青鲜素能抑制芽的生长和茎的伸长，广泛用于抑制马铃薯、洋葱、大蒜等在储藏期间发芽，防止蔬菜抽苔，控制烟草侧芽生长，抑制草莓徒长等，也可作除草剂用。

（2）调节膦。又称蔓草膦，化学名称为氨基甲酰基磷酸乙酯铵盐，分子式为 $C_3H_{11}N_2O_4P$。纯品为白色结晶，溶于水，工业品为 40％~50％水剂。调节膦一般用于双子叶植物，可抑制或杀死顶端分生组织，延缓枝条生长，防止果实脱落，提高坐果率，增强抗寒性等，也可用于糖料作物增加含糖量。

五、脱叶剂、干燥剂、催熟剂

为了便于机械收获，在农产品成熟前可使用一些化学药剂处理，促进植株脱叶（脱叶剂）或加速植株失水干燥（干燥剂）。在农产品成熟前用脱叶剂或干燥剂处理后，不仅可以提高机械收获效率，而且能提高收获产品的商品质量。不过，目前国内农业机械化程度不高，这类药剂用得不多。

脱叶剂主要是通过降低植物体内生长素的含量，诱导产生较多脱落酸和乙烯而引起叶片脱落的。能作脱叶剂用的化合物很多，主要有氰氨钙、氯酸盐、草多索等。脱叶剂只用于落叶植物，如棉花、芝麻等。高浓度下脱叶剂有时可作干燥剂用。

与脱叶剂不同，干燥剂主要是通过损伤植物细胞壁，破坏细胞膜，使细胞急剧失水，促使细胞死亡，起着杀伤植物的作用，因此，干燥剂往往又是除草剂。干燥剂有时又有脱叶剂的功效，而且应用范围更广，包括不落叶植物。这类物质主要有百草枯、杀草丹、二硝基苯酚、氯酸钠等。国外在棉花、水稻等作物上有应用。

作为催熟剂，生产上应用最多的是乙烯利，在大田作物、果树、蔬菜等多种植物上都有应用。上述脱叶剂、干燥剂也有一定催熟功效，但它们的催熟作用带有一定强制性，强制作物衰老死亡而促进成熟，在生产上用得少。另有一类化合物能促进甘蔗的生理成熟，并增加含糖量，称为甘蔗催熟剂，其中活性最强的是增甘膦（N，N-双［膦羧基甲基］甘氨酸，分子式为 $C_4H_{11}NO_8P_2$）和草甘膦（N-［膦酸甲基］甘氨酸，分子式为 $C_4H_3NO_5P$），在高浓度下它们又是除草剂。

六、其他种类的植物生长调节剂

随着科学技术的发展，一些新的生长调节剂或具植物激素功效的化合物被不断发现，如油菜素甾体类化合物、多胺类化合物、茉莉酸类化合物等，有的生物活性很高，有的还是植物体产生的，有的已开始在生产上应用，有的因其作用机理不清楚或生产成本太高还处于试验研究阶段。

1. 油菜素甾体类化合物（Brassinosteroids，BRs）

最早发现的油菜素甾体类化合物是从油菜花粉中分离出来的一种高活性甾醇内酯化合物，命名为油菜素内酯（Brassinolide，BR），到 1994 年年底，已从植物体中分离得到 16 种油菜素甾体类化合物，分别表示为 BR_1，BR_2，…，BR_{16}，这一类化合物都以甾醇结构为核心，在某些侧链基团上有一定差异。BRs 在植物体内含量极微，但生理活性很高。

BR 以及多种类似化合物已在美国、日本等国的少数实验室内被人工合成，但成本较高。在我国，有的从蜂巢（蜂蜡）等中提取，但产品的质量还不够稳定，纯度不高。

生理生化研究表明，BRs 具有促进细胞伸长和分裂、促进光合作用、抵抗低温伤害等作用，在农业生产上主要应用于促进作物生长发育，提高作物产量，在低温下增产更为显著；还有用于插枝生根和花卉保鲜等。

2. 多胺类化合物（Polyamines，PA 或 PAs）

多胺类化合物包括二胺及多胺，普遍存在于植物界，其中以腐胺、亚精胺及精胺分布最广。目前在植物中发现的多胺种类已有 14 种以上。多胺类化合物同时也是藻类的天然产物。

PA 与乙烯在合成过程中有共同的前体 SAM，因此在合成过程中二者要相互影响，例如，施用外源 PA 能降低内源乙烯产量，这种影响造成了 PA 在延缓植物老化等方面表现出明显的生理作用。

研究表明，PA 可促进细胞分裂与生长、胚芽与花芽分化，以及保护细胞膜与延缓老化，但其作用机理尚不够清楚。PA 的应用包括以下几个方面：①稳定植物原生质体培养；②改进环境胁迫下的作物产量；③延缓老化；④延长叶片有效光合作用年龄；⑤提高超低温储藏的植物组织的成活率。

3. 茉莉酸类化合物

茉莉酸（Jasmonic acid，JA）和茉莉酸甲酯（EJ—Jasmonic acid methylester，JA—Me）普遍存在于植物界，植物各器官中如茎、叶、果实、根均有茉莉酸存在。当施用外源的 JA 或 JA—Me 时，可引起多种形态和生理变化，抑制根、茎生长，抑制种子萌发和胚分化，促进气孔关闭，引起叶片的老化与脱落等。当植物受到外来刺激如机械伤害、病虫害、干旱等时，植物内源 JA 或 JA—Me 含量会迅速上升。JA 或 JA—Me 诱发的大部分生理效应与脱落酸的生理效应相似，不少人认为，它可能成为脱落酸的代用品而应用于农业生产。但这两种物质之间的确切关系仍待研究。

4. 三十烷醇

三十烷醇是 1975 年美国 Ries S K 教授最先从苜蓿草中分离出来的一种植物生长物质，是一种 30 个碳原子的长链饱和脂肪醇，存在于许多植物蜡质层中。实验室的研究表明，三十烷醇可促进细胞分裂，增加植物细胞的鲜重及数目，增加植物体内还原糖、自由氨基酸、可溶性氮及还原氮的水平，可提高植物体多种酶的活性，也可降低分子氧对光合作用的抑制，加强光合作用及光合产物的移动，从而提高作物的产量。

三十烷醇在应用上的主要问题是效果不稳定，因而应用面积不大。三十烷醇效果不稳的原因是多方面的，随着其作用机理的深入研究，在这一问题解决后会有一定的应用前景。

5. 亚硫酸氢钠

亚硫酸氢钠是一种无机化合物，分子式为 $NaHSO_3$。纯品为白色结晶性粉末，有二氧化碳气味，溶于水，在空气中易被氧化成硫酸盐，使用时随配随用，对人、畜无毒。亚硫酸氢钠是一种光呼吸抑制剂，能减少光合产物的呼吸消耗，增加干物质积累，提高作物产量。

6. 复合型植物生长调节剂

以上介绍的都是单一型植物生长调节剂，近年又发展了一些复合型植物生长调节剂，如复硝钾、复硝钠、ABT 生根粉、玉米健壮素等。复合型植物生长调节剂一般含有两种或两种以上生理活性成分，各成分间相互促进，互相补充，从而增强其生理作用。也有的将生长调节剂与其他物质如微量元素、杀菌剂、除草剂等混合，以扩大其生理功能。

（1）ABT 生根粉。ABT 生根粉是一种复合型植物生根促进剂。根据植物插条不定根的形成不仅需要生长素，还需生长素加效剂及其他有利于不定根原基形成的物质这一特性制成，具有补充外源生长素与促进内源生长素合成的双重功效，主要用于插枝生根。目前已生产出粉剂、水剂和膜剂三种剂型六种型号，分别适用于不同植物。使用时，粉剂需先溶于少量酒精，再加水稀释到所需浓度。

（2）复硝钾。原名 802，主要成分为邻-硝基苯酚钾、对-硝基苯酚钾和 2，4-二硝基苯酚钾，商品为茶褐色液体，溶于水而澄清，对人、畜低毒。复硝钾可刺激植物细胞分裂，促进根系发育和种子萌发，增强光合作用，促进植株生长和发育。

第三节　化学调控在农作物上的应用

一、促进种子萌发

许多刚收获的作物种子要经过一定的休眠期后，才能萌发。休眠的原因之一是由于种子内存在着较多的抑制萌发物质（如脱落酸）和较少的促进萌发物质（如赤霉素）。刚收获的种子、未成熟的种子、成熟和收获时环境条件不好的种子、储藏不善或储藏过久的种子，都存在发芽率低、不能发芽、出苗慢、苗子弱等问题，从而影响成苗率，增加用种量。应用赤霉素等植物生长调节剂处理种子，可破除休眠，促进萌发，提高种子发芽率，使出苗早而壮。

（1）水稻。在水稻生产中，如果发现发芽种子"吃热"（指发芽堆温度超过 40℃，时间持续 12 h 以上后，种子产生的生理现象），可先用水洗净，再用 5～30 mg/L 增产灵，或 250 mg/L 青鲜素，或 250 mg/L 矮壮素浸种 48 h，然后清洗药液，于 30℃下再发芽，可部分解除"吃热"的伤害。此外，用 10～50 mg/L 赤霉素浸泡稻种 24 h，可提高发芽率，使出芽整齐。

（2）小麦和大麦。用 10～50 mg/L 赤霉素溶液浸小麦种子 6～12 h，可促进萌发，提高发芽率，使出苗整齐一致。用 100～200 mg/L 赤霉素可打破大麦种子的休眠，促使萌发。用 0.2%～0.5%的矮壮素浸小麦种子 12 h，或用 2%～5%的矮壮素拌种，可使麦苗生长健壮，根干重和单株分蘖数比对照增加 25%～30%。用 40 mg/L 萘乙酸溶液浸小麦种子 6 h，晾干后播种，可促进发根、壮苗、分蘖增加、抗寒和抗旱。

（3）玉米和高粱。播种前，用 10～20 mg/L 赤霉素浸种 2～10 h，可使出苗早而整齐，增加幼苗干重和出苗率，在播种较深时，效果更明显。

（4）大豆。用 0.5%矮壮素浸大豆种子 4～6 h，可使幼苗矮壮，叶色深绿。用 12%矮壮素拌种，可使幼苗矮健，产量提高。

（5）棉花。用 100~300 mg/L 矮壮素或 100~200 mg/L 缩节胺浸种 12~24 h 是防止高脚苗、培育壮苗的一项重要措施。处理后的棉苗苗高降低，植株健壮，结铃提前。

二、增蘖促根，培育壮苗

壮苗是作物高产的基础。生产上，除了选用良种和采用施肥等栽培措施来培育壮苗外，还可用生长延缓剂克服不良环境条件的影响，延缓幼苗生长，形成矮壮苗。多效唑、矮壮素和缩节胺等具有较好的培育壮苗效果。

（1）水稻。在水稻秧苗一叶一心期施用多效唑，可以取得的效果有：①使秧苗矮壮，分蘖增加，根系发达；②提高秧龄弹性，减少栽后败秧；③增加有效穗和穗粒数，从而提高产量。尤其是连作晚稻，因晚稻育秧期间气温高，秧苗易徒长，形成纤细弱苗。

（2）油菜。在油菜苗床期，每公顷苗床地用 100~200 mg/L 多效哩药液 750 kg 在 2~3 叶期处理油菜幼苗，可降低苗高，壮根增叶，提高抗逆力，培育矮健壮苗，防止高脚苗。收获时，枝多果多，增产显著。用 5 mg/kg 的烯效唑浸种 2 h 也可培育矮壮苗，实现增产。

（3）棉花。过去常用缩节胺控制棉花的疯长，但许多研究表明，缩节胺具有多方面的生理作用，用其培育壮苗也十分有效。缩节胺可以促进棉花根系的生长，诱导侧根的形成。在移栽前，用 50 mg/L 矮壮素或 40 mg/L 缩节胺进行叶面喷洒，可使棉苗茎节间短而粗，苗高比对照降低 5~7 cm，根系发达，根干重增加 4.2%~5.7%，可取得较好的蹲苗效果。在棉苗三叶一心期，结合晒床，选择晴天中午揭膜，均匀喷洒 10~20 mg/L 矮壮素或缩节胺水溶液，待雾滴干后及时盖膜保温，也可使棉苗短壮而敦实。在三叶期前喷施 20~30 mg/L 的多效唑也有同样效果。

（4）小麦。在分蘖初期，叶面喷施 0.15%~0.25% 矮壮素，每公顷用药量 750 kg，可使麦苗矮健，单株分蘖数和成穗数增多。在 3~5 叶期，每公顷叶面喷洒 100~150 mg/L 多效唑药液 750 kg，也可以增强分蘖力，提高上林率，增加有效穗，降低株高，减轻倒伏。

（5）大豆。在雨水多、日照少的情况下，大豆幼苗极易徒长。在 4 叶期，每公顷施用 200~250 mg/L 多效唑药液 750 kg，可使植株矮化，节间缩短，主茎增粗；降低结荚高度，增加有效分枝；延长叶片功能期和成熟期。

（6）玉米。在播种前用 50 mg/L 的玉米壮苗剂浸种 24 h，具有控上促下作用，有助于培育壮苗，表现为根系发达，苗高降低，茎部增粗，叶片变宽、变短、变厚，叶绿素含量增加，增强抗旱力，为高产打下良好基础。

三、促进籽粒灌浆，提高粒数和粒重

科学施用植物生长调节剂可以改善光合产物的分配，抑制营养生长，减少营养生长对同化物的消耗，使同化产物更多地向生殖器官转运积累，或从其他部位向施用部位调运同化产物，从而促进籽粒灌浆，提高粒数和粒重。

（1）小麦。在小麦孕穗期叶面喷施 0.01 mg/L 表油菜素内酯可提高剑叶的光合强度，降低过氧化物酶活性，促进茎部小穗和顶部弱势小穗及外围弱势籽粒的生长发育，提高穗粒数和千粒重；在小麦拔节至扬花期喷施 20～40 mg/L GA₃ 可增强叶片的光合速率，增加结实粒数，而灌浆期（扬花后 10 d）喷施同样浓度的 GA₃，则可促进灌浆，增加千粒重；用 20 mg/L 萘乙酸于开花末期、灌浆初期喷施，也可提高产量。

（2）水稻。在一季中稻的始穗期至齐穗期，喷施 10～30 mg/L 的赤霉素，可促进抽穗，提高成穗率，增加有效穗，还可延长叶片功能期，有利于根系生长，从而可增产 5%～10%。

对于杂交中稻培育再生稻种植模式，在头季稻齐穗后 15 d 左右施用，即在施促芽肥时叶面喷施 40 mg/L 赤霉素溶液 750 kg，可以起到两季增产的效果，赤霉素改变了内源激素的平衡，使促进类激素（IAA、CTK）含量增加，抑制类激素 ABA 含量降低，从而导致了一系列生理活动的变化，延缓了根叶衰老，光合势增强，增加干物质积累，同时打破再生芽的休眠，促进其萌发生长，从而提高了头季稻的结实率及千粒重，增加了再生稻的发苗数及其成穗数。

四、控制徒长，降高防倒

小麦等禾谷类作物在后期常有倒伏现象，尤其是在高肥水条件下。棉花、大豆等无限花序作物，在肥水较好时，植株易疯长，引起花蕾脱落，这些都限制了产量的进一步提高。应用生长延缓剂可有效控制徒长，降高防倒。

（1）小麦。在拔节初期每公顷叶面喷施 0.15%～0.30% 的矮壮素药液 750 kg 可有效地控制基部第一、二节间的伸长速度和节间长度，使茎秆变粗变矮，增强了抗倒力。在小麦幼穗分化的二棱期对叶面喷施适当浓度的多效唑，也能明显地抑制茎细胞的伸长生长，茎壁厚度和机械组织厚度显著增加，茎秆内中央维管束数目增多，抗倒能力增强。在拔节前后喷施 50 mg/L 的烯效唑也有降高防倒作用。

（2）大麦。在拔节初期对叶面喷施 600～800 mg/L 多效唑或 700～1400 mg/L 玉米健壮素可显著降低株高，使基部节间明显缩短，有利于抗倒力的提高。

（3）水稻。在拔节期叶面喷施 400～600 mg/L 多效唑，可显著缩短节间长度，增加基部节间粗度和茎壁厚度，增强抗倒力。

（4）玉米。一般在玉米展开叶 12 片左右时，每公顷用 450 mL 玉米健壮素兑水 150～265 kg 喷洒植株上部叶片，具有很好的降低株高和穗位高、增加茎粗、提高抗倒力、减轻倒伏率的作用。但若使用时期和用药量掌握不当，则效果不好，甚至有副作用，在应用推广之前，应先试验示范，取得较好经验之后，才能大面积推广。

（5）棉花。使用缩节胺是控制棉花疯长的有效措施。施药时期根据长势而定，一旦出现旺长即可用药，一般在初花期用药效果最好，每公顷施用 50～100 mg/L 缩节胺药液 450～600 kg。施药后的棉田，由于铃数增多，应保证肥水供应。

（6）花生。在始花后 25～30 d（即盛花期）或在有效果针全部入土并开始形成果荚时（即结荚期）叶面喷施 500～1000 mg/L B₉，可有效抑制地上部生长，使植株变矮，有利于光合产物向果荚运输，从而提高荚果产量。施用浓度大小应根据肥水条件和植株长势而定。

（7）大豆。在生长最旺盛的初花期叶面喷施 200 mg/L 三碘苯甲酸可使植株矮化，主茎节数减少，有利防止徒长，加速生殖生长，从而提高产量。

（8）油菜。在抽苔期喷施多效唑可显著地降低株高和分枝高度，增加根茎粗度，提高抗倒伏能力。其效果随多效唑浓度的增加而提高，但在低肥水和长势弱的田块施用多效唑有降低产量的趋势，尤其是在高浓度下；而在高肥水和长势过旺的田块则因降低株高，防止倒伏而增产 10% 左右。因此，抽苔期施用多效唑应视田间长势长相而定，一般只适于高肥水条件下，植株生长过旺、有倒伏趋势的田块，以抽苔初期喷 100～200 mg/L 为宜。在喷施多效唑 1 个月后，再喷施 40 mg/L GA₃ 可以促进开花结实和果实发育，具有很好的增产效果。

五、防止落花落果，促进结实

棉花、大豆和油菜等无限花序作物的落花落果除与环境条件和栽培技术有关外，还与营养生长和生殖生长状况以及株体内的激素水平有关。因此，可用植物生长调节剂防止落花落果。

（1）棉花。使用赤霉素和萘乙酸等可以有效防止蕾铃脱落。用毛笔蘸 10 mg/L 左右的 GA₃ 涂抹黄花（当天开花、未受精）、红花（头天开花）和幼铃（刚落花冠），均可减少棉铃脱落，起到保果作用，其中以连续点涂红花效果最好，植株喷施也有一定效果。在棉花铃期整株喷洒 10～20 mg/L 萘乙酸也可减少蕾铃脱落。过旺的营养生长是导致棉花蕾铃脱落的主要原因之一，对旺长棉田施用矮壮素或缩节胺（施用技术见前面）也可以减少蕾铃脱落。

（2）大豆。对具有无限生长习性的大豆，施用三碘苯甲酸（施用技术见前面），也有减少花荚脱落的效果。其原因主要是抑制了营养生长，加速了光合产物向花荚运输，从而脱落减少。

六、调节花期，提高制种产量

杂交水稻制种产量的不断提高为我国大力发展杂交水稻和提高粮食产量做出了重要贡献。赤霉素使用技术的推广和不断改进对杂交水稻制种产量的提高具有不可忽视的作用。

研究表明，施用赤霉素后，促进了水稻茎秆上部节间的伸长，将穗子托出叶层，同时剑叶角度明显增大，柱头外露率提高，从而有利于异交授粉，大大提高了母本结实率和产量。同时，施用赤霉素后包颈株率和包颈粒率大大降低，免除了制种中剥苞等烦琐农活，从而减少植株机械损伤。此外，施用赤霉素还可在一定程度上调节花期，根据父母本的生育进程分别适时适量施用赤霉素，可调节其花期。

施用赤霉素应坚持"三适"原则，即适时、适量和适法，一般分三次进行，总用量为 20 g/亩左右。具体的施药时间、施药次数和各次用药量需根据花期相遇情况、组合类型和气温等进行调整。

七、促进成熟

果实的发育受着激素的控制，细胞分裂素有延缓衰老的作用，乙烯和脱落酸能加速衰老，促进成熟，特别是乙烯对促进果实成熟有明显的效果，因而常被称为"成熟激素"。乙烯释放剂——乙烯利不仅能对果蔬作物的果实催熟，而且可以用于棉花和烟草等作物。

（1）棉花。棉花是无限花序作物，在适宜条件下，主茎能不断伸长，果枝数、果节数、蕾、花和铃也能不断地增多。只是在棉花生长后期，气温下降，日照减少，秋雨增多，一些后期的棉铃往往不能正常开裂吐絮，品质差，产量低，而且收获过迟会导致小春作物不能按时播种。应用乙烯利处理棉铃具有提早成熟的效果。

经乙烯利处理的中后期棉铃，铃期可缩短 8～15 d，霜前吐絮铃数增多，吐絮高峰提前，吐絮更集中，拔秆时植株上残留青铃大为减少，因而可提早 7～10 d 拔棉秆，而且在使用合理时，还可以提高棉花的产量和品质。

用乙烯利催熟棉花，应根据当年气候条件及棉株长势等确定施用技术，具体包括：①明确适宜催熟的棉田。凡晚发迟熟、后劲足、贪青、秋桃多的棉田，使用乙烯利能收到较好的催熟效果；对于那些本来可以正常成熟吐絮或单产水平很低的棉田，则不宜应用。②用药的适宜时期。应根据以下三点确定：第一，棉田中大多数棉桃的铃期在 45 d 以上，即盛花后 45 d 左右施药；第二，使用乙烯利时，至少有连续数天的日最高气温在 20℃以上；第三，在拔棉秆前 15～20 d 的时间内用药。③适宜的浓度和用量。一般每公顷用乙烯利（有效成分 40％）1.5～2.25 kg。早用，苗势差，气温较高，用量可少些；晚用，苗势旺，气温低，用量可略多些。

（2）烟草。对于接近采收的叶片，于采收前叶面喷施 500～1500 mg/L 乙烯利，喷洒后 2～3 d，叶片即有明显的反应，可以提早成熟和减少尼古丁的含量。对于不能正常褪色的绿叶，可在采收后用 500～1000 mg/L 乙烯利溶液浸渍叶片，然后进行烘烤，可使烤过的烟叶颜色黄、质量高。

（3）甘蔗。在 10 月上旬叶面喷施 0.3％的草甘膦或 0.1％的乙烯利可加速茎秆糖分的转化和积累，提早成熟和提高品质。但草甘膦对宿根发苗有一定影响。分蘖中期喷施 200 mg/L 乙烯利，虽然对甘蔗植株的生长有一定抑制作用，但却可以促进甘蔗工艺成熟期的糖分积累，提早成熟，改善品质。

八、提高抗逆性

低温、干旱、病虫害和土壤过酸过碱均影响作物的生长发育。生长调节剂通过改变内源激素水平与平衡，调节生理代谢活动，可以提高植物对外界不良条件的抵抗力。

（1）水稻。脱落酸（ABA）处理可以通过调节体内代谢，维持叶片的生理功能而提高水稻幼苗的抗冷性，在两片叶完全展开时喷施 10^{-5}～10^{-4} mol/L 的 ABA，即使在 8℃～10℃低温下，水稻幼苗也能正常生长。用 0.01～0.1 mg/L 油菜素内酯（BR）浸种或幼苗喷雾也能提高水稻幼苗的抗寒能力，促进其低温下的生长。

多效唑浸种可以提高水稻幼苗的抗旱性，使幼苗矮壮，叶绿素含量增高，根系发达，根冠比大，稻苗的水势、渗透压和膨压提高，脯氨酸含量增加，抗旱力增强。用 5～15 mg/L 特效烯浸种 24 h 也能提高水稻幼苗的抗寒和抗旱能力。

在孕穗期淹水没顶 3～5 d 后喷施 2～10 mg/L 复合醇或 0.01～0.1 mg/L 油菜素内酯可提高水稻的抗涝能力，减轻涝害引起的产量损失。

（2）小麦。用不同浓度的多效唑浸种 8 h 后长出的幼苗，叶面积有所降低，但比叶重提高，叶绿素含量增加，根冠比增大，植株可溶蛋白质显著提高，叶片气孔阻力增强，因而抗旱力提高，永久萎蔫系数降低，在干旱下发生永久萎蔫的时间推迟。孕穗期是小麦水分临界期，此时干旱将影响植株正常代谢和花粉母细胞减数分裂，导致花粉败育，结实率降低，在孕穗前 15 d 喷施 100 mg/L 特效烯可降低幼穗 ABA 含量，改善水分状况，降低质膜透性，通过提高花粉育性而增加有效小穗数和穗粒数，达到抗旱增产的目的，孕穗期喷施特效烯或 ABA 还可以提高小麦的抗寒性，增加低温条件下的结实粒数和产量。对小麦植株喷洒 1000 mg/L 矮壮素或 B_9 也可显著提高植株的抗旱力。

（3）玉米。油菜素内酯在许多方面参与玉米生长和代谢过程的调节，提高玉米的耐旱能力。0.001 mg/L BR 可促进受水分胁迫影响的玉米的生长，降低原生质膜相对透性，提高硝酸还原酶活性，增加 ATP 和叶绿素含量，加快光合速率，并可促进复水后生理过程的恢复，减少籽粒产量的损失。ABT 生根粉 4 号可以促进玉米根系的生长发育，增加根条数、根系体积、重量与吸收面积，加强根系功能，使伤流量增多，根系脯氨酸含量提高，叶片水势降低，从而增强其抗旱能力。

与水稻和小麦等作物一样，ABA 也能提高玉米的抗寒能力。三叶期施（1～5）×10^{-5} mol/L ABA 可显著降低低温（4℃）下的叶片相对电导率，增加叶片含水量和幼苗可溶性糖含量，提高过氧化物酶活性，降低低温对幼苗的伤害。

（4）大麦。在拔节初期每公顷叶面施用 750 kg 600～800 mg/L 多效唑或 700～1400 mg/L 玉米健壮素，可减轻早春低温的危害，提高结实率，增加每穗实粒数，从而提高产量。

第十一章　作物轻简高效生产技术

第一节　作物轻简高效栽培技术

轻简高效栽培具有生产程序精简、操作过程轻松、成本投入少、科技投入大的特点，比传统栽培技术省工省力和节本高效，是能满足"高产、优质、高效、生态、安全"综合要求的、可持续发展的、具有现代化特征的栽培技术。

一、水稻轻简高效栽培技术

水稻轻简高效栽培技术是指能简化水稻程序和减轻水稻栽培劳动强度的技术。直观地讲，就是直播、抛秧、免耕技术，还包括机械化或半机械化栽培技术。水稻轻简栽培方式主要包括直播、抛秧、机插、乳苗抛栽、钵育摆栽等，通过免除或简化育秧、移栽、耕耙田等技术环节，使用高效除草剂和节水灌溉，达到省工、省力、节本、增产、增效的目标。

（一）水稻直播栽培技术

1. 直播栽培及其发展

直播栽培是将浸种催芽后的稻种，通过机械或人工直接撒播、条播或穴播到本田，免去育秧、移栽过程的一种轻简栽培方式。直播是水稻栽培中最早采用，也是最为轻简的栽培方式，大大减少了水稻生产中劳动力投入，减轻了劳动强度，具有省工、省力、省秧地、节本、高效等特点。

育苗移栽水稻劳动强度高，劳动力成本高，随着灌溉条件的改善、高效除草剂应用技术的成熟、早熟高产新品种的培育，许多国家改变了传统水稻育苗移栽方式，逐步采用直播方式。欧美国家水稻种植主要采用机械直播，如美国采用大型的激光平地机械进行土地平整，应用高效除草剂，使水稻直播面积达 100％，意大利直播稻面积达水稻种植面积的98％。在亚洲，韩国和日本等国家的直播稻发展较快，推广面积呈上升趋势。中国早在20 世纪 50 年代初就开始研究和应用直播稻；60 年代，为了应对严重缺水的形势，农业部在北方大力推广水稻直播旱种技术；80 年代，农业部开始推广分厢撒直播技术，在南方稻区的使用面积迅速扩大；进入 90 年代后，直播稻同抛秧稻和再生稻作为简化栽培技术再次在一些经济发达地区兴起。近年来，随着中国农村经济社会的发展，加之劳动力紧张和粮食生产效益下降，直播稻凭借其省工省力和节本高效等优势越来越受到稻农青睐，使用面积逐年扩大。

2. 直播稻生长发育特点

（1）直播稻播种期推迟，使生育期明显缩短，主要是营养生长期缩短，生殖生长期相对稳定。如江苏淮北地区 6 月 15 日播种直播稻，比同品种手栽稻迟播 25～30 d，成熟期比手栽稻推迟 10 d 左右，全生育期缩短 15～20 d。

（2）分蘖早而发生快，分蘖节位低，有效分蘖节位多，前期生长条件优越，易获得足够穗数。

（3）总发根节位减少，有效发根节位多，根系发达而浅生，氧气充足，根系活力强。

（4）总叶片数减少，中后期单株绿叶数多，功能期长，熟相好，有利于光合产物的形成，提高千粒重。

（5）直播稻日生长量高于手栽稻，谷草比高，干物质积累量多。

3. 直播稻产量形成特征

直播稻省去了育秧和移栽环节，无植伤、缓苗和返青期，使分蘖发生早且快，分蘖势强，低位分蘖成穗多，易形成足够的有效穗数。直播稻高产稳产的形成关键在于提高单位面积有效穗数。

4. 直播稻存在的问题及其高产栽培关键技术

目前直播稻生产上主要存在的问题：一是直播稻栽培技术管理粗放，高产高效栽培理论研究较少，配套技术还不完善；二是直播稻稳产性不高，群体倒伏风险大，抗灾能力差；三是直播稻播种量偏大，齐苗匀苗难，杂草危害严重。

针对上述问题，提出以下直播稻高产栽培关键技术：一是适当减少播种量，有条件的地区可采用机械条播或穴播，改善直播稻田间通风透光条件；二是合理施肥，二叶一心施分蘖肥，促进直播稻低位大分蘖生长，获得足够的有效穗数，同时因苗施好穗肥，巩固穗数；三是通过中期搁田，优化控制群体数量，促进生育后期光合物质积累，争取大穗，提高成穗率；四是及时防除杂草和防治病虫害，做到"一封、二杀、三补"。

（二）水稻抛秧栽培技术

1. 抛秧栽培及其发展

抛秧栽培是采用塑盘育苗，培育出根部带土球（钵）的秧苗，移栽时依靠带土球（钵）秧苗的自身重力，通过人工或机械均匀抛栽到本田的一种轻简型栽培方式。1956 年在斯里兰卡有类似抛秧稻的报道。20 世纪 60 年代日本出现纸筒育秧技术。70 年代松岛省三等提出塑盘方格育苗抛秧。中国在 20 世纪 60 年代开展掰秧抛栽试验，之后几年，苏、浙一带双季稻也有抛秧尝试。80 年代初在引进日本抛秧技术的基础上，开始小苗带土抛栽试验研究，使得抛秧栽培技术逐步被示范应用。抛秧稻兼有直播稻省工省力的优点和手栽稻集约化育苗、缓解作物生产季节矛盾的长处，适合各种稻作体制和多熟种植制，并与中国农村经济状况、农民收入水平和劳动强度相适应，受到广大农民的欢迎，具有巨大的市场价值。

2. 抛秧稻生长发育特点

（1）缓苗期短或无，分蘖早生快发，低位分蘖多，高峰苗量大。

（2）根系保护好，植伤轻，秧苗品质高，抛秧入土浅，根量大，分布浅。

（3）抽穗后群体光合层较厚，叶层配置均匀，光合作用强，光合势大，净同化率高，干物质积累量多。

（4）单位面积有效穗数多，群体颖花量多，下层穗数比例大，成穗率偏低。

3. 抛秧稻产量形成特征

抛秧稻由于带土移栽，使根系保护好，植伤轻，活棵早，分蘖发生快，前期具有明显生长优势。如何合理利用抛秧稻的前期生长优势，培育"前发、中优、后强"的高光效群体，是抛秧稻获得高产的关键。抛秧稻产量形成特征是单位面积有效穗数显著增加，从而提高群体颖花量，且保证正常千粒重和结实率。

4. 抛秧稻存在的问题及其高产栽培关键技术

抛秧稻生产上存在的主要问题：一是抛秧稻入土较浅，根系纵向分布不深，支撑能力相对较弱，易发生根倒伏；二是抛栽时直立苗比例低，影响群体整齐度；三是抛秧不够均匀，存在缺穴漏苗。

抛秧稻高产栽培关键技术：一是培育适龄、高标准的矮壮秧；二是因品种精确计算基本苗；三是精确定量肥水管理，通过以水控肥、以水控苗、以肥促苗促进个体与群体协调平衡生长。

（三）水稻机插栽培技术

1. 机插栽培及其发展

机插是采用塑盘育秧，培育出 3~5 叶的小苗（育苗时间 18~20 d），通过机械移栽到稻田的一种轻简栽培方式。20 世纪 60 年代，中国就有机插稻的尝试，成功研制出人力和机动插秧机。80 年代引进日本插秧机和小苗育秧技术，开始积极探索适合中国的机插秧技术。2000 年以来，随着机插秧育苗技术的改进和机械性能的改良，政府加大扶持力度，加快发展和推广机插秧，使中国机插秧面积逐年扩大，已经由 2000 年的不足 2% 发展到 2011 年的 26.24%，江苏、黑龙江、安徽等省机插秧应用取得了显著效果。随着中国农业现代化的快速发展，机插秧面积将进一步扩大。

2. 机插秧水稻生长发育特点

（1）生育期缩短，比同品种手栽稻播种期推迟 15~20 d，全生育期缩短 10~15 d，抽穗和成熟期后移。

（2）育秧播种密度大，个体所占营养面积小，但对秧龄大小较为敏感。

（3）由于机械移栽，使得植伤较重，缓苗期较长，返青之后分蘖集中呈爆发性，高峰苗数量较多。

（4）与手栽稻相比，单位面积颖花量多，有效穗数多，但穗型小，成穗率低。

3. 机插秧水稻产量形成特征

机插秧水稻由于高密度播种育秧和小苗机械移栽，与其他栽培方式有明显区别，移栽后植伤较重，缓苗期较长，一般 7~10 d 出现分蘖，分蘖后群体数量呈直线上升，够苗期和高峰苗期较手栽稻均有所提前，成熟期有效穗数多，成穗率不高。机插稻通过配套的高产栽培措施能够获得高产，宜选用大穗型或穗粒兼顾型品种，培育壮秧，建立合理群体起点；控制无效分蘖，从而获得适宜高峰苗数量；充分利用优势分蘖，提高单株干物质积累量；培育壮秆大穗，形成足够的库容，并保证正常结实率和千粒重。

4. 机插秧水稻存在的问题及其高产栽培关键技术

在政府农机补贴和惠农政策实施下，机插稻应用面积迅速扩大，但生产中还存在以下问题：一是盲目追求秧苗成毯和机插不漏穴漏苗，播种量大，使得秧苗品质变差；二是生产季节紧张，秧龄弹性小，易造成超秧龄，影响机插质量；三是栽插质量差，缺苗断垄，穴苗数偏多。

机插稻的稳产高产栽培配套关键技术：一是适当减少播量，通过化控措施，培育高品质、高标准秧苗；二是精确计算基本苗，保证足穗；三是适时早搁田，做到多次轻搁，及时控制无效分蘖，优化群体质量；四是倒 4 叶和倒 3 叶时，施好穗肥，增强生育后期光合生产能力。

（四）不同轻简高效栽培方式适用范围

充分利用水稻生长季节的热量资源是最大限度挖掘品种产量潜力的重要条件。我国水稻种植范围广，生态区多，熟制多，使得水稻种植制度呈多元化发展。与传统手栽稻相比，直播稻、抛秧稻和机插稻等轻简高效栽培方式的全生育期均缩短，以直播稻生育期缩短最多。而一些地区盲目追求水稻轻简化栽培，造成水稻稳产高产性差，不能充分发挥水稻品种产量潜力。就江苏省而言，要达到大面积水稻单产 9 t/hm² 的目标，手栽稻和机插稻在全省均适宜，直播稻在苏南和苏中地区适宜，苏北地区不适宜，抛秧稻生育期介于手栽稻和机插稻之间，故在苏南、苏中和苏北均适宜。衡量水稻轻简高效栽培方式是否适宜本地区，主要看当地主推品种能否充分利用温光资源，能否安全成熟，能否达到大面积平衡高产。

（五）水稻轻简高效栽培与其他技术的结合

1. 少免耕轻简栽培

少免耕轻简栽培是指在前季作物收获后不用或少用犁耙整理土地，水稻播种或移栽前使用灭生性除草剂除草和摧枯前茬，灌水并施肥沤田，待水落干后进行播种或移栽的栽培技术。少免耕轻简栽培技术侧重于整地的简化，具有保护土壤、减轻水土流失、改善土壤理化性状、增强有益微生物活动、提高土壤肥力的作用，也能减轻劳动强度和降低生产成本。少免耕轻简栽培是将直播或抛秧栽培技术与少免耕栽培技术相结合的栽培方式，具有更突出的省工、节本、高效等特点。近年来，中国南方稻区免耕栽培技术推广面积较大，水稻免耕直播、免耕抛秧已进入研究与示范推广并重的阶段。许多学者研究认为，少免耕轻简栽培水稻具有增产潜力，能提高产出率和经济生态效益。

2. 秸秆还田轻简栽培

秸秆还田轻简栽培是指把作物秸秆直接或间接施入土壤的栽培技术，一般分沤肥还田、过腹还田和直接还田等方式。作物秸秆含有一定数量作物必需的碳、氮、磷、钾等营养元素，是重要的有机肥源之一。秸秆还田具有改善土壤理化性状、增加有机质含量、提高土壤肥力、增加作物产量等作用，能避免秸秆焚烧带来的环境污染问题，还能促进农村养分资源的循环利用和农业可持续发展。秸秆还田轻简栽培是将秸秆还田栽培与直播、抛秧、机插等轻简栽培相结合的稻作方式，可充分利用秸秆还田改善土壤结构而提高肥力，并达到轻简栽培省工、节本、高效的优势。

（六）展望

水稻轻简高效栽培是解决农业生产劳动力短缺的有效途径，也是提高水稻生产经济生态效益的保障，还是实现农业可持续发展的保证。然而，水稻轻简高效栽培与高产或超高产存在一定的矛盾，过度追求栽培过程的轻简化势必影响水稻高产稳产，威胁粮食安全。我国水稻种植范围广，气候生态条件复杂，种植制度多，绝不能片面地为了省工省事和操作方便而盲目地采用不适宜本地的轻简栽培方式。因此，今后水稻生产必须因熟制、生态区、品种来制定适合于本土发展的水稻轻简高效栽培实用指标与技术规范。随着科技进步和社会生产力发展，农村土地加快流转，政府惠农政策实施，农业生产将实现现代化、集约化、规模化、产业化、专业化、商业化。水稻现代化生产是实现农业现代化生产的重要组成部分，我国未来水稻轻简高效栽培发展将以机械化为特征，呈现出机械直播、机械抛（摆）栽、毯状小苗机插、钵苗机插等栽培方式多元并进发展的趋势，实现水稻种植全程机械化，进而提高水稻生产效益。

二、玉米轻简高效栽培技术

玉米轻简高效栽培技术是指能简化玉米生产程序、减轻劳动强度、增加效率和效益的技术。玉米轻简高效栽培技术的主要方式包括玉米免耕机械直播技术、玉米简化高效施肥技术等。

（一）玉米免耕机械直播技术

玉米免耕机械直播就是在小麦收获后的地块上，不耕翻土壤，直接进行播种的作业方式。玉米直播可确保种植密度，保证苗齐、苗全、苗壮，增加玉米产量，为玉米联合收获打下良好基础。同时，减少因玉米套种对小麦产量的影响。使用免耕播种机一次可完成破茬开沟、深施肥、播种、覆土、镇压等作业工序。

1. 技术实施要点

（1）地块准备。小麦联合收获机作业后的地块，播前不耕翻、不灭茬，将残留在田间的秸秆撒匀，使其覆盖在地表，实现秸秆还田。若土壤墒情差，可先行墒。

（2）选择优良品种，并对种子进行精选处理。要求种子的净度不低于98%，纯度不低于97%，发芽率达95%以上。播种前应适时对所用种子进行药剂拌种、等离子体、磁化或浸种等处理。

（3）合理选择机具。推荐使用国家机具补贴目录中的玉米贴茬直播机或玉米小麦两用免耕播种机进行播种，带农药喷施装置的优先选用。

（4）机具调整要领。在使用前对所购机具进行一次全面的检查调整，并进行试播，保证运转灵活，工作可靠。

注意以下几项调整要领：①确定行距、株距。按农艺要求，推荐行距为 60 cm，根据玉米品种的不同要求，株距为 20～25 cm。②播种深度。播种深度一般控制在 3～5 cm，沙土和干旱地区播种深度应适当增加 1～2 cm。③施肥深度及施肥量。施肥深度一般为 8～

10 cm（种肥分施），即在种子下方 4~5 cm；施肥以复合颗粒状种肥为好，可控制施肥量为 10~20 kg。

（5）适时抢播。收获小麦后及时抢墒播种，可充分利用有效积温，有利于玉米生长，保证玉米成熟，增加产量。

（6）适时适量喷施化学除草剂和农药。应在播种 3 d 内喷施化学除草剂，对每平方米黏虫多于 5 只的地块还要添加杀虫剂，以上药剂均匀混合后一次喷洒。

2. 应用玉米机械直播玉米增产的主要因素

（1）能做到合理密植。机播可以做到不间苗或少间苗，减少苗生长的间苗损害。

（2）用玉米贴茬机播种玉米，种子分布均匀，播深一致，种子入土后汲取营养成分趋于平衡，有利于生长发育。

（3）能做到边收边种，种的时间提前，出苗早 2~3 d，增加了积温。

（4）免耕覆盖秸秆增加了土壤持水能力和土壤肥力。

（5）播种时，同施除草剂，减少和抑制了杂草的生长。

（二）玉米简化高效施肥技术

采用相应的栽培调控措施，使得肥料的释放和玉米的养分吸收同步，一次使用可保证玉米整个生长季节的需要，大大降低了施肥劳工的投入，简化栽培管理程序。

该项技术的关键内容包括：

（1）玉米专用长效控释肥。玉米专用长效控释肥是通过特殊工艺处理的氮、磷、钾和微量元素复合肥。各种养分（主要是氮素养分）可根据玉米需求缓慢释放供肥。增产效果稳定，有利于氮磷养分的效应提高；可满足氮肥的全程需求，提高了氮肥的控释效果，而且降低了生产成本。

（2）免耕施肥播种机进行播种，同时一次性施入玉米整个生长季节所需要的玉米专用控释肥，施肥深度为 5~10 cm，施肥需距玉米种子或植株 10 cm 左右，以防距离太近出现肥料烧苗现象。

（3）采用精量或半精量播种技术，简化田间管理。播种、施肥一次完成，可大大简化栽培管理程序，减少施肥投工 70% 左右。

三、小麦轻简高效栽培技术

（一）小麦免耕直播栽培技术

小麦免耕直播栽培最适合于在水源方便的中稻田和有抗旱条件的旱田进行操作。也可在水稻收割后长期连遇阴雨，土壤含水量较高（达 90% 以上），土质黏重、适耕性差，耕整机械无法下田作业时作为一项抗灾技术。由于小麦化学除草技术比较过关，因此不用担心杂草危害。若能辅以稻草覆盖，更可锦上添花。

1. 前茬收获后，及时开沟整厢

按厢宽 2.5 m 开沟整厢，尽量动锹挖沟，滤水田也可用犁打沟，翻起的沟土不用打碎散开，但沟内要清理干净，做到四沟配套通畅。

2. 清理厢面

（1）无论是水田还是旱田，要将作物残渣秸秆清理，集中到厢沟内备用。但稻桩不必清理。

（2）若田间杂草较多，播前 2~3 d，每亩用 200~250 mL 百草枯加金都尔 60 mL 兑水 50 kg 均匀喷施于田间杂草及残茬上，注意不能用混泥水配药，喷施时田间必须无水。若田大杂草较少，可不处理。

3. 科学施肥

底肥每亩用含量为 40% 以上的复合肥 20~30 kg。因为肥料全部面施，容易挥发流失，所以不要用碳酸氢铵作底肥，不要一次将肥施完。可逢雨多次追肥。

4. 种子处理

播前晒种 1~2 d，然后用 15% 粉锈宁按 0.5 kg 种 1 g 药的标准兑水 0.6~0.75 kg，如果加入"芸苔素硕丰 481"浸种效果更佳（每 2 g 药兑水 10~13 kg 浸麦种 10~12 kg）。浸种 8 h 左右，然后捞出沥干，并采用干干湿湿的方法催芽，即每隔 8~10 h 淋一次水，很快就可破胸，注意根芽不要太长。

5. 播种

（1）合理密植：免耕小麦出苗率高，分蘖节位低，成穗率高，应适当控制播种量，每亩不超过 10 kg。

（2）灵活抢墒播种：10 月 20 日后在适播期内，田内有墒随时施肥播种；田内墒情不好则需灌水泡田溶肥，待厢面剩瓜皮水时播种，可趁下雨时冒雨施肥播种，也可施肥播种后用潜水泵喷水人工造墒。

6. 盖草

将原收集在沟内的作物秸秆覆盖到厢面，有很好的保墒作用，利于一播全苗。盖草厚度 0.25~0.5 cm，每亩用稻草 250 kg，标准是"土不露白，草不成砣"。如果没有覆盖也可以，但要特别注意在出苗之前保持田面湿度，遇旱要及时抗旱。

（二）套作小麦机播高效栽培技术

该技术以微耕机为动力，挂接 2BSF-4-5A 型谷物播种机播种，播量易于调控，开沟器强度大和吃入土壤能力强，种子入土深度适宜，地轮不易打滑，导种管不易堵塞，漏播情况少。播种后小麦出苗整齐均匀，群体结构合理，有效穗增加，从而增产。

播前检查机器性能，调整好开沟器入土深度和播量。一般入土深度以 5 cm 为宜，根据土质和土壤墒情适度调节；同时根据产量构成所需基本苗调节播量。可先用塑料袋套在排种管上，在地里开动机器前行 5 m 左右，数塑料袋中的种子数，根据种子发芽率及田间出苗率计算基本苗，保证 9 万~12 万株/亩的基本苗，易于获得高产，即 1 m 内每行 65 苗左右，一般每亩用种量 7~9 kg。播种时保持中速匀速前进，平均每小时行进 1 km，采用套播、转大弯解决丘陵旱地地块小、转弯难的问题。播前用钉耙将小麦枯枝落叶清理至预留行，播后用其覆盖或用钉耙抓土覆盖。播时随时观察排种孔，避免漏播。出苗后检查麦苗均匀程度，及时进行催芽补种和疏密补稀，确保苗全苗壮。

四、油菜直播轻简高效栽培技术

我国尤其是长江流域的油菜生产主要经历了从撒播粗管栽培方式为主（20 世纪 50 年代至 70 年代），到甘蓝型品种和育苗移栽为主（20 世纪 80 年代起），再到新时期（特别是近几年来）适应农村劳动力转移和现代农业而发展起来的包括少免耕、（机）直播和机收等为主的油菜轻简高效栽培技术，特别是机播机收、适度管理的全程机械化油菜生产技术的阶段。与水稻、小麦、玉米等主要大田作物比较，油菜生产的机械化程度是最低的。世界各国，特别是机械化程度较高的国家多采用直播方式。农业部提出，到 2020 年，我国油菜机播水平要由目前的 11％提高到 15％，机收水平要由目前的 8％提高到 20％以上。研究表明，油菜少免耕、（机）直播主要依靠高密度种植增加群体中主茎角果数比例和维持较大的单位面积角果数来获取高产，不仅省工、省力、节本，而且由于植株个体发育较小，仅有适量的一次分枝数，茎秆较细，因而适宜油菜进行机械化收获。油菜直播轻简高效栽培（免耕、化学除草、机械播种和收获）的技术要点如下。

1. 选用耐密抗倒优质高产良种

直播油菜密度较大，特别是为避免后期倒伏，适应机械联合收获，生产上应选用株高适中、株型紧凑、耐密抗倒性好的"双低"油菜品种。在稻油季节矛盾较大的区域，应选用高产、高油、高抗、适合机械化种植的早熟或中早熟油菜新品种。

2. 适期适墒播种

油菜适宜播种期为 9 月下旬至 10 月上旬。油菜可采用人工直播（撒播、点播）或机械直播。人工撒播时为达到苗匀效果，一般将种子与炒死的商品油菜籽 2 kg 左右或颗粒状尿素 5 kg 混合均匀，分成四等分，全田来回重复四次均匀撒播。机械直播可采用旌阳牌小四轮油菜播种机浅旋条播或东方红牌 LX804 拖拉机油菜精量施肥联合播种机。一播全苗是直播油菜高产的基础和保证，播种前注意田间墒情，不宜过湿也不宜过干，以免湿害或炕种。

3. 化学除草

直播油菜田间容易滋生杂草，搞好化学除草是关键。播前灭草，一般在油菜播种前 3~5 d 选用 20％百草枯，或播种前 7~10 d 选用 10％草甘膦，均匀喷雾田面。苗期除草，以禾本科杂草为主的油菜田，可用 10.8％高效盖草能乳油于 4~5 叶期喷雾；禾本科杂草、阔叶杂草混生田块，可用烯草酮在油菜 5 叶期以后喷雾。

4. 合理密植

直播油菜播种期一般比育苗移栽油菜晚 20~30 d，为获得高产和适应机械联合收获，应保证成熟期种植密度在 2 万~3 万株/亩，基本苗密度应随着播期推迟而相应增加。每亩的播种量随播种期早迟以 150~250 g 为宜。

5. 科学配方施肥，足量基肥，合理追肥

直播油菜生育期相对育苗移栽油菜较短，种植密度大。根据生产实践，总施肥量（特别是氮肥用量）可适当减少，每亩氮磷钾总用量以纯氮 9~12 kg、五氧化二磷 3.0~5 kg、氧化钾 3.0~5 kg 为宜。科学施肥原则是基肥足而全，合理追肥。底肥中氮应占 70％左右，一般在苗期追施一次速效氮肥即可，磷钾肥和硼肥（1 kg）均作底肥。

6. 防湿抗旱

容易出现湿害的区域和田块，应在水稻收获后及时开沟（围边沟、中沟）；湿害严重的田块，应按 3~4 m 幅宽开好厢沟，沟深应达到 20 cm 以上。若油菜播种前墒情不够或苗期遇到干旱，可适当灌溉，浸润田（厢面）即可（忌播种后淹水）。

7. 综合防治病虫害

直播油菜的病虫害防治与前述育苗移栽油菜相似，但由于直播油菜的种植密度相对而言较大，可能引起病虫害发生特点的一些变化，应加强田间调查和预防工作。根据生产实践，机直播油菜种子采用氢霜唑拌种后播种，具有较好的预防根肿病的效果。

8. 适期收获

直播油菜可采用人工或机械收获，但建议有条件的地方尽量采用机械联合收获。采用人工收获或分段二次机械脱粒时，适宜收获期与育苗移栽一致，应在油菜达到黄熟期时开始拔秆或低桩割秆，后熟 5~7 d 再打收脱粒。当采用机械联合收获时，应在油菜全田角果充分成熟（完熟期）后选择晴天或阴天进行收获，目前四川省可选择的油菜联合收割机有旌阳豹 JYB750 型或 JYB880 型、久保田 668 型或 886 型、湖州星光 4LL−2.0D 型或星光至尊 XG750 型、谷王 4LZ（Y）−2.0Z 型和福田谷神 RG35 型等。需要注意的是，部分油菜联合收割机主要采取高腰割取、轧短脱粒方式，而油菜收获后散落于田间的秸秆靠人工收取，很麻烦；同时秸秆露地焚烧的现象容易出现，此时可选用川龙 CR1JH−60、农哈哈 1JHY−172、东方红 1JH−180 等秸秆还田机将秸秆及残茬就地粉碎还田，或者为方便田间秸秆的收取和加快秸秆资源的能源化、基质化利用，有条件的地方可采用世达尔 870 型圆捆机和首邦 9KY−7060 型圆捆机将秸秆捡拾打捆，以利于秸秆的收集处理。

第二节　作物机械化生产技术

一、作物机械化生产的重要性

农业机械化是农业现代化的重要标志，发展农业机械化是现代农业建设中带有方向性的战略任务。其在农业生产中的重要性可归纳如下：

（1）农机化在现代农业发展中发挥了主导和引领作用。转变农业发展方式，实现农业现代化，最根本的是要实现农业技术集成化、劳动过程机械化和生产经营信息化。农业机械化是运用农机装备进行农业生产的具体过程，是现代农业的主要生产方式和重要标志。发达国家的经验表明，农业现代化的实现均以农业生产实现机械化为前提，没有农业的机械化，就没有农业的现代化。

（2）农机化在促进粮食稳定增产中发挥了支撑和载体作用。农业机械是科技的物化，机械化生产突破了人畜不能承担的生产规模、生产效率限制，实现了人工所不能达到的现代农艺技术要求，已成为引领农艺制度深刻变革、促进农业技术集成应用的主要载体。大力发展农业机械化，用现代科学技术改造传统农业，用现代物质条件装备农业，已成为大规模应用先进农业科技、实现现代精准化作业的主要途径。

（3）农机化在促进农民持续增收中发挥了替代和推动作用。发展农业机械化，与农村劳动力转移、增加农民收入息息相关。通过发展农业机械化，一是可以大大降低农业生产成本，直接创造财富。实行机械化作业，既能够增加农作物产量，提高农产品品质，还能够节约种子、水源、肥料、人工等生产要素的投入，降低生产成本，实现农业的节本增效。二是可以促进农村劳动力稳定转移，拓宽农民增收渠道。农业机械化的发展，极大地提高了劳动生产率，高效率地完成农业生产，显著地替代了农村劳动力。

（4）农机化在培育新型职业农民中发挥了领跑和带头作用。农业机械化生产的发展过程在很大程度上也是造就高素质新型职业农民的过程。将来从事农业生产主要是以农机手为代表的、以机械化生产方式为主导的新型职业农民。随着农业机械的大量使用和农机化新技术的普及推广，将会涌现出更多的农机作业能手、维修能手、经营能手，催生更多的种植大户、养殖大户，造就更多的高素质新型职业农民，成为发展现代农业的中坚力量和社会主义新农村建设的领跑者、带头人。

（5）农机化在促进农机装备制造业发展中发挥了骨干和拉动作用。农机购置补贴等支农惠农政策的累积实施，大大激发了农民投资发展农机化的内在潜力，特别是农机购置补贴政策直接带动农民购机投入达 60 多亿元，有效拉动了农村消费需求，推动了农机工业的快速发展。农机化扶持政策的杠杆作用撬动了农机工业的全面发展，不仅使农机生产企业在四川省装备制造业中独树一帜，也带动了钢铁、橡胶等相关产业的发展，为四川省经济实现平稳较快增长做出了重要贡献。

二、作物生产关键环节的机械化

（一）整地机械化

1. 概述

整地机械是对农田土壤进行机械处理使之适合于农作物生长的机械。整地是作物栽培的基础，整地质量好坏对作物生长有显著影响。整地的目的如下：

（1）改善土壤结构。使作物根层的土壤适度松碎，并形成良好的团粒结构，以便吸收和保持适量的水分和空气，有利于种子发芽和根系生长。

（2）消灭杂草和害虫。将杂草覆盖于土中，使蛰居害虫暴露于地表而死亡。

（3）将作物残茬以及肥料、农药等混合在土壤内以增加其效用。

（4）平整地表或做成某种形状（如开沟、做畦、起垄、筑埂等），以利于种植、灌溉、排水或减少土壤侵蚀。

（5）将过于疏松的土壤压实到疏松适度，以保持土壤水分并有利于作物根系发育。

（6）改良土壤。将质地不同的土壤彼此易位。例如，将含盐碱较重的土壤上层移到下层，或使上、中、下三层之间相互易位以改良土质。

（7）清除田间的田块、灌木根或其他杂质。

2. 整地机械

整地作业包括耙地、平地和镇压，有的地区还包括起垄和做畦。

耕地后土垡间存在着很大间隙，土壤的松碎程度与地面的平整度还不能满足播种和种植的要求，所以必须进行整地，为作物的发芽和生长创造良好的条件。在干旱地区用镇压器压地是抗旱保墒、保证作物丰产的重要农业技术措施之一。有的地区应用钉齿耙进行播前、播后和苗期耙地除草。

（二）播种、施肥机械化

播种作业是农业生产的重要环节之一，是农业增产的基础，所以播种机械应满足下述农业技术的要求：

（1）因地制宜，适时播种，满足农艺环境条件。

（2）能控制播种量和施肥量，播种量准确可靠，行内播种粒距（或穴距）均匀一致。

（3）播深和行距保持一致，种子播在湿土中，覆盖良好，并按具体情况予以适当镇压。

（4）播行直，地头齐，无重播、漏播。

（5）通用性好，不损伤种子，调整方便可靠。

（三）植保机械化

1. 病虫害防治措施

农作物在生长过程中，常常遭受病菌、害虫和杂草的侵害，必须采取防治措施，以确保丰产、丰收。病虫草害的防治方法很多，可用以下各种方法进行综合防治。

（1）农业技术防治法。包括选育抗病虫的作物品种，改进栽培方法，实行合理轮作，深耕和改良土壤，加强田间管理及植物检疫等。

（2）生物防治法。利用害虫的天敌、生物间的寄生关系或抗生作用来防治病虫害。近年来这些方法在国内外都获得很大发展，如我国在培育赤眼蜂防治玉米螟、夜蛾等虫害方面取得了很大成绩。为了大量繁殖这种昆虫，还成功研制出培育赤眼蜂的机械，使生产率显著提高。又如国外成功研制了用 X 射线或 γ 射线照射需要防治的雄虫，破坏雄虫生殖腺内的生殖细胞，造成雌虫不能生育，以达到消灭害虫的目的。

采用生物防治法可减少农药残留对农产品、土壤、空气和水的污染，保障人类健康，因此，这种防治方法日益受到重视，并得到迅速发展。

（3）物理和机械防治法。利用物理方法和工具来防治病虫害，如利用诱杀灯消灭害虫，利用选种机剔除病粒及用微波技术来防治病虫害等。

（4）化学防治法。利用各种化学药剂来消灭病菌、害虫、杂草及其他有害生物。特别是有机农药大量生产和广泛使用以来，它已成为植物保护的重要手段。这种防治方法的特点是操作简单，防治效果好，生产率高，而且受地区和季节的影响较少，故应用较广。但是如果农药使用不当，就会造成污染环境，破坏或影响整个农业生态系统，在作物植株和果实中易留残毒，影响人体健康。因此，使用时一定要注意安全。

目前所用的植物保护机械，实际上都是用来喷施化学药剂的机械。

2. 化学药剂的喷施方法

（1）常量喷雾法。药剂以水为载体，利用喷雾机对稀释浓度较小的药剂加一定的压力，经过喷头使其雾化成大量的直径为 100~300 μm 的雾滴，喷施在农作物上。这种方法射程远、雾滴分布均匀、黏附性好，受气候影响小，在农业中应用最广泛。

（2）弥雾法。也称低量浓缩喷雾法，药剂以气流为载体，利用风机产生的高速气流，将粗雾滴破碎、吹散、雾化成直径为 $75\sim100\ \mu m$ 的雾滴，并吹送到目标物。弥雾法可用于高浓度低喷量的药剂，可大大减少稀释用水。用弥雾法喷雾，雾滴小，覆盖面积大，药剂不易流失，是一种防治效果好、作业效率高、经济性好的施药方法。

（3）超低量喷雾法。也称飘移积累型喷雾法，利用超低量喷雾机将少量药液（一般为油剂原液）雾化成直径为 $15\sim75\ \mu m$ 的雾滴，由气流或自然气流将其吹送到目标物。细小雾滴在飘移中沉积在作物上。植株各部位所接受的药滴是由多次单一喷幅积累而成的，因而将这种方法称为飘移积累型。这种方法药滴小，覆盖面大，用药量小。但所用药剂应具有高效、低毒、挥发慢、沉降快等特点，否则药滴飘移将造成环境污染。

（4）喷粉法。利用喷粉机的高速气流，将药粉喷洒到植株上。但药粉的黏附性低，耗药量大，受气候影响较大。

（5）喷烟法。先利用烟雾机产生的高温气流和常温气流使药液雾化成直径为 $5\sim10\ \mu m$ 的超微粒子形成烟雾，再随高温气流吹送到目标物，药粒悬浮于空气中弥散到各处。烟雾穿透力强，覆盖性好，较适用于森林、果园、仓库。

（6）土壤处理法。用喷洒机或土壤注射机将农药喷洒或注入土壤中，以达到除病害、虫害的目的。

（7）航空植保。航空植保是运用农用飞机进行的植保作业。它在机具形式和作业方式上与地面作业有很大的不同。目前，农业上使用的飞机主要采用单发动机的双翼、单翼及直升机。我国农业航空方面使用最多的是运－5型双翼机和运－11型单翼机，适用于大面积平原、林区及山区，可进行喷雾、喷粉和超低量喷雾作业。飞机作业的优点是防治效果好、速度快、功效高、成本低。但航空植保作业每次添加药液均需往返升降，而且稀释药液时，给水不方便，为提高飞行一次所喷施的面积，常用超低量喷雾。

（8）静电喷雾。静电喷雾是给喷洒出来的雾滴充上静电，使雾滴与植株之间产生电力，这种电力可以促进雾滴的沉降与黏附，并减少飘移。雾滴充电的方法有电晕充电、接触充电和感应充电三种。

3. 植保机械的维护保养

许多农药都具有强烈的腐蚀性，而制造药械的材料又是薄钢板、橡胶制品、塑料等。因此，要保证植保机械有良好的技术状态，延长其使用寿命，维护保养是非常重要的。主要的维护保养手段如下：

（1）添置新药械后，应仔细阅读使用说明书，了解其技术性能和调整方法、正确使用和维护保养方法等，并严格按照规定进行机具的准备和维护保养。

（2）转动的机件应按照规定的润滑油进行润滑，各固定部分应固定牢靠。

（3）各连接部分应连接可靠，拧紧并密封好，缺垫圈或垫圈老化的要补上或更换，不得有渗漏药液或漏药粉的地方。

（4）每次喷药后，应把药箱、输液（粉）管和各工作部件排空，并用清水清洗干净。喷施过除莠剂的喷雾器，如果用来喷施杀病虫剂时，必须用碱水彻底清洗。

（5）长期存放时，各部件应用热水、肥皂水或用碱水清洗后，再用清水清洗干净，可能存水的部分应将水放尽、晾干后存放。

（6）橡胶制品、塑料件不可放置在高温和太阳直接照射的地方。冬季存放时，应使它们保持自然状态，不可过于弯曲或受压。

（7）金属材料部分不要与有腐蚀性的肥料、农药存放在一起。

（8）磨损和损坏的部件应及时修理或更换，以保证作业时良好的技术状态。

（四）灌溉机械化

灌溉机械是农业机械化的重要组成部分，它对改变农业生产的条件、抵御自然灾害、确保农作物的高产稳产具有十分重要的作用。

传统的灌溉方法有沟灌、洼灌和淹灌。其优点是简便易行，耗能少，投资小。其缺点是用水浪费大，只改变田间小气候，生产率低。而我国是一个水资源贫乏的国家，水资源人均占有量仅为世界的1/4。随着经济的发展，工业和城市用水量激增，农业用水供需矛盾日益突出，干旱缺水已成为制约我国农业发展的主要因素之一。一方面农业缺水，另一方面用水浪费现象普遍存在，使发展节水灌溉技术、提高灌水的利用率成为解决农业缺水的有效方法。

节水灌溉技术是以节约农业用水为中心的综合技术的总称。其核心是在有限的水资源条件下，通过采用先进的水利工程技术、农业机械工程技术、适宜的农业耕作栽培技术和用水计划管理等综合技术措施，充分提高农业水的利用率和水的生产效率，确保农业持续发展。

近几年来，在我国干旱缺水地区已开始推广使用喷灌、滴灌等先进的节水灌溉方法。喷灌和滴灌具有省水、省工、省地、保肥、保土，适应性强及便于实现灌溉机械化、自动化等优点，是农田灌溉的发展方向。

（五）收获机械化

收获作业是农业生产的一个重要环节，其季节性强，劳动强度大，直接影响到农产品的产量和品质。随着农业生产技术水平的不断提高，用现代化手段实现农业产品收获，采用机械化、自动化收获机具对提高生产率具有重要意义。

1. 谷物收获

谷物收获包括收割、捆束、运输、堆垛、脱粒、分离、清粮等作业，它可以用不同的方法来完成，目前我国有以下三种方法：

（1）分别收获法。用人力或机械分别完成收获过程的各项作业。例如，用收割机收割谷物，铺放在留茬地上，由人工捆束、装车运回场上，进行人工堆垛，用脱粒机脱粒、分离和清粮。此方法的优点是所用机械构造简单、投资费用少、对使用技术要求不高，适用于经营规模较小、经济发展水平不高的地区。它的缺点是收获过程的各项作业分别进行，需要众多的劳动力，劳动生产率低，劳动强度大，收获损失也较大。

（2）联合收获法。用谷物联合收获机一次性完成收割、脱粒、分离和清粮等作业。此方法的优点是一次性完成上述作业、需要的劳动力少、劳动生产率大幅度提高、劳动强度减轻、收获损失较小，适用于经营规模大、经济发展水平高的地区。它的缺点是谷物联合收获机构造复杂，投资费用大，而在一年中的使用时间短，并要求有较高的使用技术。

（3）分段联合收获法。先用割晒机收割，谷物条铺在留茬地上，经几天晾晒使谷物后熟和风干，再用装有捡拾器的谷物联合收割机完成捡拾、脱粒、分离和清粮等作业。此方法的优点是割晒机可以比联合收获机提早几天开始收割，谷物可以后熟和风干，品质较好。它的缺点是机器两次作业，行走部分对土壤破坏和压实程度增加，油料消耗比联合收获法增加 7%~10%，如遇连续阴雨天气，谷物在条铺上易长霉和生芽。若将分段联合收获法与联合收获法结合起来，即在收获初期用分段联合收获法，而在收获中、后期使用联合收获法，这样可以充分发挥各自的优点，取得良好的效果。

谷物收获的农业技术要求：适时收获，收获质量好、损失少，割茬高度适宜，茎秆和颖壳分别堆放或将切碎的茎秆均匀撒于田间。

2. 谷物联合收获机

联合收获机融收割机和脱粒机的工作部件为一体，在田间一次性完成作物的切割、脱粒、分离和清粮等全部作业，直接获取清洁的粮食，并依要求对茎秆作适当处理。

对谷物联合收获机的农业技术要求：适应谷物高产的要求；收割、脱粒、分离、清粮等总损失不超过籽粒总收获量的 2%；籽粒破碎率一般不超过 1.5%；收获的籽粒应清洁干净，以小麦为例，其清洁率应大于 98%；割茬高度越低越好，一般要求在 15 cm 左右，割大豆时应尽可能低，对某些需要茎秆还田地区，或因客观条件限制使降低割台高度有困难的，允许高一些。

3. 玉米联合收获机

玉米收获机与小麦等收获机不同，一般需要自茎秆上摘下果穗，剥去苞叶，然后脱下籽粒。玉米茎秆切断后可铺放于田间，以后再集堆；或将茎秆切碎撒开，待耕地时翻入土中；也有在收果穗的同时将整秆切断、装车、运回进行青贮。

机械化收获玉米可用谷物联合收获机或专用的玉米联合收获机。

第十二章　作物保护理论与技术

作物保护是一门保护作物的学科，是综合运用多学科知识以保护作物为目的的科学。在农业上，作物保护主要保护栽培作物，使其达到"两高一优"的目的。传统作物保护以研究和控制栽培作物的病虫害为主要目标。据估算，在美国，作物因病虫危害所造成的损失为总产量的30%；在我国，目前每年平均因病虫害损失粮食1600多万吨，棉花30多万吨，油料140多万吨。减少病虫害对作物所造成的巨大损失，任重而道远。本章将介绍作物病虫害的基础理论和防治技术。

第一节　作物病害

一、作物病害的概念

（一）作物病害的定义

作物由于遭受病原生物的侵染或不适宜的环境因素的影响，使其细胞和组织的功能失调、正常生理过程受到干扰，表现出组织和形态的有害变化，导致产量降低，品质变劣，甚至死亡的现象称为作物病害。

作物病害的基本特征是有一个持续的病理变化过程（简称病程）。作物遭受病原生物的侵染和不适宜的非生物因素（如营养缺乏或不均衡、水分供应失调、温度过高或过低等环境因子）的影响后，首先表现为作物的正常生理功能失调，如呼吸作用和蒸腾作用的加强，同化作用的降低，酶的活性和碳、氮代谢的改变，以及水分和养分吸收运转的失常等（称为生理病变）；然后出现内部组织的变化，如叶绿体或其他色素体的减少或增加、细胞数目和体积的增减、维管束的堵塞、细胞壁的加厚以及细胞和组织的坏死等（称为组织病变）；随后是外部形态的不正常表现，如根、茎、叶、花、果实的坏死、腐烂、畸形等（称为形态病变），从而使作物的生长发育过程受到阻碍，随着病变的逐渐加深，作物的不正常表现也越来越明显。由此可见，作物病害的形成过程是动态的，有一个病理变化过程。

此外，从生产和经济观点出发，一些因"生病"而提高了经济价值或观赏价值的作物都是"病态"作物，如受黑粉菌寄生的茭白，弱光下栽培的韭黄、葱白，感染病毒的花叶郁金香等，一般不当作病害。

因此,理解作物病害概念的基本点,应是有致病因素的影响,有一个持续的病理变化过程,并对人类的经济活动造成损失。

(二) 作物病害发生的原因

作物病害是作物与病原在外界环境条件的影响下相互作用,并导致作物生病的过程。因此,作物病害发生的基本因素是病原、感病作物和环境条件。

1. 病原

病原是作物发生病害的原因,可分为以下两大类:

(1) 非生物病原:为非生物因素,主要包括不适宜的物理和化学因素,如营养缺乏或不均衡、水分供应失调、温度过高或过低、日照不足或过强、缺氧、空气污染、土壤酸碱不当或盐渍化、农药引起的药害等。

(2) 生物病原:为生物因素,主要包括菌物界的真菌,原核生物界的细菌、放线菌和植原体,病毒界的病毒和类病毒,动物界的线虫和作物界的寄生性种子作物等。上述引起作物病害的生物,统称病原生物,简称病原物,其中属菌类的病原物(如真菌、细菌等)称为病原菌。

2. 感病作物

作物病害的发生必须有感病作物的存在。首先从作物本身来看,有的作物种子由于先天发育不全,或带有某种异常的遗传因子,播种后显示出遗传性病变。其次,不同作物品种在病害的发生上也存有明显的差异,不同品种的作物间对病原物不同的生理小种也存在抗病性的显著差异。最后,同一品种作物的不同生育期,其抗病性也明显不同。此外,作物的感病性也与病原物的致病性强弱和环境条件有着十分密切的关系。

3. 环境条件

作物和病原都不能脱离其环境而存在,在作物病害的发生过程中,作物和病原的相互作用也无时无刻不受环境的影响,作物病害的发生受到环境条件的制约。环境条件包括气候、栽培等非生物条件和人、昆虫、其他动物及作物周围的微生物区系等生物条件。一方面环境条件可以直接影响病原,促进或抑制其发生发展;另一方面也可以影响寄主的生长发育,左右其感病性或抗病能力。因此,在作物病害发生与否的作物和病原的相互斗争中,环境起着"裁判员"的作用。只有当环境条件有利于病原而不利于寄主作物时,病害才能发生发展;反之,当环境条件有利于寄主作物而不利于病原时,病害就不能发生或者受到抑制。

综上所述,这种需要病原物、寄主作物和一定的环境条件三者配合才能引起作物病害的观点,称为"病害三角"或"病害三要素"关系(如图 12-1 所示)。"病害三角"在作物病理学中占有十分重要的位置,在分析病因、侵染过程和流行,以及制定防治对策时,都离不开对"病害三角"的分析。

图 12-1 病害三角

(三) 作物病害的症状

作物病害的症状是作物受病原物的侵染或不良环境因素的胁迫，内部生理活动和外观的生长发育所表现出的病态。一般把罹病后的作物本身的不正常表现称为病状，把病害（如真菌病害、细菌病害）在病部可见的一些病原物结构（营养体和繁殖体）称为病征。凡作物病害都有病状，真菌、细菌和寄生性种子作物所引起的病害有比较明显的病征。病毒、类病毒和植原体、螺原体等由于其寄生在作物细胞和组织内，在作物病部外无表现，因而它们所引起的病害无病征。非传染性病害也无病征。内寄生线虫病一般无病征，而外寄生线虫病在作物体外有病征。

作物病害症状类型，按症状在作物体显示部位的不同，可分为内部症状和外部症状两类。内部症状是指感病作物在作物体内细胞形态或组织结构发生的变化，可以在显微镜下观察和识别，常见的有病毒病的内含体、萎蔫病组织中的侵填体和胼胝质等。外部症状是指在感病作物外表所显示的各种病变，肉眼即可识别。在外部症状中，按有无病原物实体显露，可分为病征和病状两种。

由于作物病害的症状均有一定的特异性和相对的稳定性，所以它是诊断病害的重要依据。又因症状反映了作物病害的主要外观特征，故许多作物病害通常是以症状来命名的，如白粉病、锈病、霜霉病等。同时，由于症状在不同程度上的相似性和复杂性，故在作物病害的诊断时，应予以充分地考虑，以避免误诊。

1. 病状类型

常见作物病害的病状类型有 5 类，即变色、坏死、腐烂、萎蔫和畸形。

(1) 变色。变色是指感病作物的色泽发生改变。变色症状有两种形式：一种是整株植株、整个叶片或者叶片的一部分均匀地变色，主要表现为褪绿和黄化。褪绿是由于叶绿素的减少而使叶片表现为浅绿色，当叶绿素的量减少到一定程度就表现为黄化。另一种形式是叶片不均匀地变色，如常见的花叶是由于形状不规则的深绿、浅绿、黄绿或黄色部分相间而形成不规则的杂色，不同变色部分的轮廓是很清楚的。有时变色部分的轮廓不很清楚，这种症状称为斑驳。作物的病毒病和有些非侵染性病害（尤其是缺素症）常常表现为以上两种形式的变色症状；有些植原体引起的病害往往表现为黄化症状。

(2) 坏死。坏死是细胞和组织的死亡，因受害部位不同而表现出各种病状。坏死在叶片上常表现为叶斑和叶枯。许多作物病毒所引起的叶枯是指叶片上较大面积的枯死，枯死的轮廓有的不像叶斑那样明显。幼苗近地面茎组织的坏死，有时引起所谓的猝倒和立枯。

(3) 腐烂。腐烂是作物组织较大面积的分解和破坏。根、茎、叶、花、果都可发生腐烂，幼嫩或多肉的组织则更容易发生。腐烂与坏死有时是很难区别的。一般来说，腐烂是整个组织和细胞受到破坏和消解，而坏死则多少还保持原有组织的轮廓。

（4）萎蔫。作物的萎蔫有各种原因。典型的萎蔫症状是指作物根茎的维管束组织受到破坏而发生的凋萎现象，而根茎的皮层组织还是完好的。萎蔫的程度和类型也有区别，有青枯、萎蔫、黄萎等。

（5）畸形。畸形是指植株受病原物产生的激素类物质的刺激而表现出的异常生长。畸形可分为增大、增生、减生和变态四种。

当两种或多种病害同时在一株作物上发生时，可以出现多种不同类型的症状，这种情况称为并发症。

2. 病征类型

（1）霉状物。病原真菌在病部会产生各种颜色的霉层，如霜霉、青霉、灰霉、黑霉、赤霉、烟霉等。霉层是由病原真菌的菌丝体、孢子梗和孢子所组成的，如水稻稻瘟病、小麦赤霉病等。

（2）粉状物。病原真菌在病部会产生各种颜色的粉状物，如小麦白粉病和瓜类白粉病所表现的白粉状物。

（3）锈状物。病原真菌在病部会产生黄褐色锈状物，如小麦锈病等。

（4）点状物。病原真菌在病部会产生黑色、褐色小点，多为真菌的繁殖体，如小麦白粉病。

（5）线状物、颗粒状物。病原真菌在病部会产生线状或颗粒状结构，如油菜的菌核病。

（6）脓状物（溢脓）。病部出现的脓状黏液，干燥后成为胶质的颗粒，这是细菌性病害特有的病征，如水稻白叶枯病病部的黏液。

（四）作物病害的分类

按作物的类型，可分为果树病害、蔬菜病害、大田作物病害、牧草病害和森林病害等；按寄主受害部位，可分为根部病害、叶部病害和果实病害等；按病原生物的类型，可分为真菌病害、细菌病害和病毒病害等；按传播方式和介体的不同，可分为种传病害、土传病害、气传病害和介体传播病害等；但最实用的还是按照病因类型来区分的方法，它的优点是既可知道发病的原因，又可知道病害发生的特点和防治的对策等。根据这一原则，作物病害分为两大类：第一类是由病原生物侵染造成的病害，称为侵染性病害，因为病原生物能够在作物间传染，所以又称传染性病害；另一类是没有病原生物参与，只是由于作物自身的原因或外界环境条件的恶化所引起的病害，这类病害在作物间不会传染，因此称为非侵染性病害或非传染性病害。非传染性病害是由环境中不适宜的物理和化学因素引起的病害。引起非传染性病害的原因很多，包括营养、气候（温度、湿度、光照等）、土壤（土壤水分、酸碱度及盐害等）、栽培管理条件（施肥、农药药害等）以及环境污染等。由于此类病原在作物栽培学和土壤肥料学中有较详细的讨论，本章不再介绍。

二、作物传染性病害的病原物

作物传染性病害的病原物主要包括真菌、病毒及亚病毒、病原原核生物、线虫、寄生性种子植物等。

（一）病原真菌

真菌在自然界的分布极广，种类很多，已描述的约10万多种，在淡水、海水、土壤以及地面的各种物体上都有真菌存在。真菌的主要特征有：①为真核生物，有固定的细胞核；②营养体简单，大多为菌丝体，细胞壁的主要成分为几丁质，有的为纤维素，少数真菌的营养体是不具有细胞壁的原质团；③营养方式为异养型，没有叶绿素或其他可进行光合作用的色素，需要从外界吸收营养物质；④典型的繁殖方式是产生各种类型的孢子。

作物病原真菌指的就是那些可以寄生于作物并引起作物病害的真菌，已记载的有8000种以上。在作物病害中，由真菌引起的病害数量最多，占到80％以上，几乎每种作物都有几种真菌病害，多的有几十种，有不少是严重病害。作物上常见的黑粉病、锈病、白粉病和霜霉病等，都是由真菌引起的。

除了引起病害，真菌还能使食物和其他农产品腐败和变质，木材腐烂以及布匹、皮革和器材霉烂。一些真菌产生的毒素可以引起人畜中毒或致癌。但是，真菌对人类也有有益的一面，许多真菌是重要的工业和医药微生物，可以用来生产抗生素、维生素、有机酸、酒精和酶制剂，作为中药或用于食品的加工。有些真菌是很有价值的食用菌。许多真菌可以分解土壤中的动植物残体，有的可以和作物根系共生形成菌根。还有些真菌对其他病原物有拮抗作用或寄生在其他病原物或昆虫上，可作为生物防治的材料。

1. 真菌的营养阶段

真菌的营养体除极少数是原生质团或单细胞外，大多数呈丝状体，称为菌丝体，多数菌丝体无色透明。

低等真菌的菌丝体没有隔膜，含有多个细胞核。高等真菌的菌丝体有隔膜，因此是多细胞的，每个细胞内有一至多个核。

菌丝的繁殖能力很强，被截断可以发育成新的个体。真菌侵入寄主体内后，以菌丝体在寄主的细胞间或穿过细胞扩展蔓延。菌丝体与寄主的细胞壁或原生质接触后，寄主的营养物质因渗透压的关系进入菌丝体内。有的真菌侵入寄主后，在寄主细胞中形成吸收养分的特殊器官——吸器。吸器的形状有瘤状、蟹状、掌状或分枝状等。

有些高等真菌的菌丝体在不良条件下可以转变为特殊结构，如菌核和厚壁（垣）孢子。菌核是由菌丝体交织成的休眠体，形状似绿豆、鼠粪或不规则形，颜色呈褐色或黑色等。菌核中储存有较多的养分，组织坚硬，是真菌用以渡过不良环境的结构。厚壁孢子是菌丝体或孢子的某些细胞膨大、原生质浓缩和细胞壁变厚而形成的，它也是用来渡过不良环境的。当环境条件适宜时，菌核和厚壁孢子萌发形成菌丝体，恢复营养阶段的生长发育。

2. 真菌的繁殖阶段

真菌经过营养阶段后，即转入生殖阶段。先进行无性繁殖，产生无性孢子。有的真菌在后期进行有性生殖，产生有性孢子。真菌产生孢子的结构，不论简单或复杂，无性繁殖或有性生殖，统称子实体。

（1）无性繁殖。无性繁殖是不经过性细胞的结合过程而直接由菌丝分化形成孢子的繁殖方式。无性孢子有以下三种（如图12-2所示）：

①游动孢子。形成于游动孢子囊内。孢子囊是由菌丝或孢囊梗顶端膨大而形成的囊状

物。游动孢子没有细胞壁，有1~2根鞭毛。成熟时从孢子囊内释放出来，能在水中游动。

②孢囊孢子。形成于孢子囊内。孢子囊由菌丝或孢囊梗的顶端膨大而成，孢囊孢子有细胞壁，没有鞭毛。成熟后孢子囊壁破裂，孢囊孢子散出。

③分生孢子。产生于由菌丝分化而形成的分生孢子梗上，生长方式为顶生、侧生或串生等，形状、颜色、大小多种多样。成熟后从孢子梗上脱落。

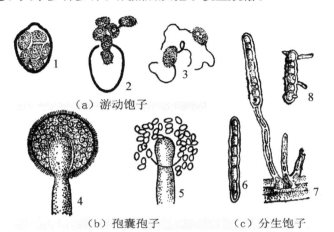

（a）游动孢子　　　　　　　　　　（b）孢囊孢子　　（c）分生孢子

图12-2　真菌无性孢子的类型

1. 游动孢子囊；2. 孢子囊萌发；3. 游动孢子；
4. 孢囊梗和孢子囊；5. 孢子囊破裂释放孢囊孢子；
6. 分生孢子；7. 分生孢子梗；8. 分生孢子萌发

一些真菌的分生孢子生在近球形的结构里，这种结构称为分生孢子器。分生孢子器顶端有一孔口，孢子成熟后由孔口散出。有些真菌的分生孢子生在分生孢子盘上。分生孢子盘是由菌丝构成的一种垫状物。菌丝垫上生有一层很短的小梗，梗上着生分生孢子。

（2）有性生殖。真菌经过营养阶段和无性繁殖后，多数转入有性生殖。多数真菌是在菌丝体上分化出性器官的，称为配子囊，其内的性细胞称为配子。

性细胞结合形成有性孢子，其发展过程可分为三步：第一步是质配，即一个性细胞的原生质连同细胞核与另一个性细胞的原生质和细胞核合并在一起，成为具有双核的细胞（N+N），这时的染色体数仍是单倍体（N）；第二步是核配，就是两性细胞核结合成一个核，这时细胞核的染色体数成为双倍体（2N）；第三步是减数分裂，形成4个具有单倍体的细胞核（N）。

常见的有性孢子有以下几种（见图12-3）：

①卵孢子。多数是由两个异型（少数同型）配子囊（大的称为藏卵器，小的称为雄器）接触后，雄器内的原生质和细胞核移到藏卵器里，经过质配和核配而形成。

②接合孢子。由两个同型配子囊相结合，经过质配和核配后形成。

③子囊孢子。由两个异型配子囊（雄器和造囊器）相结合，经过质配、核配和减数分裂而形成。子囊菌在有性生殖中形成4种子实体：呈球状而无孔口的称为闭囊壳；呈瓶状或球状而有孔口的称为子囊壳；在子座中形成，呈球状或瓶状，无孔口或有孔口的称为子囊腔；呈盘状的称为子囊盘。在闭囊壳、子囊壳里和在子囊盘上形成的囊状结构称为子

囊。子囊透明，无色，棒状、椭圆形或圆形。在子囊里形成子囊孢子，一般是 8 个。子囊孢子的形状有多种。

④担孢子。由性别不同的两条菌丝相结合形成双核菌丝，双核菌丝的顶端细胞膨大成棒状的担子。在担子里的双核经过核配和减数分裂，最后在担子上着生外生的担孢子（一般为 4 个）。

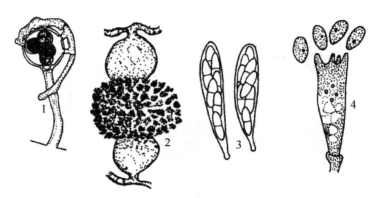

图 12-3　有性孢子的形成
1. 卵孢子；2. 接合孢子；3. 子囊孢子；4. 担孢子

3. 真菌的生活史

真菌从一种孢子开始，经过生长和发育阶段，最后又产生同一种孢子的过程，称为真菌的生活史。真菌的生活史是真菌个体发育和系统发育的过程。

真菌的营养菌丝体在适宜条件下产生无性孢子，无性孢子萌发形成芽管，芽管生长形成新的菌丝体，这是无性阶段，在生长季节常循环多次。无性孢子繁殖快，数量大，扩散广，往往对一种病害在生长季节中的传播和再侵染起重要的作用。真菌在生长后期进入有性阶段，从单倍体的菌丝体上形成配子囊或配子，经过质配进入双核阶段，再经过核配形成双倍体的细胞核，最后经过减数分裂，形成单倍体的细胞核，这种细胞发育成单倍体的菌丝体。有性生殖多发生在侵染的后期或腐生阶段，所产生的有性孢子往往是病害初侵染的来源。

真菌的生活史包括三个方面：①发育过程有营养阶段和繁殖阶段；②繁殖方式分无性繁殖和有性生殖；③细胞核的变化分为单倍体阶段、双核阶段和双倍体阶段。

真菌的生活史中可以形成无性孢子和有性孢子，有的真菌不止产生一种孢子，这种形成几种不同类型孢子的现象，称为真菌的多型性。典型的锈菌在其生活史中可以形成 5 种不同类型的孢子。一般认为多型性是对环境适应性的表现。作物病原真菌不同类型的孢子，可以产生在同一种寄主上，这种只在一种寄主上就能完成生活史的现象称为单主寄生。同一病原真菌不同类型的孢子，发生在两种不同科的寄主上才能完成其生活史的现象称为转主寄生。转主寄生也以锈菌最为显著。了解真菌的多型性和转主寄生现象是为了正确识别病原和防治病害。

4. 真菌的分类及命名

（1）真菌的分类。一般是以形态学、细胞学、生物学特性及个体发育和系统发育资料分类，其中最重要的是形态特征，特别是以有性生殖和有性孢子的性状作为真菌分类的依据。

目前通行的分类系统将真菌独立成为一界，即真菌界。本书依据安斯沃思的分类系统，真菌界分为黏菌门和真菌门，真菌门分为五个亚门，五个亚门分类检索表如下：

①无性阶段有能动细胞（游动孢子），有性阶段产生卵孢子……………… 鞭毛菌亚门
②无性阶段无能动细胞，有有性阶段：
　　a. 有性阶段产生接合孢子…………………………………………………… 接合菌亚门
　　b. 有性阶段产生子囊孢子…………………………………………………… 子囊菌亚门
　　c. 有性阶段产生担孢子……………………………………………………… 担子菌亚门
③无性阶段无能动细胞和没有有性阶段 …………………………………… 半知菌亚门

真菌各级的分类单元是界、门、亚门、纲、亚纲、目、科、属、种。种是真菌最基本的分类单元，许多亲缘关系相近的种就归于属。种的建立是以形态为基础的，种与种之间在主要形态上应该有显著而稳定的差别，有时还应考虑生态、生理、生化及遗传等方面的差别。

真菌在种下面有时还可分为变种、专化型和生理小种。变种也是根据一定的形态差别来区分的。专化型和生理小种在形态上没有什么差别，而是根据致病性的差异来划分的。专化型的区分是以同一种真菌对不同科、属寄主致病性的专化为依据。生理小种的划分则是以同一种真菌对不同寄主的种或品种致病性的专化为依据的。有些寄生性真菌的种，没有明显的专化型，但是可以区分为许多生理小种。生理小种是一个群体，其中个体的遗传性并不完全相同。因此，生理小种是由一系列的生物型组成的。生物型则是由遗传性一致的个体所组成的群体。

（2）真菌的命名。真菌的命名和其他生物一样也是采用双名法，前一个名称为属名，后一个名称为种名，学名之后为定名人的姓氏，如水稻稻瘟病菌：*Pyricularia grisea*。学名的书写法是属名和定名人的第一个字母是大写，种名、变种名和专化型的名称第一个字母均小写，生理小种一般用编号来表示。

有些真菌有两个学名，这是因为最初命名时，只发现无性阶段，以后发现了有性阶段时又另外命名。按国际命名法，每一种真菌只能有一个学名，这个学名应当指它的有性阶段，稻瘟病有性阶段子囊菌的学名为 *Mycosphaerella malinveniana*，无性阶段半知菌的学名为 *Pyricularia grisea*，通用前一个正规的学名。但有时从实际出发，也有采用自然界常见的无性阶段学名的，如稻瘟病 *Pyricularia grisea* 的有性阶段学名 *Mycosphaerella malinvniana*，因其很少发现，所以就常用无性阶段学名。

（3）病原真菌各亚门的主要特征。

①鞭毛菌亚门。本亚门的特征是营养体是单细胞或无隔的菌丝体，无性繁殖产生游动孢子，有性生殖产生卵孢子。这类真菌的生态特性是多数具有水生或土生习性，潮湿环境有利于生长发育。本亚门与农作物病害有关的主要菌类有：引起水稻烂秧的绵霉菌，引起多种作物幼苗猝倒的腐霉菌，引起大豆、油菜等霜霉病以及谷子白发病的霜霉菌，引起马铃薯晚疫病的疫霉菌等。

②接合菌亚门。本亚门真菌的特征是菌丝体没有隔膜。无性繁殖产生孢囊孢子，有性生殖形成接合孢子。陆生习性。重要的病原物有引起甘薯软腐病的匍枝根霉。

③子囊菌亚门。本亚门真菌的特征是菌丝体有隔膜。有性生殖形成子囊孢子。大多数

子囊产生在闭囊壳、子囊壳、子囊腔内或在子囊盘上（如图 12—4、图 12—5 所示）。

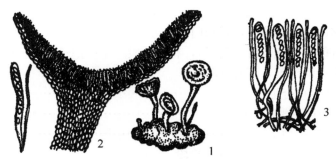

图 12—4　子囊菌亚门——囊壳菌的子囊壳及其纵剖面

1. 菌核萌发形成子囊盘；2. 子囊盘纵剖面；3. 子囊、子囊孢子和侧丝

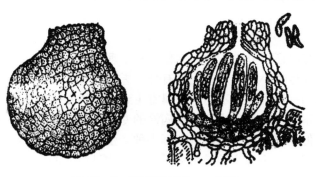

图 12—5　子囊菌亚门——盘菌

子囊菌的无性繁殖很发达，产生各种类型的分生孢子，对病害蔓延起重要作用。子囊菌都是陆生的。除白粉菌等少数菌是活体营养生物外，其他都是死体营养生物。与农作物病害有关的有以下几种菌类：

a. 闭囊壳菌类。有性生殖形成闭囊壳，如引起麦类白粉病的白粉菌。

b. 子囊壳菌类。有性生殖形成有孔口的子囊壳。重要的病原物有多种，如引起麦类赤霉病的赤霉菌，引起麦类全蚀病的禾顶囊壳菌，引起甘薯黑斑病的长喙壳菌等。

c. 盘菌类。多数盘菌类不形成分生孢子，在被害作物上形成菌核，以菌核越冬。菌核萌发形成子囊盘。重要的病原物有引起油菜菌核病的核盘菌。

④担子菌亚门。本亚门真菌的特征是菌丝体有隔膜。除锈菌和少数黑粉菌外，大多数担子菌不形成无性孢子，有性生殖形成担子和担孢子。重要的病原物有引起多种作物锈病的锈菌（如图 12—6 所示）和黑粉病的黑粉菌。

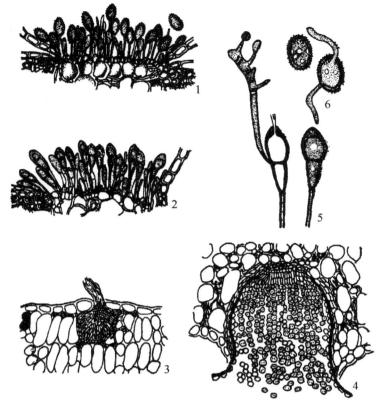

图 12-6　锈菌的各种孢子类型

1. 夏孢子堆和夏孢子；2. 冬孢子堆和冬孢子；3. 性孢子器和性孢子；
4. 锈孢子腔和锈孢子；5. 冬孢子及其萌发；6. 夏孢子及其萌发

a. 黑粉菌。黑粉菌以冬孢子附着在种子上，落入土壤中或在粪肥中越冬，有的则以休眠菌丝体在种子内越冬，如大、小麦散黑穗菌。冬孢子萌发时形成担子和担孢子。不同性别的担孢子结合后产生侵染丝侵入寄主。在寄主体内的菌丝体最后又形成冬孢子。

b. 锈菌。锈菌是活体营养生物。近年经研究，有个别锈菌（如小麦秆锈菌、叶锈菌）可在特殊的培养基上进行人工培养。

锈菌的生活史要比黑粉菌复杂得多，以小麦秆锈菌为例，它在一种野生作物——小檗上产生性孢子和锈孢子，在小麦上产生夏孢子和冬孢子。

⑤半知菌亚门。真菌的分类主要是根据有性阶段的形态特征，但有一大类群真菌只有无性阶段，没有或还没有发现其有性阶段，人们暂时把这类菌归为半知菌亚门。一旦发现其有性阶段后，大多数半知菌属于子囊菌，只有少数属于担子菌，个别属于接合菌。

半知菌都是死体营养生物。菌丝体有隔膜，无性孢子是分生孢子，有的产生菌核或厚壁孢子。

半知菌的分生孢子梗和分生孢子的形状和颜色等是多种多样的，单细胞或多细胞，无色或有色，顶生、侧生、串生等。有的分生孢子梗和分生孢子着生在寄主表面，有的着生在分生孢子器内，有的着生在分生孢子盘上，有的则根本不产生孢子。根据这些特征，半知菌可分为以下 4 类：

a. 丛梗孢。丛梗孢的分生孢子梗和分生孢子有色或无色，孢子梗单生或集生，形状呈丛状、束状或垫状，如图 12－7 所示。它们着生在寄主表面，表现为各种颜色的霉状物。重要的病原物有引起稻瘟病的稻梨孢菌，引起玉米大、小斑病的长蠕孢菌。

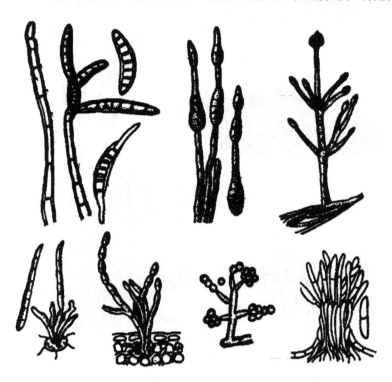

图 12－7 半知菌亚门——丛梗孢菌各种类型的分生孢子梗和分生孢子

b. 黑盘孢。其分生孢子生在盘状的分生孢子盘上。分生孢子梗通常是单细胞，很短，并且密集地生在分生孢子盘上，在其上着生分生孢子，如图 12－8 所示。重要的病原物有引起棉花及红、黄麻炭疽病的刺盘孢菌。

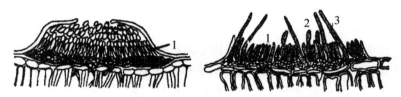

图 12－8 半知菌亚门——黑盘孢菌的分生孢子盘纵剖面
1. 分生孢子梗；2. 分生孢子；3. 刚毛

c. 球壳孢。其分生孢子生在球形、瓮形的分生孢子器内，如图 12－9 所示。重要的病原物有引起小麦颖枯病的壳针孢菌。

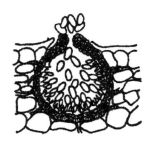

图 12-9　半知菌亚门——球壳孢菌的分生孢子器及其纵剖面

　　d. 无孢。这类半知菌不产生孢子，只产生菌丝体，并在一定的发育阶段形成菌核。重要的病原物有引起水稻和小麦纹枯病和棉苗立枯病的丝核菌。

　　（4）真菌所致病害的特点。真菌所致的病害常在寄主被寄生部位的表面长出霉状物、粉状物等，这是真菌性病害的重要标志。

　　鞭毛菌亚门的一些菌，如绵霉、腐霉、疫霉菌等，在湿度大时，常在病部生出白色毛状物病征。

　　子囊菌和半知菌所引起的病害一般都形成明显的病斑，并有明显的颜色较深的边缘，在病斑上产生各种颜色的霉状物或小黑点。

　　担子菌中的黑粉菌和锈菌形成黑色或锈色的粉状物。

（二）作物病原原核生物

　　原核生物是一类单细胞微生物，具有细胞膜或细胞壁包围着的原生质体。原生质体的核糖体沉降系数较小（70S），其遗传物质 DNA 无保护膜，这与真核生物的细胞核有所不同。有两类原核生物引起作物病害，它们是细菌和植原体。

　　1. 作物病原原核生物的形态与生物学特征

　　（1）形态与结构。细菌细胞呈球形、杆状和螺旋状，大小在（0.5～14）×1.5 μm，作物病原细菌多数是杆状。菌体细胞壁由多糖、拟脂类和壳质组成，胞壁外面包围着厚薄不同的黏质层。黏质层厚而固定的称为荚膜，作物病原细菌一般无荚膜。细胞壁下面是细胞质膜，其上可产生鞭毛基体，由此生出鞭毛并穿透细胞壁和黏质层。鞭毛可长达菌体若干倍，有助于细菌活动，鞭毛着生的位置和数量是细菌形态特征之一。细胞质的中央有一个核区，类似细胞核，其中含有异染粒、核糖体和液泡等。有些细菌生长到一定时期，细胞内可形成一种厚壁内生孢子，称为芽孢，其可以抗拒高温和干燥等，不过作物病原细菌一般不产生芽孢。芽孢不是繁殖器官，萌发后也只形成一个细菌。细菌的形态结构模式如图 12-10 所示。植原体的形态为圆球状至椭圆形并具有多型性，大小为 80～100 nm，无细胞壁，有三层结构的质膜包围（如图 12-11 所示），螺原体形态为螺旋形。它们都没有细胞壁和鞭毛。

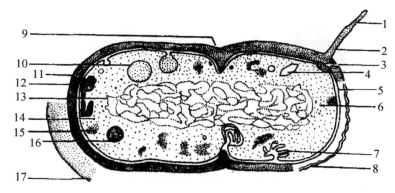

图 12—10　细菌的模式结构

1. 鞭毛；2. 鞭毛鞘；3. 鞭毛基体；4. 气泡；5. 细胞质膜；6. 核糖体；7. 中间体；
8. 革兰氏阴性细菌细胞壁；9. 隔膜的形成；10. 液泡；11. 革兰氏阳性细菌细胞壁；
12. 载色体；13. 核物区；14. 核糖体；15. 聚核糖体；16. 异染体；17. 荚膜

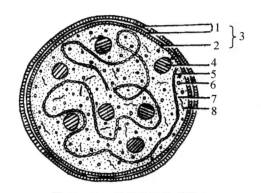

图 12—11　植原体的构造模式

1. 类脂质层；2. 蛋白质层；3. 单位膜（限界膜）；4. 核质；
5. DNA；6. 可溶性蛋白质；7. 代谢物；8. 可溶性 RNA

　　（2）生物学特性。细菌的分布极为广泛，土壤、水域和动植物体无处不在。其繁殖速度极快，约 20 min 分裂一次，即在成熟菌体中形成隔膜和壁，最后断裂为 2 个细胞。温度对于细菌繁殖有影响，一般作物病原细菌繁殖温度为 26℃～30℃。细菌没有典型的有性生殖，但是也有一些类似改变遗传性状的现象发生，具体有：①接合，通过细胞接触，受体细胞接受供体细胞的 DNA；②转化，细胞从外部介质中吸收 DNA；③转导，通过病毒来获得 DNA；④溶源性，细菌的 DNA 和病毒 DNA 局部互换，有时也使病毒失去裂解细菌的循环。这些发现说明，核配和减数分裂不是遗传重组的唯一方式。

　　染色反应是细菌的重要性状之一，因为菌体细胞太小，经过染色便于观察。后来发现有的染色方法对细菌具有鉴别作用，例如革兰氏染色法可以把细菌分成两大类。具体方法包括用结晶紫和碘液处理涂片固定的细菌，再用酒精和丙酮冲洗。如果菌体不褪色且呈蓝紫色，则为革兰氏阳性菌（G$^+$）。如果洗后褪色，再用番红复染后菌体呈红色，则为革兰氏阴性菌（G$^-$）。两类细菌的主要区别在于细胞壁的化学成分。G$^-$ 细菌细胞壁的高脂肪允许酒精通过进入细胞质使染色脱掉，因为染液是使细胞质而不是细胞壁着色。G$^+$ 细菌的壁内缺少脂肪，酒精不能使细胞质脱色。革兰氏染色是一个快速初步区分两大类型细菌的方法。植原体和螺原体没有细胞壁，植原体革兰氏染色反应为阴性，螺原体革兰氏染色反应为阳性。

细菌的呼吸作用可以区别为好气呼吸和厌气呼吸。好气呼吸可使多种有机化合物氧化，最终产生二氧化碳和水；厌气呼吸是一些细菌在嫌气条件下氧化有机化合物，而另一种厌气呼吸则是硝酸盐还原菌的反硝化作用。

病原细菌属于死体营养的兼性寄生物，很容易人工培养。但不同种类的植物病原，其寄生性程度有很大差别。寄生性低级的，主要侵染地下部多汁器官；而寄生性较高级的，则以侵染叶片等绿色器官为主；还有一些属于中间型，侵染根部及维管系统。植原体在人工培养上较难培养，螺原体在人工培养上较易培养。

在自然界中，有许许多多的原核生物，种类繁多。分类学家为了研究方便，将它们按一定的亲缘关系联系起来，又根据若干性状的不同，将它们区分开，放在一个有等级差别的分类阶元中。目前，原核生物的高级分类阶元为4个门，在门与属之间的中间阶元因资料不全，还不够明确，但属与种则比较明确。

长期以来，作物病原原核生物仅限于5~6个属，即土壤杆菌属、欧文氏菌属、假单胞菌属、黄单胞菌属、棒状杆菌属和链丝菌属。近十多年来，又陆续新建了一些作物病原细菌属。迄今为止，作物病原细菌的主要类群有20个属（见表12-1），除了土壤杆菌属、欧文氏菌属、假单胞菌属、黄单胞菌属和链丝菌属外，革兰氏阴性菌增加了嗜酸菌属、根杆菌属、根单胞菌属、嗜木质菌属、泛生菌属和木质部小菌属；革兰氏阳性菌有棒形杆菌属、节杆菌属、短小杆菌属、红球菌属和芽孢杆菌属等。1992年以来，作物病原细菌又增加了布克氏菌属和韧皮部杆菌属等。

表12-1 作物病原原核生物的主要属和代表种

门种	属 名	病原菌代表种
薄壁菌门	*Agrobacterium* 土壤杆菌属 * *Acidovorax* 嗜酸菌属 *Burkholderia* 布克氏菌属 * *Erwinia* 欧文氏菌属 * *Liberobacter* 韧皮部杆菌属 * *Pantoea* 泛生菌属 * *Pseudomonas* 假单胞菌属 * *Rhizobacter* 根杆菌属 *Rhizomonas* 根单胞菌属 * *Xanthomonas* 黄单胞菌属 * *Xylella* 木质部小菌属 * *Xylophilus* 嗜木质菌属	*A. tumefaciens* 蔷薇科根癌病 *A. avenae* 燕麦条纹病 *B. cepacia* 洋葱腐烂病 *E. amylovora* 梨火疫病 *L. asiaticum* 柑橘黄龙病 *P. ananas* 菠萝腐烂病 *P. syingae* 丁香疫病 *R. daucus* 胡萝卜瘿瘤病 *R. suberifaciens* 莴苣栓皮病 *X. campestris* 甘蓝黑腐病 *X. fastidiosa* 葡萄皮尔斯病 *X. ampelinus* 葡萄溃疡病
厚壁菌门	*Arthrobacter* 节杆菌属 *Bacillus* 芽孢杆菌属 *Clavidacter* 棒形杆菌属 * *Curtobacterium* 短小杆菌属 * *Rhodococcus* 红球菌属 *Streptomyces* 链丝菌属	*A. ilicis* 冬青叶疫病 *B. megaterium* 小麦白叶条斑病 *C. michiganese* 番茄溃疡病 *C. flaccumfaciens* 菜豆萎蔫病 *R. fascians* 香豌豆带化病 *S. scabies* 马铃薯疮痂病

门种	属　　名	病原菌代表种
无壁菌门	*Spiroplasma*　螺原体属 *Pyhtoplasma*　植原体属＊	*S. citri*　柑橘僵化病 *P. aurantifolia*　柑橘丛枝病

注：＊表示重要的作物病原原核生物。

作物病原原核生物中的大多数成员属薄壁菌门，革兰氏染色反应阴性，对碱性染料、表面活性剂不太敏感，对营养要求不十分严格。

2. 作物病原原核生物的属和种

（1）属的性状特征。作物病原原核生物的属是由一个模式种和与模式种类似的群体组成的。在种和属的分类鉴定中，最重要的是下列一些性状和特征：

①形态特征和培养性状：菌体形状与大小、鞭毛、荚膜、芽孢、在固体和液体培养中的形态特征和色素的产生。

②生理生化性状：革兰氏染色反应和抗酸染色反应等；细胞壁结构与组分，色素和毒素的生化性状、抗原性、代谢类型，对碳源、氮源和大分子物质的利用能力与分解产物等。

③遗传性状：DNA 中 G＋C mol％、寡聚核苷酸序列，以及 DNA-rRNA 杂交的同源性等。测定遗传物质 DNA 分子中 G＋C 含量的多少，具有属和种一级分类价值，不同的属数值范围是较固定的，但由于有些亲缘关系相近的属的这个数值边缘略有覆盖或重叠，因此这一数值主要用来确认或否定某个菌株是否为该属的成员。一般认为，两个样本的同源值在 70％以上时属一个变种或亚种，60％以上为同一"种"，20％～60％为同一"属"，20％以下则为不同的"属"。

（2）"种"及种下的分类单元。原核生物的种是由一个模式菌株为基础，连同一些具有相同性状的菌系群共同组成的群体。原核生物的"种"的概念比动物和植物的"种"的概念要模糊得多，因为形态差异不大，"性"的概念也很难应用到分类中。

在细菌"种"的下面，也可以根据寄主范围、生理生化性状、血清学反应、噬菌体反应等进一步区分为"亚种""致病变种""生化变种""血清变种"和"噬菌变种"。

亚种是指在种下类群中的培养特性、生理生化和遗传学某些性状有一定差异的群体，有人认为亚种是分类上最基本的单元。

致病变种是国际系统细菌学委员会对细菌名称作统一整理核准后，在种下以寄主范围和致病性为差异来划分的组群，以暂时容纳原先公布过的"种"名。

生化变种是指一个种内的菌株，按生理生化性状的差异来划分的组群，不考虑致病性等其他特征的异同。

在细菌学分类系统中，除了上述致病变种和生化变种外，还有"形态变种""血清变种"和"噬菌变种"等名称，除在特定场合下使用外，一般较少采用。

作物病原细菌症状的特点为坏死、萎蔫和畸形等三种类型，病征为脓状物。

（三）作物病毒和亚病毒

1. 作物病毒

（1）病毒的形态。根据对烟草花叶病等几种常见的病毒粒体的电镜观察结果，将作物病毒分为球体、直杆和线条三种形态。实际作物病毒粒体的形态类型很多，大小也有很大差异，具有病毒的多态性。一般作物病毒粒体的形态如图12-12所示。

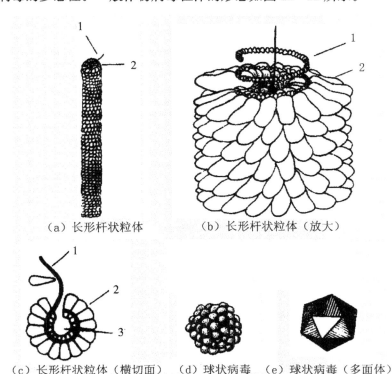

（a）长形杆状粒体　　　　（b）长形杆状粒体（放大）

（c）长形杆状粒体（横切面）　（d）球状病毒　（e）球状病毒（多面体）

图12-12　病毒粒体的形态

1. 核酸；2. 蛋白质亚基；3. 空心

（2）病毒的化学组成。蛋白质和核酸是病毒粒体的基本成分，其他还有水分、矿物质，有的还含有聚胺等。病毒的粒体是以核酸作核心，由蛋白质包围而成，故又称为蛋白衣壳。作物病毒的核酸大多是戊糖核酸（RNA），细菌病毒（噬菌体）的核酸都是去氧核糖核酸（DNA），少数作物病毒的核酸也是 DNA。

（3）病毒的生物学。病毒粒体可以在活细胞内增殖，所以被称为微生物，但对于作物病毒的增殖过程还未研究清楚。根据对蝌蚪状噬菌体的观察，大体可以区分为吸附、释放核酸、隐潜和成熟期几个阶段。

病毒具有一般细胞生物所有的遗传和变异特性。不同种的病毒，甚至不同株系的病毒，都具有变异能力。病毒的变异是因为其基因组的成分发生取代、缺失或交换等所引起的。这种变异在作物病害上具有重要经济意义。

病毒株系间的干扰及协生作用也很普遍。所谓干扰作用，通常是指相同或不相同的病毒株系在相继或同时侵染时，一种病毒抑制了另一种毒病的症状表现。如果是一种病毒为另一种病毒创造了更快发展甚至表现更严重症状的条件时，即为协生作用。在干扰作用中通常是先侵入的株系抑制后侵入的，或者弱毒株系先侵染抑制了强毒株系的发展，这种情况又称为交互保护作用。

①侵染。作物病毒只能是微伤侵入。作物病毒可以是局部性侵染，如引起局部枯斑；也可以是全株性的，表现全株性症状，但很少进入生长点和种子内。病毒在作物体内的移动是被动的，在叶细胞内随细胞质流动和扩散而移动，并经由胞间联丝在细胞间移动。一旦病毒进入作物输导系统，例如韧皮部，即可随着营养物的流动而较快地移动。

②作物病毒的传染可分为非介体传染和介体传染两大类。

非介体传染是指病毒因损伤或分泌到体外，并与另一健株的微伤接触而发生的传染，例如汁液擦伤、嫁接和花粉传染等。病毒也可以随着种子及无性繁殖材料而扩散传播。汁液擦伤传染也称机械传染，是一种简便易行而且应用较广的传染方式，有许多作物病毒可以通过汁液的擦伤而成功传染。但是一些病毒只能经嫁接才能传染。

介体传染是病毒借助其他生物体的活动而进行的传染和传播，具体包括动物介体和植物介体两类。

昆虫介体达 400 余种，其中 170 种属于蚜虫，130 余种属于叶蝉类，它们约占昆虫传毒的 80% 以上。其他还有粉虱、长椿象、麦蜡蝉、鞘翅目昆虫等，占 15% 左右。除了昆虫介体外，螨类和线虫也是病毒介体。

根据昆虫与病毒的生物学关系可分为三种：第一种是非持久性的，病毒与介体之间无高度专化性，通过一种介体可以传染多种病毒，这些病毒大多也可以汁液擦伤传染，其传染要求的时限也不长，病毒也只停留在蚜虫的口针内；第二种是半持久性的，介体获毒和传毒的时间较长，几小时至几天，病毒可以进入介体的前肠，而且这类病毒可达到作物的韧皮部，引发黄化症状；第三种是持久性的，在昆虫获得病毒之后，要经过一定时间的循回期（潜育期）之后才能传毒，而且一旦传毒即可终生保有这种能力，有的还可以经卵传给后代。属于持久性传毒介体的大多是叶蝉，只有极少数是蚜虫、蝽象和蓟马。

（4）作物病毒的理化属性。

病毒的理化属性包括病毒本身的物质结构所构成的密度、分子量、沉降系数以及光谱吸收量等数据，可以作为识别病毒的手段。

①稀释限点是指一种作物病毒在作物抽提液中的浓度经过若干倍数稀释后，单位容积中的病毒粒体数会减到一个限数，低于这个限数的稀释度即不再具有侵染力。

②病毒抽提液在未经任何处理的情况下，置于某一温度下处理 10 min 即失去侵染力而钝化，该温度称为该病毒的钝化温度。

③体外存活期是指从病株抽提液中的病毒存放在 20℃~22℃ 条件下，能保持多长时间的侵染力。

④沉降系数是一种物质在 20℃ 水中于 10^{-5} N 引力场中沉降的速度，单位是 cm/s。作物病毒的 S_{20} 常在 50S 至数千 S 之间。S 是各种病毒的特性之一，测定 S_{20} 是研究病毒的基本要求。根据沉降系数可以求得病毒的分子量。

⑤吸收光谱是一个光源通过棱镜时因折射度的不同而分成红、蓝、紫等不同的色调，也是病毒定量和定性分析的手段之一。

⑥血清学反应血清就是动物的血浆除去纤维蛋白原及其他的凝血因子后的液体，在有

外来抗原的情况下会产生抗体。把这种有抗体的血清提取纯化，即称为抗血清或免疫血清。采用一定的抗原制备的抗血清，可用于体外相同及相近抗原的鉴别和检测。抗体和抗原的作用是有专化性的，在作物病毒的诊断上有很大价值。

（5）作物病毒病的症状。感染病毒的作物通常表现出的可由感官察觉到的外部变化，称为症状或外症。同时在病株的组织内或细胞内也会发生改变，这种变化称为病变。

①症状的发展过程。典型的系统侵染病害，在病毒侵入后经过短暂的隐潜期，作物组织开始出现褪绿斑或坏死斑，由局部至稍扩大，有时斑点外围出现晕纹，这种症状称为始发症。有些病毒停止于始发症后不再发展，这属于局部性侵染。有些病毒继续扩展转移，并在新形成的器官上表现出系统性症状，如斑驳、褪绿、花叶等。

②症状类型。作物病毒可能引发的外观症状很多，归纳起来主要有以下几类：

a. 生长减缩是作物病毒病中最常见的症状之一，表现为植株的局部或全株减缩症状。具体又可分为矮化、小果、小叶、缩根等。例如水稻矮缩病、大麦黄矮病、玉米矮花叶等。

b. 变色也是病毒病极常见的症状，如褪绿白化、黄化、红化、紫化，以及褐、银灰、黑等变色。最常见的是叶变色，具体表现为许多类型。双子叶作物多为各种圆形变色斑，单子叶作物为条状色线、条纹或条点，还有茎、果、花等器官的变色。

c. 畸形也有多种，如线叶、扁枝、肿枝、肿瘤、茎凹陷、耳突、丛枝、卷叶、束顶等。

d. 坏死表现为叶面的枯斑或植株生长尖端的死亡，也有其他器官如果实、种子、块茎的局部坏死，还有韧皮部坏死等。

e. 萎蔫主要是病株失水所致，也有因病毒侵染导致木质部坏死或者产生侵填体等阻塞导管的结果。

③内部病变。属于细胞和组织水平的病变，需要借助显微镜等工具才看得清，具体分为组织病变和细胞内含体。

组织病变有多种，常见的如形成胼胝质、木质和管胞上的木质形成不完全、形成侵填体、细胞间隙过大或过小、栅栏组织的细胞变成球形等。

内含体是叶细胞内观察到的晶形与非晶形结构。采用染色技术和光学显微镜、相差显微镜、电镜技术，可以较清楚地观察到各种类型的内含体。

作物感染病毒之后也可能完全不表现症状，或者要在一定条件下才显现症状，有的症状在高温下消失，所有这些称为潜隐侵染。这说明作物病毒病的症状表现十分复杂。

2. 亚病毒

亚病毒是比病毒更小和更简单的致病因子，它是小分子量的RNA，或一种蛋白质。亚病毒包括类病毒、拟病毒和朊病毒。

（1）类病毒（viroids）是1972年由迪南和莱蔓在研究马铃薯纤块茎病时发现的。

类病毒是一种独立存在于细胞内具有极高侵染性的低分子量的核酸，是迄今所知最简单的、最小的一类侵染性病原。比最小的侵染性病毒RNA还要小，分子量为 $(8 \sim 9) \times 10^4 \sim 1.5 \times 10^5$ u。这种核酸分子含有互补的密集区域和以共价结合的环状结构。类病毒能在侵染的个体细胞中进行自我复制。

类病毒对核糖核酸酶很敏感，对热、紫外光和离子辐射具有高度抗性。有的对氯仿、正丁醇、酚等有机溶剂也不敏感。

类病毒诱发的病害症状有植株矮化、黄化、畸形、坏死、裂皮、块茎呈梭状等。大多数寄主被侵染后为隐症。

（2）拟病毒是1981年Francki在研究绒毛烟斑驳病的病原时发现和命名的，是一种单链RNA。有两种核酸，一种是分子量为1.5×10^5 u的核酸大分子，另一种是分子量为1×10^5 u的核酸小分子，都是环状结构。前者像正常作物病毒的核酸，后者像类病毒的核酸。

拟病毒诱发病害的症状是斑驳和条斑。

（四）作物病原线虫

线虫是一种低等动物，属于线形动物门，线虫纲。在自然界中分布广、种类多，我国农作物重要的线虫病有小麦粒线虫病，水稻潜根线虫病、根结线虫病，花生根结线虫病，大豆孢囊线虫病等。

1. 作物病原线虫的一般形态

作物病原线虫一般是圆筒状，两端尖。大多数为雌雄同形，体形细小，长为0.5～1 mm，宽为0.03～0.05 mm。少数为雌雄异形，雌虫为梨形或肾形、球形和长囊状。在线虫的口腔内有口针或轴针，用以穿刺作物，输送唾液并吮吸汁液（如图12－13所示）。

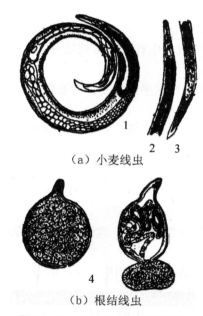

（a）小麦线虫

（b）根结线虫

图12－13　作物病原线虫的形态

1. 雌成虫；2. 雄成虫前端；3. 雄成虫末端；4. 雌成虫和卵

2. 作物病原线虫的生物学特性

线虫在土壤或作物组织中产卵，卵孵化后形成幼虫，幼虫侵入寄主为害。幼虫一般脱皮4次即变为成虫，交配后雄虫死亡，雌虫产卵。线虫完成生活史的时间长短不同，一般为一个月左右，一年可繁殖几代。

不同种类的线虫对环境条件的要求不同，适于线虫发育和孵化的温度一般为20℃～30℃。较高温度（40℃～50℃）对线虫不利，甚至可以致死。土壤湿度与线虫的活动相关，大多数线虫在较干旱的条件下有利于生长和繁殖；而有些线虫则在淹水的条件下有利于生长和繁殖。线虫病一般在沙壤土中发生严重，但有些则在黏重土中发生严重。

线虫的传播途径主要借寄主作物的种子及无性繁殖材料等作远距离传播，如小麦粒线虫等。大多数线虫仅在寄主体外以口针穿刺进作物组织内寄生，称为外寄生；有些线虫则在寄主组织内寄生，称为内寄生；少数线虫则是先进行外寄生，然后进行内寄生。

3. 作物病原线虫的致病性及症状特点

线虫对作物的致病作用，除了用口针刺伤寄主和在作物组织内穿行所造成的机械伤外，主要是其穿刺寄主分泌的唾液中含有各种酶或毒素，会造成作物各种病变。线虫病的主要症状有：

（1）作物生长缓慢、衰弱、矮小，色泽失常，叶片表现萎垂等，类似营养不良的现象。

（2）局部畸形，植株或叶片干枯、扭曲、畸形，组织干腐、软腐及坏死，茎叶上产生褐色斑点，子粒变成虫瘿等。

（3）根部肿大、须根丛生、根部腐烂等。

（五）作物病原寄生性种子作物

寄生性种子作物根据其对寄主营养的依赖程度可分为两类：一类有叶绿素能够自制养分，但必须从寄主作物上吸取水分和无机盐，称为半寄生种子作物，如桑寄生和槲寄生等；另一类没有根或叶，或者茎叶具有很少的叶绿素，不能或仅能极有限地用无机物制造养分，因而必须从寄生作物体内吸收全部或大部分养分和水分，称为全寄生种子作物，如菟丝子和列当等。

（1）菟丝子。菟丝子属菟丝子科。该科只有菟丝子一个属。菟丝子在世界上约有100种。我国已发现约10种，其中危害农作物的主要有中国菟丝子，危害大豆、花生、马铃薯、苜蓿和胡麻。还有危害苜蓿的柘花菟丝子和欧洲菟丝子。

菟丝子寄生于作物的茎部，被害作物发育不良，甚至萎黄枯死，造成植株成片枯萎而减产。

菟丝子没有根，叶退化成鳞片状，茎为黄色细丝，呈旋卷状，用以缠绕寄主，从与寄主接触处长出吸盘，侵入寄主组织。秋季开花，花很小，呈淡黄色，聚成头状花序。果为蒴果，扁圆形，有种子2～4枚。种子很小，卵圆形，稍扁，表面粗糙，呈黄褐色至黑褐色。

菟丝子的种子差不多和寄主作物的种子同时成熟，成熟后落入土壤中或脱粒时混在作物的种子中，是第二年菟丝子的主要初侵染源。菟丝子种子的生活力很强，在未经腐熟的粪肥中的菟丝子有发芽能力，所以粪肥也是菟丝子的初侵染源之一。

第二年当作物播种后，菟丝子也发芽，生出旋卷的幼茎。幼茎碰到寄主时就缠绕寄主，长出吸盘侵入寄主维管束中寄生。下部的茎就逐渐萎缩与土壤分离。以后上部的茎就不断缠绕寄主，并向四周蔓延扩展（如图12-14所示）。

图 12-14　菟丝子的种子萌发和侵染方式

由于土壤里有大量的菟丝子种子，如果寄主作物连作，则菟丝子发生量大。寄主作物生育的中后期，土壤内的菟丝子种子仍能陆续发芽出土，但由于寄主作物的下半部已老化，菟丝子的幼茎不能侵入寄主，出土后大部分死亡。

菟丝子的防治措施：①汰除混杂在寄主种子中的菟丝子种子；②进行深翻将菟丝子种子深埋入土；③翻种前在土中施用拉索或五氯酚钠杀死菟丝子；④与禾本科作物轮作，田间发现菟丝子后立即铲除；⑤采用生物防治，如使用鲁保一号。

（2）列当。列当是另一种重要的寄生性种子作物，如图 12-15 所示。主要有 4 个种，埃及列当是在我国危害最大的一种，主要分布在新疆，寄生在瓜类、豆类、番茄、烟草、马铃薯、花生、向日葵、辣椒等一年生草本作物上。寄主范围多达 9 科 20 多种作物。列当没有叶绿素和真正的根，呈黄色或紫褐色，越近地面颜色越深，一般高 30～40 cm。花茎肉质，分枝较多，生有细毛。叶退化为鳞片状，小而无柄，互生，螺旋排列在花茎上。花两性，左右对称，排列成紧密的穗状花序，长 16～37 mm。花冠合瓣，呈蓝紫色，五裂呈二唇形。冠筒为白色，唇为紫、白或杂灰色，常见的为紫色。雄蕊四枚，生于花冠基部，环绕雌蕊周围。雌蕊一枚，柱头二裂，膨大，呈喷头状，白色。蒴果球状，成熟时二纵裂散出种子。种子幼嫩时呈黄色，后熟力很强，成熟后呈深褐色，很细小，犹如灰尘。

图 12-15　瓜类列当

1. 丛生的花茎；2. 被寄生的哈密瓜根

　　大量的列当种子落在土壤里可借风、流水、人、畜、农具等传播，也可以混在寄主种子里传播。散落在土壤里的列当种子，经过休眠后在适宜温、湿度下萌发，形成吸盘，侵入寄主根部，茎在根外发育膨大并向上长出花茎，向下长出大量附着吸盘，借此吸收作物根系的养分。随着吸根的增加，尤其是有分枝的列当的花茎数也相应地增加。寄主作物因养分被列当吸收，生长不良，产量大减。

三、病原物的寄生性和致病性与寄主的抗病性

（一）寄生性

　　寄生性是寄生物从寄主体内夺取养分和水分等生活物质以维持生存和繁殖的特性。一种生物生活在其他活的生物上，以获得它赖以生存的主要营养物质，这种生物称为寄生物。供给寄生物必要生活条件的生物就是它的寄主。寄生是生物的一种生活方式。这两种生物之间存在的密切关系称为寄生关系。作物病害的病原物都是寄生物，但是寄生的程度不同。有的是只能从活的作物细胞和组织中获得所需的营养物质的专性寄生物，其营养方式为活体营养型；有的除寄生生活外，还可在死的作物组织上生活，或者以死的有机质作为生活所需要的营养物质的非专性寄生物，这种以死亡的有机体作为营养来源的称为死体营养型。只能从死亡有机体上获得营养的称为腐生物。

　　作物病原物中，如真菌中的锈菌、白粉菌、霜霉菌等，以及寄生在作物上的病毒和种子作物，都是专性寄生的活体营养型。病毒与寄主的关系较为特殊，它只能在活的寄主细胞内复制增殖。

　　绝大多数的作物病原真菌和作物病原细菌都是非专性寄生的，但它们寄生能力的强弱有所不同。寄生能力很弱的接近于腐生物，寄生能力很强的则接近于专性寄生物。弱寄生物的寄生方式大都是先分泌一些酶或其他能破坏或杀死寄主细胞和组织的物质，然后从死亡的细胞和组织中获得所需养分。因此，弱寄生物一般也称为死体寄生物或低级寄生物。强寄生物和专性寄生物的寄生方式不同，它们最初对寄主细胞和组织的直接破坏作用较小，主要是从活的细胞和组织中获得所需的养分。因此，寄生能力强的寄生物一般也称为活体寄生物或高级寄生物。

　　寄生物从寄主体内夺取生活物质的成分并不完全相同，菟丝子要从寄主体内吸取所有的生活物质，包括各种有机养分、无机盐和水，属于全寄生性类型；桑寄生科作物体内大都有叶绿素，可自己合成有机物质，但仍然需要寄主供给水分和无机矿物盐成分，这种寄生性称为半寄生性或水寄生类型。

（二）致病性

　　致病性是病原物所具有的破坏寄主并引起病害的特性。致病性是病原生物的另一个重要属性。寄生物从寄主体内吸取水分和营养物质，起着一定的破坏作用。但是，一种病原物的致病性并不能完全从寄生关系来说明，它的致病作用是多方面的。一般来说，寄生物就是病原物，但不是所有的寄生物都是病原物。寄生物和病原物并不是同义词，寄生性也不是致病性。寄生性的强弱和致病性的强弱没有必然的相关性。专性寄生的锈菌的致病性

并不比非专性寄生的强。有的寄生性虽弱，但是它们的破坏作用却很大。

病原物的致病性和致病作用是一种病原物的属性，是较为固定的性状。属于同一种病原物的不同小种、菌系、株系或群体，致病性的强弱还可能有所不同。这种情况一般称为致病力强弱的差异。致病力的差异有时也用毒性的强弱来表示，有所谓的强毒系或弱毒系，特别是在病毒病害中。

病原物对寄主的影响，除了吸取寄主的营养物质和水分外，还产生对寄主的正常生理活动有害的代谢产物，如酶、毒素和生长调节素。这些物质的作用，就是病原物的致病机制。

1. 酶

细胞壁的主要成分是果胶质、半纤维素、纤维素和一种糖蛋白。针对植物细胞壁的每一种成分，作物病原真菌和细菌都能产生相应的酶使其降解。根据作用性质，酶有果胶水解酶和裂解酶两大类。果胶酶使中胶层溶解后，质膜的透性增加，当原生质吸水膨胀超过一定限度时，质膜破裂，细胞死亡。所以，果胶酶引起的细胞死亡是一种间接效应。与细胞壁降解有关的酶除果胶酶外，还有半纤维素酶、纤维素酶、蛋白酶和木质素酶。

2. 毒素

作物病理学中的毒素是指病原物在致病过程中产生的对作物有害的物质，不包括酶和生长调节素。毒素在低浓度下即能诱发作物生病，典型的毒素应具备三种特性：①毒素可诱发病害的一切特征性症状；②作物对毒素的敏感性与作物的感病性相关；③病原物产生毒素的能力与其致病力相关。

3. 生长调节素

生长调节素与毒素不同，它对作物的影响主要反映在作物的不正常生长，但病组织的结构并不产生明显变化。作物病害中的肿瘤、徒长等，大多数与作物体内生长调节素失去平衡有关。作物生长素主要指吲哚乙酸。许多病原真菌和细菌在一定条件下都能合成吲哚乙酸，但是病组织中吲哚乙酸含量的增加主要是病原和寄主相互作用的结果。

（三）寄主的抗病性

作物的抗病性是寄主抵抗病原物侵染或限制侵染危害的一种特性，它是作物和病原物在一定的外界环境条件下长期斗争所积累下的遗传特性。它虽有一定的稳定性，但也可以发生变异。

1. 寄主的反应

根据寄主对病原物侵染的反应，可分为以下四种类型：

（1）感病。寄主遭受病原物的侵染后，使生长发育、产量或品质受到很大的影响，甚至引起局部或全株死亡。

（2）耐病。寄主遭受病原物的侵害后，发生相当显著的症状，但对寄主的产量或品质没有很大的影响。

（3）抗病。病原物能侵入寄主并建立寄生关系，但由于寄主的抗病作用，病原物被局限在很小的范围，不能继续扩展，寄主仅表现轻微的症状。有的病原物不能继续生长发育而趋于死亡。有的能继续生长，甚至还能进行小量的繁殖，但对寄主几乎不造成危害。

（4）免疫。寄主作物能抵抗病原物的侵入，使病原物不能在寄主上建立寄生关系；或者病原物虽能在寄主上建立初步的寄生关系，但由于寄主的抗病作用，使侵入的病原物不久便死亡，寄主不表现任何症状。

四种反应类型之间没有截然的界限。根据实际需要，感病还可以分为高感、中感、感病；抗病也可以分为抗病、中抗、高抗。因为不同品种与一种病原物的不同生理小种或菌系的反应可能不同，所以寄主的反应只是相对地指一定品种对一定小种的反应而言。

根据寄主品种的抗病性与病原物生理小种的致病力之间的关系，可将寄主抗病性分为以下两种类型：

（1）垂直抗性。也称小种专化抗性，即品种的抗病力与小种的致病力之间有特异的相互作用。它是由单基因或寡基因控制的，寄主表现为免疫或高抗，但是抗病性不稳定或不能持久，抗病品种往往由于新小种的出现而变为高度感病。

（2）水平抗性。也称非小种专化抗性、普遍抗性、田间抗性，即品种的抗病力与小种的致病力之间没有特异的相互作用，品种对所有小种的反应都是一致的。它是由多基因控制的，能阻止病菌的扩展和繁殖，使发病程度较轻。水平抗性比较持久。

2. 寄主作物抗病的机制

寄主作物的抗病性，有些是在病原物侵染寄主以前已经存在的，是寄主固有的抗病性；有些是在病原物侵染过程中或侵染后在寄主作物中形成的，是病原物侵染所诱发的。无论是寄主固有的抗病性还是诱发的抗病性，都包括形态结构和生理生化两方面的抗病性。

（1）作物固有的形态结构抗病性。与寄主抗病性有关的固有的形态结构，包括作物表面的角质层、茸毛、木栓化细胞、内皮层、叶片的硅质化程度，以及气孔的数目、构造、开闭时间长短和迟早等。作物不同部位的细胞，其角质层厚度不一，一般在 $0.5 \sim 14\ \mu m$ 之间。对于那些主要靠机械作用穿透角质层侵入寄主组织的病原物来说，寄主的角质层越厚，就越能抵抗病原物的侵入。角质层和茸毛的疏水性，使水滴不易在果面和叶面附着，也减少了病菌侵入的机会。伤口组织木栓化可以有效地保护组织，阻止由软腐细菌和根霉、毛霉引起的储藏期的腐烂病。

（2）作物固有的化学抗病性。与寄主抗病性有关的化学物质，包括作物体外和作物体内两类。从作物的叶片、根以及种子等分泌到体外的化学物质中，有些是直接对病原物有毒，如影响真菌孢子的萌发、生长以及侵染结构的形成；有些是间接对病原物有毒，如刺激对病原物有拮抗能力的其他微生物的发展，从而对病原物起抑制作用。这些化学物质包括酚类化合物、氰、氨基酸等。例如，作物表面的儿茶酚和原儿茶酚能阻止炭疽菌孢子的萌发。

寄主组织内的有毒物质，有些是直接对病原物有毒，有些是破坏病原物的致病手段。其中大多数是酚类化合物和单宁，能抑制多聚半乳糖醛酸酶在细胞壁降解中的作用，破坏了病菌的致病手段。

（3）诱发的结构抗病性。病原物的侵染常常引起寄主作物形态结构的变化，这些变化常有助于寄主对病原物的抗性。真菌的侵染丝侵入抗病品种时，在细胞壁内侧和原生质膜之间产生乳状突起。乳突的形成是寄主对真菌侵入的反应，它是新合成的碳水化合物（愈伤葡聚糖和纤维素）沉积使细胞壁加厚的结果。愈伤葡聚糖的早期沉积，阻塞胞间连丝，因而有阻碍病毒扩展的作用。真菌侵染后引起的坏死斑，在其周围的健康细胞中，由于愈伤葡聚糖的沉积而使细胞壁加厚，有阻止或延缓菌丝扩展的作用。组织的木质化也与植物的抗病性有关，在病毒病害的局部病斑中，周围细胞壁的木质化过程明显增强，病毒不能越过木质化细胞而扩展。抗病品种受线虫侵染后，邻近线虫的细胞也发生木质化，在感病品种中则没有这种现象。许多由真菌和细菌引起的叶片穿孔和枝干疮痂的症状中，侵染点周围形成离层，它是因病菌侵染而诱发的。细胞木栓化和木质化的结果，使形成的木栓层隔断了健全组织向被侵染组织的物质输送，也避免了病菌毒素和坏死组织的产物再向健康组织渗透。

（4）诱发的化学抗病性。前述诱发的形态结构上的变化，实际上也包含了许多复杂的生物化学过程。例如，由于诱发了苯丙氨酸裂解酶以及酪氨酸裂解酶活性的加强，所以促进了木质素的积累，提高了抗病性。又如，在发生与抗性有关的坏死现象的同时，高度抗病的植物，其黑色素形成也最多。一般把作物和病原物相互作用而产生的抗生物质称为作物保卫素，已发现的作物保卫素有类萜、异类黄酮、香豆素、异香豆素、二氢基蒽、酮、二苯二酰、聚乙炔和多烯化合物。

3. 作物抗病性的变异

作物抗病性是作物与病原物长期斗争形成的一种生物学特性。它有一定的稳定性，但是由于寄主本身和病原物致病力的变化，以及外界环境条件的影响，抗病性可以发生变异，甚至完全丧失。

作物的抗病性常因寄主作物的发育阶段、器官生长的年龄等有明显的变化。

寄主的生活力也影响它的抗病性，一般随着生活力的降低，往往导致寄主感病性的增加。作物的营养条件对抗病性也有影响，一般氮肥施用过多会增加感病性，磷、钾肥和其他微量元素在一定限度内可以增强抗病性。温度、湿度和光照等环境条件，也都影响着作物的抗病性，在不适宜的环境条件下栽培作物，其抗病性往往减退。

由于病原物致病力的变化而产生新的生理小种，常常是品种丧失抗病性的重要原因。

四、病害循环

病害循环是指病害从一个生长季节开始发生，到下一个生长季节再度开始发生的整个过程。它包括四个阶段：①病害发生前阶段；②病害在寄主作物个体中的发展阶段；③病害在寄主作物群体中的发展阶段；④病害和病原物的延续阶段。病害循环是作物病害的一个中心问题，因为只有掌握病害循环的规律，抓住其中的薄弱环节，才能拟定出经济有效的防治措施。

（一）病害发生前阶段

当寄主的生长季节开始时，病原物也开始活动，从越冬、越夏的场所，通过一定的传播介体传到寄主的感病点上与之接触，即病害发生前阶段。病原物的繁殖结构或休眠结构可以通过各种途径（如风、雨水、昆虫等）进行传播，有的可能被传播到寄主作物的感病部位，并进行一段时间的生长，如真菌的休眠结构或孢子的萌发，芽管或菌丝体的生长，细菌的分裂繁殖，线虫幼虫的蜕皮和生长等。病原物通过这些生长活动进行侵入前的准备，并达到侵入部位，发病前阶段即告完成。

在侵入前期病原物除了直接受到寄主的影响外，还受到生物和非生物的环境因素的影响。寄主作物体表面的淋溶物和根的分泌物可以促使病原体休眠结构或孢子的萌发，或引诱病原物的聚集。作物根的生长所分泌的二氧化碳和某些氨基酸可使作物寄生线虫在根部聚集，而土壤和作物表面的拮抗微生物可以明显抑制病原物的活动。非生物环境因素中以温度、湿度对侵入前病原物的影响最大。

病原物在侵入前期，存活于复杂的生物和非生物环境中，容易受到多种因素的影响，这一时期是病原物在病害循环中的薄弱环节，也是防止病原物侵染的有利阶段。近年来生物防治的进展，许多是针对这个阶段研究而获得成效的。

（二）病害在寄主作物个体中的发展阶段

在寄主感病部位的病原物，在一定条件下，侵入寄主体内取得营养物质，建立寄生关系，并在寄主体内进一步扩展使寄主组织破坏或死亡，最后出现症状。病原物从侵入到引致寄主发病的过程，称为侵染过程（简称病程）。由越冬和越夏的病原物在寄主作物生长期引起的初次侵染，称为初侵染。病程一般分为三个阶段，即侵入期、潜育期和发病期。

1. 侵入期

从病原物开始侵入寄主起，到病原物与寄主建立寄生关系为止，这一时期称为侵入期。

（1）侵入途径。病原物的种类不同，其侵入途径也不同。在最重要的三大类病原物中，病毒只能通过活细胞上的轻微伤口侵入，病原细菌可以由气孔和伤口侵入，真菌大都是以孢子萌发后形成的芽管或者以菌丝侵入。侵入途径除自然孔口或伤口外，有些真菌还能穿过表皮的角质层直接侵入。

①直接侵入：寄生性种子作物、线虫和一部分真菌可以从健全的寄主表皮直接侵入（如图 12—16 所示）。

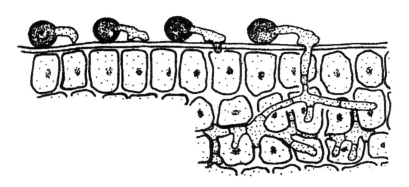

图 12—16　真菌的侵染丝直接穿透寄主表皮侵入

②自然孔口侵入：作物体表的自然孔口有气孔、皮孔、水孔、蜜腺等，绝大多数细菌和真菌都可以通过自然孔口侵入。

③伤口侵入：作物表皮的各种伤口，如剪伤、锯伤、虫伤、碰伤、冻伤、落叶的叶痕和侧根穿过皮层形成的伤口等，都是病原物侵入的门户。一些病原细菌以及许多寄生性比较弱的真菌，往往由伤口侵入，而病毒只能从轻微的伤口侵入。

（2）侵入步骤。真菌大都是以孢子萌发后形成的芽管或菌丝侵入。典型的步骤：孢子的芽管顶端与寄主表面接触时，膨大形成附着器（胞），附着器分泌黏液将芽管固着在寄主表面，然后从附着器产生较细的侵染丝侵入寄主体内。无论是直接侵入还是从自然孔口、伤口侵入的真菌，都可以形成附着器。

从表皮直接侵入的病原真菌，其侵染丝先以机械压力穿插过寄主作物角质层，然后通过酶的作用分解细胞壁而进入细胞内。

病毒是靠外力通过微伤或以昆虫的口器为介体，与寄主细胞原生质接触来完成侵入的，细菌个体可以被动地落到自然孔口里或随着作物表面的水分被吸进孔口；有鞭毛的细菌，靠鞭毛的游动也能主动侵入。

病原物侵入寄主所需的时间与环境条件有关，但是一般不超过几小时，很少超过24 h。

（3）影响侵入的环境条件。影响病原物侵入的环境条件，首先是湿度和温度。

①湿度：湿度对侵入的影响最大，这是因为大多数真菌孢子的萌发、细菌的繁殖以及游动孢子和细菌的游动都需要在水滴中进行。作物表面的不同部位在不同时间内可以有雨水、露水、灌溉水和从水孔溢出的水分存在。一般来说，湿度越高，对病原物的侵入越有利。在高湿度下，寄主愈伤组织形成缓慢，气孔开张度大，水孔泌水多而持久，保护组织柔软，从而降低了作物抗侵入的能力。

②温度：湿度能左右真菌孢子的萌发和侵入，而温度则影响孢子萌发和侵入的速度。

在病害能够发生的季节里，温度一般都能满足侵入的要求，而湿度条件则变化较大，常常成为病害侵入的限制因素。

病毒在侵入时，外界条件对病毒本身的影响不大，而与病毒的传播和侵染的速度等有关。

2. 潜育期

（1）病原物的扩展。从病原物侵入与寄主建立寄生关系开始，到表现明显的症状为止，称为病害的潜育期。潜育期是病原物在寄主体内吸收营养和扩展的时期，也是寄主对病原物的扩展表现不同程度抵抗性的过程。症状的出现就是潜育期的结束。

病原物在作物体内扩展，有的局限在侵入点附近，称为局部性（或点发性）侵染；有的则从侵入点向各个部位发展，甚至扩展到全株，称为系统性（或散发性）侵染。一般系统性侵染的潜育期较长，局部性侵染的潜育期较短。

（2）环境条件对潜育期的影响。潜育期的长短因病害而异，一般为 10 d 左右。在一定范围内，潜育期的长短受环境的影响，特别是温度的影响最大，在一定温度范围内，潜育期的长短与温度呈负相关。而湿度对于潜育期的影响较小。

3. 发病期

作物受到侵染以后，从出现明显症状开始进入发病期，此后，症状的严重性不断增加。真菌性病害随着症状的发展，在受害部位产生大量无性孢子，提供了再侵染的病原体来源。有性孢子大多在寄主组织衰老和死亡后产生。细菌性病害在显现症状后，病部往往产生脓状物，含有大量的细菌个体，其作用相当于真菌孢子。病毒是细胞内的寄生物，在寄主体外无表现。

孢子生成的速度与数量和环境条件中的温度、湿度关系很大。绝大多数的真菌只有在大气湿度饱和或接近饱和时才能形成孢子。

（三）病害在寄主作物群体中的发展阶段

病原物在寄主个体上通过侵染、扩展（潜育期）、症状出现，就能形成病害，但是不一定在生产上造成严重危害。大多数病害只有在群体中不断传播、蔓延，发生多次侵染，使大量个体发病，才能在经济上造成严重损失。

1. 病害的再侵染

在初侵染的病部产生的病原体通过传播引起的侵染称为再侵染。在同一生长季节中，再侵染可能发生许多次。病害循环可按再侵染的有无分为以下两种类型：

（1）多病程病害。一个生长季节中发生初次侵染过程以后，还有多次再侵染过程。

（2）单病程病害。一个生长季节只有一次侵染过程，即初侵染。

病害有无再侵染，与防治方法和防治效果都有密切关系。由于单病程病害每年的发病程度取决于初侵染的多少，只要集中力量消灭初侵染来源或防止初侵染，这类病害就能得到防治。对于多病程病害，情况就比较复杂，除注意防止初侵染外，还要解决再侵染问题。再侵染的次数越多，需要防治的次数也越多。

2. 病原物的传播方式

在作物体外越冬或越夏的病原物，必须传播到作物体上才能发生初侵染；在最初发病植株上繁殖出来的病原物，也必须传播到其他部位或其他植株上才能引起再侵染；此后的再侵染也是靠不断的传播才能发生；最后，有些病原物也要经过传播才能达到越冬、越夏的场所。传播是联系病害循环中各个环节的纽带。防止病原物的传播，不仅可使病害循环中断，病害发生受到控制，而且还可防止危险性病害发生区域的扩大。作物病害的传播方式主要有：

（1）风力传播（气流传播）。病原物的传播，风力占着主要的地位，它可以将真菌孢子吹落，散入空中作较长距离的传播，也能将病原物的休眠体、病组织，或附在土粒上的病原物吹送到较远的地方。特别是真菌产生孢子的数量大，孢子小而轻，更便于风力传播。风力传播的距离较远，范围也较大。

（2）雨水传播。雨水传播病原物的方式是十分普遍的，但传播的距离不及风力远。真菌中炭疽病菌的分生孢子，许多病原细菌都黏聚在胶质物内，在干燥条件下都不能传播，必须利用雨水把胶质溶解，使孢子和细菌散入水中，然后随着水流或溅散的雨滴进行传播。此外，雨水还可以把病株上部的病原物冲洗到下部或土壤内，或者借雨滴的反溅作用，把土壤中的病菌传播到距地面较近的寄主组织上进行侵染。雨滴还可以促使飘浮在空气中的病原物沉落到作物上。因此，风雨交加的气候条件，更有利于病原物的传播。

土壤中的病原物，如根癌细菌、猝倒病菌、立枯病菌等，还能随着灌溉水传播。

（3）昆虫和其他动物传播。昆虫在作物上取食和活动，成为传播病原物的介体。大多数病毒病害、植原体病害和少数细菌性与真菌性病害由昆虫传播。

此外，线虫也能传播少数细菌、真菌和病毒病害，鸟类能传播桑寄生和槲寄生的种子，菟丝子能传播病毒病。

（4）人为传播。人类在商业活动和各种农事操作中，常常无意识地帮助了病原物的传播。病原体的长距离传播多是通过人类的运输活动来完成的，如调运种苗，一个地区新病害的引进多半可以追源于这些途径。

大多数的病原体都有固定的来源和传播方式，并且是与其生物学特性相适应的。例如，真菌以孢子随气流和雨水传播，细菌多半由风、雨传播，病毒常由昆虫和嫁接传播。作物病害着重于预防措施，因此关于病原物来源和传播规律的研究就有着重大的实践意义。

（四）病害和病原物的延续阶段

当寄主成熟收获或进入休眠期后，病原物如何渡过这一段时间，以备下一生长季节的侵染危害，即所谓病原物的越冬和越夏问题。这个时期，就是病害和病原物的延续阶段。大部分的寄主作物冬季是休眠的，同时冬季气温低，病原物一般也处于不活动状态，因此病原物的越冬问题在病害研究中就显得更加重要。病原物的越冬、越夏场所，也就是寄主作物在生长季节内最早发病的初侵染来源。病原物越冬、越夏的场所有以下几个方面：

（1）田间病株。病毒以粒体，细菌以个体，真菌以孢子、体眠菌丝或休眠菌组织体（如菌核、菌索）等在病株的内部或表面渡过夏季和冬季，成为下一个生长季节的初侵染来源。

（2）种子、苗木和其他繁殖材料。不少病原物可以潜伏在苗木、接穗和其他繁殖材料的内部或附着在表面越冬。当使用这些繁殖材料时，不但使植株本身发病，而且是田间的发病中心，可以传染给邻近的健株，造成病害的蔓延。此外，还可以随着繁殖材料远距离的调运，将病害传播到新的地区。

（3）病株残体。绝大部分非专性寄生的真菌、细菌都能在染病寄主的枯枝、落叶、落果、残根等植株残体中存活，或者以腐生的方式存活一定时期。因此，彻底清除病株残体，集中烧毁，或采取促进病残体分解的措施，都有利于初侵染源的消灭和减少。

（4）土壤。土壤也是多种病原物越冬、越夏的主要场所。病株残体和病株上着生的各种病原物，都很容易落到土壤里面成为下一季节的初侵染来源。其中专性寄生物的休眠体（白粉菌的闭囊壳、霜霉菌的卵孢子、线虫的胞囊、菟丝子的种子等）在土壤中萌发后，如果接触不到寄主就会很快死亡，因此这类病原物在土壤中存活时间的长短和环境条件有关。土壤温度比较低，而且土壤比较干燥时，病原物容易保持它的休眠状态，存活时间就较长，反之则短。

（5）肥料。病原物可以随着病株残体混入肥料或以休眠组织直接混入肥料，农家肥料如果未充分腐熟，其中的病原体（如立枯病）就可以存活下来。

根据病害的越冬、越夏方式和场所，我们可以拟定相应的消灭初侵染来源的措施。

五、作物病害的流行

（一）作物病害流行的概念

作物病害的发生发展受许多因素的综合影响，如果各种因素有利于病害的发生和发展，就会导致病害大发生。研究作物病害流行的分支学科是作物病害流行学。

（二）影响病害流行的因素

在农业系统中，作物病害的消长是受各种因素制约的。农业系统涉及生态系统和经济系统，人的生产活动和经济活动如果能将各因素保持有利于作物生长发育的动态平衡，例如杜绝危险性的病原物的引进、合理进行作物和品种布局、保持合理的栽培管理等，就能把生产放在稳定的农业系统的基础上。如果破坏这种平衡使之有利于病害的发生，病害将大流行。下面将影响病害流行的因素分别进行分析。

1. 寄主作物

（1）种植感病的品种是病害流行的先决条件。在感病品种中，病害的潜育期短，病原物形成的繁殖体数量大，多循环病害的循环周转快，在有利的环境条件下，病害容易流行。种植抗病品种可以有效地控制病害，但如果种植具有专化抗性的品种，或者在病原物群体中如果出现对它能致病的小种，抗病品种就会表现为感病。从外地引进的新品种，如果对当地的病原小种不能抵抗，就会引起病害流行。

（2）种植感病品种面积的大小和分布与作物病害流行范围的大小和危害程度有关。感病寄主作物群体越大，分布越广，病害流行的范围也越大，危害也越重。尤其是大面积种植同一感病品种，即品种单一化，就为病原物繁殖积累和扩大传播创造了有利的条件，可以导致在短期内病害迅速流行。1970 年美国种植感染玉米小斑病的含 T 型雄性不育细胞质的玉米杂交种占玉米总栽面积的 70%～90%，引起玉米小斑病的大流行。这说明大面积单一种植遗传性同质的感病品种，是人为地为病害流行创造有利条件。

2. 病原物

病原物是病害流行的又一基本条件。没有大量的病原物存在，病害是不能流行的。

（1）病原物的毒性。病原物通过变异产生毒力不同的生理小种，导致作物品种由抗病变为不抗病至病害流行，是生产中存在的一大问题。

（2）病原物的数量。病害的迅速增长有赖于病原物群体的迅速增长。病原物有高度的繁殖力，在短期内可以形成大量的后代，为病害流行提供大量的病原物。稻瘟病病叶的一个病斑，每晚可产生 2000～6000 个分子孢子，并可持续 1～2 个星期。有的病原物，如引起棉苗立枯病的丝核菌，只以菌丝体在土壤中蔓延；有的病原物，如油菜菌核病菌和小麦全蚀病菌，只形成有性孢子而不形成无性孢子，它们的群体数量增长慢，需要多年积累才能引起病害流行。

病原物越冬的数量，与能提供初侵染的病原物的量有关。一般来说，凡当地有初侵染来源和能提供较大的病原物的数量的，病害开始发生都较早，以后若条件适宜，病害就可以提早流行且流行的程度较重。

（3）病原物的传播。病原物产生了大量的繁殖体后，需要有效的介体或动力，才能在短期内把它们传播扩散，引起病害流行。

气流、风雨（尤其是暴风雨）、流水和昆虫传播病原物与病害流行有较大的关系。

水稻白叶枯病往往在暴风雨后爆发。风雨不仅可以传播病原细菌，还可以使病叶与健叶接触摩擦造成伤口，有利于细菌侵入。

田间流水可以使病原物在田间广泛传播。水稻白叶枯病与流水传播病原物有关。

有许多病毒是由昆虫传播的。传毒昆虫的数量越多、活动范围越大，病害流行就越广和越严重。小麦黄矮病、油菜花叶病等的大流行，与蚜虫的大发生总是一致的。

3. 环境条件

与病害流行有较大关系的环境条件是温度、湿度和雨水。

影响病原物侵入寄主前的因素主要是湿度。因为高湿度有利于真菌孢子的形成、萌发和细菌的繁殖，所以雨水多的年份常引起多种真菌性和细菌性病害的流行，如小麦锈病、稻瘟病和水稻白叶枯病等。田间湿度高、昼夜温差大，容易结露，雨多、露多或雾多都有利于病害流行，如马铃薯晚疫病等。作物生长发育要求适宜的条件，如果条件不适宜可以诱发病害。例如水稻是喜温作物，苗期遇低温容易引起烂秧，抽穗后如果遇降温，则易诱发稻瘟病流行。

栽培管理和耕作制度的变化将改变农业生态系统中各因素的相互关系，往往会影响病害的流行。

以上是影响病害流行的主要环节。影响病害流行的因素往往不是孤立的，而是综合地起作用的。各因素所起的作用有主有次，在一定的时间内常有一种因素起主导作用，影响着病害的发展和流行。

（三）病害流行的类型和变化

1. 病害流行的类型

（1）积年流行病。这类病害只有初侵染，没有再侵染，或虽有再侵染，但在当年病害发生的过程中所起的作用不大。在一个生长季节中，这类病害的发生程度没有大的变化。当年病害发生的轻重，主要取决于初侵染的菌量和初侵染的发病程度。这类病害要经过多年积累大量的病原物群体后才逐年加重，最后达到流行的程度。这类病害称为积年流行病。

（2）单年流行病。这类病害有多次再侵染，在一个生长季节中病害就可以由轻到重达到流行程度，如稻瘟病、小麦锈病、马铃薯晚疫病等。这类病害称为单年流行病。

2. 病害流行的变化

病害流行既然受许多因素的影响，那么在一定的时间和空间内是否流行及其流行的程度，也就必然会有变化。这种变化可分为季节变化和年份变化。

（1）季节变化。季节变化是指病害在一个生长季节中的消长变化。单循环病害、少循环病害没有多大的季节变化。

多循环病害则季节变化大，一般来说有始发、盛发和衰退三个阶段，即发病初期病情发展较慢，以后发展很快，几乎呈直线上升，当作物接近成熟或死亡时，速度又变慢。

（2）年份变化。年份变化是指一种病害在不同年份发生程度的变化。单循环和少循环病害需要逐年积累病原物才能达到流行的程度。多循环病害在不同年份是否流行和流行的程度，主要取决于气候条件的变化。昆虫传播的病毒病则在气候条件有利于媒介昆虫活动的情况下发生较重。

（四）病害的监测和预报

研究病害流行的目的是为了准确地预测病害的发生时期和严重程度，以便及时做好防治的准备工作。

病害预测预报主要是根据病害发生和流行的规律，例如病害循环的特点、病害流行的各种因素的综合分析、病害流行的类型以及季节变化和年份变化等，只有充分掌握了这些规律，再配合准确的气象预报和病情的准确调查，才可能做出较准确的预报。

1．长期预报

长期预报是指在较长时期之前对病害的发生进行预报，例如今年预测明年，或上一生长季节预测下一生长季节病害可能发生的情况。预报的主要依据有：①初侵染的菌源和菌量（种子或土壤的带菌量等）；②品种的抗病性；③环境条件（气象条件和栽培条件等）。

2．短期预报

短期预报是在病害发生前不久或病害发生的初期对短期内病害可能发生的趋势和程度做出预报。其主要依据有：①当时田间存在的菌量或发病情况；②短期内气象预报是否有利于病害发生；③栽培条件是否有利于病害的发生。

第二节　作物虫害

昆虫和螨类都是节肢动物门下的大类群，前者属于昆虫纲，后者属于蛛形纲。昆虫和螨类与作物关系密切。在栽培作物中，没有哪一种不受昆虫的危害。我国记载可食水稻的昆虫约有 300 种，食棉花的昆虫已超过 300 种，农产品收获后在储存或运输中，还要受储粮害虫的危害，我国储粮害虫也超过 100 种。由于害虫对作物的危害而造成的经济损失相当严重，如水稻螟害常年发生，轻害年平均损失率约为 5%，重害年平均损失率可达 30%；近年来我国棉花由于受棉铃虫的危害，其产量大幅度下降，有的棉区甚至绝收；储粮害虫对粮食的损害达 5%～10% 是常见的。

昆虫与螨类对作物危害的另一重要方面是传播作物病害。例如，在已知的 249 种作物病毒病中，仅蚜虫能传播的就占 159 种；小麦、玉米、水稻上均有飞虱、叶蝉传播的多种病毒病；瘿螨传播的作物病毒病达 15 种之多。昆虫、螨类传病给生产上带来的损失远比它们的直接危害大得多，因而防治媒介昆虫就成了防治许多作物病害的重要措施之一。

上述已知昆虫和螨类给农业带来的损失是严重的，但并非所有作物昆虫和螨类都对作物有害。据统计，其有害的种类，即直接或间接地影响作物的产量和品质造成经济损失而必须加以防治的，只不过占危害作物昆虫和螨类总数的百分之几，绝大多数的昆虫种类是潜在性或间歇性的，它们的危害很轻或偶然严重。在昆虫纲的 33 个目中，捕食性昆虫天敌分属 18 个目，近 200 个科，寄生性天敌分属 5 个目，近 90 个科，它们是重要的害虫生防资源。要正确认识和协调昆虫、螨类的害与益，对它们的形态、分类、生物学及发生规律的了解和研究是必不可少的，本节将在这些方面作基础介绍。

一、昆虫

（一）昆虫的身体构造和功能

昆虫是动物界中种类最多的一个类群。由于昆虫长期的演化，形成了不同的种类。了解昆虫身体构造及其生理功能，不仅有助于了解昆虫的进化、分类系统和认识昆虫，而且有助于了解昆虫的发生环境、生活方式、习性和害虫防治及益虫利用。

1. 昆虫纲的主要特征（如图 12—17 所示）

（1）体躯分为头、胸、腹三个体段。

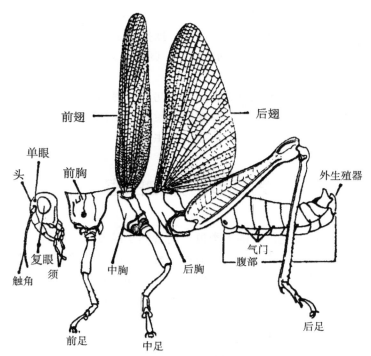

图 12—17 昆虫纲的主要特征 [以雄性飞蝗为例（仿 Richard)]

（2）头部为感觉和取食的中心，具有三对口器附肢和一对触角，通常还有复眼及单眼。

（3）胸部是运动的中心，具有三对足，一般还有两对翅。

（4）腹部是生殖及内脏活动中心，其中包含生殖系统和大部分内脏，无行动用的附肢，但多数转化成外生殖器的附肢。

（5）昆虫卵发育到成虫要经过变态。

2. 昆虫的头部

昆虫的头部是其感觉和取食的中心。头上具有触角、复眼、单眼等感觉器官和取食口器，头以膜质的颈与胸部相连（如图 12—18 所示）。

昆虫的触角：除少数种类外，昆虫都具有一对触角，着生于额的两侧。触角的形状，因昆虫种类而异，但其基本构造可分为三个部分，即柄节、梗节和鞭节（如图 12—19、图 12—20 所示）。

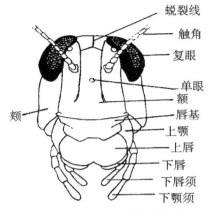

图 12-18 蝗虫头部的构造

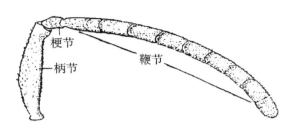

图 12-19 触角的基本构造（仿周尧）

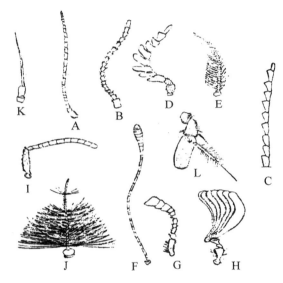

图 12-20 昆虫触角的各种类型（仿管致和）

A. 线状或丝状（蝗虫）；B. 念珠状（白蚁）；C. 锯齿状（叩头虫）；D. 栉状（雄性绿豆象）；
E. 羽毛状（雄性毒蛾）；F. 球杆状（蝴蝶）；G. 锤状（瓢虫）；H. 鳃片状（雄性金龟甲）；
I. 膝状（蜜蜂）；J. 环毛状（雄性蚊）；K. 刚毛状（雄性蜻蜓）；L. 具芒状（蝇）

　　昆虫的眼：昆虫的眼有复眼和单眼之分。复眼是昆虫的主要视觉器官，对于昆虫的取食、觅偶、群集、避敌等起着重要的作用，复眼由许多小眼组成。单眼被认为是一种激动性器官，可使飞行、降落、趋利避害等活动迅速实现。昆虫的单眼分为背单眼和侧单眼两类。不同昆虫对光具有趋避反应，称为趋光性或避光性。

　　昆虫的口器：由于食性和取食方式的不同，昆虫口器的构造也发生了相应的变化，形成各种类型的口器，一般分为取食固体食物的咀嚼式口器和吸食液体食物的吮吸式口器两大类。

　　咀嚼式口器包括五个部分，即上唇、上颚、下颚、下唇和舌（如图 12-21 所示）。这种口器的危害是把作物咬成缺刻、穿孔蛀食或咬断。

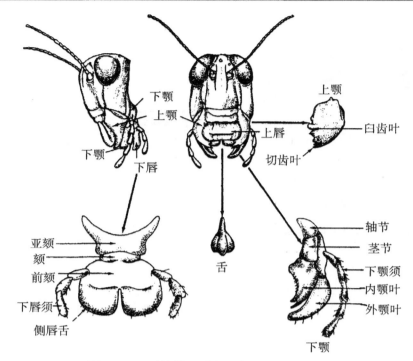

图 12－21 蝗虫的咀嚼式口器（仿 Suodgrass）

刺吸式口器为吮吸式口器中最常见的口器，其特点是上唇延长成一条喙管，喙管里面包藏两对由上、下颚特化而成的口针，口针内部具有排出唾液的唾液管和吸收养分的食物管。这种口器适于刺入和吸取植物的汁液。蚜虫、飞虱、叶蝉、蜡象、蝉等具有这种口器（如图 12－22 所示）。

其他的吮吸式口器有虹吸式口器（蛾蝶类）、舐吸式口器（蝇类）、嚼吸式口器（蜂类）等。有的昆虫成虫的口器与幼虫的不同，如蛾蝶类成虫为虹吸式口器，而其幼虫为咀嚼式口器。

昆虫的口器类型与化学防治关系密切，如对于咀嚼式口器的昆虫，使用胃毒剂或制成毒饵可取得好的防治效果，而对于刺吸式昆虫效果不好，应改用内吸剂或触杀剂。而兼具胃毒、内吸和熏杀作用的药剂可防治各种口器的害虫。

3. 昆虫的胸部

昆虫的胸部是昆虫运动的中心。由前胸、中胸和后胸三个体节组成，各胸节的侧下方着生一对胸足，依次称为前足、中足和后足。在中胸和后胸的背面两侧，通常着生一对翅，分别为前翅和后翅。足和翅都是昆虫的主要运动器官。

昆虫的胸足：昆虫的胸足常分为六节，即基节、转节、腿节、胫节、跗节和前跗节。昆虫跗节腹面较柔软而薄，有感觉器，当其在喷有触杀性杀虫剂的植物上爬行时，药剂易进入虫体，使其中毒死亡。

昆虫足的类型可以用来推断昆虫的栖息场所和生活习性，也是识别其不同种类的依据。

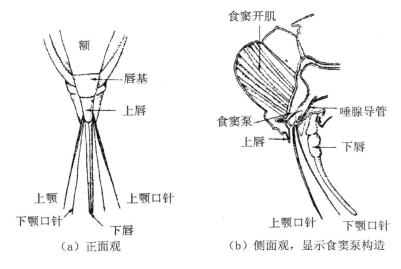

（a）正面观　　　　（b）侧面观，显示食窦泵构造

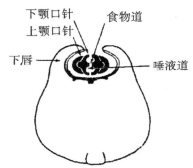

（c）口器横切面显示休息状态的口针位置（仿Snodgrass）

图 12－22　蝉的刺吸式口器（仿 Michael）

昆虫的翅：在昆虫中，除了原始的无翅亚纲和某些因生活适应翅已退化或消失的种类外，绝大多数的昆虫都有两对翅。昆虫的翅多为膜质薄片，贯穿着翅脉，一般呈三角形（如图 12－23、图 12－24 所示）。

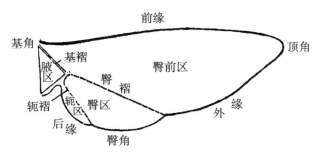

图 12－23　翅的缘、角和分区（仿 Snodgrass）

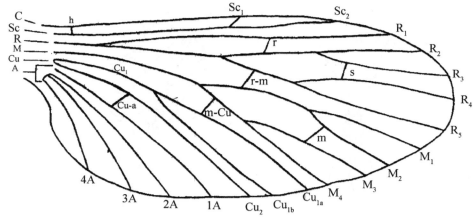

图 12—24　昆虫的模式脉相

4. 昆虫的腹部

腹部是昆虫生殖和内脏活动的中心。腹内包藏着各种脏器和生殖器官，腹部末端具有外生殖器。昆虫的腹部一般由 10~11 节组成。在腹部的第 8 和第 9 节上着生有外生殖器，即雌雄交配的器官。有些昆虫在第 11 节上有一对尾须，是感觉器官。

5. 昆虫的体壁

昆虫等节肢动物的体壁部分硬化，着生肌肉，故又称为外骨骼。体壁的功能是构成昆虫的躯壳，着生肌肉，保护内脏，防止体内水分蒸发以及微生物和其他有害物质的侵入。体壁上还具有各种感觉器，与外界环境取得广泛的联系。昆虫的前后肠、气管和某些腺体也多由体壁内陷而成。体壁由表皮层、皮细胞层和底膜三部分组成，如图 12—25 所示，其化学组成如图 12—26 所示。

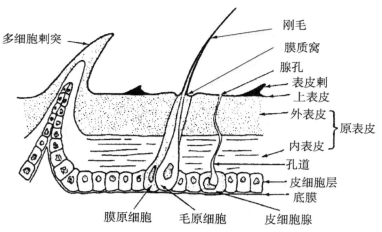

图 12—25　昆虫成虫体壁模式（仿 Richard）

```
              ┌                    ┌ 护蜡层：脂蛋白类
              │                    │ 蜡层：蜡质……不透水性
              │          ┌ 上表皮 ┤
              │          │         │ 多元酚层：多元酚
              │   表皮层 ┤         └ 脂脂层：角质精层
              │          │
   体壁 ┤          │ 外表皮：骨蛋白、几丁质、脂类……坚韧性
              │          └ 内表皮：几丁质、节肢蛋白……展延曲折性
              │
              │ 皮细胞层：活细胞层，有些特化成毛、鳞及各种腺体（分泌表皮及蜕皮液体壁等）
              └ 底膜：极薄的膜
```

注：内表皮中的蛋白质为能溶于水的结构蛋白；外表皮为不可溶性的鞣化蛋白，又称骨蛋白。几丁质是昆虫纲和其他节肢动物表皮中的特征成分。

图 12-26　体壁的化学组成

体壁上有许多外长物，如疣状突、点刻、脊、毛、刺、鳞片等。体壁的皮细胞具有分泌作用，为唾腺、丝腺、蜡腺、胶腺、毒腺、臭腺、蜕皮腺等，均由皮细胞特化而来。

杀虫剂的杀虫效果如何与其能否顺利通过体壁有密切关系。如油乳剂杀虫效果较高，就是因为药剂的毒效成分溶解在油中，而油具有亲脂性，能较好地在虫体体表展附并穿透体壁，所以起到了运送药剂的作用。近年来，根据昆虫表皮有几丁质的特性研制成功了几丁质酶抑剂，即灭幼脲类药剂，当幼虫吃下这类药剂后，体内几丁质的合成受阻，不能生出新表皮，从而使幼虫蜕皮受阻死亡。

6. 昆虫的内部构造与功能

昆虫内部器官都浸浴在血液里，充满血液的体腔称为血腔。

消化系统：昆虫的消化道是一条由口到肛门纵贯体腔中央的一条管道，由前向后分为前肠、中肠和后肠三部分。其功能是消化食物、吸收营养和排泄粪便。

排泄系统：主要指马氏管，其功用相当于高等动物的肾脏，能从血液中吸收各种组织新陈代谢排出的含氮废物，如酸性尿酸钠或酸性尿酸钾等。

呼吸系统：由许多富有弹性和一定排列方式的气管组成，由气门开口于身体两侧。气管的主干纵贯体内两侧，主干间有横向气管相连接。昆虫的呼吸作用主要是靠空气的扩散和虫体呼吸运动通风，使空气由气门进入气管、支气管和微气管，最后到达各组织。当空气中含有毒物质时，毒物也就随着空气进入虫体，使其中毒死亡，这就是熏蒸剂杀虫的基本原理。

循环系统：昆虫属开放式循环动物，即血液循环不是封闭在血管里，而是充满在整个体腔，浸浴着内部器官。

神经系统：昆虫的一切生命活动，如取食、交配、趋性、迁移等都受神经系统的支配。了解神经系统，有助于对害虫进行防治，利用害虫神经系统引起的习性反应，如假死性、迁移性、趋光性、趋化性等，都可用于害虫的防治。

生殖系统：雌性生殖器官由一对卵巢及其相连的输卵管、受精囊、生殖腔和附腺组成。雄性生殖器官由一对睾丸及其相连的输精管、储精囊、射精管、阴茎和生殖附腺所组成。

7. 昆虫的激素

昆虫激素是体内腺体分泌的一种微量化学物质，起着支配昆虫生长发育和行为活动的

作用。按激素的作用和作用范围，可分为内激素和外激素两类。激素间的协调作用使昆虫的生长发育和变态得以调节和控制。

昆虫在性成熟后，能分泌性外激素，引诱同种个体前来交配。利用性外激素防治害虫的原理，我国已人工合成多种害虫的性外激素，如棉铃虫、梨小食心虫、桃小食心虫、稻螟、黏虫、稻瘿蚊、玉米螟等。

（二）昆虫的主要生物学特征

昆虫的生物学特性即它的种群性，是在长期的历史演化过程中形成的，因而具有稳定性。研究昆虫的生物学对经济昆虫控制和利用是很重要的，例如，根据害虫的生物学特性，找出其发生过程中的薄弱环节进行重点防治；又如，为了利用益虫，要找出对其保护及人工繁殖的途径，对其生物学的研究也是必要的。

下面从昆虫的繁殖、发育、年生活史和休眠行为几方面简要介绍昆虫的生物学特征。

1. 昆虫的繁殖方式

两性生殖是昆虫繁殖后代最普通的方式，它是通过两性交配，精子与卵子结合，雌虫产下受精卵，每粒卵发育为一子代，因而这种繁殖方式又称为两性卵生。

孤雌生殖是卵不必经过受精就可以繁殖的方式，又称单性生殖。这类昆虫一般没有雄虫或雄虫极少，常见于某些粉虱、介壳虫、蓟马等。在正常两性生殖的昆虫中，也会发生孤雌生殖现象。

卵胎生是指卵在母体成熟后并不产出，而是停留在母体内进行胚胎发育，直到孵化后直接产下幼虫，如介壳虫。

多胚生殖是由一个卵发育成两个或更多的胚胎，每个胚胎发育成一新个体。

2. 昆虫的发育和变态

昆虫的个体发育过程分为胚胎发育和胚后发育两个阶段。胚胎发育是从卵发育成为幼虫（若虫）的发育期，又称为卵内发育；胚后发育是从卵孵化后开始至成虫性成熟的整个发育期。胚后发育过程中从幼期（幼虫或若虫）状态改变为成虫状态的现象，称为变态。

（1）昆虫个体发育各阶段的特性。

①卵期。卵期是个体发育的第一阶段。自卵产出到孵出幼虫所经过的时间，称为卵期。卵为一个大型细胞。

②幼虫（若虫）期。幼虫期是指由卵孵化成幼虫到变为成虫所经历的时间；若虫期是指由卵孵化为若虫到变为成虫所经历的时间。由于体壁坚硬，生长受到限制，就必须蜕去旧的表皮，才能继续生长。两次蜕皮之间所经历的时间，称为龄期。一般幼虫蜕皮 4~5次，即有 5~6 龄。随着龄期的增长，食量越大，危害越烈，抗药性也增强。

③蛹期。蛹期是指幼虫转变为成虫的过渡时期。从化蛹时起至发育羽化为成虫时所经历的时间，称为蛹期。

④成虫期。由蛹羽化或末龄若虫脱皮变为成虫起直到死亡所经历的时间，称为成虫期。成虫期是昆虫个体发育过程的最后一个阶段，是交配、产卵、繁殖后代的生殖时期。雌雄成虫从羽化到性成熟开始交配所经历的时间，称为交配前期。雌成虫从羽化到第一次产卵所经历的时间，称为产卵前期。雌虫的产卵数量，称为繁殖力。雌雄成虫的数量比例，称为性比。一般来说，成虫产卵总是选择对幼虫取食有利的地方。雌虫由于要把卵产

完才死亡，而雄虫交配后不久即死亡，所以雌虫的寿命一般较雄虫长。

（2）昆虫的变态类型。

①不全变态。不全变态是指在个体发育过程中，只经过卵、若虫和成虫三个阶段，其若虫和成虫的形态、生活习性基本相同，翅在体外发育，如蝗虫、叶蝉等。

②完全变态。完全变态是指在个体发育过程中要经过卵、幼虫、蛹和成虫四个阶段，幼虫的形态、生活习性和成虫截然不同。

3. 昆虫的世代和生活年史

昆虫从卵开始，经过幼虫、蛹到成虫性成熟产生后代的个体发育史，称为一个世代，简称一代。昆虫在整个一年中的发生经过，如发生的代数、各式各样虫态出现的时间、与寄主作物发育阶段的配合、越冬情况等，称为生活年史。一年发生多代的昆虫，往往发生期参差不齐，即上、下世代间界限不清，称为世代重叠。

4. 昆虫的休眠和滞育

昆虫或螨类在一年的生长发育过程中，常出现暂时停止发育的现象。这种现象从其本身的生物学与生理上来看，可分为两大类，即休眠与滞育。

（1）休眠。休眠是指物种在个体发育过程中对不良环境条件的一种暂时性的适应，当这种不良环境条件一旦消除而能满足其生长发育要求时，便可立即停止休眠而继续生长发育。

（2）滞育。滞育与休眠不同，引起滞育的原因不能仅以个体发育过程中的不良环境条件来解释，滞育是一种比较稳定的遗传性。滞育常发生在一定季节，一定发育阶段，在滞育期间，即使给予良好的生活条件也不能解除，必须经过一定的滞育期，并有一定的刺激因素（如低湿），才能重新恢复生长发育。引起滞育的环境因素中，光照周期即每日光照时数是主要因素之一。引起种群50%左右的个体进入滞育的光周期界限，称为临界光照周期；能接受光周期信号而导致滞育的发育阶段，称为临界光照虫态。昆虫的滞育机制示意如图12－27所示。

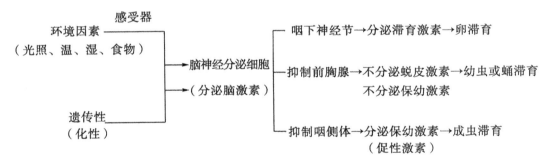

图12－27 昆虫的滞育机制示意

5. 昆虫的行为

昆虫的行为是昆虫生命活动的综合表现，是通过神经活动对刺激的反应，表现出适应其生活所需的各种行为，这是长期自然选择的结果，为种内所共有。

（1）趋性。趋性是指通过神经活动对外界环境刺激所表现的"趋""避"（即正趋、负趋）行为。按刺激物的性质，可分为趋光性、趋化性和趋温性。

趋光性是指视觉器官趋向光源而产生的反应行为，反之为负趋光性。

趋化性是指昆虫通过嗅觉器官对于化学物质的刺激而产生的反应行为，趋化性也有正负之分。

昆虫是变温动物，其体温随所在环境而改变，因此，当环境温度变化时，昆虫就趋向于适宜它生活的温度条件，这就是趋温性。

（2）食性。按昆虫取食食物的种类，食性可分为植食性、肉食性、腐食性和杂食性。

植食性是指以新鲜作物体或其果实为食。根据其食性范围大小，可分为三类：①单食性，只取食一种作物，如三化螟只危害水稻；②寡食性，能取食一科或近缘科内的作物，如二化螟除危害水稻外，还危害茭白、玉米、小麦等近缘科作物；③多食性，能取食不同科、属的多种作物，如玉米螟可为害40科、181属、200种以上的作物。

肉食性是指以小动物或昆虫为食，很多是害虫的天敌，可加以利用。

腐食性是指取食腐烂的动、植物等，如蜣螂科昆虫为粪食性。

（3）群集性。大多数昆虫分散生活，但有些昆虫种类，在一定空间聚集大量个体，称为群集。

（4）迁移性。迁移性是指昆虫从一地迁往另一地，或在小范围内扩散、转移危害的习性。如黏虫、小地老虎、稻褐飞虱可长距离迁飞达到性成熟和转地危害。

（5）假死性。有些昆虫受到突然的接触或震动时，全身表现一种反射性的抑制状态，身体蜷曲或从植株上坠落地面，一动不动，片刻后又才爬行或起飞，这种特性为假死性。

（三）昆虫分类

已知名称的昆虫种类有100多万种。昆虫分类学可以使我们把种类繁多的昆虫分类进行识别，并可应用于昆虫区系调查、作物检疫、防治害虫和利用益虫等方面。

昆虫分类以形态特征、生物学特性、生态特性、生理特性等为基础，一方面运用比较分析法找出其特异性，区分不同虫种或类群；另一方面运用概括归纳法找出共同性，将亲缘相近的种类或类群抽象概括为一级比一级更大的类群。共性和特性的对立统一是分类的依据。

昆虫属节肢动物门中的一个纲——六足纲，纲下又分为目、科、属、种几个主要分类阶梯或分类阶元。种是分类的基本单元，不同的种有生殖隔离，因而种又是繁殖单元。每个种都有一个科学名称，称为学名。学名用拉丁文书写，由属名加种名组成，这就是国际上通用的双名法命名制，除属名第一个字母大写外，其余均小写，印刷为斜体。例如棉蚜的学名为 *Aphis gossypii Glover*。

二、螨类

螨类与昆虫的最主要的形态区别是体躯无明显的头、胸、腹之分，有四对足，没有翅，无复眼。与农业有关的螨类可分为两大类群：一是有害螨类，二是有益螨类。

（一）形态

身体分为颚体与卵圆形的躯体两部分，躯体由分颈缝分为前足体与后半体，前足体上着生第一、二对足，后半体又分为前部着生第三、四对足的后足体和未着生足的末体两部分，如图 12-28 所示。

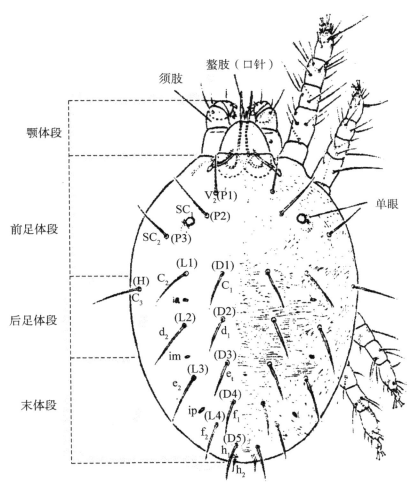

图 12-28　螨体躯的外部形态［**一种裂爪螨**（Schizotetranychus sp.）**背面观，仿** Grandjean］

颚体：位于躯体前端，一般与昆虫头部相似。

螯肢：一般由 3 节构成。

须肢：为一对，位于螯肢后方或外方，形成颚体的侧腹部，为感觉器官。

躯体：不同种类其躯体形状不同。营自由生活的螨类常为长卵圆形或卵圆形，而营寄生生活的大多延长，适宜栖息在狭窄或扁平的场所。

足：成螨及若螨有足 4 对，幼螨仅 3 对。瘿螨及一部分跗线螨仅有两对足。

（二）螨类的主要生物学特性

生殖：两性生殖或单性生殖。

生活史：螨一生经历卵、幼螨、若螨和成螨四个阶段。若螨通常有 2～3 个时期，第一期为前若螨，第二和第三期为后若螨。每个螨期之间常有一静止期，静止后期脱皮。

第一期若螨常能自由活动，有的取食，有的不取食；第二期若螨通常具有成螨所有的非性的特征。第三期若螨一般是活动的，脱皮后即成为成螨。成螨一般不再脱皮。

生活型：分自由生活型和寄生生活型两大类。

叶螨及瘿螨等植食螨类多发生兼性滞育（即滞育可发生于不同的时期），主要诱发因素为光周期、温度和营养。

（三）螨的常见种类

根据 Krantz G W（1978）的分类系统，螨类属于节肢动物门，蛛形纲，蜱螨亚纲，下列 2 个目，7 亚目，105 总科，380 科。对农林业危害最严重的是真螨目、辐螨亚目的叶螨科和瘿螨科，后者还可传播作物病毒病。最重要的益螨是寄螨目，革螨亚目的植绥螨科，它捕食害螨，在害虫生物防治上极有价值。

第三节　作物病虫害防治的基本方法

一、作物病虫害的诊断

（一）诊断的概念及含义

作物病虫害的诊断是检查病虫害发生的原因，确定病、虫的种类，从而确定具体病、虫害的名称，然后根据病原、害虫的特性和发生发展规律，提出防治病虫害的具体方法。

病虫害的准确诊断对防治病虫害具有重要意义。只有进行正确的诊断，才能做到有的放矢，对症下药，收到满意的防治效果。因此可以说，诊断是防治作物病虫害的前提。

（二）病虫害诊断步骤

作物病虫害的诊断一般分为以下 3 个步骤：

（1）田间观察。因为各种病虫害在田间的发生和发展都有一定的规律，所以必须到病虫害发生现场进行田间诊断，调查病虫害在田间的分布，危害的部位，病虫害的发生、发展情况以及发生条件。

（2）症状鉴别。仔细辨认症状，分清是病害还是虫害。在此基础上，如果认定是病害，再仔细观察症状部位的病状，有无病征和病征的类型。系统性症状，要注意变色、萎蔫、畸形和生长习性的改变；局部性症状，要注意斑点的形状、数目、大小、色泽、排列和有无轮纹；腐烂症状，要注意腐烂组织的色、味、结构（软腐、干腐）以及有无虫伤。如果认定为虫害，要注意危害部位是咀嚼式口器昆虫还是刺吸式口器昆虫所为。危害部啃食作物组织形状，是否只啃食叶肉留下表皮，有无虫粪和脱皮，有无孔洞、潜道、卷叶和虫瘿。

（3）种类鉴定。病害通过田间观察，症状鉴别后尚不能做出肯定的结论，就还需进一步作病原鉴定。不同病原的特性不同，因此在进行病原鉴定时除用显微镜镜检外，还需采用特殊诊断方法。虫害除通过田间观察、危害症状鉴别外，还需要将田间采集到的昆虫卵、幼虫及蛹带回室内进一步鉴定，有的还需要通过饲养至成虫阶段才能鉴定其种类。

（三）各类病虫害诊断的一般方法

1. 病害诊断

生理病害和侵染性病害是由不同性质的病原（生物和非生物）危害所致的，在其防治上有着迥然不同的方法。诊断时应首先确定这两类不同性质的病害。

（1）生理病害的诊断。生理病害是由不适宜的环境因素所致的，其病状特点是引起作物的变色、萎蔫和畸形，只有病状而无病征。田间分布特点是一般均匀成片，无由点到面的逐步扩展过程，即田间无发病中心。危害程度由轻到重，发病率比较稳定。其发生与地势、土质、施肥、灌溉、气象条件、土壤缺素、药害等有关。生理病害病原鉴定的方法如下：

①化学诊断法。主要用于营养缺乏及盐碱害。通过将有病作物汁液或病田土壤进行化学分析，测定其营养元素的成分和含量，并和健康作物正常值进行比较，从而查明病因。

②人工诱发试验和药物治疗试验。根据可疑病因，人为提供类似发病条件，观察健康作物是否发生同种症状；或采用治疗措施，即补充缺乏元素，观察病株症状是否痊愈或减轻。

③指示作物鉴定法。此法用于缺素症，选用对各种元素最敏感，且症状表现最明显而稳定的作物，种植在病株附近，观察其症状反应来鉴定。

（2）侵染性病害的诊断。侵染性病害是由病原物所致的，其症状特点是引起作物的变色、坏死、腐烂、畸形和萎蔫，即有病状，多数具有病征。田间分布特点是具有发病中心，有扩展蔓延的趋势。一般常见病通过田间观察、症状鉴别即可得出诊断结论，大多数病害要确诊需作病原鉴定，而对于少见病或新病，还需进行分离培养，接种和再分离（柯赫氏证病律）才能做出结论。

①作物真菌性病害的诊断。

真菌性病害的诊断可根据病状特点和繁殖体（病征）的形态特征来确定病害种类。病部表面病征不明显的，可将病组织保湿培育 24~48 h，待产生病征后镜检。对子实体产生于组织表面的，可用挑制片的方法，即用解剖针直接从病组织中挑取子实体（粉状物、霉状物或粒状物）制片镜检；对子实体产生在组织内的，用徒手切片法制片镜检。镜检形态的特征，应注意观察繁殖体的形态，孢子的形态、大小、颜色及其着生情况。常见病害根据以上形态特征，参考有关资料即可确定其病害种名。疑难病害用柯赫氏证病律诊断。

②作物细菌性病害的诊断。

细菌性病害诊断可采用症状观察，病部脓状物病征（潮湿条件下，病部常表现为黄色、乳白色的滴状黏液或为一薄层黏液；干燥时，黏液干固，变成小珠状、不定形粒状或发亮的薄膜），病原形状观察，染色反应、培养性状的观察，生理生化测定，血清反应及噬菌体检测等方法，确定病名和细菌种名。确定是否为细菌性病害，常用显微镜检查法，即用显微镜检查病组织中有无细菌，这是诊断细菌性病害最简单而可靠的方法，其具体做法是：选择新鲜、典型的病组织，洗净后吸干水分；剪下病部（略带健组织），大小为 0.5~1 cm²，置于载玻片上，滴入灭菌水 1 滴；然后用灭菌刀或解剖针将病组织从中心处弄破，加上盖玻片，在 100～400 倍镜下观察病组织四周，如果有大量病菌以云雾状逸出，这种现象称为喷菌现象，为细菌性病害所特有，是区分细菌性病害和真菌、病毒病害最简便的手段之一。

③植原体和螺原体病害的诊断。

此类病害的症状特点是黄化、丛生、系统性。对这类病害诊断可采用治疗试验，即对感病植株施用四环素和抗生素，如果症状消失或减轻，则表明为此类病原所致（如果为病毒、类病毒或生理病害，则抗菌素对其无效，如施用青霉素，对植原体所致病害无效，而对类立克次氏体所致病害有效）。直接观察病原可采用电子显微镜对病组织或带毒媒介昆虫作超薄切片检查，看其是否有病原的存在。

④病毒、类病毒病害的诊断。

病毒、类病毒病害的病状特点主要表现为变色、畸形、病部无病征。此类病害易与生理病害混淆，诊断时须注意。田间观察时，应注意观察有无发病中心（即传染性），与昆虫的发生有无联系，可否经汁液传播。在诊断时，可根据其传播方式、寄主范围、指示作物上症状进行鉴定；根据病毒的生物学特性、物理性状、血清学方法、酶联免疫吸附法、电子显微镜观察粒体形态，鉴定病毒病害。用凝胶电泳、互补 DNA 法测定类病毒病害。病毒病害可通过热力脱毒，而类病毒则不能。

⑤线虫病害的诊断。

线虫病害诊断一是根据其症状表现，如植株生长迟缓，有虫瘿、根结、毛根；二是解剖病组织查找线虫；三是当病部较难看见虫体时，可采用漏斗分离法或叶片染色法进行检查。线虫在田间的危害常成块分布。

2. 虫害诊断

虫害的诊断通过田间观察和症状鉴别，如果排除了病害的可能，则可对虫害进行进一步的诊断，以确定害虫的种类，换句话说，即对害虫的卵、幼虫、蛹和成虫进行分类鉴定，进而了解害虫的生活及习性，确定虫害的防治方法。在进行害虫的鉴定时，主要依据成虫的形态特征进行分类鉴定，注意观察与分类相关的性状，如翅的有无、口器的类型、翅为一对或两对、翅的质地（角质或膜质）、翅被鳞片或透明、翅脉特征、有无螯刺、触角的类型、足的类型、眼及复眼等。由于分类烦琐而复杂，非植保专业学生难以掌握（本课程不作此要求）。所以此类诊断，一般只要求学生了解害虫所属目或大类，借助有关资料，查阅某一作物种类常见虫害的描述及图，鉴定到种。

（四）作物病虫害诊断注意事项

1. 病害和虫害的区别

作物病害的症状与虫害的危害状虽有显著的区别，但不慎也会误诊。病害有逐步变化的病变过程，虫害则没有，这是两者的根本区别。蚜虫、螨类常刺激植物产生类似病害的症状，对此要通过镜检或检查有无害虫排泄物等进而区别。

2. 侵染性病害与生理病害的区别

侵染性病害中的病毒、类病毒和植原体、螺原体病害的症状与生理病害的症状相似，且都无病征。诊断时可根据田间观察做出初步诊断，必要时通过病原鉴定和传染性试验予以确诊。

3. 咀嚼式口器害虫和刺吸式口器害虫的区别

咀嚼式口器害虫多以作物的根、茎、叶、果等固体物质为食料，在被害部位形成缺刻、孔洞、潜道等明显机械性损伤，常有虫粪留下。刺吸式口器害虫以作物组织汁液为食料，其被害部位无明显机械性损伤，常表现出局部性的褪色、黄化、卷叶、虫瘿等被害状。

4. 病害症状的复杂性

症状是诊断病害的重要依据，但不是唯一依据。症状不是固定不变的，相同病原物在不同寄主上可引起不同症状，不同病原物在同一寄主上也常表现出相似症状；同一病原物在同一寄主的不同生育期、抗病品种和感病品种上可以表现出不同症状。因此，在诊断病害的过程中，要注意症状的复杂表现。

二、病虫害的调查

作物病虫害的调查是了解病虫害的种类、田间分布、危害和发生情况，为预测、预报及防治提供科学依据。

（一）调查的原则

病虫害调查因病虫害的种类和调查目的的不同而异。在进行调查时需遵循以下基本原则：

（1）明确调查的任务、对象、目的和要求。

（2）根据病虫害的性质和调查目的，确定适当的调查方法，拟订计划，做好调查前的一切准备工作。

（3）调查的所有资料应真实地反映客观规律。

（4）调查前应仔细研究本地病虫害的发生情况及其他有关资料，力求调查结果准确并具有代表性。

（二）调查的内容

1. 病虫害发生和危害情况调查

主要调查某种栽培作物在一定范围、一定时期内的病虫种类、发生时期、分布情况、发生数量、发育进度和危害程度等。

2. 病虫越冬情况调查

主要对病虫害越冬场所进行调查，了解病虫害越冬基数和越冬存活等情况。

3. 防治效果的调查

主要包括防治前后病虫害发生程度的对比调查，不同防治方法的对比调查等。

（三）调查的方法

1. 选点取样

进行病虫害调查，一般要选点取样。由于调查的性质和要求不同，对不同病虫害调查的选点取样方法各异。常用的方法有以下5种：

（1）5 点取样法。适用于地块小、近方形、病虫分布均匀的选点取样。做法是在田间随机选取 5 点。

（2）棋盘式取样法。适用于面积较大或长方形地块，病虫害田间分布均匀或有发生中心的情况，即按棋盘式选取 10 个点。

（3）"Z" 型取样法。适用于病虫田间分布不均匀时的取样选点，即样点在田间排成 "Z" 字型。

（4）对角线取样法。适用于病虫田间分布比较均匀的随机分布型取样选点。

（5）平行线或抽行取样法。适用于成行种植作物或田间有发病中心的病虫取样，即用平行线法隔一定行数抽查一行中的一段。

以上各种取样方法要注意随机，切忌随意，样点要远离地边。

2．取样单位

（1）长度单位。适用于生长密集的条播作物，单位 m。

（2）面积单位。适用于苗期、撒播作物、地下害虫，单位 m^2。

（3）植株或部分器官。适用于虫体小、密度大的害虫或叶片及果实上的病害，如百株、百果、百叶上的虫数和发病率等。

（4）其他。根据病虫的特点，可采用特殊的统计单位，如活动性大的害虫用时间单位统计等。

3．取样数量

取样数量取决于病虫害的分布均匀程度、虫口密度和调查田块的大小。一般每样点取量为：全株性病虫 100～200 株，叶部病虫 10～20 片叶，果实病虫 100～200 个果，地下害虫 1～2 m^2，样点长度 1～2 m 不等。

（四）调查资料的整理

1．被害率或发病率

被害率或发病率主要反映病虫害的普遍程长（又称普遍率）。

$$被害率或发病率（\%）=\frac{有虫（病）单位数}{调查单位数}\times100\%$$

2．虫口密度

虫口密度反映一个调查单位（m^2）的虫口数量，常用以下两种表示法：

① $$虫口密度=\frac{调查总虫数}{调查总单位数}$$

② $$百株虫数=\frac{调查总虫数}{调查总株数}\times100\%$$

3．病情指数

病情指数主要反映单位面积上作物被害的平均严重程度。调查前，需将作物病害的严重度分等级，不同病害分级标准不一样，一般是根据病害性质分级，分级标准要具体，级差要明显、易于判断。级别不宜太多，以 3～5 级为宜。其计算公式如下：

$$病情指数（\%）=\frac{\sum[各级病叶（株）数\times该级代表数值]}{调查总叶（株）数\times最高一级的代表数值}\times100\%$$

病情指数越大，病情越严重，反之则轻。分级记载常用表格见表 12-2。

表 12-2 病情指数调查表

点序	调查总叶（株）数	病叶（株）数					发病率	病情指数	备注
		0级	1级	2级	3级	4级			

三、作物病虫害防治及其基本方法

作物病虫害防治的目的在于保证作物的健康生长和发育，从而获得高而稳定的产量和优良的品质。防治措施的设计主要依据病虫害发生发展和流行的规律。各种病虫害的发生发展都有其特殊性，病虫害种类不同，防治措施也不一样，但也有共同性，因而一种防治措施常对多种病害和虫害有效。了解病害和虫害的个性与共性，以及各种防治措施的设计依据，就可以灵活地运用各种措施预防病虫害的发生，控制病虫害的发展，减少病虫害所致的损失，保证作物的丰产和优质。

（一）植物检疫

1. 植物检疫的意义与任务

植物检疫工作是国家保护农业生产的重要措施，它是由国家颁布条例和法令，对植物及其产品，特别是种子、苗木、接穗等繁殖材料进行管理和控制，防止危险性病、虫、杂草传播蔓延。其基本属性是强制性和预防性的。主要任务有以下三方面：①禁止危险性病、虫、杂草随着植物或其产品由国外输入和由国内输出；②将在国内局部地区已发生的危险性病、虫、杂草封锁在一定的范围内，不让它传播到尚未发生的地区，并且采用各种措施逐步将其消灭；③当危险性病、虫、杂草传入新区时，采取紧急措施，就地彻底肃清。

2. 植物检疫对象的确定

植物检疫分为对内检疫和对外检疫两类。每个国家有其对内和对外检疫对象名单。各省、市、自治区也都有对外检疫对象名单或补充名单。检疫对象的确定，必须具备以下三个基本条件：

（1）必须是局部地区发生的。检疫的目的是防止危险性病、虫、杂草扩大危害范围，已经普遍发生者就没有进行检疫的必要。

（2）必须是主要通过人为因素进行远距离传播的。通过人为因素进行远距离传播的病、虫、杂草，才有实行检疫的可能性，才能列为检疫对象。

（3）危险性的。只有那些给农林生产造成巨大损失的危险性病、虫、杂草，才有实行检疫的必要性。

上述三个原则是不可分割的，应当综合起来加以考虑，才能正确合理地确定检疫对象。

3. 植物检疫措施

主要采取下列措施：

（1）禁止入境。针对危险性极大的有害生物，严格禁止可传带该有害生物的活植物、种子、无性繁殖材料和植物产品入境。土壤可传带多种危险性病原物，也被禁止入境。

（2）限制入境。提出允许入境的条件，要求出具检疫证书，说明入境植物和植物产品不带有规定的有害生物，其生产、检疫检验和除害处理状况符合入境条件。此外，还应限制入境时间、地点，入境植物种类及数量等。

（3）调运检疫。对于在国际和国内不同地区间调运的应进行检疫的植物、植物产品、包装材料和运输工具等，在指定的地点和场所（包括码头、车站、机场、公路、市场、仓库等）由检疫人员进行检疫检验和处理。凡检疫合格的签发检疫证书，准予调运，不合格的必须进行除害处理或退货。

（4）产地检疫。种子、无性繁殖材料在其原产地，农产品在其产地或加工地实施检疫和处理。这是国际和国内检疫中最重要和最有效的一项措施。

（5）国外引种检疫。引进种子、苗木或其他繁殖材料，需事先经审批同意，检疫机构提出具体检疫要求，限制引进数量，引进后除施行常规检疫外，还必须在特定的隔离苗圃中试种。

（6）旅客携带物、邮寄和托运物检疫。国际旅客入境时携带植物和植物产品需按规定进行检疫。国际和国内通过邮政、民航、铁路和交通运输部门邮寄、托运的种子、苗木等植物繁殖材料以及应施检疫的植物和植物产品等需按规定进行检疫。

（7）紧急防治。对新引入和定植的病原物与其他有害生物，必须利用一切有效的防治手段，尽快扑灭。国内植物检疫规定，已发生检疫对象的局部地区，可由行政部门按法定程序划为疫区，采取封锁、扑灭措施，还可将未发生检疫对象的地区依法划定为保护区，采取严格保护措施，防止检疫对象传入。

（二）农业防治

农业防治又称环境管理或栽培防治，其目的是在全面分析寄主作物、病原物和害虫与环境因素三者相互关系的基础上，运用各种农业调控措施，压低病原物和虫口的数量，提高作物抗性，创造有利于作物生长发育而不利于病虫害发生的环境条件。农业防治措施大都是农田管理的基本措施，可与常规栽培管理结合进行，不需要特殊设施。它是最经济、最基本的防治方法，下面主要讨论病虫害防治中栽培技术的利用。

1. 使用无病虫繁殖材料

生产和使用无病虫种子、苗木、种薯以及其他繁殖材料，可以有效地防止病虫害传播和压低病虫数量。在病害方面，为确保无病种苗生产，必须建立无病种子繁育制度，种子生产基地需设在无病或轻病地区，并采取严格防病和检验措施。以马铃薯无病毒种薯生产为例，原种场应设置在传毒蚜虫少的高海拔或高纬度地区，生长期需经常喷药治虫防病，及时拔除病株、杂株和劣株。原种薯供种子田繁殖用。种子田应与生产田隔离，以减少传播蚜虫，种子田生产的种薯供大田生产用。

商品种子应实行种子健康检查，确保种子健康水平。带病虫种子需进行种子处理。通常用机械筛选、风选或用盐水、泥水漂选等方法汰除种子间混杂的菌核、菌瘿、粒线虫虫瘿、病植物残体以及病秕籽粒和虫卵。对于表面和内部带菌的种子，则需实行热力消毒或杀菌剂处理。

热力治疗和茎尖培养已用于生产无病毒种薯。

2. 建立合理的种植制度

轮作倒茬的生产意义是多方面的。在病虫害的防治方面，轮作有利于一些病虫害的防治，尤其是对于一些土传病害和地下害虫，如地老虎、金龟子、蝼蛄等，通过水旱轮作可以取得立竿见影的效果。

轮作与病虫害防治已成为栽培防治的主要措施之一，特别是土传病害中的苗期及成株期根腐病、棉花枯萎病和黄萎病、小麦全蚀病、麦类根腐病等真菌病害，以及马铃薯环腐病、玉米细菌萎蔫病和蔬菜、豆科作物的线虫病等，大多可以结合适合作物（非寄主）的轮作得到控制。轮作防病在一定时期内可使病原物处于"饥饿"状态，从而削弱致病力或减少病原传播体的数量。具体轮作方式和年限通常根据病、虫种类而定。对一些地下害虫实行水旱 1~2 年轮作，而对于某些土传病则可能更长。植株密集的田块如果水肥供应不上，容易诱发因缺水胁迫而发生的侵染性病害，到了成熟期，过于密集的植株同样存在比稀疏田块更大的病虫害威胁。

一般来说，单株营养面积适当，作物生长健壮，其抗虫性可以提高，虫害造成的损失率相对降低。加强田间管理工作在病虫害防治工作中也具有举足轻重的作用。它不是单项技术措施，而是关于土、肥、水、种、保及气候等有关方面的有机综合运用。主要包括精选种子、适期播种、及时中耕、消灭杂草、整枝间苗、清洁田园等项措施，对减轻病虫害都必不可少。如选用饱满、均匀、无病虫的优良种子，就是保证全苗、壮苗的基本措施之一，可以将病、弱及带有虫卵的种子汰除在外，也可避免杂草种子混入田间，做到一举多得。适时播种和中耕也很重要，可起到促苗生长、调节地温的作用。特别是春播棉田等，实行早耕可以减少苗期根病，中耕也可将一些虫卵等暴露在地表，使之干裂而死。间苗和整枝对于控制病虫害也起着重要作用，尤其在棉田、菜地以及其他经济作物的管理中，及时去除病虫弱苗和风杈、赘枝叶，同时也增强田间的通风透光条件，减少养分消耗，有利增产。清洁田园是防治病虫来源的常规措施，应受到进一步的重视。

（三）作物抗害品种的利用

1. 抗病品种的利用

利用抗病品种防治作物病害是一种经济有效的措施。目前在美国等发达国家已有 50%~75% 的农业种植面积采用了抗一种或几种病害乃至虫害的品种，全世界每年因抗病品种获得的收益可达几十亿美元之多。我国目前在主要农作物和危险病害方面也在培育和采用抗性品种，例如稻、麦、棉、麻、油等大田和经济作物中稻瘟病、小麦锈病、棉花枯萎病、红麻炭疽病等大多是通过抗病品种或以抗病品种为主的综合措施而得到控制的。

2. 抗虫品种的利用

作物抗虫品种很多，在害虫防治中起到了很重要的作用。目前大田作物抗虫品种有：抗稻飞虱品种，国际水稻所 IR26、IR32、IR36 等；抗水稻螟虫品种，IR36、IR40、IR50 等；抗麦蚜品种，农大 6085、芒白 4-2 等；抗玉米螟品种，植店 122 等；抗棉铃虫品种，斯字 731N、中植 372 等。

（四）生物防治

运用有益生物防治作物病害及利用天敌和微生物治虫的方法，称为生物防治法。生物防治的核心和特色是与环境保护的"相融性"和与可持续发展的"统一性",因而对病虫害进行生物防治是一项极具深远意义的策略,是21世纪有害生物综合防治的主要方法。

1. 作物病害的生物防治

(1)拮抗作用及其利用。一种生物产生某种特殊的代谢产物或改变环境条件,从而抑制或杀死另一种生物的现象,称为拮抗作用,也称抗生作用。这种现象在微生物之间广泛地存在,具有抗生作用的微生物通称抗生菌。抗生菌主要来源于放线菌、真菌和细菌,利用拮抗微生物来防治病害是生物防治中最重要的途径之一。主要有下列两种方式:

①直接使用。把人工培养的拮抗微生物直接施入土壤、喷洒在作物表面或制成种衣剂黏附在种子表面,可以改变根围、叶围、种子周围或其他部位的微生物群落组成,建立拮抗微生物的优势,从而控制病原物,达到防治病害的目的。

②促进增殖。在作物的各个部位几乎都有拮抗微生物的存在,创造一些对其有利的环境条件,可以促使其大量增殖,形成优势种群,从而达到防治病害的目的。

(2)重寄生作用和捕食作用。重寄生是指一种寄生微生物被另一种微生物寄生的现象。对作物病原物有重寄生作用的微生物很多,如噬菌体对细菌的寄生,病毒、细菌对真菌的寄生,真菌对线虫的寄生,真菌间的重复寄生,真菌、细菌等对寄生性种子作物的寄生等。重寄生作用在生物防治中的应用日益广泛。一些原生动物和线虫可捕食真菌的菌丝和孢子以及细菌,有的真菌能捕食线虫,这些现象称为捕食作用,也是生物防治的途径之一。

(3)交互保护作用及其利用。在寄主作物上接种亲缘相近而致病力弱的菌株,以保护寄主不受致病力强的病原物的侵害,这种现象称为交互保护作用。主要用于作物病毒病的防治。

(4)作物诱导抗病性及其利用。利用生物、物理或化学的因子处理植株,改变作物对病害的反应,产生局部或系统的抗病性,这一现象称为诱导抗病性。目前已经发现生物因子中无论是真菌、细菌还是病毒都能诱导产生抗性。一些化学物质,例如细胞壁多糖、糖蛋白、酶、几丁质、脂肪酸、乙烯及氯化汞等均可以作为诱导剂。物理因子中紫外线辐射也可诱导作物抗性的产生。

作物诱导抗性的抗菌谱广,通常能同时抗真菌、细菌和病毒病害,抗性比较稳定,往往是系统抗病性,还可以通过嫁接传递。它是一种有广泛应用前途的生防途径。

2. 作物害虫的生物防治

(1)以天敌昆虫治虫。

昆虫纲中以肉食为生的约有23万余种,其中大量是捕食和寄生于植食昆虫的,它们是农业害虫的天敌。

捕食性和寄生性昆虫大都属于半翅目、脉翅目、鞘翅目、膜翅目及双翅目,其中后3目尤为重要,最常见的捕食性昆虫有螳螂、蜻蜓、猎蝽、花蝽、草蛉、步甲、瓢虫、胡蜂、食虫虻、食蚜蝇(幼虫)等,其中又以草蛉、步甲、瓢虫、食蚜蝇(幼虫)等最为重要。寄生性昆虫的种类比捕食性昆虫更多,大部分属于膜翅目及双翅目,膜翅目种类统称寄生蜂,如姬蜂、茧蜂、小蜂;双翅目种类称为寄生蝇。每种植食昆虫都可被数十种乃至上百种天敌昆虫侵害。

每种农作物都有成百种植食昆虫去加害它,但其中种群数量多到足以造成经济损害而需要采取防治措施的不过 $1\% \sim 2\%$。许多植食昆虫不能成为害虫就是因为受到天敌昆虫的控制。以虫治虫的基本内容应是增加天敌数量和提高天敌控制效能，大量饲养和释放天敌及从外地或国外引入有效天敌。

（2）以微生物治虫。

昆虫中有不少致病微生物可以用来防治作物害虫，有的还可以使昆虫种群产生流行病，达到长期控制的效果。昆虫的致病微生物中多数对人畜无害，不污染环境，形成一定制剂后，可像化学农药一样喷撒，所以常被称为微生物农药。已经在生产上应用的昆虫病原微生物，主要是细菌、真菌、病毒三大类。

①昆虫的病原细菌。已作为微生物杀虫剂大量应用的主要是芽孢杆菌属的苏云金杆菌。昆虫细菌病的典型症状是虫体发软、血液有臭味，所以人称"败血病"。

②昆虫的病原真菌。已知有 530 余种，昆虫疾病中约 60% 是真菌引起的，其典型症状是虫体僵硬，故称"僵病"。在 530 多种真菌中，已用于防治害虫的有白僵菌、绿僵菌、拟青霉菌、多毛菌、赤座霉菌和虫霉菌等。其中白僵菌已成规模生产。

③昆虫的病原病毒。由于它的特殊性和生产上的重要性而发展很快。昆虫病毒分属于7 科，其中杆状病毒科被认为是最有应用价值的，已经在生产上应用的是属该科的核型多角体病毒（NPV）和颗粒体病毒（GV）。

（3）以激素治虫。

①利用性外激素控制害虫，一般有以下几种方法：

a. 诱杀法。利用性引诱剂配合粘胶、毒药、诱虫灯、高压电网或其他方法诱杀雄虫。

b. 迷向法。在田间喷洒人工合成的性引诱剂或散布大量含有性引诱剂的小纸片，使雄蛾迷失趋向雌蛾的方向。

c. 引诱绝育法。使用性引诱剂和绝育剂配合，用性引诱剂将雄蛾诱来，使其接触绝育剂后返回原地，这种绝育雄蛾与雌蛾交配后，雌蛾就会产生不正常的卵，达到灭绝后代的作用。

②利用内激素防治害虫。

a. 脱皮激素。可使昆虫发生反常现象引起死亡。

b. 保幼激素。可以破坏昆虫的正常变态，打破滞育，使雄性不育等。

（五）物理防治

物理防治是通过热处理、射线、机械阻隔等方法防治作物病虫害的方法。其主要方法有病害和虫害的物理防治。

1. 病害的物理防治

（1）汰除法。汰除是将有病作物的种子和与种子混杂在一起的病原物清除掉，汰除的方法中，比重法是最常用的，如盐水选种或泥水选种，把比重较轻的病种和秕粒汰除干净。

（2）热力处理。利用热力（热水或热气）消毒来防治病害。种子的温汤浸种是利用一定热度温水杀死病原物。感染病毒病的植株，在较高温度下处理较长时间，可获得无病毒的繁殖材料。土壤的蒸气消毒通常用 $80℃ \sim 95℃$ 蒸气处理 $30 \sim 60\ \mathrm{min}$，绝大部分的病原物可被杀死。

（3）地面覆盖。在地面覆盖杂草、沙土或塑料薄膜等，阻止病原物传播和侵染，以控制作物病害。

（4）高脂膜防病。将高脂膜兑水稀释后喷到作物体表，使其表面形成一层很薄的膜层，此膜允许氧和二氧化碳通过，真菌芽管可以穿过和侵入作物体，但病原物在作物组织内不得扩展，从而控制病害。高脂膜稀释后还可喷洒在土壤表面，从而达到控制土壤中的病原物、减少发病的目的。

2. 虫害的物理防治

（1）捕杀。利用人力或简单器械，捕杀有群集性、假死性习性的害虫。

（2）诱杀。利用害虫的趋性，设置灯光、潜所、毒饵等诱杀害虫。

（3）阻杀。人为设置障碍，防止幼虫或不善飞行的成虫迁移扩散。

（4）高温杀虫。用热水浸种、烈日曝晒、红外线辐射，都可杀死种子中的害虫。

（六）化学防治

化学防治法是用农药防治作物病虫害的方法。农药具有高效、速效、使用方便、经济效益高等优点，但使用不当可使作物产生药害，引起人畜中毒，杀伤有益微生物，导致病虫产生抗药性。农药的高残留还可造成环境污染。当前化学防治是防治作物病虫害的关键措施，在面临病害大发生的紧急时刻，甚至是唯一有效的措施。

1. 化学防治的原理

（1）病害化学防治的原理。对病原生物有直接或间接毒害作用的化学物质统称杀菌剂。在作物病害化学防治中，药剂种类繁多，作用机制也比较复杂，其基本原理有下列四种：

①保护作用。在病原物侵入寄主之前，使用化学药剂保护作物或其周围环境，杀死或阻止病原物侵入，从而起到防治病害的作用，称为化学保护作用。施在作物表面，保护它不受侵的药剂称为保护性杀菌剂，简称保护剂。

②治疗作用。当病原物已经侵入作物或作物已经发病时，使用化学药剂处理作物，使体内的病原物被杀死或抑制，或改变病原物的致病过程，或增强寄主的抗病能力，使作物恢复健康的作用，称为化学治疗作用。用作化学治疗的药剂，称为内吸治疗剂。化学治疗的作用机制主要有以下两个方面：

a. 杀死或抑制病原物。药剂进入作物体内，杀死或抑制作物体内的病原物，使作物得以恢复健康。

b. 影响病原物的致病过程。有些治疗剂可以作用于病原物分泌的毒素，使之不起作用；有的作用于病原物的酶系统，改变其代谢方向。

③免疫作用。作物化学免疫是将化学药剂引入健康作物体内，以增加作物对病原物的抵抗力，从而起到限制或消除病原物侵染的作用。

④钝化作用。在作物病毒病害的防治方面，有些金属盐、氨基酸、维生素、作物生长素和抗菌素等进入作物体内以后，会影响病毒的生物学活性，起到钝化病毒的作用。

（2）虫害化学防治的原理。根据杀虫剂对昆虫的毒性作用及其进入虫体的途径不同，一般可分为以下几种：

①触杀剂。这类毒剂只需触及害虫体表，或者害虫在喷洒有这类毒剂的作物表面爬

行，毒剂就可通过昆虫的体壁进入体内，使昆虫中毒死亡。

②胃毒剂。药剂随同害虫取食一同进入害虫消化系统，经消化道通过肠壁吸收进入血腔发挥其毒力作用。

③内吸剂。药剂易被作物所吸收并可在体内输导到植株各个部分，在害虫取食时使其中毒。

④熏蒸剂。药剂由固体或液体化为气体，以气态分子充斥于作用空间，通过昆虫呼吸系统或体壁毒杀害虫。

⑤绝育剂。作用于昆虫的生殖系统，使雄性、雌性或雌雄两性造成不育现象，使害虫的卵不能孵化。

⑥拒食剂与忌避剂。使昆虫在其作用下拒食沾染这些药物的作物或迫使害虫离开。

⑦引诱剂。能诱集害虫，并将其杀死，如糖醋液等。

2. 化学防治的方法

（1）喷雾法。利用喷雾器械将药液雾化后均匀喷在作物和有害生物表面。按用液量不同，又分常量喷雾（雾滴直径为 $100\sim200\ \mu m$）、低容量喷雾（雾滴直径为 $50\sim100\ \mu m$）和超低容量喷雾（雾滴直径为 $15\sim75\ \mu m$）。

（2）喷粉法。利用喷粉器械喷撒粉剂的方法。

（3）种子处理。常用的有拌种法、浸种法、闷种法和应用种衣剂。种子处理可以防治种传病害，并保护种苗免受土壤中病原物侵染。

（4）土壤处理。在播种前将药剂施于土壤中，主要用于防治作物根病。

（5）熏蒸法。指用熏蒸剂的有毒气体在密闭或半密闭设施中，杀灭害虫或病原物的方法。

（6）烟雾法。指利用烟剂或雾剂防治病虫害的方法。

3. 按农药来源与化学组成分类

（1）无机农药。用矿物原料经加工制造而成，如波尔多液、石硫合剂、砷素剂、氟素剂等。

（2）有机农药。有机合成的农药主要有有机硫杀菌剂、有机磷杀菌剂、苯并咪唑类、有机氯杀虫剂、有机氮杀虫剂等。

（3）作物性农药。用作物产品制造的农药，其中所含有效成分为天然有机化合物，如烟草、鱼藤、除虫菊等。

（4）微生物农药。用微生物或其代谢产物所制造的农药，如抗菌素、白僵菌、青虫菌等。

4. 合理使用农药

为了充分发挥药剂的效能，做到安全、经济、高效，应提倡合理使用农药。

按照药剂的有效防治范围与作用机制以及防治对象的种类、发生规律和危害部位的不同，合理选用药剂与剂型，做到对"症"下药。要科学地确定用药量、施药时期、施药次数和间隔天数。提倡合理混用农药，做到一次施药兼治多种病虫对象，以减少用药次数，降低防治费用。为延缓抗药性的产生，应轮换使用或混合使用病原菌和害虫不易产生交互抗药性的药剂。

四、作物病虫害的综合防治与可持续农业

以满足近期需求，牺牲后代利益的盲目发展，带来了 21 世纪全人类面临的保护生态环境和可持续发展的两个中心问题；以滥用化学农药的结果，带来了 20 世纪世界范围内的残留、抗药性和再猖獗，即"3R"问题。保护生态环境，实现可持续发展，解决"3R"问题，已成为 21 世纪全人类必须正视和解决的重大问题。可持续农业的战略思想和作物病虫害的综合防治为解决上述问题提供了科学的指导思想。应用可持续农业的战略思想及综合防治的"三个观点"（生态观点、经济观点和环保观点），明确可持续农业对作物病虫害虫综合防治的要求，探索作物病虫害综合防治在可持续农业中的地位和作用，提出具有中国特色的与可持续农业相融合一致的作物病虫害综合防治策略及措施，对作物病虫害综合防治的可持续发展具有重要的理论和实践意义。

1. 作物病虫害防治的重要性

作物病虫害的危害是农业可持续发展的限制性因素之一。根据联合国粮农组织（FAO）估计，受作物病、虫、草害的危害，造成的平均损失为总产量的 10%～15%，在我国每年因病虫害平均损失粮食 1600 多万吨，棉花 30 多万吨，油料 140 多万吨；品质变劣、外观失去商品价值甚至不堪食用或加工（如甜菜受病，含糖量降低 1～4 度；棉花受病，使纤维变劣，纺不出好纱）；人畜中毒（如感染赤霉病的麦粒食用后造成恶心、呕吐和抽风）和致癌（如食用感染黄曲霉的粮食和油料种子）。此外，防治作物病虫害所需农药，增加了农业成本投入，污染环境，造成公害。由此可见，作物病虫害对农业生产和国民经济具有重要影响。从我国的国情来看，人口众多，并以每年 1400 万的速度增加，预计到 21 世纪中叶，我国人口将达到 16 亿；资源相对贫乏，重要资源的人均占有量不到全世界平均水平的 1/3，耕地面积以每年 4～4.67 hm² 速度减少，要用占世界 7% 的耕地养活占世界 22% 的人口，这是一个迫切需要解决的问题。因此，保持农业的可持续发展，减轻病虫害所造成的损失显得尤为突出。

2. 作物病虫害防治所取得的成就

作物病虫害防治所取得的成就为我国农业可持续发展做出了重大贡献。据我国农业部科技司等（1994）估计，对农作物实施病虫害等有害生物的防治，挽回的产量损失达 10%～20%；通过选育，推广应用抗病虫害良种，对控制我国作物的一些重要病害，如稻瘟病、小麦锈病、白粉病、玉米大小斑病、棉花枯、黄萎病等，以及一些重要虫害，如稻飞虱、稻螟虫、麦蚜、玉米螟、棉蚜、红铃虫、棉铃虫等，起到了有效的遏制作用；在植病生物防治方面，抗生菌 5406、井冈霉素，增产菌等对作物、果蔬具有防病和增产效应；在害虫生物防治方面，Bt 制剂、白僵菌等已大面积应用于防治多种作物害虫，效果良好，并已形成生物农药。在作物病虫害综合防治方面，我国已初步建成了水稻、小麦、玉米、棉花等主要农作物病虫害综合防治体系。这些成就为我国农业的可持续发展奠定了坚实的基础，并做出了重大的贡献。

3. 作物病虫害防治所存在的问题

在作物病虫害防治中，尤其是化学防治对我国农业持续发展做出贡献的同时，也对农业的可持续发展产生了越来越多的负面影响，如果不及时地从根本上纠正，将严重影响、

制约、阻碍我国农业的可持续发展。受"唯病原论"和"农药万能"等错误思想的影响，在指导思想和防治策略上失误。长期以来，在作物病虫害的防治中，把防治作物病虫害的方法之一——化学防治，视为唯一的方法。一方面，滥用农药十分普遍，目前，我国化学防治的面积已达 287 亿公顷，并且还在以每年 0.13 亿公顷的速度增长，每年有 100 万吨农药制剂，1 亿吨药液喷洒到农田中；另一方面，农药的利用率仅为 10%～30%，低于世界 50% 的平均标准。在每年大量使用化学农药的同时，仍损失粮食 10 亿千克，棉花 20 亿千克（1989—1992 年）。伴随化学农药的大量使用，其负面影响日趋严重，带来了严重的"3R"问题。虽然农药对环境的不利影响早在 1962 年由美国的海洋生物学家、作家卡尔逊女士在《寂静的春天》中为人类敲响了警钟，但在我国，农药的滥用并未得到有效遏制，严重影响了我国 21 世纪农业可持续发展。

4. 综合防治与可持续农业

（1）综合防治的提出。

第二次世界大战结束后，人们曾一度认为化学农药可一劳永逸地解决有害生物的防治问题，但滥用农药所带来的"3R"问题，又使得人们不得不对化学防治重新进行评价。人们吸收了奥地利生物学家冯·贝塔朗菲的系统论的思想，应用系统论方法，即"从整体出发，始终着眼于整体与部分、整体与环境的相互作用，从而综合地处理问题，以达到最佳目的"，进行植物保护。1967 年，联合国粮农组织在罗马召开的"有害生物综合治理（IPM）"专家讨论会上，提出了有害生物综合治理的概念："有害生物综合治理是依据有害生物的种群动态与环境间的关系的一种管理系统，尽可能协调运用适当的技术与方法，使有害生物种群保持在经济危害水平以下。"在吸收国外先进植保学术思想的基础上，结合我国的实际情况，我国于 1975 年春季由农林部召开的"全国植物保护工作会议"上，确定了"预防为主，综合防治"的植保方针，其内涵为"把防治作为植保工作的指导思想，在综合防治中，要以农业防治为基础，因地制宜地合理应用化学防治、生物防治、物理防治等措施，达到经济、安全、有效地控制病虫害的目的"。1985 年，在全国第二次农作物病虫害综合防治学术讲座会上，将综合防治重新规定："综合防治是对有害生物进行科学管理的体系。它从农业生态系统整体出发，根据有害生物和环境的相互关系，充分发挥自然控制因素的作用，因地制宜地协调应用必要的措施，将有害生物控制在经济损害水平之下，以获得最佳的经济、社会和生态效益。"从内容上看，我国的"综合防治"与国外的"有害生物综合治理"的基本含义是一致的，综合防治即中国的 IPM。

（2）可持续农业与综合防治的"三个观点"。

可持续农业是获得农业的持续稳定发展以满足不断增加的人口对农产品的需求为其目的，与综合防治要贯彻的经济观点、生态观点和环保观点密切相关、有机相融、高度一致。实现可持续农业的目的，贯彻综合防治的"三个观点"，可解决人类 21 世纪所面临的两个中心问题和滥用农药所带来的"3R"问题。

综合防治的经济观点重在贯彻"经济阈值"，在投入的成本与它能挽回的经济损失相当，即达到经济阈值时，才采取防治措施。综合防治的最终目的是将受害物控制在经济受害水平之下，兼顾了经济、生态、环保三大效益，首要的是经济效益，在经济上，既不会因不应防治而造成浪费，也不会因危害太重再去防治而造成经济损失。经济受害水平作为综合防治的基石，有利于可持续农业实现在一个相当长的时期内满足人类对食物和纤维的需求，并获得较高的经济效益。

综合防治的生态观点与可持续农业有着共同的理论基础——生态学。综合防治的生态观点，以维持生态系统的组织和结构为宗旨。从生态学中生物群落的角度来看，生物群落的物种种群以其能流、物质流和信息流（三流）相互联系、相互依赖和相互制约的交错网络关系而形成。生物群落的结构越复杂，各种群间的数量关系越稳定。综合防治的生态观点保护生态系统的生物多样性，有利于实现可持续农业提高和保护农业经济赖以维持的自然资源和环境质量，保持生态平衡。

综合防治的环保观点主要针对滥用化学农药。据估计，由于滥用农药使 20 万种人类赖以生存的动植物受到有害影响。农药的残留已危及地球上的所有生物，地球上的生物正以惊人的速度与日递减、消亡。农药对人的直接影响也不可低估，据联合国世界卫生组织估计，在发展中国家，每年农药中毒的有 50 万人，其中死亡 2 万人。以上说明，综合防治的环保观点，改善农药及合理使用农药，以最大限度地减少农药对环境的污染，有利于实现可持续农业保护环境质量、减少环境污染、确保食物安全的目标。

综上所述，综合防治的"三个观点"和可持续农业的内涵及目标的高度的相关、相融合一致，表明综合防治是可持续农业的重要组成部分，实现农业的可持续发展离不开综合防治。

5. 可持续农业中作物病虫害综合防治的地位及作用

作物病虫害综合防治是农业生产的一项重要技术措施，其最终目的是为了农业的可持续发展。要实现农业的可持续发展，有害生物综合治理（IPM）是重要的技术保障。IPM 与农业可持续发展的关系决定了 IPM 必须服从于可持续农业需要的地位和 IPM 是可持续农业的重要组成部分。IPM 的经济、生态和环保的"三个观点"以及其以获得经济、社会和生态"三大效益"的目的，符合我国农业可持续发展要求的长期策略，并伴随着我国可持续农业的发展而不断更新、扩展和完善。以我国已启动实施的"全国植物保护工程规划"（1998—2002 年）为契机，构筑面向 21 世纪中国农业可持续发展的作物病虫害综合防治体系，将更加有效地保证 21 世纪中国农业可持续发展。

6. 可持续农业的作物病虫害综合防治策略及方法

可持续农业的战略思想和其作为 21 世纪农业的发展方向，将有助于解决 21 世纪全人类所面临的保护环境和可持续发展的两大问题。作为可持续农业重要组成部分的中国的 IPM，为解决因滥用农药所造成的世界范围内的残留、抗药性和再猖獗（3R）问题提供了有效的途径，并提出实现中国可持续农业的作物病虫害综合防治的策略：以将有害生物所致作物病虫害控制在经济受害水平之下，并维持这个低水平的管理体系为目的；以 IPM 的经济、生态和环保"三个观点"为基础，实现经济、社会和生态效益（三大效益）为目标，控制和减轻作物病虫害的危害，以满足不断增加的人口对粮食及纤维的需求，实现作物产量的持续、稳定的增长；降低作物病虫害的防治成本，减少化学农药的用量，改善防治方法，提高防治水平，以减轻对环境的污染、残留和抗性问题，获得社会效益和经济效益；保护生态平衡、生态环境和生物群落的物种多样性，以恢复自然控制为核心的农业生态系统，获得生态效益。实现我国可持续农业的作物病虫害综合防治的措施如下：

（1）全面正确理解、贯彻实施我国"预防为主，综合防治"的植保方针。

我国"预防为主，综合防治"的植保方针，符合农业可持续发展的原则。预防为主，即加强植物检疫，培育抗病虫品种及抗病虫品种的合理布局，以提高植物抗病虫能力的合理耕作栽培措施及创造不利于病虫害发生的条件，以达到预防病虫害的目的。综合防治，即以其经济、生态和环保"三个观点"为基础，经济、社会及生态"三大效益"为目标，恢复以自然控制为核心的农业生态系统为目的，从植物整个生长期、生物群落的时空动态来考虑，注重综防措施的"瞻前顾后"和相互协调，不断提高其综合度。

（2）利用新技术育种培育抗病虫品种及抗病虫品种的合理应用。

利用抗病虫品种防治作物病虫害是实现农业可持续发展的经济而有效的措施。许多重大的作物病虫害是通过抗病虫品种或以抗病虫品种为主的综合措施而得以控制的。在发掘和利用自然的抗病虫基因的同时，采用新的育种技术、组织培养技术、原生质体融合技术和基因工程培育出集团抗性品种和综合抗性品种。根据病虫害的发生规律及流行特点，注意品种的合理布局，防止大面积种植遗传上同质的品种，采用多种抗源结合和品种轮换，应用"复合品种"和"多系品种"，以延长抗病虫品种的使用年限。

（3）大力开发生防制剂和采用作物病虫害生物防治方法。

生物防治与生态环境保护的"相融性"和与可持续农业的统一性，决定了21世纪将是以生物防治为主导地位的有害生物综合防治的新历史时期。作物病虫害生物防治是通过直接或间接的一种或多种生物因素，以削弱或减少病原物和害虫的数量与活动，或者促进作物生长发育，从而达到减轻病虫害并提高产品数量和质量的目的。广泛发掘自然界的抗生菌、重寄生物（如真菌、病毒等）、抑制性土壤、菌根真菌、作物促生菌和增产菌，并使其商品化和大力推广应用；在虫害和防治方面，推广应用Bt制剂、白僵菌等生物农药。利用基因工程对自然生防菌株进行遗传改良，如对土壤杆菌K84菌株的基因缺失重组，对荧光假单胞杆菌的转座子诱变和转移技术，通过致病基因hrp缺失构建工程菌株，培育抗虫作物（如抗虫棉等），使防治病虫效果大大提高。

（4）与可持续农业相适应的化学防治。

作为20世纪中叶后最成功地控制有害生物、减少投入、增加效益和促进农业发展的化学防治，其广泛的使用也带来了逐渐产生且日趋加重的"3R"问题。如何解决化学防治与可持续农业的矛盾，使其在可持续农业中发挥更大的作用？我们认为：应大力开发适应于可持续农业的化学农药，即高效、低残留、高选择性的新农药，如"生物合理农药""理想的环境化合物"等；明确化学防治在作物病虫害综合防治中的地位及作用，尽可能地减少其使用量和使用次数；根据"生物最佳粒径原理"和"靶标适应性原则"，积极开发和应用新技术、新工艺和新机具的新技术体系，广泛应用低容量喷雾技术、静电喷雾技术、丸粒化施药技术、循环喷雾技术、药辊涂抹技术、电子计算机技术和茎部施药技术。

（5）建立作物病虫害防治的信息网络。

21世纪是知识经济和信息时代，信息共享是信息时代发展的方向。作物病虫害的综合防治涉及多学科知识，是知识和技术密集的领域。在作物病虫害的诊断、中长期预报和防治决策时，应用信息系统数据库、专家系统、模型模拟、图像识别、计算机视觉和Internet网络等现代信息技术，将对作物病虫害的综合防治起积极的作用。

（6）提高作物病虫害综合防治技术人员及农民的理论素质及防治水平。

充分认识作物病虫害综合防治技术人员及农民在IPM的主导地位及作用，提高他们的作物病虫害综合防治的理论和技术水平，对全面、正确认识和贯彻实施我国"预防为主，综合防治"的植保方针将起到积极作用。让技术人员和农民掌握"四会"，即会识病虫害、会做田间调查、会做出防治决策和会防治方法，才能有效地保证作物病虫害综合防治技术的推广实施，确保农业可持续发展。

（7）加强作物病虫害基础科学研究，不断提高作物病虫害综合防治的科技含量。

我国作物病虫害的综合防治经历了 20 世纪 70 年代的 IPM 起步阶段，80 年代的 IPM 配套技术的开发及组装阶段，80 年代末至 90 年代的 IPM 深入研究和推广普及阶段。虽然取得了显著的成绩，但其理论体系和实施方法还尚未成熟，它还将伴随可持续农业的发展而不断完善其内涵。从生态角度来看，人们对作物、病原物和害虫与环境之间相互作用的了解还很肤浅；从作物角度出发，人们有待实现从以有害生物为中心的作物保护向以栽培作物为中心的作物保护的观念转变，将作物视为"病人"，既要对其进行客观的"外在保护"（如各种防治方法），又要十分重视作物抗病虫性（如抗性品种、营养、诱导抗性等）的"内在培养"；从基因工程角度来看，作物抗病虫基因的鉴定与分离、基因的表达与调控、作物的遗传转化体系、作物抗病性与病菌致病性的分子机理等方面的研究有待进一步加强和深入，基因工程与传统技术的结合将会推动作物病虫害综合防治进入一个新的发展时期。上述作物病虫害基础研究的成果，将推动我国作物病虫害综合防治步入一个新的发展阶段，从而实现我国农业可持续发展。

7. 病虫害综合防治的策略

根据生态学、社会学、经济学、系统工程和环保学的整体观念，建立一个稳定的生态系统，其策略如下：

（1）把依赖化学防治为主要措施逐步向生物技术控制方面转变，以生物自然控制为核心。

（2）将农业防治为基础与其他防治为辅的防治措施有机结合。

（3）较多地使用生物农药和生物化学农药。

（4）注重化学农药的混合使用及选择性较强的高效低毒农药的使用，尽量减少施药次数及对有益微生物的伤害。

8. 综合防治的设计方案

（1）对田间病虫害发生情况进行普查，明确其种类及危害程度。

（2）对主要病虫害进行系统研究。

（3）对调查方法、防治指标及适期、主要防治措施进行研究及应用，提出一套病虫害防治方案。

9. 综合防治的技术要点

（1）以农业防治为基础，以增加寄主作物抗逆性、改善环境为中心，与其他防治方法有机结合使用。

（2）采用以施用生物农药及释放天敌为主要内容的生物防治，使之起到增产、防病虫、减少环境污染、保护生态环境的目的。

（3）采用以化学农药混合使用、多病虫兼治、选择性强、方法科学、减少用量及次数的化学防治方法。

10. 综合防治效果评估

（1）技术效果：把主要病虫害控制在经济危害水平之下。

（2）经济效果：防治费用下降，产量、质量提高，投入、收入比值提高。综防地新增纯效益＝（综防地亩产值－综防地亩防治费）－（对照地亩产值－对照地亩防治费）。

（3）生态效果：有益微生物种群及数量提高，生态群落渐趋稳定。

（4）社会效果：农药用量大幅度下降，农药残留量不超标，开发出绿色食品或无公害食品。

附表1　常用农药混合使用表

序号	农药名称	有机氯类	有机磷类I	有机磷类II	呋喃丹	杀虫脒	西维因	拟除虫菊酯类	杀螨剂	异稻瘟净	托布津、多菌灵	叶枯净	井冈霉素	瑞毒素	百菌清	有机硫剂	石硫合剂	波尔多液	2,4-一滴、二甲四氯	除草醚	敌稗	杀草丹	敌草隆
1	有机氯类		+	+	+	+	+	△	+	+	+	+	+	+	+	+	−	−	+	−	△	+	+
2	有机磷类I	+		+	+	+	+	△	+	+	+	+	+	+	△	+			+	−	−	+	+
3	有机磷类II	+	+		+	+	+	△	+	+	+	+	+	+	△	+	−	−	+		−	+	+
4	呋喃丹	+	+	+		△	−	△	+	△	+	+	+	+	+	+	−		△	△	+	+	
5	杀虫脒	+	+	+	△		+	+	+	+	+	+	+	+	+	+			△		−	+	+
6	西维因	+	+	+	−	+		+	+	+	+	+	+	+	+	+			+	−		+	+
7	拟除虫菊酯类	△	△	△	△	+	+		+	+	+	+	+	+	+	+	△	△		+	+	+	+

序号	农药名称	有机氯类	有机磷类I	有机磷类II	呋喃丹	杀虫脒	西维因	拟除虫菊酯类	杀螨剂	异稻瘟净	托布津、多菌灵	叶枯净	井冈霉素	瑞毒素	百菌清	有机硫剂	石硫合剂	波尔多液	2,4一滴、二甲四氯	除草醚	敌稗	杀草丹	敌草隆
8	杀螨剂	+	+	+	+	+	+	+		+	+	+	+	+	+	+	−	+	+	+	+	+	+
9	异稻瘟净	+	+	+	△	+	+		+		+	+	+	+	+	−	−	△	△	−	+	+	
10	托布津、多菌灵	+	+	+	+	+	+		+	+		+	+	+	+	±	−	−	△	△	△	+	+
11	叶枯净	+	+	+	+	+	+	+		+	+		+	+	△	△	△	△	+	△	+	△	△
12	井冈霉素	+	+	+	+	+	+	+	+	+		+		+	+	−	△	+	+	−	△	+	+
13	瑞毒素	+	+	+	+	+	+	+	+		+	+	+		+	+	−	+	+	+	+	+	+
14	百菌清	+	△	△	+	△	+	+	+	+	+	△	+	+		+	△	+	+	+	+	+	+
15	有机硫剂	+	+	+	+	+	+	+	+	±	△	+	+	+	+		±	−	+	+	−	+	+
16	石硫合剂	−	−	−	−	−	△	−	−	−	△	△	−	△	±	−		−	+	−	−	△	−

续附表1

序号	农药名称	有机氯类	有机磷类Ⅰ	有机磷类Ⅱ	呋喃丹	杀虫脒	西维因	拟除虫菊酯类	杀螨剂	异稻瘟净	托布津、多菌灵	叶枯净	井冈霉素	瑞毒素	百菌清	有机硫剂	石硫合剂	波尔多液	2,4-一滴、二甲四氯	除草醚	敌稗	杀草丹	敌草隆
17	波尔多液	−	−	−	−	−	△	−	−	−	△	△	+	+	−	−	+		+	△	△	△	−
18	2,4-一滴、二甲四氯	+	+	+	+	△	+	+	+	△	△	+	+	+	+	+	+	+		+	+	+	+
19	除草醚	−	−	−	△	△	−	+	−	△	△	−	+	+	−	+	+	−	△		+	+	−
20	敌稗	△	−	−	△	△	−	+	−	△	△	−	+	+	−	+	+	△	△	△		+	−
21	杀草丹	+	+	+	+	+	+	+	+	+	+	+	+	+	+	+	+	+	+	+	+		+
22	敌草隆	+	+	+	+	+	+	+	−	+	△	−	+	+	−	+	+	−	+	+	−	−	

注："+"表示可以混用，但须立即使用；"±"表示在一定条件下可以混用；"−"表示不能混用；"△"表示尚待试验。

说明：

有机氯类：六六六、滴滴涕已停用。

有机磷类Ⅰ：遇碱稳定，如三硫磷、喹硫磷等。敌百虫遇碱能提高杀虫效果。

有机磷类Ⅱ：遇碱易分碱，如敌敌畏、乐果、对硫磷、甲基对硫磷、亚胺硫磷、杀螟松、马拉硫磷、内吸磷等。

杀螨剂：三氯杀螨砜、三氯杀螨醇等。

拟除虫菊酯类：溴氰菊酯、氯氰菊酯、杀灭菊酯。

有机硫剂：代森类、福美类。

附表2 对农药敏感作物表

农药	药害严重，不宜使用的作物	有发生药害的可能，要注意使用的作物	备　注
敌百虫	高粱、大豆		
敌敌畏	高粱、玉米	瓜类	
乐果	猕猴桃	烟草、啤酒花、杏、桃、枣、梅、柑橘	
磷胺	高粱、桃树		果树花期不宜使用
杀螟松	高粱	十字花科蔬菜	
马拉硫磷	樱桃、葡萄、豇豆	瓜类和番茄幼苗	
二溴磷	高粱	玉米、豆类、瓜类（幼苗）	
克菌丹		大豆、番茄（浓度不宜过高）	
百菌清	梨、柿	桃、梅（浓度不宜过高）	苹果幼果期（落花20 d内）不要施药，以防成锈果
田安		水稻孕期、穗期不宜使用	每亩用量不超过0.125 kg
代森铵	大豆		
西维因		棉花盛花期	
辛硫磷		高粱（浓度不宜过高）	
百治屠	作物开花期	十字花科蔬菜幼苗、啤酒花、樱桃、梨	
久效磷		瓜类、番茄	
毒死蜱	烟草		
乙酰甲胺磷	菜豆、向日葵		
杀螟丹		十字花科蔬菜幼苗	
三氯杀螨砜		梨、苹果（某些品种）	
波尔多液	桃、李、杏、梅、柿、白菜、菜豆、莴苣、大豆、小麦		作物花期不能使用波尔多液
石硫合剂	黄瓜、大豆、马铃薯、番茄、葱、姜、桃、李、杏、草莓	苹果（金冠）	
叶枯净		水稻抽穗扬花期易产生药害	
三唑酮			用量高时易产生药害
春雷霉素	杉树苗、大豆、藕		

第十三章　作物高效施肥理论与技术

第一节　施肥的基本理论

施肥原理和依据是古今中外劳动人民生产实践和学者试验研究的科学总结。没有施肥理论指导的施肥实践是盲目的实践。研究施肥原理的目的是指导科学合理地施肥。

一、施肥的基本原理

（一）养分归还学说

德国化学家 Liebig J V 于 1840 年在《化学在农业与生理学上的应用》报告中提出："由于人类在土地上种植作物并把这些产物拿走，就必然使地力逐渐下降，从而使土壤所含的养分将会愈来愈少。因此，要恢复地力就必须归还从土壤中拿走的全部东西，不然，就难以指望再获得过去那样高的作物产量。为了增加产量，就应该向土壤施加养分。"也就是说，要保持土壤肥沃，就必须把作物吸收的各种矿质养分以施肥的手段补充给土壤，使土壤在物质循环中保持收支平衡。

实际上，由于作物吸收的各种矿质养分在作物体内分布不同，通过根茬向土壤返还的比例不同，施肥措施也会不尽相同。从表 13-1 可以看出，氮、磷、钾属于归还程度低的元素，需要施肥重点补充；钙、镁、硫等养分属于中度归还，虽然作物地上部分所摄取的数量大于根茬残留给土壤的数量，但根据土壤和作物种类不同，施肥也应有所区别，如在交换性钙含量较低的酸性土壤上种植喜钙的双子叶作物时可施用含钙肥料，在中性和石灰性土壤上种植禾本科作物则不需另外补充含钙肥料；高归还度的铁、锰等元素，其归还比例甚至可以高达 60%～70%，同时在土壤中这些元素的含量也很丰富，一般情况下不必以施肥的方式补充。

表 13-1　不同植物的营养元素归还比例

归还程度	归还比例（%）	需要归还的营养元素	补充要求
低度归还	<10	氮、磷、钾	重点补充
中度归还	10～30	钙、镁、硫	依土壤和植物而定
高度归还	>30	铁、锰	不必归还

注：供试植物为小麦、大麦、玉米、高粱、花生。归还比例是指以根茬方式残留于土壤的养分量占养分吸收总量的百分数。

（二）最小养分律

Liebing J V 于 1843 年提出了"最小养分律"。他提出："植物为了生长发育需要吸收各种养分，但是决定植物产量的却是土壤中那个相对含量最少的养分因素（即最小养分），产量也在一定程度上随着这个因素的增减而相对地变化，如果无视这个限制因素的存在，即使继续增加其他营养成分，也难以再提高植物产量。""最小养分律"又被称为施肥的"木桶理论"：储水桶是由多块木板组成的，每一块木板代表着作物生长发育所需的一种养分，当有一块木板（养分）比较低时，其储水量（产量）也只能达到与最低木板的刻度对应的储量。

在生产实践中准确掌握和运用此定律应注意以下几点：

（1）最小养分是相对的。决定作物产量的是土壤中某种对作物需求相对含量最少，而并非绝对含量最少的养分。即在作物生长过程中，若出现一种或数种必需营养元素供给不足时，按作物需要土壤中最缺的那种养分就称为最小养分。

（2）最小养分是可变的。最小养分不是固定不变的，而是随着生产条件的变化而变化。当土壤中的最小养分以施肥手段得以补充，满足作物需要后，作物产量会在新的最小养分限制下，随着该养分的补给使产量提高，而原来的最小养分就让位于对作物生长发育起限制作用的其他养分了。

（3）继续增加最小养分以外的其他养分，不但难以提高产量，而且还会降低施肥的效益。在生产实践中，大量施用某种养分，作物都会出现奢侈吸收、单盐毒害、烧苗等现象，造成减产，甚至颗粒无收。在最小养分未补足之前，施用最小养分以外的其他养分，更易出现此类现象。所以，施肥时应该注意最小养分的变化和养分配合，避免在生产上盲目加大施肥量。

（4）最小养分可能同时存在两个以上。也就是说，当两种或两种以上养分限制作物生长时，增加一种或另一种养分或许能轻微地提高产量，但若施用更高的比率就会减少产量。然而，当两种养分配合在一起施用时，产量能显著增加。

（三）报酬递减律

报酬递减律在18世纪后期由欧洲经济学家 Turgot A R J 和 Anderson J 同时提出，作为一条经济法则首先应用于工业，以后广泛地应用于农业。它的意思是"从一定土地上所得到的报酬，随着向该土地投入的劳动和产量的增大而有所增加，但随着投入的单位劳动和资本的增加，报酬（单位报酬）的增加却在逐渐减少"。就施肥来讲，尽管作物种类不同，施肥效果各异，但综合大量的施肥量与产量的关系，都符合这一经济规律。

报酬递减律是农业生产中最基本的一条经济规律，在各项技术条件相对稳定的前提下，反映出限制因子与作物产量的关系，即投入与产出的关系。因此，施肥就有一个经济合理的问题，不能盲目增大施肥量，要追求高效益。

（四）同等重要律和不可代替律

作物所需要的营养元素，在作物体内的含量差别可达十倍、千倍甚至数百万倍，但是不管数量多少，都是同等重要，不能互相代替，这称为"营养元素的同等重要律和不可代替律"。例如作物缺氮，生长缓慢，老叶黄化，除施用氮肥外，其他任何肥料都不能减轻这种症状，氮素的营养作用不能被其他任何一种元素完全代替；虽然钼是作物体内含量最少的营养元素，但花菜缺钼出现"鞭尾状叶"只能通过使用钼肥缓解症状，钼的营养作用和其他营养元素一样重要。

二、施肥的基本依据

要做到真正的合理施肥，除掌握必要的施肥原理外，还应把作物营养特性及环境条件对作物营养的影响看作合理施肥的重要依据。

（一）作物营养特性与施肥

所有作物的正常生长发育都需要碳、氢、氧、氮、磷、钾、钙、镁、硫、铁、锰、铜、锌、硼、钼、氯16种必需营养元素，而且作物吸收养分都有阶段性和连续性，这就称为作物营养的共性或一般性。

作物营养的个性或特殊性也广泛存在。首先反映在不同种类作物（甚至不同品种）所必需营养成分的数量和比例各不相同。例如，小麦、玉米、水稻等谷类作物需要较多的氮素，但也要配合一些磷、钾；豆科作物及豆科绿肥因根部有根瘤，能固定空气中的氮，可少施或不施氮肥，应增施磷、钾肥，特别是对磷的需求比一般作物多；以茎、叶生产为主的麻、桑、茶及蔬菜作物，需要较多的氮素，施氮尤为重要；油菜和糖用甜菜需硼比一般作物多；烟草、薯类需要较多的钾；常规稻的需肥量低于杂交稻，粳稻一般比籼稻耐肥。除此之外，有些作物还有特殊需求，如水稻需要较多的硅，豆科作物固氮需要微量的钴。

其次，不同作物对不同形态的肥料反应不同。例如水稻和富含糖的薯类，施用铵态氮肥较硝态氮肥效果更好，其中马铃薯不仅利用铵态氮，硫对其生长也有良好的作用，因此以施硫酸铵为好。小麦、玉米、棉花、向日葵等都是喜硝态氮的，由于钠盐对纤维品质有良好作用，可使纤维排列紧密，提高纤维强度和拉力，所以棉、麻宜施用硝酸钠。在甜菜生长初期施用硝态氮优于铵态氮，后期则以铵态氮较好。而番茄则相反，生长期还原过程占优势，宜施铵态氮肥，后期氧化过程占优势，宜施硝态氮肥。烟草施用硝酸铵较好，因为硝态氮有利于柠檬酸和苹果酸的积累，提高其燃烧性，铵态氮可促进烟叶内芳香族挥发油的形成，增进烟的香味。对薯类、烟草、茶、柑橘等忌氯作物不宜施用含氯肥料。

再次，各种作物不仅对养分的需求有差别，而且吸收能力不同。油菜、花生等豆科作物能很好地利用磷矿粉中的磷，玉米、马铃薯只有中等的利用能力，而小麦利用能力就很弱。对利用能力强的可施难溶性磷肥，反之应施速效性磷肥。

最后，对同一品种的作物，需注意其不同生育阶段对养分的不同需求。作物生长发育有一定规律性，前期以营养生长为主，主要扩大营养体，形成骨架；中期是营养生长和生殖生长并进时期，生长迅速；后期是生殖生长时期，主要进行物质的运输，形成籽粒。不同营养阶段有不同的营养要求，前期需较多的氮，后期需较多的磷和钾，中期追求营养平衡。此外，在作物营养期中还应注意两个施肥的关键时期，即作物营养临界期和作物营养最大效率期。

元素过多、过少或营养元素间的不平衡对作物生长发育起着不良影响的时期，称为作物营养临界期。不同作物其临界期不同（见表13-2），但一般都出现在生长初期，这个时期作物需养分不多，但很迫切，表现非常敏感，养分缺乏造成的影响即使在以后补施肥料也难以纠正和弥补，造成严重减产。

表13-2　不同作物和不同元素的临界期

作物	N	P	K
水稻	3叶	3叶	分蘖~幼穗形成期
小麦	5叶	3叶	5叶
玉米	3叶	3叶	3叶
棉花	6叶（现蕾初）	3叶	5叶
油菜	5叶	4~5叶	5叶

在作物的营养期中，作物所吸收的营养物质能够产生最大效能的那段时期称为作物营养最大效率期。这个时期需要养分的绝对量和相对量往往最大，吸收速率快，生长旺盛，是施肥的关键时期。氮肥的最大效率期通常是小麦在拔节到抽穗期，玉米在喇叭口到抽雄初期，大豆、油菜在开花期，棉花在盛花始铃期，红薯在生长初期（扦插后30~50 d）；红薯磷、钾肥的最大效率期在块根膨胀期；棉花磷肥的最大效率期为花铃期。

（二）土壤条件与施肥

根系通过土壤吸收养分，土壤的养分含量是合理施肥的重要参考。我国土壤全氮（N）含量一般在0.2~2 g/kg之间变动，全磷（P）含量为0.18~1.1 g/kg，全钾（K）含量远比氮、磷高，一般在3~23 g/kg范围内。由于多呈迟效态存在，全量养分只是作物营养的物质基础，一般还不能完全说明土壤对作物养分的供应情况。与当季作物产量和施肥效果有明显关系的是土壤中的有效养分含量。一般认为土壤有效氮小于50 mg/kg，速效磷（P）小于5 mg/kg，速效钾（K）小于66 mg/kg的，三要素供给水平就较低，施肥就有明显增产效果，有效养分含量越高，施肥效果越差。除此之外，施肥还应注意养分平衡，使氮、磷、钾和微量元素适量配合施用。

土壤酸碱反应也直接影响肥料的施用效果。酸性土壤施磷矿粉较好，石灰性和中性土壤施用过磷酸钙。为了减少磷与铁、铝、钙、镁的固定反应，应集中、分层地施于根系分布密集的土层，或根外追肥，以利于吸收。对氮肥来讲，酸性土壤应选用碳酸氢铵等碱性或生理碱性肥料，石灰性土壤可选用硫酸铵、氯化铵等生理酸性肥料。

除此之外，土壤结构、通气状况、水分状况等也都与肥料的施用有关，如水稻不宜施用硝态氮肥，铵态氮肥需施入还原层较好。

（三）气候条件与施肥

气候条件会影响土壤养分的状况和作物吸收养分的能力，从而影响施肥效果。高温多雨的地区或季节，有机肥料分解快，可施半腐熟的有机肥料，化肥追施一次施用量不宜过大，施肥不宜过早，以免养分淋失。温度较低、雨量较少的地区或季节，有机质分解较缓慢，肥效迟，应施腐熟程度高的有机肥料和速效性的化学肥料，而且应适当早施。在高寒地区，宜增施磷、钾肥和灰肥，有利于提高作物抗寒能力，有助于作物安全过冬。光照不足、光合作用弱时，如果单施速效氮肥，会使碳、氮代谢失调，体内糖分积累相对减少，影响机械组织形成，造成徒长倒伏，增施钾肥有补偿光照不足的作用。光照充足、光合作用强时，作物新陈代谢旺盛，需要养分多，可多施一些肥料。

（四）肥料品种特性与施肥

肥料种类很多，性质差异也很大，合理施肥必须考虑到肥料性质。与施肥关系密切的性质有养分的含量、溶解度、酸碱度、稳定性、土壤中的移动性、肥效快慢、后效大小及有无副作用等。例如，有机肥料，养分全、肥效迟、后效长，有改土作用，多用作基肥；化肥养分浓度大、成分单一、肥效快而短，便于调节作物营养阶段的养分要求，多用作追肥；铵态氮肥（如碳铵）化学性质不稳定，挥发性强，应特别强调深施盖土，减少养分损失；硝态氮肥在土壤中移动性大，施后不可大水漫灌，也不宜作基肥施用；磷肥的移动性小，用作基肥时应注意施用深度，应施在根系密集土层中。

第二节　测土配方施肥技术

一、概述

测土配方施肥是以土壤测试和肥料田间试验为基础，根据作物需肥规律、土壤供肥性能和肥料效应，在合理施用有机肥料的基础上，提出氮、磷、钾及中、微量元素等肥料的施用数量、施肥时期和施用方法，国际上通称平衡施肥，是联合国粮农组织（FAO）在全世界推行的先进农业技术之一。测土配方施肥技术的核心是调节和解决作物需肥与土壤供肥之间的矛盾，同时有针对性地补充作物所需的营养元素，作物缺什么元素就补充什么元素，需要多少就补多少，实现各种养分平衡供应，满足作物的需要。

测土配方施肥在农业生产中的大面积推广应用，改变了长期的习惯施肥方法，这是一项重大的施肥技术改革。它有明显的增产、增收、降本、节能和保护环境的作用，主要表现如下：

（1）提高产量。在测土配方的基础上合理施肥，促进农作物对养分的吸收，可增加作物产量 5%～20%或更高。

（2）减少浪费，节约成本。测土配方施肥解决了盲目施肥、过量施肥造成的农业生产成本增加的问题。

（3）减少环境污染，保护生态环境。测土配方施肥条件下，作物生长健壮，抗逆性增强，农药施用量减少，降低了化肥农药对农产品及环境的污染。

（4）改善农产品品质。通过测土配方施肥，实现合理用肥，科学施肥，能改善农作物品质。而滥用化肥会使农产品质量降低，导致"瓜不甜、果不香、菜无味"。

（5）改善土壤肥力。使用测土配方施肥，了解土壤中所缺养分，根据需要配方施肥，才能使土壤缺失的养分及时获得补充，从而维持土壤养分平衡，改善土壤理化性状。

二、测土配方施肥步骤

测土配方施肥技术包括"测土、配方、施肥"三个核心环节。

（一）测土

在作物收获后或播种施肥前，一般在秋后采集土样。按照"随机""等量"和"多点混合"的原则，一般采用"S"形或"梅花"形布点采集混合样。采样深度一般为0～20 cm，四分法保留1 kg左右，风干，研磨成1 mm及0.25 mm粒径，测定其pH及有机质、全氮、碱解氮、有效磷和速效钾含量，骨干样品还需测定阳离子代换量、交换性钙镁、有效硫、有效微量元素等含量，以了解土壤供肥和保肥状况。

（二）配方

全国农业技术推广服务中心在2005年发布的《全国测土配方施肥技术规范（试行）》中，肥料配方设计有2大类（基于田块的肥料配方设计和县域施肥分区与肥料配方设计），共5种方法。生产中常用的方法有肥料效应函数法、土壤养分丰缺指标法和养分平衡法。

（三）配方肥料合理施用

在养分需求与供应平衡的基础上，坚持有机肥料与无机肥料相结合，坚持大量元素与中量元素、微量元素相结合，坚持基肥与追肥相结合，坚持施肥与其他措施相结合。在确定肥料用量和肥料配方后，合理施肥的重点是选择肥料种类、确定施肥时期和施肥方法等。

1. 配方肥料种类

根据土壤性状、肥料特性、作物营养特性、肥料资源等综合因素确定肥料种类，可选用单质或复混肥料自行配制配方肥料，也可直接购买配方肥料。

在配制配方肥料时，首先要考虑作物需肥特性和土壤性状，如薯类作物、烟草虽喜钾，但其也是忌氯作物，原料不能选择氯化钾；石灰性土壤上铵态氮肥易挥发损失，配制含氮的配方肥时原料不能选择碳酸氢铵。其次，选择配肥原料时还要防止肥料养分损失，以免导致肥效下降，或者肥料物理性状变坏，难以施用等。如钙镁磷肥、窑灰钾肥、草木灰等碱性肥料，不能与含有铵态氮的肥料如氯化铵、碳铵等混合施用，也不能与硝酸铵等混合施用，因为在碱性条件下易引起铵态氮的挥发损失；普钙、重过磷酸钙等水溶性的磷肥也不能与碱性肥料混合，否则会降低水溶性磷的有效性。

购买配方肥料时应注意肥料包装袋外标识，选择正确的配方肥料。如肥料分析式为"20-10-0-2（Zn）"的配方肥料，表示该肥料含氮20%，含磷10%，无钾，另含锌2%，适合在钾素含量丰富、无须施肥补充、同时有效锌比较缺乏的土壤上施用。

2. 施肥时期

根据肥料的施肥时期，大多分为3类：①基肥。播种前或定植前结合土壤耕作所施的肥料，其作用为培肥改良土壤和供给作物养分，一般以有机肥为主，配施部分化肥，如碳铵、尿素、过磷酸钙等。②种肥。播种和定植时施于种子附近，或与种子同播，或用来进行种子处理的肥料，其作用是供给幼苗养分和改善种子床或苗床的理化性状，所施肥料为速效肥料，如腐熟的有机肥、菌肥、硫酸铵等。③追肥。在作物生长期间施用的肥料，其作用是满足作物每个生育阶段的营养要求，所施肥料为速效肥料，大多为速效化肥，如尿素、过磷酸钙、硫酸亚铁、硼酸等，少量为腐熟有机肥。

作物施肥时期应根据肥料性质、植物营养特性、气候和土壤状况而定，具体包括：①生育期长的作物宜分次施，生育期短的施肥应相对集中。植物生长旺盛和吸收养分的关键时期应重点施肥。②速效性肥料适宜作种肥或追肥，肥效迟缓的肥料应作基肥。③干旱少雨的地区或无灌溉条件时，应早施，以基肥为主；温暖潮湿多雨地区或有灌溉条件的地区，应将基肥和追肥结合施用。

3. 施肥方法

常用的土壤施肥方法有撒施后耕翻、条施、穴施等。应根据作物种类、栽培方式、肥料性质等选择适宜的施肥方法。例如，氮肥应深施覆土，施肥后灌水量不能过大，否则造成氮素淋洗损失；水溶性磷肥应集中施用，难溶性磷肥应分层施用或与有机肥料堆沤后施用；有机肥料要经腐熟后施用，并深翻入土。

第三节　叶面施肥技术

一、叶面施肥技术概况

作物对养分的吸收主要是通过根系进行的，但叶片（包括部分茎表面）通过渗透扩散方式，也可吸取养分，所以，叶面喷施尿素、磷酸二氢钾、微量元素等溶液，也能使作物吸收到氮、磷、钾、硼、钼、锰、锌等养分，这个过程也就是通常所称的根外营养。因为作物地上部分吸收矿质营养元素的器官主要是叶片，所以也被称为叶片营养。这种施肥方式称为叶面施肥或根外施肥。

（一）叶面施肥的特点

（1）直接供给养分，防止养分在土壤中的转化固定。某些微量元素，如锌、铁、铜等易被土壤固定（有人将硫酸铜施入缺铜的腐殖砂土2h后，发现90.4%的铜会被吸附固定），使土壤的利用率不高，而采用叶面喷施效果较好。表13-3以缺铜土壤上的小麦为例，说明了土壤施铜与叶面施铜分别对其生长和产量的影响。

表 13-3　在缺铜土壤上叶面施铜对小麦生长和产量的影响

处　　理	用量及用法	穗数（穗/m²）	穗粒数	籽粒重（g/m²）
不施铜		37.0	0.14	0.03
土壤施 CuSO₄	2.5 kg/hm²	28.8	2.3	1.0
	10.0 kg/hm²	58.5	2.9	2.3
叶面施 2% CuSO₄	拔节期喷施一次，2 kg/hm²	63.8	17.1	14.0
	拔节及抽穗期各施一次，2 kg/hm²	127.4	52.0	79.3

（2）吸收效率快，能及时满足作物的营养需要，见效快。有人利用放射性 ^{32}P 在棉花上进行试验，将肥料涂于叶面，5 min 后测定各个器官中的 ^{32}P，均发现含有放射性磷，而尤以根尖和幼叶含量最高；10 d 后，各器官中的含磷量达到最高值。相反，如果通过土壤施用，15 d 植物吸收磷的数量才相当于叶面施肥 5 min 时的吸收量。植物从土壤中吸收尿素，4~5 d 后才能见效，但叶面喷施 2 d 后就能观察到明显效果。

（3）施肥量少，比较经济。据研究，叶面喷施需肥量仅需土壤施肥量的 10%，就能达到同样的营养效果。

（4）施肥量有限，肥效短暂。对氮、磷、钾等大量元素来说，应以土壤施用为主，叶面施用只能作为解决特殊问题的临时措施。但对微量元素来说，由于需要量不多，叶片施用就可满足作物营养的需要，应作为微量元素肥料施用的主要方法。

（二）叶面施肥的适用范围

一般在下面几种情况下，可以考虑采取叶面施肥：
（1）作物根系受到伤害。
（2）遇自然灾害，需要迅速恢复作物的正常生长。
（3）需要矫正某种养分缺乏症。
（4）养分在土壤中容易转化和固定，如磷肥和微量元素肥料。
（5）基肥不足，作物有严重脱肥现象。
（6）植株密度太大，已无法土壤施肥。
（7）深根作物（如果树）用传统施肥方法没有收效。

二、叶面施肥的作用机理

（一）叶片的基本功能

叶片是由表皮、叶肉和叶脉三部分组成的。在表皮上有上、下两层，都是保护层，在下表皮上有许多气孔，可与周围大气进行气体交换。在进行光合作用过程中，吸进二氧化碳，放出氧气；而在呼吸作用过程中则吸进氧气，放出二氧化碳。叶脉就是维管束，穿过叶柄与茎维管束相通，叶脉里的木质部把从根部吸收上来的水分和溶解于水中的无机养分输送到叶片的各部位，这是一条运输通道。叶肉分栅栏组织和海绵组织，是进行光合作用的主要场所。

（二）叶面的吸收机理

叶面（包括一部分茎的表面）吸收营养物质，主要是通过气孔扩散和角质层渗透，使营养物质进入植物体内而实现的。例如通过气孔，植物叶片可以吸收二氧化碳（CO_2）、水蒸气（H_2O）和二氧化硫（SO_2）等，特别是叶面吸收二氧化硫对于植物的硫营养需求起着很大的作用。

叶片表皮细胞的外面是角质层和蜡质层。过去认为，叶面吸收外界物质是由气孔进入，而角质层和蜡质层难以透过这些物质，但近年研究表明，矿质溶液中的溶质除通过气孔进入细胞内部外，还可以透过角质层、蜡质层被表皮细胞吸收。

三、影响叶面吸收养分的因素

（一）溶液组成

溶液组成取决于叶面施肥的目的，同时也要考虑各种元素的特点。磷、钾能促进碳水化合物的合成与运输，故后期施用磷、钾肥对于提高马铃薯、红薯、甜菜的产量有良好作用，并能使其提早成熟。在早春作物苗期，土温较低，根系吸收养分的能力较差，叶面喷施氮肥效果很好。在选择具体肥料时，要考虑肥料的吸收速率。就钾肥而言，叶片吸收速率为氯化钾＞硝酸钾＞磷酸氢二钾；对氮肥来说，叶片吸收速率为尿素＞硝酸盐＞铵盐。一般无机可溶性养分的吸收速率较快，均可作为根外追肥。在喷施微量元素时，加入尿素可以促进吸收，防止叶面出现的暂时黄化。

（二）溶液浓度

在一定浓度范围内，矿质养分进入叶片的速率和数量随浓度的提高而增加，但浓度过高会灼伤叶片，一般适宜浓度为 $0.1\%\sim2\%$。常用肥料用于叶面喷施的适宜浓度见表 13-4。

表 13-4　叶面喷施的适宜浓度

肥　料	喷施浓度（%）	肥　料	喷施浓度（%）
尿素	0.2～0.5	过磷酸钙	0.5～2
硫酸钾	0.3～0.5	磷酸二氢钾	0.1～0.3
硝酸钙	0.3～0.5	氯化钙	0.1～0.5
硫酸镁	1～2	硫酸亚铁	0.2～0.5
硫酸锰	0.1～0.3	硫酸锌	0.05～0.2
硼酸、硼砂	0.1～0.2	钼酸铵	0.01～0.03

（三）溶液 pH 值

一般而言，酸性溶液有利于叶片对阴离子的吸收，中性到微碱性溶液有利于叶片对阳离子的吸收。如果要供给阳离子，溶液应调节到中性到微碱性，如叶面喷施硫酸亚铁以提供铁；如果要供给阴离子，溶液应调节到微酸性，如叶片喷施硼酸以提供硼。

（四）溶液湿润叶片的时间

许多实验证明，如果能使营养液湿润叶片的时间超过 30～60 min，叶片可以吸收大部分溶液中的养分，余下的养分也可以被叶片逐渐吸收。因此，叶面施肥应选在傍晚或阴天，这样可以防止营养液迅速干燥。此外，使用湿润剂，如 0.1%～0.2% 洗涤剂或中性皂，可降低溶液表面张力，增加溶液与叶片的接触面积，从而提高根外追肥的效果。

（五）植物的叶片类型及温度

双子叶作物（如棉花、油菜、豆类、甜菜等）叶面积大，叶片角质层较薄，溶液中的养分易被吸收；单子叶作物（如水稻、小麦、玉米、大麦等）则相反，养分透过速度较慢。在叶面施肥时，双子叶作物的效果较好；单子叶作物效果较差，应适当加大浓度或增加喷施次数。此外，幼叶比老叶吸收能力强，应对老叶加大浓度或增加喷施次数。

叶片正面表皮组织下是栅栏组织，比较致密；叶片背面是海绵组织，比较疏松，细胞间隙大，孔道多，且气孔密度比叶片正面大。故叶片背面吸收养分的能力较强，速度较快，喷施肥料的效果较好。

温度对营养元素进入叶片有间接影响。温度下降，叶片吸收养分减慢；但温度较高时，液体易蒸发，也会影响叶片对矿质养分的吸收。

四、大量元素作叶面肥的施用技术

（一）尿素

尿素属中性化学肥料，氮含量为 46%，是目前氮素化肥中用作叶面肥的最常用的品种。由于它不含其他副成分，分子体积很小，在水中的溶解度大，在溶液浓度较低的情况下施于植物叶面，比较容易渗透到植物叶片的细胞中而被直接吸收利用。

尿素适用于各种作物，叶面喷施的溶液浓度因作物种类、生长状况及栽培条件而异。对各种作物喷施尿素的时期与浓度见表 13-5。

表 13-5　不同作物喷施尿素的时期与浓度

作　物	使用时期	使用浓度（%）
水稻	乳熟至蜡熟期	1.0～2.0
麦类	拔节至孕穗期	1.0～2.0
玉米	授粉后	1.0

作　物	使用时期	使用浓度（%）
葡萄	萌芽展叶至开花前后	0.1~0.4
柑橘	春梢生长期、幼果期和坐果期	0.2~0.5
叶类菜	整个生长期	0.4
西瓜	苗期	1.0
茶树	新芽萌发到1芽，1~2叶	0.3~0.5

在使用尿素作为叶面肥时必须注意下列几点：①尿素中的缩二脲含量超过1%时不能作叶面施肥，以免引起作物毒害；②作物开花时不能进行叶面喷洒，以免影响作物授粉，从而降低产量；③喷施用的溶液一定要按不同作物的需要配制，不能过浓，以免产生肥害；④下雨天喷洒肥液易流失，晴天中午高温时喷洒容易产生肥害，不宜进行，最宜于傍晚或阴天进行施肥，效果更好。

（二）普通过磷酸钙

普通过磷酸钙通常称为过磷酸钙，简称普钙，有效五氧化二磷含量为12%~20%，它是一种水溶性磷肥，其水溶液在浓度较低的情况下可用作叶面施肥。

普通过磷酸钙用作叶面喷肥时，应先将经过粉碎、过筛的过磷酸钙1份加清水10份，充分搅拌后放置20~24 h，待其中不溶物质沉淀后，取其上部澄清液即母液，此液的浓度为10%。施用时可根据不同作物的不同生育期的需要，将母液再加水稀释，配制成不同浓度的稀溶液进行喷雾。对各种作物喷施普通过磷酸钙的时期与浓度见表13—6。

表13—6　不同作物喷施普通过磷酸钙的时期与浓度

作　物	使用时期	使用浓度（%）
水稻、小麦	分蘖期至灌浆期	1.0~3.0
大豆	开花到种子形成期	1.0
玉米	抽穗与叶丝期	1.0~2.0
葡萄	新梢生长开始到浆果成熟期	2~5
柑橘	春梢生长期、幼果期和坐果期	0.5~1.0
瓜果类蔬菜	整个生长期	1~3
根茎类蔬菜	整个生育期	2~3
油菜	苗期	0.5~1.0
薯类	收获前40~45 d	2
烟草	现蕾前10 d	1~1.5

使用过磷酸钙作为叶面肥需注意以下事项：①配制叶面喷施的过磷酸钙必须质优，游离酸含量少于5%；②配制前必须粉碎，配制时必须充分搅拌，以利于其中水溶性磷素充分溶解于水中；③可溶性磷肥，如钙镁磷肥等不能用作叶面喷施。其他注意事项同尿素。

（三）硫酸钾、氯化钾

硫酸钾与氯化钾均属于水溶性钾肥。硫酸钾含氧化钾为 48%～52%，氯化钾含氧化钾为 50%～60%，主要为作物提供钾营养元素。钾肥在根基施肥的情况下，由于钾元素在土壤中移动性较小，因此作物在生长盛期或生长后期容易出现缺钾现象，尤其是一些喜钾作物，如块根类、瓜类和杂交晚稻等，对钾营养元素的需要量较高，如果在吸肥量较大的生长发育盛期或生长后期，从叶面上补给钾营养元素，则可取得更为理想的效果。

硫酸钾、氯化钾用作叶面施肥时一般均用于作物生长盛期，或在生长中后期植株表现缺钾症状时，作叶面喷施可取得较好的效果。它们适用于各种作物。对各种作物喷施钾肥的时期和浓度见表 13-7。

表 13-7　不同作物喷施钾肥的时期与浓度

作　物	使用时期	使用浓度（%）
水稻	幼穗分化期、始穗期、齐穗期至灌浆期	0.3～0.4
麦类	幼穗分化期、孕穗期至齐穗期	0.3～0.4
葡萄	浆果膨大期	0.2～0.5
瓜类、豆类	全生育期	0.1～0.2
根茎类	全生育期	0.2
薯类	收获前 40～50 d	1.0～2.0
烟草	现蕾前 10 d	0.7～1.0

叶面施用钾肥须注意以下事项：①氯化钾因含有氯离子，配制溶液时浓度不宜过高，以免伤害作物幼叶，不宜在烟草上喷施；②喷洒要均匀，叶片正反面均应喷到，尤以幼茎、幼叶更应多喷。其他注意事项同尿素。

（四）磷酸二氢钾

磷酸二氢钾是一种水溶性强的能为作物直接吸收利用的磷钾复合肥料，常用的含五氧化二磷（P_2O_5）为 50%、含氧化钾（K_2O）为 30%，是目前复合肥料中主要作叶面施肥的最常用的品种。

磷酸二氢钾适用于各种作物，作叶面喷施的浓度因作物品种和生长期不同而有差异，浓度一般为 0.1%～0.6%。对各种作物喷施磷酸二氢钾的时期和浓度见表 13-8。

表 13-8　不同作物喷施磷酸二氢钾的时期与浓度

作　物	使用时期	使用浓度（%）
水稻	齐穗期	0.2～0.5
麦类	拔节抽穗至灌浆期	0.2～0.6
玉米	授粉后	0.1～0.15
棉花	开花、结铃期	0.2～0.3

作　物	使用时期	使用浓度（%）
薯类	收获前 40~45 d	0.1~0.3
柑橘	开花期、结果期	0.3
葡萄	新梢生长期	0.2~0.3
瓜果类蔬菜	全生育期	0.2~0.5
根茎类蔬菜	全生育期	0.3~0.5

由于磷酸二氢钾的亩用量较少，配制溶液时必须充分溶化并搅拌均匀。其他注意事项同尿素。

五、微量元素作叶面肥的施用技术

目前供应、施用较多的微量元素肥料主要有硼肥、钼肥、铁肥、锌肥、铜肥及锰肥等品种。

（一）硼肥

常用的硼肥主要是硼砂。一般双子叶植物比单子叶植物需硼多，易引起缺硼，如油菜、棉花、花生、大豆、烟草等作物，特别是对甘蓝型油菜，施硼后增产效果更加显著；马铃薯、甘薯、亚麻、玉米、柑橘等作物，喷施硼肥效果也较好。一般喷施的浓度为0.1%~0.2%，每亩硼砂用量50 g左右，每次喷施肥液量50~60 kg。对各种作物喷施硼肥的时期与浓度见表13-9。

施用硼肥有以下注意事项：①每亩硼肥用量一般为50~200 g，喷施时以作物叶片的正、反面喷湿为宜，如果直接喷于正在生长发育的幼果上效果更佳；②硼砂与其他化肥或农药混用时，应以不产生沉淀为原则；③硼砂不宜直接与铵态氮肥混合施用，以免引起氨气挥发，降低肥效或灼伤叶片；④叶面喷施时间宜于晴天上午露水干后或傍晚，阴天可全天喷施，喷后遇雨应重新补喷；⑤作物开花期间不宜喷施，以免影响授粉。

表 13-9　不同作物喷施硼肥的时期与浓度

作　物	喷施时期	喷施浓度（%）
油菜	苗期、抽穗期	0.1~0.2
花生	初花期	0.2
大豆	初花期	0.1~0.5
棉花	蕾期、初花期、花铃期	0.2
早稻	分蘗期或孕穗期	0.2
晚稻	分蘗拔节期、孕穗期	0.2
大麦	分蘗拔节期、孕穗期	0.2~0.3

作　　物	喷施时期	喷施浓度（%）
小麦	分蘖末期开始，隔5~6 d喷1次，喷2~3次	0.1~0.2
柑橘	春芽萌动或花蕾期、花谢1/3~2/3期喷2~3次	0.2
杨梅	开花期、开花末期、采果后	0.2
桑树	春芽萌芽展叶期隔10~15 d喷2~3次	0.2~0.4

（二）钼肥

常用的钼肥主要是钼酸铵。豆科和十字花作物需钼较多，对钼反应良好，如紫云英、苜蓿、大豆、花生、蚕豆、绿豆、豌豆、油菜等作物，喷施钼肥后都有良好的增产效果，大小麦、玉米、马铃薯、棉花、柑橘、甜菜、番茄等作物，喷施钼肥后也有一定的增产效果。一般在作物生长期内出现缺钼症状，可用0.05%~0.2%的钼酸铵溶液进行喷施，这是一种经济有效的方法。通常喷施钼肥的适期是在苗期和生殖生长期（如现蕾期等），喷施1~2次，每次间隔7~10 d，喷施量视作物品种、作物大小不同而异，一般每次每亩喷液量为50 kg左右。各种作物喷施钼肥的时期与浓度见表13-10。

表13-10　不同作物喷施钼肥的时期与浓度

作　　物	喷施时期	喷施浓度（%）
棉花	花蕾期	0.05
大豆	苗期、初花期、盛花期	0.05~0.1
蚕豆	苗期、初花期、盛花期	0.05~0.1
麦类	分蘖末期	0.05~0.1
玉米	苗期、苔期	0.05~0.2
油菜	花蕾期、膨果期	0.1~0.2
黄瓜	苗期、初果期、盛果期	0.2
番茄	苗期、初果期、盛果期	0.2
柑橘	花蕾期、膨果期喷2~3次	0.2
苹果	花蕾期、膨果期喷2~3次	0.2
桑树	春梢萌发开始（4月中旬至5月上旬）喷2~3次	0.05

注：如麦类、玉米、瓜类、油菜等，在喷施钼肥时，同时喷施硼肥、锌肥等则效果更好。

喷施钼肥需注意以下事项：①钼酸铵每次每亩用量一般为10~15 g，先用少量热水溶解，再兑足水量（50~100 kg）；②喷洒时以喷湿作物叶面为宜，喷施的浓度不宜过高，以免引起肥害；③可与大量元素肥料配合喷施；④用于豆科作物时，与根瘤菌肥配合施用效果更好，用于麦类、玉米、瓜类、油菜等作物时，能配合喷施硼肥、锌肥等效果更佳。其他注意事项同硼肥。

（三）锌肥

常用的锌肥主要是硫酸锌。由于锌在土壤中不移动，土表施锌效果不显著，一般多采用叶面喷施。锌肥适用于水稻、玉米、棉花、西瓜、菜豆、大豆及果树等作物，喷施的浓度一般为0.1％～0.2％，根据生长期不同进行喷施。各种作物喷施锌肥的时期与浓度见表13-11。

表 13-11　各种作物喷施锌肥的时期与浓度

作　　物	喷施时期	喷施浓度（％）
水稻	秧苗移栽	0.5
玉米	缺锌时期	0.1～0.3
棉花	花蕾期	0.1
西瓜	发蔓孕蕾期和膨果期	0.2
柑橘	开花期至2/3谢花	0.1

施用锌肥需注意以下事项：①作叶面喷施的硫酸锌溶液浓度不能过高，以免引起作物锌中毒；②硫酸锌作叶面喷施时，为提高锌肥效果，最好配施钼肥、磷酸二氢钾或尿素等肥料；③硫酸锌与其他肥料、农药混用时要随混配随使用，不能储存。其他注意事项同硼肥、钼肥。

（四）铁肥

铁肥主要品种有硫酸亚铁、硫酸铁、磷酸亚铁、硫酸亚铁铵、黄腐酸铁、尿素铁、柠檬酸铁等，常用作肥料的是硫酸亚铁。一般土壤中不缺铁，土壤中铁的含量为1％～5％，平均为3％。耕作土壤上，作物缺铁现象是不常见的，但多年生的林木却常发生缺铁症状。土壤环境条件影响铁的有效性，一般在碱性土、石灰性土壤上，有效铁含量低。铁肥一般可作基肥、种肥和追肥，作土壤施肥和根外（叶面）追肥，适用于各种有缺铁症状作物的林木、果树类。叶面施肥一般施用浓度为0.2％～1.0％的硫酸亚铁溶液。

铁肥喷施的浓度不宜过高，以免对作物产生危害。此外，在一般农田作物上，中午高温时不宜进行喷雾。

（五）锰肥

目前用作肥料的主要是硫酸锰。一般的土壤中不缺锰，但在泥炭土和有机质含量高的砂土、冲积土、石灰性土壤和过量施用石灰的土壤中均易缺锰。锰肥适用于谷类、豆类、棉花、果树等多种作物。由于作物吸收叶面喷施中锰的速度很快，所以利用硫酸锰（$MnSO_4$）进行叶面喷施是矫治作物缺锰症最常用的方法，其喷施的浓度一般为0.05％～0.1％，通常喷施1次即够。对生长期长的作物则需要喷施多次，如对谷类作物，第一次喷施应在4叶期以后，每次每亩用硫酸锰0.6 kg，喷液量为50～60 kg。

（1）棉花：叶面喷施可用0.1％～0.25％的硫酸锰溶液，于苗期（5～6片真叶期）、花蕾期、初花期三个时期各喷1次，每次每亩喷液量为30～75 kg，喷于中、上部叶片，以喷湿为宜。可使棉花生长健壮、铃大、纤维增大，衣指、籽指增加，提高产量。

（2）谷类作物：如麦类、玉米等可在苗期4叶期后，用0.05%～0.1%的硫酸锰溶液进行叶片喷施，以后每隔7～10 d再喷1次，喷2～3次即可。每次每亩喷施液量一般为40～50 kg，以将叶片正、反两面喷湿为止。

（3）豆科绿肥：如苜蓿、紫云英等对锰较敏感，可于春暖后开始喷施，至生长盛期和开花期再喷施1～2次，喷施的浓度为0.05%～0.1%，每次每亩喷液量为50～60 kg。

（4）柑橘、梨树：这两种果树对锰也较敏感，可于春梢萌发前后和始花期，用0.05%～0.1%的硫酸锰溶液进行叶面喷施，以喷湿叶面为止，共喷2～3次。

喷施锰肥需注意以下几点：①喷施的溶液浓度不宜过高，否则会引起作物叶面灼伤；②在炎热天气特别是中午高温时不宜进行叶面喷施，以免灼伤叶片；③梨树对缺锰非常敏感，但喷施时也易造成叶面损伤，所以喷施锰肥用量与一般作物相比应减半，其他果树喷施锰肥用量与梨树相同；④作物开花期间不宜喷施，以免影响授粉；⑤不可与碱性化肥或碱性农药混合施用。

（六）铜肥

铜肥可分为有机态铜和无机态铜两种，其中最常用的是硫酸铜和螯合态铜，后者价格昂贵，很少使用，一般大田栽培作物多用硫酸铜。

叶面喷施铜肥是矫正植物缺铜的常用方法，通常采用的铜肥是硫酸铜，喷施的浓度一般为0.01%～0.05%。由于铜在植物体内移动性较差，所以不能只喷1次，而且在植物生长后期喷施效果较好。对施用铜肥有良好效果的作物主要有小麦、大麦、水稻、菠菜、洋葱、柑橘等。

（1）小麦：小麦缺铜的主要表现是"穗而不实"。严重缺铜时，从苗期开始生长停滞，叶黄化下披贴地，不分蘖，植株矮化，出穗弱，剑叶（或加上倒二叶）干枯而卷曲旋转呈低捻状。矫正办法除用硫酸铜土施和拌种外，主要用硫酸铜作叶面喷施。缺铜严重的地块在施有机肥的基础上，喷施2次硫酸铜溶液后，可取得较好的效果。土壤的有效铜含量在0.35 mg/kg的情况下，可用0.02%～0.05%的硫酸铜溶液喷施2次，第1次在苗期喷施，以促进苗期生长，第2次（或只喷1次）的喷施时间应掌握在倒三叶展开至倒二叶展开时期为宜，即第一节定长、雌雄蕊分化形成期至药隔形成期为宜，而以药隔形成期喷施效果最好，喷施的溶液用量一般为50 kg左右，必须喷湿上部叶片的正、反两面。

（2）其他作物：番茄、青椒、蚕豆、玉米等作物也易缺铜，可用0.01%～0.02%的硫酸铜溶液于苗期和生长中、后期进行叶面施喷，可及时矫治缺铜症，并能取得较理想的效果。

施用铜肥必须注意以下几点：①叶面喷施的硫酸铜溶液不宜过浓，以免灼伤作物叶片；②在缺铜的土壤上施用过多氮肥会加剧作物缺铜；③在缺铜和缺锌的地区，锌肥的用量要严格控制，如果锌的用量过多，在大、小麦等作物上会发生诱导性缺铜症；④除了在缺铜非常严重的情况外，一般喷施铜肥应在出现缺铜症状之前进行；⑤在配制硫酸铜溶液时，最好在溶液中加入少量熟石灰，以免产生药害，配好后应去渣，防止堵塞喷雾器喷孔；⑥硫酸铜溶液对铁制容器有腐蚀作用，所以不能用铁制喷雾器，喷雾器用后应彻底清洗；⑦硫酸铜对鱼类毒性高，所以残渣不能倒入鱼塘，喷雾器也不能在鱼塘内清洗，以防止鱼类受毒害。

六、其他叶面肥施用技术

目前，随着研究逐渐深入，我国叶面肥种类逐渐增多，全国约有数百乃至千种，已不局限于简单补充必需营养元素。根据叶面肥的作用和功能等，将其概括为以下四大类：

第一类为营养型叶面肥。此类叶面肥为传统意义上的叶面肥，指含有氮、磷、钾及微量元素等养分的肥料。其主要功能是为作物提供各种营养元素，改善作物的营养状况，尤其适用于作物生长后期各种营养的补充。如常用的尿素、磷酸二氢钾、微肥等。

第二类为调节型叶面肥。此类叶面肥含有调节植物生长的物质，如生长素、激素类等，其主要功能是调控作物的生长发育，适于植物生长前期、中期使用。常见的有复硝酚钠、芸苔素内酯、赤霉素、2，4-D、DA-6（乙酸二乙氨基乙醇酯）、生根剂、多效唑等。

第三类为生物型叶面肥（或称有机营养型）。此类肥料含微生物体及其代谢物，如氨基酸、核苷酸、核酸、腐殖酸、固氮菌、分解磷、生物钾等，其主要功能是刺激作物生长，促进作物新陈代谢，减轻和防止病虫害的发生等。

第四类为复合型叶面肥。此类叶面肥种类繁多，复合、混合形式多种多样，基本上是以上各种叶面肥的科学组合，其功能多样，既可提供营养，又可刺激生长和调控发育。

生产上又将调节型叶面肥和生物型叶面肥统称功能型叶面肥。下面介绍两种常见的功能型叶面肥。

（一）氨基酸类叶面肥

氨基酸的来源有动物、植物两种。植物源氨基酸主要有大豆、饼粕等发酵产物以及豆制品、粉丝的下脚料，动物源氨基酸主要有皮革、毛发、鱼粉及屠宰场下脚料等。将原料转化为氨基酸的工艺也有所不同，最简单的是酸水解工艺，常用浓度为 $4\sim6$ mol/L 的盐酸溶液，按比例与物料水解一定时间，然后用氨或其他碱性物质中和，调节 pH 值后即为原液。较为复杂的是生物发酵法，常用复合菌群在一定条件下对物料进行 $4\sim6$ 周的发酵，发酵液经提炼后加工成含氨基酸的水溶性肥料。

目前我国市场销售的氨基酸肥多为豆粕、棉粕或其他含氨农副产品经酸水解得到的复合氨基酸，主要是纯植物蛋白，此类氨基酸有很好的营养效果，但是生物活性较差。而采用生物发酵生产的氨基酸，主要是酵解和生物降解蛋白质，经发酵产生一些新的活性物质，如核苷酸、吲哚酸、赤霉酸、黄腐酸等，有较强的生物活性，可刺激作物生长发育，提高酶活力，增强抗病抗逆作用，对生根、促长、保花保果都有一定的作用。

施用方法：①喷雾。取氨基酸叶面肥 50 mL 兑水 $15\sim20$ kg，对叶面均匀喷雾。②浸拌种。取氨基酸叶面肥 50 mL 可拌种或浸种 $8\sim10$ kg。

（二）肥药型叶面肥

在叶面肥中，除了营养元素外，还会加入一定数量不同种类的农药和除草剂等，不仅可以促进作物生长发育，还具有防治病虫害和除草的功能。这是一类农药和肥料相结合的肥料，通常可分为除草专用肥、除虫专用肥、杀菌专用肥等。

第四节　化废为肥技术

各种生物有机废弃物和生活及生产废水、废渣等都含有一定的有机物和矿质养分，经适当处理后也是良好的肥源，可用于农业生产。

一、污水

生活污水的性质和稀释的人粪尿相似，养分含量因地区不同而差异很大，一般含氮为 20.0～63.9 mg/L，五氧化二磷为 2.2～18.2 mg/L，氧化钾为 4.0～29.0 mg/L。工业污水的特点是温度高，可达 40℃ 以上；悬浮物含量高，含有机物质；酸碱度变化大，一般 pH 值为 5～11，甚至低至 2，高至 13，对作物生长危害大。工业污水的成分由于采用原料和工艺流程的不同而变化很大（见表 13-12）。

表 13-12　部分工业废水的养分含量

（单位：mg/L）

废水种类	N	P_2O_5	K_2O
肉类联合加工厂	115	—	—
啤酒厂	40～75	—	—
甜菜糖厂	10～30	10	50
酒厂	100	60	70
乳制品厂	33	20	23
皮革厂	50～230	—	—
维生素制药厂	60	—	—
亚麻加工厂	20～65	90	—
酵母厂	60	—	—
焦化厂	360	—	—
石油厂	4～106	0.5～15.6	1～13
造纸厂（碱法生产）	200～800	40～460	300～3300

污水中一般除含有作物需要的某些养分外，还含有某些有害物质。因此在施用污水前，必须进行化学分析确定其化学成分，然后采取相应的处理方法。一般采用清水稀释污水、修库蓄水、修沉淀池等措施，使污水浓度稀释或让其自然净化。

经过处理后的污水灌溉，其水质标准总的要求以不降低作物产量和品质、不恶化土壤和不污染环境为原则。污水灌溉的数量，应根据当地土壤、作物、地下水位和污水的养分含量等具体情况，通过实验确定。一般污水含氮较多，磷、钾和有机质较少，宜配施厩肥和磷、钾肥。灌溉前要平整土地，使污水均匀湿润，灌后要及时中耕松土，防止土壤板结和盐分上升。污水灌溉区必须配备清水水源，可根据需要实施清、污轮灌或清、污混灌。一般生食蔬菜、瓜果不宜用污水灌溉。

二、污泥

污泥主要是指城市污水处理厂在污水处理过程中产生的沉淀物。从污水处理厂排放的污泥由于含水量大、体积庞大且易腐败发臭，不利于运输和处置，所以首先要对其进行脱水。脱水后的污泥还要进行稳定处理，目的是降解污泥中的有机物，进一步减少污泥含水量，杀灭污泥中的病菌和病原体，消除臭味，使污泥中的成分处于相对稳定状态。目前常见的污泥无害化技术主要有堆肥处理、厌氧消化、辐射处理等，处理后的污泥符合国家标准（见表 13-13）时才可进行土地利用。

表 13-13　农用污泥中污染物控制标准值

（单位：mg/kg，干污泥）

项　目	最高容许含量	
	在 pH<6.5 的酸性土壤上	在 pH≥6.5 的中性或微碱性土壤上
总镉	5	20
总汞	5	15
总铅	300	1000
总铬	600	1000
总砷	75	75
水溶性硼	150	150
矿物油	3000	3000
苯并芘	3	3
总铜	250	500
总锌	500	1000
总镍	100	200

污泥的土地利用是把污泥应用于林地、草地、市政绿化、育苗、大田作物、果树、蔬菜，并且可使严重扰动的土地迅速恢复植被，促进土壤熟化。它一般用作基肥，每亩地不超过 2000 kg（以干污泥计）。在蔬菜和当年放牧的草地上不宜施用。

三、垃圾肥

可作为肥料的垃圾主要是指城乡含有有机物的生活垃圾。随着人们的生活条件、习惯以及季节和来源的不同，垃圾的成分变化很大，其有益的物质主要包括瓜果蔬菜、纸张木屑、枯枝落叶、骨屑、茶叶渣及尘土煤灰等。

　　城乡垃圾除含有有机物外，多数与碎陶瓷、砖瓦、玻璃、塑料、工业废电池等无机垃圾和油漆、颜料、杀虫剂、化工原料等物质混合，这些物质多含有重金属或多元酚等有机污染物，有些垃圾还含有病菌、病毒、寄生虫卵等病原体，因此垃圾必须经过无害化处理后方可施用。垃圾堆肥可使垃圾中的有机物通过微生物活动而矿质化和腐殖化，使原料达到无害化、稳定化和减量化。处理后的城乡垃圾农用时应符合农用控制标准（见表13—14）。

表13—14　城乡垃圾农用控制标准

项　目	标准限值	项　目	标准限值
杂物（%）	<3	砷（mg/kg）	<30
粒度（mm）	<12	碳（%）	>10
蛔虫卵死亡率（%）	95～100	氮（%）	>0.5
大肠菌值	0.01～0.1	五氧化二磷（%）	>0.3
镉（mg/kg）	<3	氧化钾（%）	>1.0
汞（mg/kg）	<5	pH	6.5～8.5
铅（mg/kg）	<100	水分（%）	25～35
铬（mg/kg）	<300		

　　无害化处理后的垃圾可直接作肥料施用，或压制成颗粒、片状肥料施用，一般用作蔬菜地或大田作物的基肥。每亩用量5～10 t，肥效与牲畜粪尿堆肥相似。垃圾堆肥一定要与化肥互相配合，一般以垃圾堆肥作基肥，而后因作物长势配合施用速效化肥，则增产效果显著。

四、粉煤灰

　　粉煤灰是火电工业特有的固体废弃物，年排放量极大。每燃烧1 t煤产生粉煤灰250～300 kg。我国在粉煤灰农用方面已取得不少研究成果，部分已应用于生产，主要有以下方面：

　　（1）做平整土地的填充料。对一些低洼地、废坑、深沟等废弃地，用粉煤灰铺填作底，再覆土造田，以恢复土地的农用价值。

　　（2）做土壤改良剂。粉煤灰呈碱性或强碱性，并含钙、镁等元素（见表13—15），可作酸性土壤改良剂。粉煤灰颗粒组成中含蜂窝状结构，其中大于0.01 mm的物理性砂粒占85%，物理性状类似于沙壤土，施用于黏质土可改善耕性和通透性。粉煤灰用量较大，每亩累计施用量通常要达到20～30 t，同时要配施多量有机肥。粉煤灰中含有一定数量的重金属，过量施用可能会使土壤积累过多重金属而受到污染。另外，粉煤灰含硼较高，农用时注意硼毒害。因此，要对农用粉煤灰中污染物含量按"农用粉煤灰有害物质控制标准"加以限制（见表13—16）。

表 13-15　粉煤灰的化学组成

（单位：%）

成分	SiO$_2$	Al$_2$O$_3$	Fe$_2$O$_3$	CaO	MgO	SO$_3$	Na$_2$O+K$_2$O	烧失量
范围	40~60	20~40	6~16	2~10	1~4	0.5~2	2~6	0.34~68.2
平均值	48	26	10	4	2	1	4.5	11.58

表 13-16　农用粉煤灰中污染物国家控制标准

（单位：mg/kg）

重金属元素	镉	铬	砷	铅	镍	铜	钼	硒	硼
酸性土	5	250	75	250	200	250	10	15	5~50
中性或碱性土	10	500	75	500	300	500	10	15	5~50

注：掺灰按 30 t/亩计。

（3）制成硅钙肥等。施用这些肥料能为农作物提供钙、镁、钾及多种微量元素，使营养均衡，减少缺素症。在一定条件下可增强作物抗逆性，提高对氮、磷肥的利用率，促进高产稳产。但它不能代替有机肥和化肥的正常施用。

（4）作为冬小麦、油菜等越冬作物或水稻秧田的盖种肥，改善作物苗期的土壤环境，有利于壮苗。

第十四章　现代农业生产经营

第一节　概　述

一、现代农业生产经营的概念与特点

（一）农业生产经营的概念

农业经营方式是指农业生产要素的利用方式，是农业生产方式和技术路线的统一体，它包括农业生产资料的利用方式、农业生产的组织方式以及农业产品的分配、流通方式等内容。农业生产资料，是指土地、农具、种子、肥料、农药、农膜、水、电等用于农业生产的物质资料；农业生产的组织，是指劳动力的召集方式、分配方式以及生产者对生产过程的控制方式；农业产品的分配、流通方式，是指生产出的农产品的分配方式以及在生产者与消费者之间进行交换的方式。

现代农业经营方式是指利用科学管理知识整合现有的农业生产要素，使之发挥最大的经济、社会、生态效益的生产力要素配置方式。我国现代农业经营方式，正处于一个从粗放、低效、封闭的自给自足式传统农业向规模化、集约化、高效持续发展的开放式商品化生产的转变时期，高度商品化和社会化贯穿于农业生产过程的始终，农业已成为生产力高度发达的现代化产业，是一个融合经济、社会、技术、生态于一体的规模宏大、结构复杂的系统工程。

（二）农业生产经营的特点

（1）农业自然再生产过程和经济再生产过程紧密交织在一起，这是农业生产经营的根本特点。

（2）农业生产经营由市场导向。

（3）土地是农业生产经营最基本的不可替代的生产资料。

（4）农业生产经营对自然环境条件有着特殊的依赖性。

（5）农业生产经营的生产时间与劳动时间不一致。

（6）农业生产经营还受社会、历史等因素的影响。

（7）农业生产经营具有系统性特点。

二、我国农业生产经营的主要形式

长期以来，农业都是以土地为基本生产资料和以农户为基本生产单元的一种小生产模式。新中国成立后，我国先后经历了农户个人经营、合作社经营、人民公社经营以及家庭联产承包责任制、统分结合的双层经营体制等阶段，这些在特定的时代背景下产生的经营体制，随着市场经济的发展，弊端逐渐显现出来。目前，面对公司经营产权明晰化、分工专业化、投资市场化、福利社会化等诸多挑战，迫切要求进行现代农业经营制度的创新，有效地配置土地、劳动力、技术、资金等生产要素，以提高农产品的商品率与土地经营规模报酬，实现农业现代化。

近年来，我国各地经不断探索和总结，涌现出许多成功模式，对促进现代农业经营方式的发展起到了积极的作用。

（一）农户家庭经营型

这是现代农业企业经营的初级形态。它是针对传统家庭小生产经营、农户承包小生产经营等形态，按照现代公司制的模式及其运行机制进行部分改造而形成的。通过引入现代企业管理机制，向传统家庭经济组织功能注入现代企业管理制度的新要素，使之蜕变为具有现代农业企业经营的经济功能体。其对外以家庭为企业团队，产权明晰，具有独立的法人资格、经营场所、财产账户，具有独立的经济、民事权利和能力，能自主在市场竞争条件下从事农业生产、投资、交换、分配、消费等行为，并独立承担市场风险、经济责任与民事责任。

（二）联合－协作经营型

这是现代农业企业经营由初级形态向中级形态转变的一种过渡形态。它以明晰的产权为前提，包括农民土地持有产权、法人财产权、知识产权、金融资本产权及其他要素产权，并按照一定规则进行的合约联合。目前有以下两种形式：

（1）公司＋农户型。以农产品为原料的公司（企业）与农民或农户签订合同，公司（企业）向农户（农民）提供一定的生产资料或生产技术，并按合同价格收购产品；农户（农民）按照合同规定的技术要求提供给公司（企业）合格的农产品，使双方结成由契约约束的利益同盟，各自获得相应的收益，并分担经营与交易风险，节省经营与交易成本。

（2）中介组织＋农户型。中介组织运用其持有的信息、资金、技术、销售网络等资源，依契约为农户（农民）提供技术、信息、销售定向服务，双方按照约定价格从中获得分成收益，分担经营风险。

（三）股份合作经营型

股份合作经营型是指在投资方式上采取股份制，即由若干不同的投资者以入股的方式共同投资。在股份构成上，以农户入股为主，并兼而吸收其他股份，如法人股、国家股等股份，企业分配方式上实行按股分配。

这是现代农业经营的中级形态，其在农村的创设与运用具有广泛的适用性。其优点在于：一是强化了农户的股东地位；二是引入了激励约束机制；三是有助于催生一批农民企业家，并为高智力资本人才的引入提供了制度规则通道、内部机制平台以及外部经济环境；四是打破传统经营制度的暂闭性，有利于外来资本的进入和股权的交易，从而为农村生产要素的合理流动与优化组合提供了制度保障，便于农业规模化、产业化发展。

（四）现代股份公司经营型

现代股份公司作为现代企业组织，是商品经济发展过程中在家庭经营制、庄园主经营制、合伙经营制、农场经营制、合作经营制基础上逐步发展起来的高级经营形态。这种企业经营形态消除了农民直接参与市场竞争所遇到的制度壁垒、信息不对称、资本短缺、技术素质不高、抵御自然风险与市场风险能力弱等缺点，实现了由传统农业小生产者到现代农业大生产或产业化与现代化的"理性经济人"的角色转变，使农民真正成为现代社会的主人。

三、现代农业经营模式的国际发展趋势

目前，大多数经济发达国家的现代农业发展已经较为成熟，发展中国家也在逐渐将传统农业改造为现代农业，早期的现代农业技术的应用刺激了农业的迅猛发展，但导致了生态环境的破坏。所以，真正意义的现代农业要兼顾生态环境的保护与改善，对此，学者们各有侧重地认为现代农业发展方向是"生态农业""持续农业"等。也就是说，现代农业已经被赋予了新的含义，即现代农业是依靠现代物质条件装备农业，应用现代科学技术改造农业，建立现代产业体系提升农业，采取现代经营形式推进农业，树立现代发展理念引领农业，通过培养新型农民发展农业，最终达到提高资源利用率、劳动生产率和改善生态环境，提升农业综合生产能力，实现农业现代化的目标。国际上较为认同的现代农业指标为：科技对农业的贡献率在80%以上，农产品商品率在95%以上，农业投入占当年农业总产值的比重在40%以上，农业劳动力占全国劳动力总数的比重低于20%。

（一）国外现代农业发展模式

1. 农牧业结合型现代农业模式

以农养牧、以牧促农的农牧结合经营模式已成为一些经济较发达国家的农业的主要发展形势。例如，以色列在农牧结合经营方面就取得了显著成效，该国人口不多，耕地较少，土地干旱，水资源缺乏，通过加强农业研究，将发展畜牧业作为重点，以牧养农，应用廉价的饲料进行蛋白生产，尽量减少饲料粮的进口，通过十多年的努力，农业生产获得了迅速发展，农业总产值的年增长率始终保持在15%以上。菲律宾和东南亚地区在农牧结合生态农业方面也发展较快，菲律宾于1982年成立了一个地区性的协作研究机构——东南亚大学农业生态系统研究网，重点研究提高生态农场的生产率、稳定性、持久性和均衡性的农业模式，通过不断探索，已在近几年按生产结构的不同，发展了畜牧业与种植业结合型、旱地农牧渔结合型、旱地农牧结合型等多种成功的农牧结合模式。

2. 农业规模化、专业化经营模式

国外一些现代农业较为发达的国家依据其土地、劳动力和工业化水平，发展规模化、专业化现代农业模式也较为成熟。

（1）规模化、机械化、高技术密集型模式。土地资源丰富而劳动力缺乏的国家一般采用规模化、机械化、高技术密集型现代农业模式。发展技术密集型现代农业较成功的国家有美国和巴西等。美国以大量使用农业机械来提高农业生产率和农产品总产量，其农业机械化程度居世界第一，所以美国成为全球最大的农产品出口国。巴西人少地多，但是长期以来农业实行粗放经营，农作物广种薄收。近年来，巴西政府重视农业新技术的推广，出台了鼓励积极采用高技术密集型发展现代农业的政策，使农业潜力逐渐显现，表现出发展人少地多配合的技术密集型现代农业模式较为成功。

（2）资源节约和资本技术密集型模式。劳动力充裕而耕地短缺的国家，适合发展资源节约、资本技术密集与高附加值作物的现代农业。采用该模式发展现代农业较成功的国家有日本、荷兰、以色列等。荷兰以提高土地单位面积产量和种植高附加值农产品为主要发展方向，其节水农业发展为世界第一，水肥利用率达 80%～90%，平均每立方米水可产 2～3 kg 粮食，不仅改变了粮食、蔬菜、水果长期依靠进口的状况，而且其产品还大量出口。此外，荷兰的农业发展追求精耕细作，着力发展高附加值的温室作物蔬菜和园艺作物，因此改变了 60 年前为温饱问题发愁的困境，并成为全球第三大农产品出口国，其蔬菜、花卉的出口居世界第一。日本农业采用合作化的土地节约模式，由农业协同组织联合分散农户形成劳动集约经营。该类人多地少配合的现代农业模式在农业经济发展中起着非常重要的作用。

（3）生产集约、机械技术复合与制度变迁型模式。在土地和劳动力适中的国家，现代农业发展的成功经验是采用生产集约、机械技术复合、制度变迁型模式，如法国就是典型代表。法国发展现代农业以进行农业制度变革为主要特色，典型的制度有"一加一减"制度。"一加"指的是为防止土地分散，国家规定农场主的土地只允许让一个子女继承；"一减"指的是分流农民，规定年龄在 55 岁以上的农民必须退休，由国家一次性发放"离农终身补贴"。同时，法国政府还推行农场经营规模化、生产方式机械化，并且引导农业发展专业化和一体化，根据自然条件、传统习俗和技术水平，对农业进行统一规划、合理布局，形成了区域专业化、农场专业化和作业专业化。到 20 世纪 70 年代，法国半数以上农场实行专业化经营，提高了农业效益，农民人均收入达到城市中等工资水平。目前，法国现代化农业居世界领先地位，其农业产量、产值均居欧洲之首，是世界上仅次于美国的第二大农产品出口国和第一大农产品加工品出口国。

3. 促进合作社和中介组织的产业化经营政策

现代农业发展较快的国家均重视农业产业化与农业中介组织的作用。巴西于 1969 年成立了全国农业合作总社，1988 年通过宪法明确了合作社的法律地位，并给予了资金支持以及培育中介组织，各州设有农业生产者协会，隶属于巴西"全国农业联合会"，其主要职能是收集农业生产者对农产品贸易的意见，供政府有关部门参考，在农产品贸易出现问题时，向政府提出应对措施建议，并向农户传达政府的最新政策。因此，20 世纪 90 年代初，巴西已发展了 4000 多个合作社，分别为供销合作社、渔业合作社和农村电气化合作社等。供销合作社为农民供应生产资料，提供农产品的分级分等、包装、仓储、运输、销售和出口等服务，同时提供生产技术、市场信息、经营管理咨询、技术培训等服务。

4. 区域化、规模化、专业化产业政策

区域化布局是现代农业发展的内在规律，其根据农作物以及农产品对生态气候条件的选择，充分合理地利用自然资源，取得了最好的经济效益。

每一个国家或地区都有自己独特的农业资源，荷兰农业快速发展的一个重要原因就是按照比较优势原则进行农业资源配置和结构组合。20世纪50年代以来，荷兰大幅度地削减了自己缺乏优势的土地密集型农业（如谷物类大田作物），从而降低了谷物的自给率。同时，大力发展条件较好的畜牧和园艺产业，畜牧业结构份额超过了55%，园艺业结构份额为35%，大田作物所占份额只有10%，而谷物所占份额不到1%。此外，荷兰大多数农业企业都采用规模化、专业化的生产方式，如奶牛和肉牛、肉猪和母猪、蛋鸡和肉鸡都由不同的农场饲养。农业合作社还依据服务对象和内容的不同从事单一项目的生产服务，以便于产品的质量改进、科研开发、深度加工和市场营销。而美国农业规模化经营、专业化程度很高，形成了著名的玉米带、小麦带、棉花带等农作物生产带。这种分工充分地发挥了区域优势与产业优势，且有利于降低成本，提高生产率。同时，区域分工和专业化生产也有力地推动了相关产业的发展。

（二）我国现代农业模式发展方向

顺应国际现代农业发展趋势，我国政府在解决"三农"问题方面，将发展现代农业作为新农村建设的首要任务；将发展资源节约型、生态保护型农业作为现代农业的主要形式；将农业增产、农民增收作为现代农业的发展目标。通过不断地进行探索与实践，现代农业产业体系得以建立并逐渐完善。我国现代农业的主要发展目标与主攻方向应为农业布局的区域化、农业生产的规模化与专业化、农业产业系统一体化、农业资源利用生态化。

1. 农业区域实现合理布局

我国幅员辽阔，各地自然资源和经济条件差异较大。所以在发展现代农业时，需要依据不同地区的资源与区位特征来合理布局农业产业，形成地区特色与优势产业带。如在"七五"期间，我国把北方旱地农业区域治理与综合发展列入重点科技攻关计划，通过理论研究与实践应用，农业结构调整取得了成功。农牧交错带的部分地区在保证粮食安全的前提下，退耕还林还草改善了生态环境，发展以草地建设为中心的农牧结合型生态农业取得了明显的生态、经济和社会效益，并形成了较为成熟的"宁南地区节水型农牧结合模式""冀西北高寒地区农牧结合模式""阜新风沙半干旱区农牧结合发展模式"等农牧结合模式。借鉴这些模式在各个不同地区合理布局农业产业，发展特色与优势产业模式是现代农业的主要发展方向。

2. 农业专业生产达到规模效应

农业产业实现专业化与机械化的前提条件是农业专业生产达到一定规模。在我国实行家庭联产承包责任制后，农户成为主要农业经营主体，农业生产分散到小单位农户家庭，由于地块细碎，使得种植业与养殖业均达不到规模经营，这势必影响农牧业发展的专业化与机械化，且使农牧业难以实现规模经营。因此，通过土地流转、专业种植和养殖大户承包等方式，使土地形成规模，以实现农业生产专业化、机械化，达到提升农业综合生产能力的目的。

3. 农业产业形成节约资源的生态型系统一体化

农业产业理想的一体化发展模式为资源节约型、生态保护型的生态经济产业系统一体化经营。该模式的具体形式为农牧业产业"纵横结合一体化"，该一体化是农牧业横向与纵向一体化的有机联结。农牧业产业"横向一体化"是种植业、养殖业与加工业的平面联结；农牧业产业"纵向一体化"是种养业生产、加工业、储藏业、销售等产业的垂直联结；而农牧业产业"纵横结合一体化"涉及的主体则有生产者农户、加工企业、专业市场和农民专业合作社，即形成了各个主体联结的"合作社＋农户＋公司＋专业市场"的生态型农牧业系统一体化模式。

"纵横结合一体化"模式有利于提高农牧业综合生产能力。所以，应建立以资源优势为依托，"种、养、加"平面结合和"产、供、销"垂直结合的生态经济系统，形成"农、工、商"一体化的产业联合，以达到资源节约与循环利用、生态环境得以保护与改善、农民收入水平得到提高、农村经济得以持续发展的目标。

第二节　现代农业生产经营模式

一、农业生产经营主要模式

1. 以美国为代表的产业化经营模式

由于土地资源丰富，流转顺畅，美国农业发展的主要矛盾是劳动力供应不足。同时因为拥有发达的工业和强大的经济实力，农业发展可以通过工业发展的支持，大力发展农业机械化而提高农业劳动生产率水平，在劳动生产率提高的基础上再将发展重点转向生物技术的提高。因此，美国主要采用以提高劳动生产率为主、土地生产率为辅的产业化经营模式，即规模经营农场制一体化模式。

美国农业产业化生产经营模式的主要组织形式是规模较大的私人家庭农场，以及在家庭农场的基础上所形成的合作农场、公司制农场、合同制农场和农业综合体等组织体系。私人家庭农场的经营主要依靠农场主和家庭成员的劳动和管理，只在农忙时雇佣数量极少的临时工。家庭农场的土地可以是农场主私人拥有的土地，也可以通过租赁方式获得其经营权。虽然是家庭为主的农场，但他们的经营并非为了满足自身的需要，而主要是以营利为目的，所生产产品的商品化程度很高。目前这种农场占美国农场总数的比重在85%以上，是美国最主要的农业经营主体。当家庭农场规模扩大到一定程度后，为了继续扩大其在生产的追加投资和便于更科学的管理，可能采取所有权与经营权分离的公司制组织模式，当然也有一些工业集团投资于农业，设立公司制的农业经营企业。公司制农场在美国农场中只占总农场数的2%左右，并且仅限于易于农工商一体化的家禽、果蔬类行业。因此，在美国，家庭经营仍然是农业最主要的生产经营形式。

美国是典型的人少地多的国家，由于实行土地私有制，农场主可以自由进行土地流转，加之工业发达，因此美国主要采用了大规模单品种的规模化生产方式。但美国这种依靠能源高投入的规模生产也存在着许多问题，一方面，高投入造成了生产成本的不断攀升，为了保持本国农业在国际市场上的竞争力，政府必然持续提高农业补贴，这给国民税收带来了沉重的压力；另一方面，高能源投入使得美国的农业污染和农业生态问题日渐突出，大面积的连年单种和化肥、农药的大量施用给自然资源也造成了极大的伤害。

2. 以日本为代表的集约化经营模式

由于人多地少、劳动力资源丰富，日本的农业产业化的重点从一开始就跟美国有很大的差异。日本格外注重土地产出水平的提高，通过培育良种、兴修水利、提高栽培技术、增施化肥等生物技术手段大幅提高土地产出率，节约土地资源，以生物技术为基础发展机械技术。虽然日本和美国的机械化水平都很高，但机械化的方向是完全不同的，日本采用的是精耕细作的集约化模式。从组织形式来看，由于平均经营规模很小，日本主要采用以小规模家庭占有、合作化经营、社会化服务的农业经营体制。虽然由于土地租借制度的发展，日本农业的法人经营体也有了一定的发展，2000年法人经营体数量达到5587个，但只拥有2.2%的耕地，占种植业农户总数的5%，并且主要是在畜牧业上发展较快。因此总的来说，日本农业仍然是以兼业的小农户为主。

日本的资源条件与美国有很大区别，是典型的人多地少的国家，因此其产业化的重点放在了通过生物技术提高土地生产率上，采用精耕细作的集约化模式。由于经营规模很小，经营方式主要以小规模家庭兼业生产为主，通过合作社的协作经营与社会化服务支持，以及政府的大力保护维持农业发展。但小规模生产越来越呈现出明显的弊端，政府的大量补贴不仅加重了国民税收的负担，同时也使日本的农产品价格大大高于国际市场，使日本的农业生产在国际上越来越缺乏竞争力。

3. 以法国为代表的专业化经营模式

由于人地矛盾并不像美国、日本那么突出，法国在农业现代化的发展道路上选择土地生产率和劳动生产率的同步提高，生物技术和机械技术的共同发展。从经营形式上来看，法国主要采用家庭农场和合作社的双层结构。农户对家庭农场拥有完全的私有权和独立经营权，是自负盈亏的经济主体，但同时农民根据自己的需要，加入一个或多个不同形式的专业合作社；合作社也是一个独立经营的经济体，农场与合作社之间，在法律和经济上都是平等关系。这种既相互独立又相互结合的双层结构，进一步稳定和巩固了法国私有制家庭农场。

上述的三类农业产业化经营模式并不具有优劣的比较性，这都是各个国家根据自身具备的资源条件和社会经济条件所做出的选择。人少地多的国家选择规模化生产能够更加充分地利用本国的土地资源；人多地少的国家尽可能提高单位土地的产出率，通过节约土地的技术提高劳动力资源的利用水平；而在土地和劳动力资源都不突出的国家，通过专业化的生产同样能够发挥出本国的农业制度优势。

经过十多年的发展，我国农业产业化发展已经摸索出了"农户＋市场""公司＋农户""公司＋合作社＋农户""公司＋基地＋农户""公司＋中介组织＋农户""公司＋公司"等各种产业化生产经营模式。

二、土地流转与农业适度规模经营

(一) 土地流转

土地流转具有以下五大模式：

(1) 互换土地是农村集体经济组织内部的农户为方便耕种和各自的需要，对各自的土地承包经营权进行的简单交换，是促进农村规模化、产业化、集约化经营的必由之路。30 年前，中国农村实行土地联产承包责任制，农民分到了土地，但由于土地肥瘦不一，大块的土地被分割成条条块块，划分土地时留下的种种弊病，严重制约着生产力的发展和产量的提高。让土地集中连片，实现规模化、集约化经营，使互换这种最为原始的交易方式进入了农民视野。

(2) 在市场利益驱动和政府引导下，农民将其土地承包经营权出租给大户、业主或企业法人等承租方，出租的期限和租金的支付方式由双方自行约定，承租方获得一定期限的土地经营权，出租方按年度以实物或货币的形式获得土地经营权的租金。其中，有大户承租型、公司租赁型、反租倒包型等。

(3) 入股，又称"股田制"或股份合作经营，是指在坚持承包户自愿的基础上，将土地承包经营权作价入股，建立股份公司。在土地入股过程中，实行农村土地经营的双向选择（农民将土地入股给公司后，既可继续参与土地经营，也可不参与土地经营），农民凭借土地承包经营权可拥有公司股份，并可按股分红。该形式的最大优点在于产权清晰、利益直接，以价值形态形式把农户的土地承包经营权长期确定下来，农民既是公司经营的参与者，也是利益的所有者，这是当前农村土地流转机制的新突破。

(4) 宅基地换住房，承包地换社保。以重庆为例，被国家批准为统筹城乡综合配套改革试验区后，在土地改革领域率先进行大胆探索，创造了土地流转的九龙坡模式，即宅基地换住房、承包地换社保。也就是说，农民放弃农村宅基地，宅基地被置换为城市发展用地，农民在城里获得一套住房；农民放弃农村土地承包经营权，享受城市社保，建立城乡统一的公共服务体制。

(5) "股份＋合作"模式是农户以土地承包经营权为股份共同组建合作社。村里按照"群众自愿、土地入股、集约经营、收益分红、利益保障"的原则，引导农户以土地承包经营权入股。合作社按照民主原则对土地进行统一管理，不再由农民分散经营；合作社挂靠龙头企业进行生产经营；合作社实行按土地保底和按效益分红的方式，年度分配时，首先支付社员的土地保底收益，留足公积公益金、风险金，然后再按股进行二次分红。

(二) 农业适度规模经营

所谓农业的适度规模经营，是指将土地适度向农业企业或种养大户集中，通过专业大户带动、技术服务引领、销售企业合作、农民自发联合等多种形式，把小而分散的土地聚集起来，统一布局、统一种养和统一管理，降低生产成本，相应地提高收益，由此显现出规模效应的农业经营模式。这种经营模式的重点是土地的面积规模，土地适度规模经营所要求的土地面积并非是固定的，它因地、因时而变化。土地适度规模经营是我国沿海发达地区随着农业劳动力转移而出现的一种新现象，与土地的家庭承包经营并不矛盾。把农户联合起来，把土地合并起来，实行规模化作业，是发展农业、增加农民收入的重要途径。

1. 农业适度规模经营的好处

实行适度规模经营，有利于集中采用先进的农业技术和设备，促进农业增产和产品品质的改进。规模化经营可降低分摊到单位农产品中的成本费用，从而使有限的资本收益最大化。规模化经营有利于农业生产实现企业化管理，走规范化、标准化、商品化发展道路，降低生产流通费用，获得较高利润。规模化经营可以增强经营者对市场风险的抵御能力。规模化经营也为经济发展后工商企业反哺农业创造了条件和机会，更好更快地发展优势产业和特色产业，形成"一乡一业""一村一品"的产业模式，为农业生产注入生机与活力。

2. 农业适度规模经营的条件

适度规模经营并非意味着规模越大就越好，也不是任何规模的扩大都会得到规模效益，这一点在农业中尤其重要。因为农业规模的扩大要受土地面积的制约，农业企业在扩大土地面积上有很多的障碍，即便是土地面积扩大了，也可能会导致现有的技术和管理水平跟不上，或者因投入到土地中的资本过高而超过一定限度，投入产出比反而会从递增逆转为递减，出现规模不经济现象。因此，农业适度规模经营非常注重规模的适度，农业的经营规模要与农业的商品化、市场化程度相匹配，要与企业的技术、管理水平相适应，要与农产品市场容量相适应；农业适度规模经营要有相应的土地流转机制作保证；农业适度规模经营的发展，要以剩余农业劳动力的有效转移为必要条件。

3. 扩大农户经营规模的途径

承包农户经营规模的逐步扩大，是农业生产力发展的客观需要，但在社会主义条件下，既不能剥夺，搞两极分化，也不能采取行政手段强行合并，必须借助市场机制，利用经济手段，通过以下途径逐步扩大：①土地逐步向种田能手、种养大户集中。但这必须是在自觉自愿的前提下，实行有偿转让。通过农业集约化扩大经营规模，在人多地少、农业劳动力转移困难的中国，单靠耕地的集中是缓慢、有限的，必须借助集约化的方式，加大单位土地面积的资金投入，才能有效地带动经营规模的扩大。②通过农业生产专业化使经营规模扩大。在其他条件相等的情况下，调整农户的产业结构，减少经营项目，把资金集中投放到某一项目或某一产业，实行专业化生产，也会带动经营规模的扩大。③通过合作经济组织，使承包户能够分享合作经济组织较大规模的经济效益，引导农民自愿加入。鼓励农民开展生产联合，如合作办场（厂）、合伙办农场，或以土地入股的方式开办股份制农场，从而逐步实现较大规模的经营。

三、农业产业化经营管理

（一）农业产业化经营管理及其内涵

管理活动随着人类的产生而产生，管理思想随着时代的变迁而不断发展。经营与管理是不可分割的两个术语，Coase R 认为："经营意味着预测和通过签订契约，利用价格机制进行操作；管理则意味着仅仅对价格变化做出反应，并在其控制下重新安排生产要素。"

农业产业化的经营管理是指对产业化经济实体的生产经营活动进行计划、组织、指挥、协调与控制，面对市场和用户，充分利用本地资源，确定主导产业，加强基地建设，生产适销对路的产品，最大限度地满足顾客需要，取得良好的经济效益。

农业产业化经营的实质就是用管理现代工业的办法来组织现代农业的生产和经营。它是以国内外市场为导向，以提高经济效益为中心，以科技进步为支撑，围绕支柱产业和主导产品，优化组合各种生产要素，对农业和农村经济实行区域化布局、专业化生产、一体化经营、社会化服务、企业化管理，形成以市场牵龙头、龙头带基地、基地连农户，集种养加、产供销、内外贸、农科教为一体的经济管理体制和运行机制。

（二）农业产业化经营管理的功能意义

农业产业化经营管理的功能主要是以市场为导向，预测市场变化，适应市场变化，提高产品的市场占有率。农业产业化的首要前提是以市场为导向。了解市场动态是经营活动的前提，诸如供求变化、价格变动、购买力提高、技术进步、季节变化带来的销售变化，使产品生产以市场变化为依据。

农业产业化经营管理主要分两大部分：一部分是企业与农户的经营活动，应坚持尊重企业与农户经营自主权、自愿合作、利益驱动、共同发展的原则，结成利益共同体，重点是培育并完善各环节之间的利益联结方；另一部分就是与市场打交道的各种活动，如筹集资金、供销、社会化服务等。只有这两方面结合才能达到经营目标。

农业产业化联合体的触角要深入市场，这有利于发现和利用各种市场机会，利用市场营销组合战略，提高产品市场占有率。对合同形式联结的松散型一体化经营，要健全物质供应、技术服务、产品收购等各方面的合同管理；对采取资产联结方式联结的紧密型一体化经营，要合理确定股权结构、出资办法、分工办法，保证农户获得合理收入。同时，要健全风险基金的采集、使用和管理，完善为农业生产提供系统化服务，提高管理水平，加强科技推广应用等。

农业产业化经营是实现农民增收的主要渠道。发展农业产业化经营，可以促进农业和农村经济结构战略性调整向广度和深度发展，有效拉长农业产业链条，增加农业附加值，使农业的整体效益得到显著提高；农业产业化经营是农业和农村经济结构战略性调整的重要带动力量，同时也是提高农业竞争力的重要举措。

第三节　家庭农场与新型职业农民

一、家庭农场

（一）家庭农场概念的提出

近几年，家庭农场经营快速发展，显示出旺盛的生命力，成为中国农村经济发展的一大亮点。2013 年中央一号文件指出，鼓励和支持承包土地向专业大户、家庭农场、农民合作社流转，"家庭农场"的概念是首次在中央一号文件中出现。透过中央一号文件对"家庭农场"的鼓励和支持态度，我们看到了一条农业农村改革的新路径，一条充满着阳光和希望的新路径。以北京周末农场的家庭农场为例，其规模大多在 20～200 亩之间，其生产的农产品有以其名字命名的生产者自有品牌，并且建立了完整的食品安全追溯体系。21 世纪初以来，上海松江、湖北武汉、吉林延边、浙江宁波、安徽郎溪等地积极培育家庭农场，在促进现代农业发展方面发挥了积极作用。据统计，农业部确定的 33 个农村土地流转规范化管理和服务试点地区，已有家庭农场 6670 多个。

（二）家庭农场的主要特征

家庭农场是指以家庭成员为主要劳动力，从事农业规模化、集约化、商品化生产经营，并以农业收入为家庭主要收入来源的新型农业经营主体。家庭农场经营是与市场经济发展要求相适应的农业经营模式，它既不同于集体统一经营，也不同于一般的种植大户、养殖大户的单家独户经营，其特点主要有：

一是经营主体多元化。当前进行家庭农场经营的主要有四种人，即务工经商致富的能人、机关企业事业单位职工、有一技之长的科技人员、农村种田致富能人。这些有先进管理理念的致富能人加盟农场经营，给新形势下农业及农村经济持续健康发展注入了新的活力。经营主体的多元化直接导致投资的多元化，从而有效地拓宽了农业投入渠道。

二是生产专业化。家庭农场经济以提高农产品商品率为目的，着力做好"专"的文章，依靠农产品质量和特色抢占市场，提高了产品的市场竞争力，突破了传统农户的自给性、兼营性特征。

三是运作模式多样化。实行农场经营的单位或个人，在具体的经营方式上各有不同，主要有租赁经营、承包经营、股份合作制经营、转让经营等。就目前情况来说，家庭农场的经营模式基本形成了家庭独资、合伙制、股份合作及有限责任公司等企业制度共同发展的格局。

四是经营方式集约化。农场经营以家庭承包经营为基础，突破家庭经营的局限，实现了土地、技术、资金等生产要素的集约经营。农场经营者十分注重科技投入，聘请科技人才，更新技术装备，积极引进新品种、新技术、新模式，大力发展高效农业。生产要素的集约经营，使农场的经济效益大大提高。

五是经营管理企业化。大部分家庭农场将经济引入农业，以最大限度提高经济效益，大多数家庭农场采用企业管理方法组织生产经营。特别是近几年出现的有限责任公司和股份合作制农庄，采用现代企业制度和科学的管理方法组织生产经营，把农业家庭经营提高到了一个新的水平，代表了家庭农场经营的发展方向。

（三）家庭农场经营发展措施

实行家庭农场经营是当前农村经济发展过程中，适应市场经济发展需要及农业特点、经过实践证明的好方法，但其还存在缺点和不足，应该采取措施支持其健康稳定地发展。针对存在的问题及各地已经获得的经验，可采取如下措施：

（1）破除思想障碍，转变观念。

一定要转变传统的小农经营思维，鼓励农民、城镇人员以及私营工商业者兴办家庭农场，走规模化、现代化农业之路。一定要破除"小富即安"的小农思想，家庭农场代表了我国农户组织未来的发展方向，要在市场经济的客观要求下通过土地的流动使土地资源、人力资源得到优化配置。

（2）制定扶持政策。

从目前情况看，家庭农场经营有利于农村生产力发展，各地要从实际出发，创造性地制定有利于家庭农场经营发展的各项政策，变家庭农场经营的自发发展为政府扶持下的自觉发展。首先，建立健全农村社会保障制度，消除农民离田的疑虑；其次，加大金融支持力度，将农场等同于企业对待，在资金投入上给予政策倾斜，拓宽农场经济的融资渠道；再次，改革户籍制度，消除制度上的城乡差别，推进农村城镇化步伐；最后，政府要依法保护农场经营者的合法权益，鼓励、引导具有一定规模和实力的家庭农场在工商行政部门登记注册，确立法人地位，使其能更有效地实现自我保护，加大对农村基础设施的投资力度，为家庭农场发展建立一个良好的生产发展环境。

（3）健全土地流转机制。

目前在土地流转过程中存在农庄承租面积大、时限长、地租低等现象，应引起足够重视。面积过大、时间过长，将会给农村稳定造成后患，而租金过低将导致集体资产流失，因此应加强管理和引导。第一，要提倡和允许在农民自愿的前提下，进行多种形式的有偿转让。第二，要依法建立土地使用权转让的标准化合约，严格合同管理，维护双方权益。第三，对"四荒"资源使用权的招租要实行招、投标，必要时要经村民大会或村民代表同意，增强透明度，防止暗箱操作，损害集体利益。

（4）建立良好的社会化服务体系，优化发展环境。

要鼓励家庭农场开发资源优势强、科技含量高、经济效益好、市场前景广阔的农业项目，逐步形成家庭农场的产业特色和品牌优势。切实抓好农业科技示范和推广，积极帮助家庭农场与科研机构联合；搞好县、乡、村信息站点建设，及时向本地农场传递科技、种苗、价格、市场供求及有关政策法规信息；优化农庄发展环境，积极推行税费负担卡和挂牌保护制度，坚决杜绝"三乱"；建立治安联防网，严厉打击妨碍农庄经济发展的各种违法行为。

二、新型职业农民

（一）概念

新型职业农民首先是农民，从职业意义上看，所谓农民是指长期居住在农村社区，并以土地等农业生产资料长期从事农业生产的劳动者。农民要符合以下四个条件：①占有（或长期使用）一定数量的生产性耕地；②大部分时间从事农业劳动；③经济收入主要来源于农业生产和农业经营；④长期居住在农村社区。职业农民也必须符合这些条件，以便与非农民区分开来。

与传统农民、兼业农民不同，新型职业农民除了符合农民的一般条件外，还必须具备以下三个条件：①新型职业农民是市场主体。传统农民主要追求维持生计，而新型职业农民则充分地进入市场，并利用一切可能的选择使报酬最大化，一般具有较高的收入。②新型职业农民具有高度的稳定性，把务农作为终身职业，而且后继有人。稳定性是新型农业特点对从业者的基本要求，以区别于对农业的短期行为。③新型职业农民具有高度的社会责任感和现代观念，新型职业农民不仅有文化、懂技术、会经营，还要求其行为对生态、环境、社会和后人承担责任。

（二）新型职业农民的成长需要特定社会环境

就目前而言，为促进新型职业农民的成长，迫切需要提供以下四个方面的社会环境条件：

第一，确立土地流转和稳定的土地使用权制度。应进一步完善土地承包制度，确立土地承包关系长久不变的法律地位，在此基础上通过土地流转，实现适度规模经营，营造职业农民存在和生成的法律环境。

第二，充分的社会尊重。农民社会地位低是农村劳动力离开农业的重要原因，因此给农民充分的社会尊重和应有的社会地位是新型职业农民成长的社会环境。

第三，良好的学习氛围。职业农民应该接受全面的农业教育，需要专门的培训机构针对职业农民的需求，制定培训方案，为职业农民提高自身素质提供有效的培训与教育服务。

第四，城乡一体化要素流动的环境。新型职业农民的来源可以是多元化的，要彻底打破城乡二元结构壁垒，在鼓励农村劳动力进城务工成为新的城市市民的同时，也要鼓励城镇人才到农村经营农业成为新型职业农民，真正实现城乡人才双向流动。

（三）国外经验

1. 依法保障农民职业教育发展

国家通过立法保证农民职业教育发展，而且越发达的国家在农民职业教育方面的立法越早。早在 1862 年，美国就出台了对农村现代化具有历史性影响的《莫雷尔法案》，该法案规定各州至少要建一所"讲授与农业和机械工业相关知识"的学院，这类学院后被称为"农工学院"或"赠地学院"。1917 年，美国制定了《史密斯—休斯教育法》，规定在公立学校中必须开展涉农职业教育，这也标志着美国职业教育制度的形成。20 世纪 50 年代，美国政府又出台了《就业机会法》，强调为农村人口提供有效的教育和训练，并提出必须为低收入农户开办非农业企业提供贷款，向农村失业农民提供迁居费用等资助的法律要求。截至目前，美国由政府发布的有关农民职业教育的法律（法案）已达数十部。

2. 建立农民职业资格准入制度

很多国家通过法律手段，将农业生产经营、农场继承和管理与接受农业教育的程度挂钩，建立起了严格的农业就业制度。欧洲各国普遍实行农民资格考试，政府规定必须完成一定的农业职业教育（一般两年以上），考试合格获得"绿色证书"，才有资格当农民。例如，德国于 1969 年颁布了《职业教育法》，规定受训者必须经过正规的职业教育取得农业师傅证书才能获得农场经营权，之后又颁布了《农业职业教育法》，随后各州政府也制定了地方法规。法国政策规定，农民必须接受职业教育取得合格证书，才能享受国家补贴和优惠贷款，取得经营农业的资格。丹麦规定，要购买 30 hm² 以上的农用地的人员，必须是通过基础教育、技术教育、管理教育三个阶段的学习后才能获得绿色证书者，有绿色证书者可以享受政府给予地价的 10% 的利息补助，并能获得欧洲共同市场有关环境保护的经济补助。

3. 明确农民职业教育公益性定位

很多国家形成了中央政府、地方政府、企业、个人多方筹资的经费体制，学员一般不交或仅交纳很低的费用，而且有的国家还向学员支付一定的报酬。法国政府对农民接受职业教育培训的拨款数相当于对高等农业教育的拨款数，主要用于补贴农民参加培训期间的工资。英国对参加农业职业教育培训的农民，每周发给 25 英镑的补贴。澳大利亚的《国家培训保障法》规定，年收入在 22.6 万澳元以上的雇主，必须用工资预算的 1.5% 对其员工进行培训，未达到要求的雇主须依法向国家培训保障机构缴付其差额。在美国，接受中等职业技术教育的学生是免费的，中学教育后的教育层次中，公立教育机构的学生只需支付全部费用的 1/6 左右，在私立教育机构就学的学生全部自费，经济困难的学生可得到联邦和州政府的部分资助。

另外，很多国家普遍建立了高等教育、中等职业教育、继续教育和农技推广多个层次衔接的农民教育培训体系，满足了农业现代化发展对人才的数量、质量、类型等方面的需求。

（四）新型职业农民条件

（1）职业农民必须有执业证书，起点高。发挥中央农业广播电视学校的主渠道作用，选拔优秀农民进行职业化培训，可以优先选择容易实行企业化运作的产业（如养殖业、蔬菜业）先行试点，稳步推进，逐步实行职业资格准入制度。

（2）职业农民必须有政策保障，效益好。职业农民应该是从事大规模生产的具有专业化分工、专业技能的农业从业人员，由于农业收入水平低、风险大，愿意以农业为职业的人才是非常难得的。因此，国家应出台必要的政策，就职业农民的能力和水平进行等级评定，每年给予农民技术人才一定的补助，引导并鼓励高素质的农民向有技术、懂管理、善经营的新型职业农民方向发展，通过各种优惠政策使职业农民从事农业职业的收入水平赶上或达到各行业平均水平，留住人才。

（3）职业农民必须有安全保障，心底实。我国农民的职业化和专业化程度很低，要逐步形成职业培训"市场化"的良性运作机制，使职业培训既适应产业部门的需要，又满足农民个人要求，使职业培训与就业有机地结合起来，突出农民培训的职业性和专业性。在培训对象上也要从单纯对农民向农村干部，农业专业科技人员，科技示范户，农产品加工、流通、生产经营等龙头企业的领导、技术人员和服务人员延伸。给这些愿意从事农业产业的优秀人才更高的社会保障、医疗保障、农业保险保障、养老保障，让大家感受到农业不再是弱势产业。

（4）职业农民必须有法律保障，社会稳。只有把培训新型职业农民与《土地流转法》《土地继承法》《土地承包法》《土地法》等各种相关法律法规有机结合，才能保证新型职业农民培训的长期性和可持续性，才能让经过培训的新型农民长期从事农业职业，才能保证粮食安全、菜篮子安全、米袋子安全。

（5）职业农民必须有组织保障，群体强。建立专业服务组织，摆脱弱势群体的尴尬境地，让高素质的人才愿意从事农业这一职业。就像工人中的工会，职业农民也可以考虑成立自己的农会，提出自己的代言人，将来可以在农产品定价、职业农民工资、福利待遇方面取得发言权，保护好自己的利益。

第十五章　主要作物生产技术要点

第一节　水　稻

一、概述

水稻是我国的主要粮食作物，在全国粮食生产中占有举足轻重的地位，其种植面积和总产量都居粮食作物的第一位。种植面积约占全国粮食作物总播种面积的 1/4，产量占了粮食总产的将近一半，而在商品粮中，稻米则占了一半以上。

四川是我国水稻主产省份之一，水稻生产在全省粮食作物生产中占主要地位，四川省常年种植面积约 220 万公顷，约占全省粮食作物种植面积的 30%，产量占全省粮食总产的 50%，各级政府和广大农民都十分重视水稻生产。

水稻是一种适应性广、抗逆性强、丰产性高、产量稳定的古老作物，其主产品——稻米的营养丰富，一般含淀粉 75% 左右、蛋白质 7%~10%、脂肪 0.2%~2.0%，还有大量维生素，各营养成分易消化吸收，营养价值高，且适口性好，为广大人民所喜爱，全国约有三分之二的人口都以稻米为主要粮食。水稻的副产物也有广泛用途，不仅可作饲料，还可作医药、化工、造纸等工业的原料。因此，努力发展和提高水稻生产的水平，对增强农业和粮食的"基础"地位，改善人民生活，促进国民经济建设的发展，都具有十分重要的意义。

二、水稻的类型

稻在植物学上属禾本科稻属（Oryza）。现在栽培的稻是由野生稻经长期的自然选择和人工选择而演变形成的多类型植物。由于我国地域辽阔，自然气候、生态条件差异较大，经过长期的选择和栽培，我国已形成了可适应不同纬度、海拔、栽培制度的生态类型和数万个品种。丁颖等根据我国栽培稻的起源和演变过程、全国各地品种分布情况及其与环境条件的关系，把栽培稻系统地分为：籼、粳亚种，早、中季稻和晚季稻群，水稻和陆稻型，黏稻和糯稻变种。栽培品种四级，如图 15-1 所示。

1. 籼稻和粳稻

籼稻和粳稻主要是适应不同地区温度条件而分化形成的两个亚种。籼稻比较适于高温、强光和多湿的热带与亚热带地区，在我国主要分布于南方各省；粳稻较适应气候暖和的温带和热带高地，在我国主要分布于北方各省和南方海拔较高的地区。

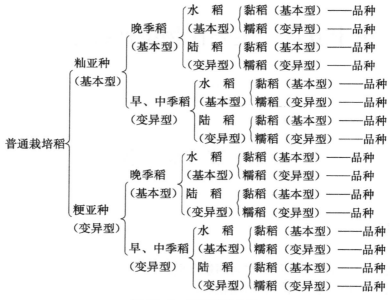

图15-1 栽培稻种分类

籼稻和粳稻在特征特性上存在明显的区别。籼稻与粳稻相比，株型较松散，叶片宽大，叶色较淡，叶面多茸毛；谷粒扁长，颖毛稀、短；易落粒；米粒含直链淀粉较多，黏性小，胀性大，发芽速度快，分蘖力较强；耐热耐强光，抗病性较强，但耐肥性、耐寒性、耐旱性相对较弱。当前四川省栽培的杂交稻主要是籼稻。

2. 早、中季稻和晚季稻

早、中季稻和晚季稻主要是适应不同日照长度而形成的类型。它们在形态特征和杂交亲和力上无明显差异，但晚稻对日照长短敏感，在经过一定营养生长后，必须经历一定的短日照条件，才能从营养生长转入生殖生长，进入幼穗分化发育，在长日照条件，生育期延长，幼穗分化延迟，甚至不能转入生殖生长；早稻对日照长短反应不敏感，只要温度条件适宜，无论日照长短都能进入幼穗分化；中稻对日照长短的反应则介于早、晚稻之间。无论是籼稻还是粳稻，都有早、中、晚稻之分。

3. 水稻和陆稻

水稻和陆稻主要是适应不同水分条件而形成的类型。水稻和野生稻一样，体内有发达的裂生通气组织，由根部通过茎叶连接气孔，以吸收空气补充水中氧气的不足，因此耐涝性强，适于水中生长，为基本型。陆稻则根系发达，耐旱性强，可在旱地栽培，是适应不淹水条件而形成的变异型，但它不同于一般旱地作物，也具有一定通气组织，更适于多雨地带和湿润田块。

4. 黏稻和糯稻

黏稻和糯稻的主要区别在于各自稻米淀粉的种类不同。糯稻米几乎全含支链淀粉，不含或很少含直链淀粉，而黏稻米则含20%～30%的直链淀粉，因而黏米煮成饭时胀性大、黏性差，糯米煮成饭时胀性小、黏性强。当与碘溶液接触时，黏米淀粉的吸碘性大而呈蓝紫色，糯米淀粉的吸碘性小而呈棕红色。

三、水稻的生育特性

（一）水稻的生育过程

在栽培上，通常把种子萌芽到新种子的成长称为水稻的一生。在水稻的一生中，要经历若干个既相互联系又相互区别的生育时期，如图15-2所示。

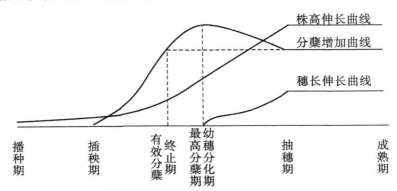

幼苗期 秧田分蘖期	分蘖期			幼穗发育期			开花结实期		
秧田期	返青期	有效分蘖期	无效分蘖期	分化期	形成期	完成期	乳熟期	蜡熟期	完熟期
营养生长期				营养生长与生殖 生长并进期			生殖生长期		
	穗数决定阶段			穗数巩固阶段					
	粒数奠定阶段			粒数决定阶段					
				粒重奠定阶段			粒重决定阶段		

图15-2　水稻的一生简介

（二）水稻的"两性一期"特性

水稻种子萌芽出苗后，首先进行营养生长，形成足够的根系、叶片和茎鞘等营养器官，积累较多的光合产物，为生殖生长打下基础。只有当营养生长到一定时期或程度后，茎顶端生长点才开始幼穗分化，使植株的生长发生质的变化。水稻开始幼穗分化的早迟，即营养生长向生殖生长转变的时期受多方面因素的影响，除了自身的营养条件外，还受环境条件的影响，其中起支配作用的是温度的高低和日照的长短。水稻原产于高温、短日的热带和亚热带沼泽地区，在系统发育中形成了要求短日、高温的遗传特性。在一定的范围内，短日和高温可以加速水稻由营养生长向生殖生长的转变，提早幼穗分化，提前抽穗结实，缩短全生育；而低温、长日则延缓其生育转变，推迟幼穗分化，甚至不抽穗扬花，使生育期延长。这种因日照的长短而延长和缩短生育期的特性称为水稻的感光性，因温度的高低而缩短或延长生育期的特性称为水稻的感温性。

由于这种感光性和感温性主要影响水稻开始幼穗分化的时期，即从营养生长向生殖生长过渡的早迟，也就是说，主要影响营养生长期的长短，这表明全生育期的长短主要取决于营养生长期，生殖生长期变化相对较小。由于营养生长是生殖生长的基础，只有在营养生长到一定程度后才能进行生殖生长，即使在最适宜的短日、高温条件下都需经历一定的营养生长期才能抽穗扬花结实，这是水稻的遗传特性所决定的。这种在最适宜的短日、高温条件下的最小营养生长期，即不能再因短日、高温而缩短的营养生长期称为水稻的基本营养期或短日高温生育期，这种特性称为基本营养生长性。与感温性和感光性一样，基本营养生长性也是决定水稻品种生育期长短的重要因素。在整个营养生长期中，除基本营养生长期以外的部分受环境条件的影响，称为可变营养生长期。

感光性、感温性和基本营养生长期（短日高温生育期）简称水稻的"两性一期"或"三性"，这是水稻的遗传特性，品种间有差异。晚稻的感光性和感温性较强，基本营养生长期较短；早稻的感光性很弱甚至没有，基本营养生长期中等，感温性为中或较弱；中稻的基本营养生长期最长，感光性弱至中等，感温性较早稻稍弱。目前四川省推广的杂交水稻组合的感光性多为中等，感温性属中或强，基本营养生长期也多为中或较长。

水稻的"两性一期"对于指导引种，正确选用品种，确定茬口、播期和栽培技术措施等方面有重要意义。一般在纬度和海拔相近的地区之间引种容易成功，南种北引因日照变长、温度降低而使生育期延长，甚至不能安全抽穗扬花；而北种南引则使抽穗期提早，生育期缩短，株体矮小，产量不高。早稻品种感光性弱，抽穗期受日照长短的影响较小，生产上应注意早播早栽，以提高产量；而晚稻品种感光性强，即使在春季播种，也要到秋季短日条件下才能抽穗，早播不能早收，只能作单季晚稻或双季晚稻栽培。

（三）种子的萌发生长与环境

1. 种子发芽出苗过程

稻种的发芽过程，可分为吸胀、萌动（露白）和发芽（胚芽鞘和胚根伸长）三个阶段。发芽时首先是吸水膨胀；水分进入稻种后，促进了各种酶的活动，呼吸作用也迅速增强，使胚乳的储藏物质分解为简单的可溶性物质并输送到胚，胚吸收这些分解产物后，把它们进一步合成为新的、复杂的物质，构成新的细胞，促使细胞数目增多、体积增大，当胚的体积增大到一定程度，就突破谷壳，露出白色的生长点，称为露白或破胸，此为萌动阶段；稻种萌动后，胚继续生长，胚根、胚芽鞘伸长，即为发芽阶段。一般以胚根与种子等长，胚芽鞘达种子长度的一半时作为发芽的标准。胚芽鞘不含叶绿素，对胚芽起保护作用，随后长出含有叶绿素的不完全叶（呈鞘状，无叶片），使秧苗呈绿色，称为"现青"。随后长出第一片完全叶，芽鞘节上开始长出不定根，称为"鸡爪根"。以后随叶龄增大，在不完全叶及第一、二叶节上相继长出不定根。

2. 稻种发芽的条件

稻种发芽必须具备两个基本条件：一是种子本身的发芽力；二是要有适宜的外界环境条件，主要是水分、温度和氧气。

（1）水分。吸足水分是稻种发芽的首要条件。稻种发芽所需的吸水量，相当于种子重量的40%左右，即达饱和吸水量，这是种子萌发最适宜的水分状态。

（2）温度。稻种发芽的最低温度，籼稻是12℃，粳稻是10℃。在低温下发芽慢，发芽率不高，随温度的上升，发芽加快，以32℃左右为最适，最高温度为40℃。

（3）氧气。如果缺氧，稻种会进行无氧呼吸，无氧呼吸不仅产生的能量少，还会产生有毒物质。

水稻起源于沼泽地带，种子具有一定的无氧呼吸能力，破胸之前甚至在淹水条件下也能萌发。但破胸以后缺氧就会造成物质和能量的浪费，甚至引起根、芽的酒精中毒。同时，在缺氧情况下，芽鞘的伸长较快，胚根难于生长，所以有"干长根、湿长芽"和"有氧长根、无氧长芽"的说法。当幼苗长到 3 叶以后，体内的通气组织逐渐形成，根系生长所需的氧气可以由地上部供给，在一定的水层下也能生长良好。

（四）根系的生长

水稻的根属须根系，根据它发生的先后和部位的不同，可分为种子根（初生根）和不定根（次生根）两种。种子根只有 1 条，当种子萌发时，由胚根伸长而成，主要在幼苗期起作用；以后从芽鞘节和茎的基部各节上发生的根为不定根，不定根上可发生分枝，是水稻的主要功能根群。

水稻不同生育时期发根力的大小不一样。一般幼苗期的发根力弱，随着叶片数的增加，发根力逐渐增强，移栽后返青期间，因植伤发根力稍有减退，分蘖期由于具有发根能力的茎节数迅速增加，发根力急速增大，至最高分蘖期发根力达最大，拔节后发根能力减弱，但支、细根不断增加，抽穗以后分枝根的生长速度也下降，至成熟时停止。

在水稻生长过程中，新根不断地发生，老根也在不断地死亡，新老交替。新根一般短而粗，功能旺盛，泌氧能力强，呈白色；老根瘦而长，功能减退，泌氧能力弱，呈淡黄色；衰老的稻根逐渐变成黑色。俗话说"白根有劲，黄根保命，黑根丧命"，根系的颜色和白根的比例是鉴别根系活力的指标。

（五）叶的生长

水稻的叶按其形态差异，可分为芽鞘、不完全叶及完全叶，计算主茎叶龄从完全叶算起。完全叶由叶片和叶鞘两部分组成，在其交界处有叶枕、叶耳和叶舌。

水稻主茎的叶数因品种和栽培条件而异。一般早熟品种 10～13 片叶，中熟品种 14～16 片叶，晚熟品种 17 片叶以上。因栽培条件不同，总叶片数可有一叶之差。

水稻主茎各叶一般都是自下而上逐渐增长，至倒数第 2～4 叶又由长变短，最顶上一叶短而宽，称为剑叶或旗叶。叶片的长短和叶色的深浅常作为营养诊断的指标。

稻田叶面积系数，随着生育期的推进而逐渐增大，抽穗后因叶片枯黄而逐渐减小。叶面积系数过大，则群体内部通风透光不良，过小则表示群体发展不足，不能充分利用地力和光能。适宜的叶面积系数常因杂交组合的株型、叶片生长姿态和栽培管理水平而不同。一般认为孕穗期最大叶面积系数以 7.5 左右较为适合。

（六）分蘖的发生

水稻植株除穗颈节外，各茎节上都有一个腋芽，其中基部节上的腋芽在适宜条件下能萌发长成新茎，称为分蘖。分蘖是水稻的重要特性，对产量的形成具有重要作用。

1. 分蘖发生的规律

分蘖一般只发生在近地表、节间未伸长的密集的茎节（称为分蘖节）上，地上部的伸长节一般不发生分蘖。分蘖从母茎自下而上的节位上依次发生，其着生的节位称为分蘖位。

在适宜条件下，一株水稻可发生很多分蘖。从主茎上发生的分蘖称为第一次（级）分蘖，从第一次（级）分蘖上发生的分蘖为第二次（级）分蘖，依次类推，可发生第三、第四次分蘖，这种分蘖发生的级数称为分蘖次。生产上以第一次分蘖最多，且大多有效，第二次分蘖相对较少，第三次分蘖极少。分蘖的位、次不同，其植株性状差异较大，分蘖位、分蘖次越低，分蘖发生越早，营养生长期越长，长出的叶片数和发根量越多，形成的穗子较大；高位、次的分蘖形成的穗子小，甚至不能抽穗结实。

分蘖的发生与叶片的生长具有一定的相关性，即叶、蘖同伸现象。在正常情况下，大致上遵循"$n-3$"规律，即母茎第 n 叶抽出时，第 $n-3$ 节位的分蘖芽伸出叶鞘，例如母茎第 8 叶与第 5 节位的分蘖同时发生，第 9 叶与第 6 节位的分蘖同时发生。

最终能抽穗结实 5 粒以上的分蘖称为有效分蘖，否则称为无效分蘖。分蘖从抽出到 3 叶期前，没有自己的根系，叶面积也小，生长所需的营养主要靠母茎供应，分蘖从 3 叶期以后开始具有独立营养生活能力，逐步形成独立个体。水稻在拔节以后，光合产物主要转向供给幼穗分化发育和茎秆伸长生长之需，不再或很少供给小分蘖，没有自养能力的小分蘖会逐渐死亡。因此，在主茎拔节时，不到 3 叶期的小分蘖一般为无效分蘖，4 叶以上的分蘖一般为有效分蘖。

分蘖的发生一般开始较慢，以后逐步加快，再后又逐渐减慢，直至完全停止。大田以开始分蘖的植株达到 10% 时为分蘖始期，达 50% 时为分蘖期，分蘖数增加最快的时期为分蘖盛期，分蘖数达到最高的时期为最高分蘖期，总茎蘖数达到最后实际有效穗数的时期称为有效分蘖终止期。

2. 影响分蘖发生的环境条件

分蘖的发生除与品种特性有关外，还受环境条件的影响。

温度：分蘖发生的最适温度为 30℃～32℃，低于 20℃ 或超过 38℃ 都不利于分蘖的发生。

光照：光照充足，光合产物多，可以促进分蘖的发生；阴雨寡日不利于分蘖的发生。

水分：稻田缺水干旱，分蘖发生受抑制；淹水过深，温度低，氧气少，也不利于分蘖发生；浅水勤灌，则可以促进分蘖的发生。

养分：土壤养分充足，尤其是氮素营养多，分蘖发生早而快，持续时间长，分蘖多；反之，则分蘖迟缓，停止早，分蘖数少。生产上往往在施足底肥和面肥的基础上，早施分蘖肥，对促进分蘖早生快发、争取较多分蘖成穗有显著效果。

（七）茎的生长

水稻的茎为圆筒形，由节和节间组成，节是出叶、发根、分蘖的中心。茎的基部节间不伸长，节密集于近地表处，其上发根、分蘖，因而称为分蘖节或根节。地上部伸长节间为中空。水稻茎秆的薄壁细胞组织之间有许多气腔，可向地下输送氧气。

茎秆节间的长度一般是由下而上逐渐变长，因而最上一个节间最长，其上着生稻穗。整个茎秆的高度，特别是基部间的长短、粗细和机械组织情况与抗倒伏能力密切相关，茎秆矮，特别是基部节间短而粗，机械组织发达的，抗倒能力强，反之则弱。

水稻地上部伸长节间的生长由下而上依次进行，下部节间开始伸长称为拔节，生产上以基部第一伸长节间长达 1.5～2.0 cm 时作为记载拔节期的标准。水稻进入拔节期后，植株形态也开始发生一些变化，茎基部由扁变圆，俗称"圆秆"；叶片由披散逐渐转向直立，根系也逐渐深扎。

壮秆的形成，一方面应选用良种、培育壮秧以及在分蘖期形成壮株为壮秆奠定基础；另一方面应在分蘖末期、拔节初期适当控制肥水，必要时配合化控技术，适施磷钾肥，抑制基部节间伸长，增加田间通风透光，提高光合能力，增加光合产物积累。

（八）穗的分化

1. 稻穗的形态

稻穗为圆锥花序，由穗轴和小穗构成（如图 15-3 所示）。穗轴发生分枝形成第一、二次枝梗；小穗由小穗梗、护颖和小花构成，护颖退化只留下一突（隆）起；一个小穗有 3 朵小花，但只有 1 朵小花能结实；结实小花由 1 个内稃（颖）、1 个外稃（颖）、6 个雄蕊、1 个雌蕊、2 个鳞（浆）片组成，雌蕊受精后子房发育成颖果，另 2 朵小花退化只留下披针状的外稃（颖）。

2. 穗的分化发育过程

水稻幼穗的分化发育是一个连续的过程，为了便于我们认识和了解，人为地将其分为若干时期，一般采用丁颖的划分方法，共 8 个时期，即：①第一苞分化期；②第一次枝梗原基分化期；③第二次枝梗及颖花原基分化期；④雌雄蕊形成期；⑤花粉母细胞形成期；⑥花粉母细胞减数分裂期；⑦花粉内容充实期；⑧花粉完成期。前 4 个时期为幼穗形成期（生殖器官形成期），后 4 个时期为孕穗期（性细胞形成期）。由于雌性细胞在子房内不便观察，一般只观察雄性细胞的发育。稻穗进入幼穗分化后，茎的顶端生长锥基部首先形成一个环状突起，称为苞（所谓苞就是穗节和枝梗节上的退化变形叶），第一苞着生处是穗颈节；以后依次向上分化出第二苞、第三苞原基。同时，在第一苞的腋部产生新的突起，这便是第一次枝梗原基，一次枝梗原基的分化也是由下而上依次产生的，在分化到生长锥顶端时，基部苞的着生处开始产生白色的苞毛，这标志着一次枝梗原基分化的结束。最上部最后分化出的一次枝梗原基生长最快，在其基部又分化出苞并相继出现二次枝梗原基，然后由上至下从一次枝梗上形成二次枝梗原基。因此就整穗而言，二次枝梗原基的分化顺序是自上而下进行，即离顶式的；就一个一次枝梗而言则是由下而上进行，即向顶式的；在下部二次枝梗尚未分化结束时，上部一次枝梗的顶端开始出现瘤状突起，接着分化出退化花外稃和结实小花外稃的弧形突起，进入颖花分化期，颖花的分化就全穗而言是离顶式的，就一个枝梗而言则顶端小穗最先，然后再由基部依次向上，因而倒数第二小穗最后分化；随着幼穗分化的继续，最先分化的颖花出现雌、雄蕊原基，以后雄蕊分化发育形成花药，花药内形成花粉母细胞，花粉母细胞经减数分裂形成四分孢子体，四分孢子体进一步发育形成花粉粒。

稻穗分化发育过程所经历的时间因品种而异，一般早稻 25～29 d，中稻 30 d 左右，晚稻 33～35 d，由于温度等环境条件的差异略有变化。

(a) 水稻的穗

1. 穗节；2. 主轴；3. 一次枝梗；4. 二次枝梗；5. 小穗梗；6. 小穗（颖花）

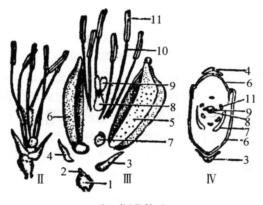

(b) 颖花构造

Ⅰ. 开花时的颖花外形；Ⅱ. 开花时颖花内观（除去内外颖）；Ⅲ. 颖花的各部分；Ⅳ. 花式

1. 第一副护颖；2. 第二副护颖；3. 第一护颖；4. 第二护颖；5. 外颖；

6. 内颖；7. 鳞片；8. 子房；9. 柱头；10. 花丝；11. 花药

图 15−3　稻穗和颖花的构成

3. 穗发育时期的鉴定

鉴别稻穗分化发育时期在生产上具有重要意义，可以掌握幼穗分化进程，以便及时采取措施进行调控；同时还可预测抽穗和成熟的时期，以便准确地安排后作的播期，以及杂交制种调节花期等。幼穗分化的鉴定除直接镜检外，还可根据稻株各器官生长之间的相关性进行鉴定，在栽培上常用的简便办法如下：

（1）根据拔节期推算。早稻开始穗分化时间一般在拔节之前，中稻大约与拔节基本同步，晚稻常在拔节之后。

（2）叶龄指数和叶龄余数法。所谓叶龄指数，就是将当时的已出叶数除以主茎总叶数，再乘 100 所得的数值，即

$$叶龄指数（\%）=\frac{已出叶数}{主茎总叶数}\times100$$

根据计算所得叶龄指数的数值，查表就可判断穗发育的时期。

叶龄余数即未伸出的叶片数，据此也可估算幼穗分化进程（见表15-1）。

表15-1 稻穗发育时期的鉴定

发育时期	第一苞分化期	第一次枝梗分化期	第二次枝梗及颖花分化期	雌雄蕊形成期	花粉母细胞形成期	花粉母细胞减数分裂期	花粉内容充实期	花粉完成期
叶龄指数	78	81～83	85～88	90～92	95	97～99	100	100
叶龄余数	3.0左右	2.5左右	2.0左右	1.2左右	0.6左右	0～0.5左右	0	0
抽穗前天数	30左右	28左右	25左右	21左右	15左右	11左右	7左右	3左右
幼穗长度	肉眼不见	肉眼不见	0.5～1.5 mm	5～10 mm	1～4 cm	10 cm	16 cm	20 cm
形态特征	看不见	苞毛现	毛茸茸	粒粒现	颖壳分	谷半长	穗显绿	将抽穗

（3）叶枕距。根据剑叶与倒二叶叶枕间的距离可以判断花粉母细胞减数分裂期，以一穗中部颖花分化期为标准，早稻花粉母细胞减数分裂期的叶枕距为$-7～0$，晚稻为$-3～0$，杂交水稻为$-5.5～0$。

（4）幼穗的长度，见表15-1。

（5）距抽穗的日数，见表15-1。

4. 稻穗分化发育要求的环境条件

（1）温度。稻穗分化发育的最适温度为30℃左右，低于20℃或高于42℃对幼穗分化均不利，在昼温35℃左右、夜温25℃左右的温差下，最有利于形成大穗。适当降低温度可延长枝梗和颖花分化时间。花粉母细胞减数分裂期是对低温和高温最敏感的时期，温度不适，花粉粒常发育不正常，导致雄性不育而使结实率大大降低。

（2）光照。光照充足，光合产物多，有利于幼穗分化，反之则不利于幼穗分化。

（3）水分和养分。水稻幼穗分化发育时期是水稻一生中需肥、需水最多的时期，也是最敏感的时期，生产上适宜浅水灌溉，保证充足的营养供应。

（九）抽穗、开花

稻穗从剑叶叶鞘内抽出的过程称为抽穗。当稻穗顶端抽出剑叶鞘1 cm以上时，即为记载抽穗的标准。全田有10%的稻穗达抽穗标准的时期为始穗期，50%时为抽穗期，80%时为齐穗期。一株中，一般主穗先抽出，再依各分蘖发生的早迟而先后抽出。

稻穗从剑叶鞘抽出的当天或第二天即开花，内、外稃被吸水膨胀的浆片胀开，花丝伸长，花药破裂，散出花粉落于雌蕊柱头上授粉。一株中的开花顺序同抽穗，即主茎穗先开，然后依次由低位、次向高位、次分蘖穗；一穗的开花顺序同颖花分化顺序，即上部枝梗的先开，依次向下部枝梗延续；一个枝梗最上一朵先开，然后从枝梗基部向上开放，倒数第二个颖花最后开放。凡早开的花，营养条件好，籽粒饱满，称为优势颖花；迟开的花，营养条件差，出现空秕粒多，称为弱势颖花。

抽穗开花期是水稻对环境条件十分敏感的时期，环境条件不适将影响正常抽穗扬花和授粉，空秕粒增加，结实率降低。开花受精的适宜温度是25℃～30℃，最低温度是15℃，最高温度是45℃，但当温度低于23℃或高于35℃时，开花受精即受影响，空秕粒增多；开花受精的适宜湿度为70%～80%，田间应保持浅水层，干旱造成抽穗困难，花粉生活力下降，不能正常授粉和受精，雨水过多也不利于开花授粉，降低结实率；开花期以晴暖微风为好，风速在4 m/s以上即影响正常的开花授粉。

（十）灌浆结实

水稻授粉后即迅速萌发，5～6 h就完成受精过程，胚及胚乳开始发育。在开花后7～10 d，胚的各部——胚芽、胚根、胚轴、盾片等已分化形成，具有一定发芽能力，花后17～18 d，胚已发育完全。胚乳在开花后7～8 d，已达米粒的全长，11～12 d达最大宽度，14 d左右达最大厚度。

米粒的灌浆过程大致可分为乳熟期、蜡熟期、完熟期和枯熟期。乳熟期谷壳为绿色，米粒内为白色浆状物；蜡熟期又称黄熟期，米粒失水转硬，谷壳转黄；完熟期谷壳呈黄色，米粒变白，质硬而不脆，是收获适期；枯熟期为过熟期，谷粒易脱落。

灌浆的最适温度是25℃～30℃，低于15℃或高于35℃都不利于灌浆，低温下代谢减弱，光合产物少，运输慢；高温下呼吸消耗大，发育快，细胞老化，灌浆期短，积累物质少，即"高温逼熟"。昼夜温差大对灌浆结实十分有利。灌浆期间光照充足，光合产物多，有利于提高粒重。适宜的水分有利于养分的转运和积累，促进灌浆结实。

四、杂交中稻的栽培技术

（一）选用良种

良种是作物高产的基础，选用良种是水稻高产栽培中最经济有效的措施。目前，育种单位选育出的杂交良种很多，每一个优良品种都适宜于一定的气候生态条件和相应的栽培技术，生产上必须根据当地实际情况，因时、因地制宜，选用最适宜的良种。先进行试验示范，再逐步推广。每一地区选择一最适的主推当家品种，搭配一定配套品种，搞好品种布局。

（二）培育壮秧

1. 培育壮秧的意义

育秧可以集中在小面积的秧田中进行，做到精细管理，培育壮秧；调节茬口，解决前后作矛盾，有利于扩大复种；集中育秧可以经济用水、节约用种等，降低生产成本。

培育壮秧是水稻生产的第一个环节，也是十分重要的生产环节。四川早、中稻秧田期占水稻全生育期的1/4～1/3，占营养生长期的1/2～2/3，稻苗在秧田期生长的好坏，不仅影响正在分化发育中的根、叶、蘖等器官的质量，而且对移栽后的发根、返青、分蘖，乃至穗数、粒数、结实率都有重要的影响。因此，壮秧是水稻高产的基础，有农谚"秧好一半谷""谷从秧上起""好秧出好谷"等说法。

2. 壮秧的标准

水稻的育秧方法很多，不同的育秧方法结合不同的苗龄，培育出的秧苗多种多样，其标准不尽一致，但也有以下一些共同之处：

（1）秧苗挺健，叶色深绿。苗叶不披垂，苗身硬朗有弹性，有较多的绿叶，叶片宽大，叶色浓绿正常，长势旺盛，脚叶枯黄少。

（2）秧苗矮壮，基部粗扁。基部粗扁的秧苗，腋芽较粗壮，长出的分蘖也较粗壮，且叶鞘较厚，积累的养分多，栽后发根快，分蘖早，有利于形成大穗。

（3）根系发达，白根粗而多。这种秧苗栽后能迅速返青生长。

（4）生长均匀整齐。育出的秧苗要高矮一致，粗细均匀，以保证本田生长整齐，避免大小苗的出现。秧苗充足时应选苗移栽。

（5）秧龄、叶龄适当。

3. 播种期、秧龄和播种量的确定

三者是相互联系、互相制约的，确定其中任何一项时，都必须结合其他两项考虑。在水稻生产上做到合理安排、正确处理、适时播种、播种适量和适龄壮秧，对实现高产、优质、高效有重要意义。

（1）播种期。播种期主要应根据当地的气候条件、耕作制度和品种特性确定。

①气候条件。气候条件是影响作物生长发育的主要环境因素，播种期一旦确定，作物整个一生所处的生长季节就定了。确定播种期时应尽量保证水稻的每一生育时期都处于最佳的生长季节，特别是一些重要的生育时期。在四川省的水稻生产中，一般强调适时早播早栽，以便延长营养生长期，为高产打下物质基础。

播种期的确定首先要保证稻种发芽出苗对温度条件的最低要求。一般在当地日平均气温稳定通过12℃的日期作为播种的起始时间。四川初春天气变化大，寒潮频繁，早播时要抓住"冷尾暖头"抢晴播种，利用寒潮间隙及晴好天气扎根立苗。寒潮期间注意加强管理和采取保温措施，防止烂种烂秧。

温室两段育秧、地膜育秧有一定的保温条件，播种期可以适当提早7~8 d。

早播还要考虑秧苗安全移栽温度要达15℃以上，栽后才能正常发根成活，否则不但返青、发苗慢，甚至造成死苗或坐蔸；迟播还要考虑其安全齐穗（保证日平均气温在23℃以上）。

②耕作制度。四川省中稻田的种植制度有一年一熟、一年两熟和一年三熟。冬水田、绿肥田一年只种一季中稻，水稻播期的确定不受前后作的限制，主要根据气候条件决定。一年两熟、三熟地区和田块，前作物收获的早迟限制了水稻的栽插期，如果播种过早，秧龄过长，素质太差，移栽本田后生长不良；如果播种过迟，生育期缩短，产量也不高，甚至不能安全齐穗，也影响后作栽培。

③品种特性。品种类型不同，对光温等条件的要求不同，适宜的播期也就不尽相同。早熟种宜早播，迟播生育期过短，产量不高；晚熟种可适当迟播，但应保证其安全齐穗。

（2）秧龄。适宜秧龄的长短与品种特性、气候条件、播种量等有关。早熟品种应比中、迟熟品种短，秧龄过长易早穗，晚熟品种因生育期较长，秧龄可比早熟种稍长；就高产栽培来说，一般要求秧苗移栽入本田后至少长出3~4片以上的新叶才开始幼穗分化；

高温季节育秧，秧苗生长快，易形成纤细弱苗，秧龄宜短，低温季节育秧则可稍长；播种量大或寄栽密度大，单苗生长空间小，秧龄宜短，反之则可稍长。

（3）播种量。播种量的大小关系到秧苗的素质。播种量小的，单苗的营养面积大，养分吸收多，光合作用旺盛，个体发育好，秧苗健壮，但需秧田面积大。适宜的播种量应根据秧龄的长短、育秧期间的气温、育秧的方式和品种特性等确定。

一般秧龄长的播种量应小些，秧龄短的播种量可大些；育秧期间气温高，秧苗生长快，播种量应少些，反之可稍大些；迟熟品种播种量少些，早熟种播种量可稍大些；要求培育多蘖壮秧的，播种量应小些，反之可大些；秧母田充足的播种量可少些。根据四川各地的育秧经验，杂交中稻每平方米适宜的播种量为：小苗秧 225～300 g，中苗秧 75 g 左右，大苗秧 10～15 g。

4. 种子处理及催芽

（1）种子处理。水稻在播种之前要进行种子处理，以保证种子纯净、饱满充实、无病虫和增强其生活力。种子处理包括晒种、选种、消毒等。

①晒种。晒种能增强种皮的透性，提高吸水能力；能增强酶的活性，提高胚的活力，从而提高种子的发芽率和发芽势；利用阳光的紫外线能杀死部分细菌。一般晴暖天气晒 2 d 即可，晒时要注意薄摊勤翻，晒匀、晒透，防止破壳、断粒混杂。

②选种。播种前精选种子，去除杂质、虫病粒、秕粒，保证种子的纯度和净度。选种的方法有风选、筛选和液体（溶液）比重选。液体比重选常用水选，把种子倒入清水中，稍加搅拌后，先将漂浮在水面的空壳、秕粒、杂质除去，然后分离出下沉的饱满谷种。

③消毒。目的是消灭附着在谷粒上的病菌，常用的方法有以下三种：

a. 石灰水浸种：石灰水浸种除石灰水本身具有杀菌作用外，主要是因为石灰水与空气接触形成碳酸钙结晶膜可隔离空气，将病菌闷死。方法是用 1％的生石灰水澄清液浸种 2 d。

b. 药剂浸种：用广谱、高效、低毒的杀菌剂浸种，杀死种子表面的病菌。常用的杀菌剂有强氯精、三环唑、稻瘟净等，近年来一些科研院所研制的复配剂，将杀菌剂与植物生长调节剂、微肥等混配，既可消毒杀菌，又可培育壮秧，如水稻浸种剂、壮秧剂等。浸种时要注意药剂的浓度和浸种的时间。

c. 温汤浸种：先把种子放入清水中浸泡约 24 h，然后移入 45℃～47℃的温水中预热 5 min，再在 50℃～52℃热水中浸 10 min，以杀死病菌，最后再放入清水中继续浸种，让种子吸够水分。

（2）浸种及催芽。

①浸种。浸种是为了满足种子发芽对水分的需要，让其尽快而整齐地吸够水分，提高发芽速度、发芽率和整齐度。浸种往往和消毒结合进行。浸种时间的长短和水温有关，早春气温低，种子吸水慢，用冷水浸种需要 3 d 时间，才能达到饱和吸水量，浸种用水要清洁，并每天换水，以免种子因无氧呼吸而产生的二氧化碳和酒精等物质在水中积累，降低发芽率。

②催芽。催芽是给种子创造适宜的发芽条件，达到发芽"快、齐、匀、壮"的目的。催芽时应掌握"高温破胸（露白），适温齐根芽，摊晾炼苗"原则。从开始催芽至破胸露白阶段，可保持 35℃～38℃的高温，促进呼吸作用，加速萌动；种谷破胸后，呼吸作用

大增，产生大量热量，使谷堆温度迅速上升，高温易"烧芽"，且由于生长过快容易形成纤细弱苗，因此应适当降低温度，保持在 25℃～30℃较适宜根芽粗壮，同时应注意水分的调节；当根芽长度达到预期要求，催芽结束前，应进一步降低温度，使芽谷逐渐适应外界的温度条件，提高其抗寒能力。

催芽的方法很多，生产上较为简易而常用的方法主要是箩筐催芽法。先在箩筐底部和四周铺以蚕豆青、青草或稻草（先用开水淋透杀灭稻草上的病菌），然后把吸足水的稻种用 50℃左右的温水淘洗预热，趁热放入箩筐内，盖上蚕豆青、青草或稻草，并压紧保温进行催芽，上面还可以再加盖塑料薄膜。催芽过程中随时检查温度和发芽情况，按上述要求控制好温度和湿度，可以通过定期浇淋热水（40℃～50℃）或温水（不可用冷水淋热芽）来调节温、湿度。破胸后，由于呼吸作用产生大量热量，种包中心部分的温度常高于四周，要进行翻拌，把中心部分的种子翻到边上，边上的种子翻到中间，使破胸整齐。

5. 育秧方法和技术

水稻育秧的方法很多，根据秧田水分状况的不同，可分为水育秧、湿润育秧和旱育秧；根据增温情况的不同，可分为露地育秧、温室育秧、薄膜保温育秧、生物能育秧等；根据秧苗寄栽与否，可分为一段育秧和两段育秧。育秧方法不同，技术也就不同。下面着重介绍四川省水稻生产上常见的几种育秧方式。

（1）地膜育秧。

①做秧田。选择排灌方便、背风向阳、土质松软、肥力较高的田块作秧田。施足底肥，以人畜粪尿为主，加少量化肥，经整细整绒并澄实 1～2 d 后，排水晾底，再开沟作厢，一般厢面宽 1.3～1.5 m，厢沟宽 0.25～0.30 m，沟深 0.2 m 左右，厢面抹平，无凹凼、积水，无杂草及残茬外露，表面有一层薄泥浆，以种子刚能嵌入为度。四周理好排灌沟。秧田与本田的比例为 1∶8～1∶6。

②播种、盖膜。芽谷按厢定量，均匀地撒于厢面上，播后用踏谷板轻轻地把谷种压入泥内；然后用竹片搭拱，盖塑料薄膜，四周压紧盖严。有研究表明，在蓝光下培育的小苗，株高、基部宽度、全株干物重、叶绿素含量都最大，秧苗素质高，因此最好选用蓝色薄膜育秧。

③秧田管理。从播种到一叶一心期，一般要密闭保温，不揭膜，但当晴天膜内温度过高（超过 40℃）时，应揭开地膜的两端降温，以免烧芽，下午 4∶00 后重新盖好膜，这段时间保持厢沟有水，厢面湿润。2 叶以后，可以视外界温度情况，逐步揭膜炼苗，先揭两头，日揭夜盖，逐渐到两边，最后全揭，揭膜前要先灌水，以免秧苗因环境改变太大、水分失去平衡或温差太大不适应而死苗。

水分管理以浅水勤灌为主，如遇强寒潮，应灌深水护苗防寒，寒潮过后，排水不能过急，应缓慢进行，以增强秧苗的适应能力；在施肥上，应早追"断奶肥"（离乳肥），可在揭膜的第二天进行，每公顷施尿素 45～60 kg 或清粪水 300 担，大苗秧在见分蘖后及时追施尿素 45～60 kg/hm²，以后每隔 5～6 d 追施一次，促进分蘖早生快发，6 叶以后要适当控制氮肥；注意防治病虫草害，秧田期的主要病虫害是蓟马、螟虫和叶稻瘟。

（2）温室两段育秧。温室两段育秧是先在温室内发芽培育成 1～2 叶的小苗，再按一定规格寄栽（假植）于秧田内培育多蘖壮秧，整个过程分两段进行。其具有发芽成苗率高，用种少；幼苗在秧田内排列分布均匀，能培育高素质的多蘖壮秧，秧龄弹性大；可避开低温阴雨危害，能适时早播等优点。

①建温室。有许多地区用水泥、石柱、砖瓦等建有长期固定的温室，有的地区临时建简易温室，用水蒸气增温保湿。做法是选地势平坦、背风向阳、管理方便、一面稍矮有坎的地方，先建一灶，灶上安锅烧水产生蒸气，烟道通过温室中央，用大的竹竿作支架搭棚，盖上较厚的塑料薄膜即成简易温室，里面安放两排放秧盘的秧架（一般也用竹竿、竹块制作）。做好后，用1%的高锰酸钾溶液或5%的石灰水喷雾，对整个温室、秧架和秧盘进行消毒。

②温室育小苗。将精选、浸种、消毒后的种子平铺于秧盘上，入室上架。秧盘一般用竹编成或木板（底部打孔排水）做成，按每平方米播芽谷 1.3 kg 播种，做到盘内无空隙，种子不重叠。

温室管理的关键是控温、调湿，掌握"高温高湿促齐苗，适温适水育壮秧"原则。出芽到现青期需 36～40 h，这段时间应保持 35℃左右的高温，多次喷 30℃左右的热水，做到"谷壳不现白，秧盘不溃水"，由于根伸长后，容易翘起，互相抬苗，使一些秧根吸水困难，幼根老化干缩，要用木板压苗；从立针到第一完全叶展开的盘根期约需 48 h，需保持温度 30℃左右，湿度 80%左右，喷水要少量多次，均匀一致，保持"谷芽湿淋淋，秧盘不积水，秧尖挂水珠"，仍需用木板压苗，每 3～5 h 一次，连续镇压 2～3 次，防止根芽抬起，利于盘根；第一叶全展至第二叶寄栽的壮苗期，温度降到 25℃左右，湿度 70%以上，此时秧苗根叶进一步发展，种子养分逐渐减少，需要增加光照，每天下午用 0.2%的磷酸二氢钾和尿素溶液混合喷施，栽前一天将温度降至接近室外温度，并适当喷冷水炼苗，增强抗寒力。在温室育苗过程中，为了保持各秧盘温度和光照的一致，要经常交换秧盘位置，使其生长均匀整齐。如发现霉菌，应及时清除病株扒除霉层，并用 2500 倍稻瘟净或万分之六的高锰酸钾溶液喷雾防治。

③秧田寄栽，培育多蘖壮秧。按照与大田 1：6 的比例作好寄秧田，寄秧田的做法与地膜秧田基本相同。根据秧龄的长短，用划格器在厢面上划格，一般 45 d 秧龄的可采用 5×5 cm 的规格，55 d 左右秧龄的可采用 6×6 cm，60 d 左右秧龄的可采用 7×7 cm 的规格，近年生产上开始推广的"超多蘖壮秧少穴（超稀）栽培技术"采用 10×（10～12）cm 规格寄栽培育单株茎蘖数 15 个左右的壮秧。寄栽要浅，以根黏泥，泥盖谷为度，并要求栽正、栽稳，以利扎根成活。

小苗寄栽后的第二天，进行扶苗、补苗，并喷施 300 mg/kg 多效唑。喷药后的第二天，厢面泥浆已收汗，可灌浅水上厢，以利稳根护苗。如遇大雨，则要适当加深水层保护秧苗，雨后缓慢排成浅水，3 叶期后的水分管理与地膜育秧基本相同。

（3）旱育秧。水稻旱育秧技术是引进日本著名水稻专家原正市先生的成果并经多年试验示范和技术改进而形成的一整套实用技术，具有"三早"（早播、早发、早熟）、"三省"（省力、省水、省秧田）、"两高"（高产、高效）和秧龄弹性大等特点，深受广大农民欢迎，1995 年四川省政府已将此项技术列入七大增产技术措施之一。

①苗床准备。苗床地应选择地势平坦、背风向阳、土质肥沃、疏松透气、地下水位低、酸性的沙壤土及管理方便的地方，最好是常年菜园地。面积大小因秧龄的长短而定，长龄、大、中、小苗秧与本田面积的比例分别为 1：7，1：10，1：20 和 1：40。新苗床地要求在头年秋季做准备，先深挖细整，拣净杂草、石头、瓦块等杂物，每公顷施入

3.3 cm左右长的碎稻草约 3000 kg、人畜粪水 15000～25000 kg、磷肥 1500 kg，翻埋入土中让其腐熟，可以种一季蔬菜，在水稻播种前一个月收获。也可将稻草、畜粪等有机肥堆沤腐熟后，于整地前一个月施入，并通过多次翻耕使肥、土混匀。

旱育秧苗床的土壤，要求 pH 值为 4.5～5.0 最好，如 pH 值大于 6 时，要用硫黄粉（在播种前 25～30 d 进行）或过磷酸钙（于播种前 10 d 进行）调酸。

育秧前一周左右整地，开沟作厢，厢面宽 1.3～1.5 m，厢沟（走道）宽 0.3～0.4 m。苗床的底肥在播种前 3～4 d 施用，用酸性肥料，切忌用碳铵、草木灰等碱性肥料，用量按每平方米施硫酸铵 120 g 或尿素 60 g、过磷酸钙 150 g、硫酸钾或氯化钾 30～40 g，均匀地施于厢面并与 10～15 cm 土层混合。然后整细整平，浇足浇透水，使土壤水分处于饱和状态。播种前每平方米用 2.5 g 敌克松粉剂兑水 2.5 kg 喷施于床面，进行土壤消毒。

②播种、盖膜。旱育秧的播种期可比水育秧早 7～10 d，在当地气温稳定通过 10℃ 以上时进行。播种量的多少与育成秧苗的叶龄关系密切，一般每平方米苗床按干谷计算，小苗秧约 60 g，中苗秧 30 g，大苗秧 15 g。播种时，分厢定量均匀撒播，播后用木板将种子镇压入土壤，使种子与床面保持齐平，再盖约 0.5 cm 厚的过筛细土，以不见种子为度。然后用喷雾器喷水，发现有种子露出的地方，再补盖上。

播种工作结束后，用竹片搭拱、盖膜。苗床地四周理好排水沟，投放毒饵灭鼠。

③苗床管理。播种至出苗期，主要是保温保湿。如果晴天膜内温度超过 35℃，要揭开膜的两头通风降温，如床土干燥应喷水；出苗至一叶一心期要控温降湿，膜内温度应控制在 25℃ 左右，超过 25℃ 要打开膜的两头通风换气。当秧苗长到一叶一心时，每平方米苗床用 20% 甲基立枯灵 1 g 兑水 0.5 kg，或用 25% 甲霜酮粉剂 1 g 兑水 1 kg，或用 2.5 g 敌克松兑成 1000 倍液喷施，以防立枯病、青枯病，对于大苗秧和长龄秧，还应在 1.5～2 叶期按每平方米苗床用 15% 多效唑粉剂 0.2 g 兑水 100 g 喷施，以控制株高，促进分蘖发生；2～3 叶以后，为了适应外界环境条件，逐步实行日揭夜盖，通风炼苗，最后全揭。如遇强寒潮也要盖膜护苗。3 叶期要施足蘖肥，每平方米喷施 1% 的尿素溶液 3.5 kg，以后每长一片叶适量追施一次肥。平时只要不卷叶、土面不发白可不浇水，否则应补充水分。此外，要加强病虫害的防治和杂草防除工作。

（三）水稻的栽插技术

1. 整田技术和要求

水稻对土壤的适应性比较广，但以土层深厚、结构良好、肥力水平高、保水保肥性好的土壤最适于水稻生长。

在栽秧前要进行精细整田，使表土松、软、细、绒，为水稻根系生长创造良好的土壤环境，同时使表面平整，高低差不到 3 cm，做到"有水棵棵到，排水时无积水"；翻埋残茬，消灭田中杂草和病虫害，混合土肥，减少养分的挥发和流失，也便于水稻根系吸收利用；促进土壤熟化，改善土壤通透性，消除对水稻有害的还原有毒物质，使其充分氧化，变为能被作物利用的养分。

由于土壤类型和作物茬口特性不同，整田的方法和技术也不同。冬水田应在上一季水稻收后及时翻耕、翻埋残茬，利用秋季高温促进残茬等有机物的分解，栽秧前再进行犁、耙，耙细耙平插秧；烂泥田宜少耕少耙，进行半旱式栽培；小春田即秋冬季种植小春作物的水旱轮作田，季节衔接较为紧张，应抓紧时间进行，边收、边灌水、边耕耙，最好犁耙两次以上，使土壤细碎、松软、绒和，绿肥、油菜等早茬作物田，插秧时间较为充裕，可以先干耕晒垡几天。在整田过程中，要铲除田边杂草，夯实田坎，糊好田边，防止漏水，提高保水保肥能力。

2. 水稻的需肥特性与底肥施用

俗话说"有收无收在于水，收多收少在于肥""肥是农家宝，高产少不了"，可见肥料对作物生长发育和产量形成的重要性。但肥料也不是越多越好或随便怎么施都能高产，必须科学施用，根据土壤肥力和水稻的需肥特性合理施用，既要满足水稻各个生育时期对各种营养元素的需要，为高产打下基础，又要经济、高效，提高肥料的利用率，同时还要有利于减少环境污染和培肥地力。

（1）杂交水稻的需肥特性。

①需肥的数量。据测定，每生产 100 kg 稻谷（谷草比为 1:1），需要吸收氮素 1.5～1.9 kg、磷（P_2O_5）0.8～1.0 kg、钾（K_2O）1.8～3.8 kg，三者的比例约为 2:1:3。产量水平不同，吸收养分的总量也不同，绝对量一般随产量水平的提高而增加。

水稻对一些微量元素如锰、锌、硼、铜等的吸收量很少，但对其生理代谢十分重要，一旦缺少将严重影响其生长发育，如一些深脚、冷浸田出现坐苑就是由于缺锌所致。

②吸肥的时期。水稻不同生育时期吸收养分的数量和比例不尽相同。据测定，杂交水稻对氮的吸收，以返青后至分蘖盛期最高，占全生育期吸收总量的 50%～60%，幼穗发育期次之，占 30%～40%，结实成熟期仍占 10%～20%，高于常规稻，表明杂交水稻后期仍要吸收相当数量的氮；对磷的吸收，以幼穗发育期最多，占总吸收量的 50% 左右，结实成熟期吸收 15%～20%；对钾的吸收仍以分蘖期和幼穗分化期最多，占全生育期的 90% 以上，抽穗后吸收量很少。

（2）底肥的施用。插秧前施用的肥料称为底肥，它可以源源不断地供应水稻各生育时期，尤其是生育前期对养分的需要。底肥的施用要强调"以有机为主，有机无机结合，氮磷钾配合"。底肥的施用量和比例应根据总施肥量、土壤特性和栽培方法等确定。

①总施肥量的估算。水稻所需的养分除由施肥供给外，还可由土壤供给，且施用的肥料养分也不是全为水稻所吸收。因此，决定施肥量时，应根据计划产量对养分的需要量、土壤养分的供应量、所施肥料的养分含量及其利用率等因素进行全面考虑。在理论上施肥量可根据产量指标按下式计算：

$$理论施肥量=\frac{计划产量吸收的养分量-土壤养分供应量}{肥料中该元素的含量×肥料利用率}$$

计划产量所需吸收的养分量，可以根据前述的需肥量确定。土壤养分供应量与前作的种类、耗肥量和施肥量以及土壤种类、耕作管理技术等多方面因素有关。据试验，稻谷产量有 1/2～2/3 的养分是靠土壤供给的，故要重视培肥土壤，增大土壤供肥量；肥料利用率的大小，受肥料种类、施肥方法、土壤环境等因素影响。一般当季化肥利用率的大致范围是氮肥 30%～60%，磷肥 10%～25%，钾肥 40%～70%。

②底肥施用方法。底肥应以肥效稳长、营养元素较齐全、有改良土壤作用的腐熟有机肥料为主，如绿肥、厩肥、堆肥、沤肥、泥肥等，应在翻耕前施下，耕入土层。在这些"粗肥"打底的同时，还应在最后一次耙田时，再施用腐熟人粪尿、尿素（或碳酸氢铵）、

过磷酸钙、草木灰等"精肥"铺面，做到"底面结合，缓速兼备"，使肥效稳长的"粗肥"源源不断地释放养分，供应稻苗生长，不致中途脱肥；肥效快速的"精肥"能在稻苗移栽后即提供养分，促进返青分蘖和生长发育。

底肥的用量和比例应根据土壤肥力、土壤种类、品种特性和施肥水平而定。土壤肥力低的底肥用量和比例可适当增加，土壤肥力高的则适当减少；土壤深厚的黏性土，保肥力强，用量和比例适当增加，而土壤浅薄的沙性土，保肥力差，用量和比例适当减少；施肥水平高的用量和比例适当增加，反之则适当减少。一般杂交中稻的底肥占总施肥量的70%左右，迟栽田可采取"底追一道清"施肥法。缺磷、缺锌的田块，还应在底肥中增施磷肥和锌肥，以防止因缺磷、缺锌而发生坐蔸。

3. 合理密植

合理密植可以建立起适宜的群体结构，从而协调好个体和群体的关系，争取穗多、粒多、粒重，同时也有利于改善田间的通风透光条件，减轻病虫害，因而是水稻高产栽培的重要环节。

（1）水稻产量的构成因素。水稻产量是由有效穗数、每穗实粒数和千粒重三个因素所构成的，即

$$产量（kg/hm^2）=\frac{每平方米有效穗数×每穗实粒数×千粒重（g）}{100}$$

水稻的穗数由主穗和分蘖穗构成，杂交水稻的分蘖力强，多以分蘖穗为主，主要决定于分蘖期。生产上应在培育多蘖壮秧的基础上，栽足基本苗，并促进分蘖早生快发，特别是多争取低位分蘖，提高成穗率，从而增加有效穗数。每穗实粒数取决于每穗的颖花数（着粒数）和结实率，每穗颖花数决定于幼穗分化时期，单株营养条件好，可以分化出较多的颖花数，形成穗大粒多；结实率主要受颖花的分化发育情况和抽穗扬花期的气候生态条件的影响，这是决定空粒的时期，同时与后期的灌浆结实情况有关，也是决定秕粒的时期。千粒重的大小与谷壳体积的大小和胚乳发育好坏有关，决定于灌浆结实期。

水稻产量的三个构成因素既相互联系，又相互制约和相互补偿。一般三者呈负相关关系，有效穗数增加，穗粒数会减少，千粒重降低，反之亦然。在产量构成三因素中，一般千粒重的变化相对较小，有效穗数的变化较大，生产上应在保证足够穗数的基础上争取大穗。

（2）合理密植的方式和幅度。目前，四川杂交稻普遍采用宽窄行条栽或宽行窄株条栽方式，宽行有利于田间通风透光和田间管理，窄行、窄株可以保证密度，其中宽窄行条栽较宽行窄株方式更适于密植和便于田间管理。一般不宜"四方蔸"即等行窝距栽培，不仅难以保证密度，而且田间易过度荫蔽，不利于高产。

适宜的种植密度和行窝距应根据各地的具体情况而定，做到因种、因地、因时制宜，以发挥合理密植的增产作用。一般迟熟种稍稀，早熟种稍密；分蘖力强的组合稍稀，分蘖力弱的组合稍密；土壤肥力高的稍稀，土壤肥力低的稍密；施肥水平高的稍稀，施肥水平低的稍密；栽秧季节早的稍稀，栽秧季节迟的稍密；劳动力不足的稍稀，劳动力充足的稍密。总之，凡是在有利于分蘖发生和促进植株生长发育的因素下可稍稀，反之则应稍密。

目前，四川杂交中稻栽插密度的大致范围：中、小苗秧，一般要求每平方米栽22.5~30窝，每窝栽2苗，宽行窄株的规格为行距27~33 cm，窝距10~17 cm；宽窄行的

规格为宽行 33~40 cm，窄行 17~27 cm，窝距 10~17 cm。栽多蘖壮秧时，一般要求每平方米栽 22.5~30 窝，每窝栽 5~7 苗（包括带 3 片叶以上的大分蘖），宽行窄株规格为行距 20~30 cm，窝距 12~17 cm；宽窄行的规格为宽行 30~37 cm，窄行 17~20 cm，窝距 12~17 cm。

近年来，随着品种的更替和育秧技术的改进，在一些地区和田块开始示范推广"超多蘖壮秧少穴高产栽培"和"旱育稀寄大窝栽培"技术。两者都是在秧田期实行"超稀培植"，前者采用普通温室两段育秧或按寄栽规格摆播芽谷，后者先旱育 3 叶左右的小苗再寄栽秧田，寄栽规格都为（8~10）×（8~10）cm，培育带 10 个以上分蘖的超多蘖壮秧，本田采用少穴大窝栽培，每平方米栽 10.5~15 窝。两种栽培技术都是走"小群体壮个体"途径，在争取一定穗数基础上主攻大穗，由于本田稀植，可以节约用种和劳动力，也有利于抗旱迟栽和缓和农事季节矛盾，但应选用生育期较长、分蘖力强的大（重）穗型杂交组合，适宜于土层深厚肥沃、生产条件好、肥水管理水平高的地区和田块。

4. 栽插技术

（1）适时早栽。适时早栽可以充分利用生长季节，延长本田生长期，增加有效分蘖和营养物质积累，也有利于早熟早收，为后作高产创造有利条件。

移栽期应根据当地的气候条件和耕作制度等确定，一般应在日平均气温上升到 15℃以上时移栽。移栽过早，气温太低，不但返青慢，甚至会出现死苗现象，对于深脚、冷浸、烂泥田来说，由于泥温低，适时早栽的时间还应推迟。但如果栽插过晚，由于温度高，植株生长快，本田营养生长期缩短，不利于高产。四川省两季稻田的栽插期一般不受温度的限制，应在头季收后及时整地移栽，力争在 5 月上中旬栽插，最迟也应在 5 月底以前完成。

（2）保证栽秧质量。提高栽秧质量可以加速返青成活，有利于分蘖早生多发。保证栽插质量要求做到拔好秧、栽好秧。

拔秧时要轻，靠泥拔，少株拔，并随时把弱苗、病苗、杂草等剔除。拔后理齐根部，大苗秧还要在秧田洗净秧根泥土，然后捆扎牢固，便于运输。

栽秧时要求做到浅、匀、直、稳。"浅"即浅栽，能使发根分蘖节处于温度较高的表土层，且氧气充足，昼夜温差大，有利于发根和分蘖，为形成穗多和穗大打基础；"匀"即行窝距要整齐、均匀，沟、行端直，每窝苗数一致，各单株营养面积均衡，全田生长整齐；"直"就是苗要正，不栽"偏偏秧"，利于返青生长；"稳"要求栽后不漂、浮秧。

在拔秧、捆秧、运输和栽插过程中都应小心，减少植伤。不栽超龄秧、隔夜秧，栽时避免"五爪秧""断头秧""翻根秧""勾头秧""深栽秧"。

（四）田间管理

1. 返青分蘖期的田间管理

（1）返青分蘖期的生育特点。返青分蘖期包括返青期和分蘖期，主要进行根系、叶片的生长和发生分蘖，是决定穗数的关键时期，也是为形成大穗奠定物质基础和搭好丰产架子的时期。在生理上以氮代谢为主，为营养生长期。杂交中稻一般为 30 d 左右。

（2）田间管理措施。根据水稻返青分蘖期的生长发育特点和规律，田间管理的主要目标是促根、攻蘖、争穗多，要求返青早、出叶快、分蘖多、叶色绿、透光好。在管理上，前期（有效分蘖期）以促为主，促进其生长发育；后期（无效分蘖期）以控为主，控制无效分蘖的发生。

①查苗补苗，保证全苗。一般栽插后都会出现一些浮秧、倒秧和缺窝及每窝苗数多少不等等现象。插秧后应逐田逐行查看，做好补缺匀苗工作，保证苗全、苗匀。

②科学管水。一方面要满足水稻生长发育对水分的要求；另一方面要利用水分来调节和改善稻田的环境，以水调温、以水调肥、以水调气。管理上做到"浅水栽秧，寸水返青，薄水分蘖，适时晒田"。

插秧后到返青期间，由于植伤（取秧和栽插时对植株特别是根部的损伤），植株吸水能力下降，但叶面蒸腾却未减少，容易失去水分平衡，此时应保持 3~5 cm 的水层，维持株间较高湿度。返青后，采取浅水勤灌，保持 3 cm 以下的浅水，使稻株基部通风透光良好，提高土温，增加土壤氧气含量，以利于根的发育和促进分蘖早生快发；但不能断水，缺水干旱更不利于稻株的生长发育。

到有效分蘖终止期或茎蘖总数接近达到预定目标（计划的有效穗数）时，应及时排水晒田。晒田的作用：一是调整植株长相，促进根系发育，晒田对地上部营养器官生长表现抑制，叶色变淡，水稻株型变挺直，控制无效分蘖的发生，减少营养物质的消耗，同时改善了田间通风透光条件，叶和节间变短，秆壁变厚，增强植株抗倒抗病力；二是改变土壤的理化性质，更新土壤环境，晒田后土壤的氧化还原电位升高，还原性有毒物质被氧化而减少，有机质的分解加速，同时耕层土壤内的有效氮、磷含量暂时下降，复水后其含量又会迅速增加，这种先抑后促的作用对于控制群体过分发展，促使生长中心从分蘖向穗分化的顺利转移，对培育大穗都是十分有利的。

晒田的程度应达到：田中不陷脚，四周麻丝裂；黄根深扎下，新根多露白；叶片挺直立，褪淡转黄色；茎秆有弹性，停止发分蘖。晒田到拔节时基本结束。当然晒田的早迟和程度，要根据苗情、田情而定。凡分蘖早、叶色浓、长势旺、泥脚深、田冷浸、底肥足的，应早晒、重晒，晒的时间可稍长；反之，则宜迟晒、轻晒，晒的时间要短；对长势弱或田瘦的，则晾一晾就行。

③早施分蘖肥。早施分蘖肥是促进早发多发低位、次分蘖的重要措施。分蘖肥应在返青后及时施用，以速效氮肥为主。分蘖肥的数量可根据土壤肥力、底肥多少和苗情等适当增减。土壤肥力高，底肥特别是有机肥足，稻苗长势旺的可适当少施；反之，则应适当多施。

分蘖肥应注意抢晴天施、浅水施、边施边薅，薅肥入泥，以便提高肥效，减少流失。

④及时中耕除草。即薅秧，作用是疏松表土，提高土温，增强土壤通气性，以气促肥，加速肥料分解；使土肥融合，减少肥料挥发和流失；消灭杂草，减少养分消耗及病虫危害，从而促进根系的生长和分蘖的早生多发。

中耕（薅秧）一般在返青后即应进行第一次，隔 5~10 d 再进行一次，最后一次中耕（薅秧）必须在幼穗分化前结束。薅秧一般结合施肥进行，田面保持浅水。薅秧要求捏碎硬块，抹匀肥堆，除去杂草，薅平田面，补好秧窝，扶正秧苗，窝窝薅到，做到"草薅死，泥薅活，田薅平"。

为减轻中耕除草的劳动强度，可采用化学除草技术。稻田杂草的种类和生育状况不同，适用的除草剂种类和技术也不同。稻田以稗草为主时，可在移栽后 2~8 d 每公顷用

1500 mL 96％的禾大壮乳油，或 3000 mL 50％的优克稗乳油拌细砂土 10～20 kg 撒施，或 375 g 左右 50％的杀稗王可湿性粉剂，或 1500 mL 20％的敌稗乳油兑水 450 kg 喷雾（先排干田水，药后 2～3 d 灌浅水）；对于以节节菜、四叶萍、鸭舌草等阔叶杂草为主的田块，可用 300 mL 48％的百草敌水剂＋750 mL 20％的 2 甲 4 氯水剂，或 750 mL 20％的使它隆乳油，或 2500 mL 48％的苯达松（排草丹）水剂，或 300 g 10％的苄黄隆（农得时）兑水 450 kg 喷施（排水湿润喷雾），后两种方法还可同时杀死莎草；对于以牛毛草、异型莎草等莎草为主的田块，可用 5000～6000 mL 50％的莎扑隆可湿性粉剂拌细砂土 300 kg 撒施。

⑤防治坐蔸。四川省一些稻田，秧苗移栽后生长不正常，表现为生长迟缓或停滞，稻株簇立，叶片僵缩，叶色暗绿或变黄，根系生长受阻或发黑，这种现象称为坐蔸，应加以防治，否则造成减产。坐蔸的类型较多，原因比较复杂，有的由一种原因引起，有的可能由多种原因造成。常见的坐蔸类型如下：

a. 冷害型。由深脚、冷浸、阴山、烂泥田引起土温低，或由于早栽、气温低或寒潮侵袭，使稻苗生长受阻。防治的方法：培育壮秧，增强抗寒能力；深脚、冷浸和烂泥田采用半旱式栽培，提高土温；开沟引开冷浸水；浅灌、排水晒田等。

b. 中毒型。由于长期淹水造成氧化还原电位低，还原有毒物质积累，或施用大量未腐熟的有机肥，经发酵分解产生有毒物质，使稻根中毒而影响生育。防治的方法：半旱式栽培，改善土壤通气性，消除还原有毒物质；适时适量施用有机肥，不施未腐熟肥料，绿肥等要早翻埋让其分解腐熟；排水晒田，增温增氧；施用石灰中和毒物；流水洗毒；增施磷钾肥，增强稻苗抗逆性。

c. 缺素型。由于土壤缺少某些营养元素而引起生长受阻，低温和冷浸田根系活力低，有毒物质对根的伤害，也能导致稻株缺素坐蔸。常见的缺素类型有缺磷型、缺锌型、缺钾型等。防治的方法：施用相应的肥料；对于深、冷、烂等土壤障碍田块，实行半旱式栽培，改善土壤通透性，排除冷害、毒害，增加养分有效性和根系活力；合理灌排，适时适度晒田，增强土壤通气性。

⑥防治病虫。返青分蘖期常见的虫害主要是螟虫、稻飞虱和蓟马，螟虫的危害是造成枯心苗，蓟马和飞虱主要危害叶片，应根据预测预报和田间发生情况及时防治。可用 5％的杀虫双颗粒剂 1～2.5 kg 撒施，也可用 150～200 mL 25％的杀虫双水剂，或 100 mL 50％的杀螟松乳油，或 100 mL 40％的乙酰甲胺磷乳油兑水喷施；稻飞虱和蓟马还可用氧化乐果、敌敌畏等防治。

分蘖期的病害主要是叶瘟，对于容易感病的品种或常发病区，应在栽前用 20％的三环唑 750 倍液浸秧苗 30 s，浸后再堆放 30 min 再栽插；本田可用 20％的三环唑可湿粉剂，或 30％的稻瘟灵乳油，或 40％的富士一号乳油兑水喷施。

2. 拔节长穗期的田间管理

（1）拔节长穗期的生育特点。从幼穗开始分化到抽穗为拔节长穗期，杂交中稻的拔节长穗期历时 30 d 左右。拔节长穗期一方面进行以茎秆伸长生长为中心的营养生长，另一方面又进行以稻穗分化为中心的生殖生长，是营养生长和生殖生长并进时期，是水稻一生中生长最快的时期，也是水稻对外界环境条件最敏感的时期。其营养特点是由氮代谢占优势逐步过渡到碳代谢占优势。这一时期一些迟生分蘖逐渐死亡，成为无效分蘖，总的茎蘖数逐渐减少，因而最终的成穗数低于最高苗数。

（2）田间管理措施。拔节长穗期是决定茎秆是否健壮、穗数多少、穗子大小的重要时期，田间管理的主攻目标是保蘖、壮秆、攻大穗。既要防止长势过旺、群体发展过大、分蘖上林率降低和茎秆纤细脆弱引起后期倒伏，又要防止长势不足，使穗粒数减少。

①合理灌溉。采取浅水勤灌，保证"养胎水"，减数分裂期不能干旱缺水，以防止颖花退化，保证粒数。

②巧施穗肥。从幼穗开始分化到抽穗前施的追肥都称为穗肥，因施用时期不同，作用也不同。在幼穗分化开始时施的穗肥，可促进枝梗和颖花的分化，增加颖花数，称为促花肥；在开始孕穗时施的穗肥，可减少颖花的退化，称为保花肥。

巧施穗肥就是根据苗情长势长相、土壤肥力和气候条件等确定施用的时间、数量。凡是前期追肥适当，群体苗数适宜，个体长势平稳的，宜只施保花肥，可于孕穗时施尿素 45 kg/hm² 左右；凡是前期追肥不足，群体苗数偏少，个体长势差的，可促花、保花肥均施，于晒田复水后施尿素 45 kg/hm² 左右，减数分裂期前后再施尿素 30 kg/hm²；凡前期施肥较多，群体苗数偏多，个体长势偏旺的，则可不施穗肥。

③防治病虫。拔节长穗期的虫害主要是螟虫，防治方法同分蘖期。病害主要是纹枯病、稻瘟病。稻瘟病的药剂防治方法可参见分蘖期，纹枯病可用50％的井冈霉素或15％的粉锈灵可湿性粉剂兑水喷施。

3. 抽穗结实期的田间管理

（1）抽穗结实期的生育特点。水稻从抽穗到成熟收获为抽穗结实期，四川省的杂中稻一般需要 35 d 左右。这一时期的营养生长已基本停止，为生殖生长期，根系吸收的水分和养分、叶片的光合产物以及茎秆叶鞘内储藏的营养物质，均向籽粒运输，供灌浆结实。在代谢上以碳代谢为主。

（2）田间管理措施。抽穗结实期是决定实粒数和粒重的重要时期，管理上的主攻目标是养根、保叶、增粒、增重，应抓好"以气促根，以根保叶，以叶壮籽"，既要防止贪青晚熟，又要防止早衰和倒伏，影响灌浆结实。

①合理灌排水。保证"足水抽穗，湿润灌溉，干湿壮籽，适时断水"。在抽穗期，田间保持 3～4 cm 水层，防止高温干旱危害；灌浆期湿润灌溉，一次灌水 2～3 cm，让其自然落干，湿润 1～2 d 后再灌水，实行干湿交替，既保证灌浆结实对水分的需要，又改善土壤通气性，以达到增气保根、以根养叶、以叶壮籽的目的。到收获前 7 d 左右可以断水，不能断水过早，以免加速衰老，影响灌浆结实。

②补施粒肥。临近抽穗和抽穗后施的肥都称为粒肥，或称为壮籽肥、壮尾肥，其作用主要是促进灌浆结实，增粒、增重。对于前期施肥不足、表现脱肥发黄的田块，可于抽穗前后用1％的尿素溶液作根外追肥（叶面喷施），起到延长叶片寿命、防止根系早衰的作用，同时还可以提高籽粒蛋白质含量，改善品质。对于有贪青徒长趋势的田块，可叶面喷施1％～2％的过磷酸钙或 0.3％～0.5％的磷酸二氢钾溶液。

③防治病虫。注意防治颈稻瘟、纹枯病，方法同前。

4. 适时收获

收获过早，青米多，籽粒不饱满，产量低，且碾米时碎米多，出米率也低；收获过迟，容易脱落损失或穗上发芽。一般以九成黄时收获较好。收割时要精收细打，减少损失。

第二节 玉 米

一、概述

玉米又名玉蜀黍、苞米、玉麦、苞谷，是我国的主要粮食作物之一，种植面积和总产量仅次于水稻和小麦，居第三位。国内各地都有种植，中国是世界上仅次于美国的第二大玉米生产国。四川是全国玉米主产区之一，常年播种面积约125万公顷。四川的玉米生产常受自然灾害影响，东部丘陵区常有高温伏旱，盆地周围山区常有秋雨低温，这些都是影响产量的重要因素。

玉米籽粒营养丰富，具有良好的食用价值。玉米籽粒中含有丰富的蛋白质和碳水化合物，脂肪含量也是禾谷类作物中最高的。

玉米籽粒和茎叶都是发展畜牧业的优质饲料。玉米还是轻工业和医药工业的重要原料。茎叶可以制纤维板、电器绝缘材料和造纸；穗轴和茎秆可加工制造塑料薄膜等；籽粒还可以提取淀粉，制造酒精、葡萄糖或作药品填充剂；玉米淀粉可以制成高果糖浆，甜度比蔗糖和甜菜糖都高，而且生产成本低。

玉米是高光效的四碳（C_4）作物，光呼吸低，光合效率高，增产潜力大。玉米类型多，品种资源丰富，生产上既可以春播，又可以夏播、秋播；既可以实行净作，又可以与多种作物（如豆类、薯类）间作、套作。由此可见，因地制宜发展玉米生产，对增加粮食产量、从事农业和农产品深度开发，都具有十分重要的意义。

二、玉米栽培的生物学基础

（一）玉米的类型

玉米属禾本科玉米属植物，按其籽粒的形态特征、胚乳淀粉的结构和分布，以及稃壳的有无等，可分为以下几个类型：

（1）硬粒型。也称硬粒种或燧石种。果穗多为圆锥形，籽粒一般近似圆形，坚硬饱满，有光泽；籽粒顶部及四周的胚乳为角质淀粉，中央有少量粉质淀粉，品质和食味均较好；适应性较强。

（2）马齿型。也称马牙种。果穗多为圆柱形，籽粒较大呈扁长形，仅两侧有少量角质胚乳，顶部和中部均为粉质胚乳，成熟时顶部失水较快，致使顶部凹陷而成马齿状，故称马齿型；食用品质不如硬粒型，但淀粉含量较高，工业价值较大；植株高大，耐肥高产。

（3）半马齿型。又称中间型。籽粒形态和结构介于硬粒型与马齿型之间，是硬粒型与马齿型自然杂交或人工杂交产生的类型。

以上3个类型的玉米，在栽培上应用广泛，特别是半马齿型玉米最多。

（4）糯质型。又称蜡质型，四川称之为糯苞谷。籽粒为角质胚乳，水解后黏性大，籽粒暗淡，无光泽似蜡状，可作黏合剂、糯米的代用品。

（5）爆裂型。也称爆裂种，四川俗名炒米苞谷、刺苞谷。果穗、穗轴和籽粒均细小；粒尖有刺，绝大部分为角质胚乳，仅中央有少量的粉质胚乳。加热爆裂成玉米花。

（6）粉质型。又称软粒种或软质种。穗、粒与硬粒型玉米相似，但无光泽；胚乳全为粉质淀粉组成；籽粒呈乳白色，组织松软，易磨粉，是淀粉和酿造工业的优质原料。

（7）甜质型。又称甜玉米。籽粒干燥后表面皱缩、呈透明状，胚乳几乎全为角质淀粉组成，含糖量高，味甜，生产上应用较少，仅作蔬菜和制罐头等。

另外，还有有稃型和甜粉型，均无栽培价值。

（二）玉米的一生

玉米的一生是指从种子萌发到新的种子成熟的整个生长发育过程。按其生育特点，一般划分为以下三个主要时期：

（1）苗期（玉米生长前期）。从播种出苗至拔节，主要是生长根和分化茎叶的营养生长阶段，是奠定玉米丰产基础的重要时期。

（2）穗期（玉米生长中期）。从拔节至抽雄穗，是营养生长和生殖生长同时并进时期，是玉米一生中生长最快的时期，也是决定果穗大小和多少、每穗粒数多少的关键时期。

（3）花粒期（玉米生长后期）。从抽雄至成熟，是决定玉米产量的重要时期。

（三）种子的萌发生长

玉米种子萌发生长首先是种子要有生活力，同时还需要一定的环境条件，主要是温度、水分和氧气。

种子萌发首先是吸水膨胀，种皮软化。一般土壤田间持水量在 60% 左右时，就可满足玉米种子萌发的水分需要。

玉米种子萌发时需要较多的氧气才能充分分解和转化所含的脂肪。若土壤板结，或水分过多，就会造成通气不良，影响种子萌发。

玉米种子萌发的最低温度是 6℃～8℃。在 10℃～12℃以上时，萌发稳定而安全，故通常以 10℃作为玉米生物学上的下限温度，生产上以 10℃～12℃作为玉米开始播种的温度指标。25℃～35℃是萌发的最适温度。温度超过 44℃～50℃，萌发就严重受阻。

（四）根的生长

玉米的根是纤维状的须根系。按其发生时期、部位和功能的不同，分为初生根、次生根和支持根。

（1）初生根：又称种子根或临时根。种子萌发时，首先从种胚长出一条幼根，即为初生胚根，以后在中胚轴基部又长出 3～7 条幼根，称为次生胚根或侧胚根，初生胚根和次生胚根组成初生根系。

（2）次生根：又称节根、永久根、不定根。发生在地下密集的茎节上，其层数和每层的根数与品种类型、生育状况和环境条件有关，是玉米一生中的主要吸收根群。

（3）支持根：又称气生根，是玉米拔节以后，靠近地表的地上茎节上发生的几层根，较粗壮，暴露于空气中，表皮角质化，呈紫绿色。

玉米根系生长好坏与土壤疏松程度、含水量多少和温度有密切关系。土壤疏松，水分含量适宜，温度在 20℃～40℃范围内都能形成发达的根系。

玉米一生中，苗期根系生长较快，以根系形成为主；拔节孕穗期已形成强大的根系，吸收供应养分、水分的能力增强，地上部分生长逐渐加快，生长中心逐渐转到以茎叶为主；花粒期根系生长逐渐衰老。

（五）茎的生长

玉米的茎由节和节间组成，通常一株玉米有 15～22 个节和节间，地上部分一般有 8～20 个节间伸长，地下密集 3～5 个不伸长；茎的粗度由基部到顶部逐渐变小，节间长度由基部到顶部逐渐增长。玉米茎（连雄穗）的长度为株高，植株高度因品种和栽培条件不同而有较大的差异，一般为 1～4 m。生产上将株高 2 m 以下的品种称为矮秆品种，2～2.5 m 的为中秆品种，2.5 m 以上的为高秆品种。

玉米茎节除顶部 3～7 节外，都着生一个腋芽，顶部倒数 5～7 节位上的腋芽发育形成果穗，果穗以下的腋芽通常处于休眠状态。

玉米茎秆各节，早在苗期已分化形成，到拔节时自下而上伸长增粗。当植株基部近地面的节间伸长达 1 cm 以上时为拔节，全田有 50％的植株拔节的时期为拔节期。当雄穗开花后，茎停止生长，植株定形。

（六）叶的生长

玉米的叶着生在茎节上，每节一叶，互生排列。叶由叶鞘、叶片、叶舌 3 部分组成。叶数的多少因品种和栽培环境而异，一般早熟种 8～13 片，中熟种 14～18 片，晚熟种 18 片以上。

同一植株上的叶片，基部第一叶最短、最窄，依次向上逐渐增长增宽，到果穗着生节位及其上下各一节位上的叶最宽最长，叶面积最大，通称"穗三叶"，再向上又逐渐变短、变窄。拔节后叶面积逐渐增大，抽穗期和吐丝期的叶面积最大，灌浆至成熟期，叶面积又逐渐变小。

（七）穗的形态结构和分化发育

1. 穗的形态结构

玉米是雌雄同株异形异位的异花授粉作物。

玉米的雄花序，俗称天花，属圆锥花序，着生于茎的顶端。主轴较粗，与茎连接，上部着生 4～11 行成对排列的小穗，中下部着生 15～25 个分枝，分枝上一般着生 2 行成对排列的小穗。在成对小穗中，一个为有柄小穗，位于上方；另一个为无柄小穗，位于下方。每个小穗基部两侧各着生 2 片护颖，包含 2 朵雄小花，每朵雄小花又由 1 片内颖、1 片外颖、3 枚雄蕊和 1 枚退化的雌蕊组成。雄蕊丝很短，顶部着生花药，花药产生花粉。

玉米的雌花序又称雌穗，为肉穗状花序，受精结实后称为果穗。雌穗由茎秆中部腋芽分化发育而成，由穗柄、穗轴、苞叶和雌性小花组成。穗柄是变形缩短的分枝，由节和节间组成，每节上长 1 片由叶鞘退化而成的苞叶。每个果穗有 6～10 片苞叶，包着果穗，具有保护果穗的作用。穗柄顶端着生一个圆柱形的穗轴，穗轴周围着生若干纵向排列的成对无柄小穗，每一小穗有 2 朵小花，其中只有 1 朵小花能结实，另 1 朵退化，所以果穗籽粒行数均成偶数。每朵小花由子房、花丝（花柱）、外颖、内颖组成。

2. 穗的分化发育

玉米雌、雄穗的分化是一个连续而复杂的过程，一般分为生长锥未伸长期、生长锥伸长期、小穗分化期、小花分化期和性器官形成时期，如图 15-4 所示。

玉米雌、雄穗的分化发育具有一定的内在联系，通常雌穗分化比雄穗晚 7～10 d 开始，但由于分化进度快，最后两者几乎同时开花。雌、雄穗分化与植株外部形成有一定的关联性，特别是与叶片的生长关系较大。可以用叶龄指数和展开叶片数推测穗的分化进程，制定田间管理措施，促进穗的正常分化发育。关于幼穗的分化发育进程与叶片生长的关系因品种类型和栽培条件而有一定差异，可参阅有关专业书籍。

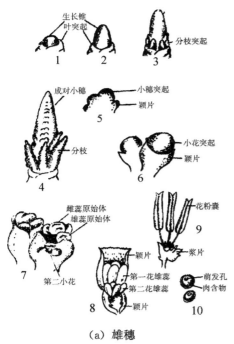

（a）雄穗

1. 未伸长的生长锥；
2. 生长锥伸长；
3. 小穗开始分化（出现鳞状突起）；
4. 小穗继续分化；
5. 一对开始分化的小穗；
6. 一对小花开始分化的小穗；
7. 小花分化（形成雌、雄蕊）；
8. 小花分化（雌蕊退化）；
9. 性器官形成（花粉粒形成）；
10. 成熟的花粉粒

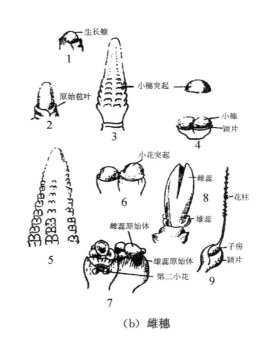

（b）雌穗

1. 生长锥未伸长；
2. 生长锥伸长；
3. 小穗分化；
4. 一对并排的小穗；
5. 小花分化阶段的雌穗；
6. 开始小花分化的小穗；
7. 小花分化的小穗（雌、雄蕊原始体形成）；
8. 雄蕊及第二小花退化；
9. 一朵成熟的小花

图 15-4 玉米穗的分化

（八）开花授粉与籽粒形成

1. 开花授粉

玉米雄穗抽出剑叶后 3～5 d 即开花，顺序是主轴中上部的小花先开，然后向上向下依次开放。全穗开花期为 7～11 d，盛花期在始花后 2～5 d，每天以上午 9:00～11:00 时开花最盛。

发育正常的雄穗可产生大量花粉粒，据测，每个雄穗有 2000～4000 朵小花，可产生 1500 万～3000 万个花粉粒。花粉粒的生活力，在一般田间条件下能保持 5～6 h。气温在 25℃～28℃，适宜于雄穗开花；低于 18℃ 和超过 38℃，雄花不开放；气温超过 32℃～35℃，花粉会很快丧失生活力。

雌穗花丝抽出苞叶为开花，也称吐丝。雌穗开花一般比雄穗晚 2～5 d，每个雌穗开花的全过程为 4～5 d，以第 3 d 吐丝最多。花丝抽出的顺序是果穗近基部 1/3 处最先吐丝，然后向上向下同时进行，顶部抽出最晚。花丝抽出后即有受精能力，一经传粉受精，不再伸长。如未授粉，可以继续伸长达 50 cm 左右。

2. 籽粒的形成与发育

玉米授粉后约经过 24 h 完成受精，开始籽粒的形成和发育。受精后 8～10 d 形成原胚，以后开始分化胚根、胚轴、胚芽等部位，25 d 后各部分的分化基本完成，到 35～40 d 达到正常大小。在胚发育的同时，分化形成胚乳细胞，并逐渐积累淀粉，最后形成充实的种子。

玉米授粉后 15 d 左右，主要是果穗变粗，籽粒增大，胚已初具雏形，籽粒外形基本形成，水分充满整个种子，干物质积累很少，称为籽粒形成期。授粉后 15～30 d，是种子干重增加最快的时期，叶片光合产物和原储藏于茎叶的光合产物，大量运转到籽粒中储藏，淀粉积累逐渐增加，水分减少，到胚乳内含物变为乳白色浆汁，含水量达 70% 左右时为乳熟期。乳熟期后 10～15 d，种子失水加快，干物质积累继续增加，含水量降至 48% 左右时为蜡熟期。蜡熟期后，籽粒含水量再减少到 18%～25% 时，为完熟期，此时籽粒干重不再增加。

三、玉米的栽培技术

（一）选用良种

选用良种应根据当地的自然条件和生产实际综合考虑。一般春播玉米要求生育期较长、单株生产力高、抗病性强的品种，夏播玉米要求早熟、矮秆、抗倒的高产品种；套种玉米则要求株型紧凑、叶片上冲、苗期耐荫的品种；平丘地区宜选株型紧凑、适应性强的品种，山区适宜种植大穗、耐阴湿、抗逆性强的品种；肥水条件较好的中低台土和槽坝地以耐肥、高产品种为主，土层瘠薄的坡台地以耐瘠耐旱品种为主。各地确定 1～2 个主推品种，2～3 个搭配品种，既要避免多、乱、杂，又不能搞品种单一化。

（二）精细整地

玉米植株高大，根系发达，入土深，分布广，吸收能力强，要求土层深厚、疏松透气、保水保肥性能好的土壤。因此，在播种前必须精细整地，为玉米播种出苗和生长发育创造良好的土壤环境。

四川许多主产玉米的丘陵、山区，土地以旱坡地为主，土层薄，有机质少，保水保肥力差，"三天不下雨苗发黄，下点急雨土冲光"，十分不利于玉米的高产。应尽可能创造条件，搞好农田基本建设，实施坡改梯，加厚耕作层，减少水土流失，增施有机肥，修建灌溉渠等。

（三）适时播种

1. 播种期的确定

一个地区玉米播种适期的确定主要是根据当地的温度条件、栽培制度和栽种方法等确定。春播玉米应在表层 5～10 cm、土壤温度稳定在 10℃～12℃以上时播种。如采用地膜育苗，播期可适当提前。四川省各地气候条件差异大，春玉米的播种适期也有较大悬殊，一般川东区较早，川西区和盆周山区较迟。夏、秋玉米不受温度条件的限制，应做到抢时播种。

栽培制度是影响玉米播种期的重要因素。如用冬闲地种植春玉米，播种期是否受前作的影响，主要取决于早春的温度条件；而采用小春作物预留空行套种春玉米，如小麦、胡豆、洋芋套种玉米，玉米播种期的确定应根据预留行的宽度、前作的生长状况和收获期的早迟进行考虑。一般的原则是玉米与前作的共生期以不超过 40 d 为宜。

2. 种子的准备与处理

（1）选种与晒种。选择饱满充实、新鲜健壮、无病虫害的种子作种，发芽出苗快而整齐，幼苗生长健壮，为高产打下良好基础。种子精选的方法有风选、筛选、液选和粒选，可根据需要灵活选用。

玉米种子在播种前最好选晴天晒 2～3 d，以降低种子含水量，增加温度，提高种皮透性，增强种子活力，使种子吸水迅速，发芽出苗快而整齐，且有一定杀灭病菌、害虫的作用。

（2）浸种与拌种。玉米种子要经过吸水膨胀后才开始萌发，浸种可提前使种子吸足水分，促进种子萌发，提高田间出苗率和整齐度，提早出苗期。可用冷水浸种 24 h，或用温水（水温 55℃）浸 6～8 h，也可以用 500～800 倍的磷酸二氢钾水溶液浸种 6～10 h，然后播种。为了培育壮苗，促进幼苗的生长发育，还可以结合用一些植物生长调节剂，如"玉米壮苗剂"等进行浸种。干旱、土壤水分少时不宜浸种，或浸种后播种时须浇足量清粪水，以免产生"炕种""烧芽"与"干霉"，影响出苗。

为了防止鸟、兽、虫、鼠等危害，造成缺苗，播种前可用 40% 的乐果乳剂 50 g 兑水 3 kg 拌种或 0.2%～0.3% 的粉锈灵拌种。最好采用种子包衣技术，既可防虫防病，也能促进种子萌发生长。

（四）育苗移栽与直播

1. 育苗移栽

玉米育苗移栽是玉米栽培技术的一大改革，是趋利避害的增产措施，一般可增产20％～30％。实行玉米育苗移栽，有3个显著的作用：一是保证玉米适时早播，采用地膜覆盖育苗移栽可以解决早春气温低（尤其是山区）而迟播，适合玉米生长季节短的问题；二是解决前后作之间的矛盾，在专门的苗床地育苗，播期不受前作限制，可以提前播种，或在同期播种条件下缩短玉米与前作（小麦）的共生期，减轻前作对玉米的影响，确保苗全、壮苗；三是解决培育壮苗问题，幼苗期在苗床内便于集中加强管理，培育壮苗，移栽时还可以去掉弱小苗，提高大田玉米苗的整齐度。此外，育苗还可以节约用种。

（1）育苗技术。

①选址作床。多选背风向阳、排灌方便、靠近大田处，作宽100～130 cm、深10～13 cm的平底低畦苗床。

②配制营养土。一般用30％～40％的腐熟过筛的细厩肥、60％～70％的肥沃细土和1％的磷肥混合均匀，加适量清粪水，以手握成团，落地可散为准。

③育苗方式。生产中的育苗方式很多，主要有：肥团育苗，即用手将营养土捏成拳头大小的肥团，整齐地排放在苗床内；方格育苗，即将营养土平铺于苗床上，厚6～8 cm，轻轻拍打做出泥浆，抹平表面，等泥浆"收汗"后用划格器切制成4～9 cm²的小方格；纸袋育苗，即将营养土装在高10 cm，直径约6.5 cm的纸袋内；塑料软盘育苗，将玉米专用塑料软盘整齐地排放在苗床内，装入营养土待播种。

④播种。每个肥团、方格或营养袋播2～3粒精选的种子，盖约2 cm厚的细厩肥或营养土，然后盖上塑料薄膜。

⑤苗床管理。苗床内温度应保持在20℃～25℃，晴天当膜内温度超过30℃时，应将地膜两端揭开，通风降温，防止高温烧苗，傍晚时再盖上；出苗后，应逐渐揭去薄膜；出苗阶段要保持床土湿润，表土不现白，否则应浇水保湿。

（2）移栽。移栽一般以二叶一心到三叶一心较好，容易返青成活；移栽最好选在晴天进行，因晴天土温高，土壤不易板结，也不会使玉米浆根，栽后发根快，但太阳过大，容易使幼苗过分萎蔫、枯死；起苗要少伤根，多带土，同时注意淘汰病苗、弱苗；运苗要减少震动，防止机械损伤；大小苗分开移栽，切勿大小苗混栽；栽苗时窝子要适当挖大些，栽后用细土壅苑；栽后应灌足加少量清粪的定根水，保持土壤湿润，以利发根和根系生长。由于玉米的叶片是互生的，在栽单株时，可人为地使叶片有规律地分布在玉米行的两边，今后的果穗也只生长在一侧，叶、穗在田间排列和分布合理，接受光的姿态较好，有利于获得高产，这种栽培方式称为"单株定向栽培"。

2. 育苗直播

直播比较省工，操作方便，生产上仍有较大面积。

（1）播种量。播种量的多少，随种子质量、土壤水分、地下害虫及鸟兽危害程度而定。一般通过精选、发芽率高的种子，每窝播4～5粒，每公顷约需种子37.5 kg，若整地质量差，虫害及鸟兽危害较重，则应适量加大播种量，以保证一次播种全苗，播种量可用下列公式计算：

$$播种量（kg/hm^2）=\frac{每平方米窝数\times每窝粒数\times千粒重（g）}{100}$$

（2）播种技术。

①沟端行直，按规格播种：播种时应按规定的行窝距严格拉线开窝，做到沟端行直，窝距均匀，保证单位面积上有足够株数。

②深窝浅盖，以利出苗：窝子要适当大些、深些，窝底要求平坦、深浅一致，有利于播种时种子分布均匀。

如施用化肥作种肥时，应做到肥种隔离，防止烧根、烧芽。盖种深度一般以3～4 cm为宜，深窝浅盖，水分充足，土温升高也较快，有利于种子发芽和出苗。

（五）合理密植

1. 种植密度

根据品种特性、土壤条件和播种期等确定。

（1）品种特性。早熟品种，单株总叶数少，植株矮小，密度可稍大；晚熟品种密度应稍小；紧凑型玉米的密度应比平展型品种大。

（2）土壤条件。土层深厚肥沃、保水保肥力强的宜适当稀植，土层瘠薄的山坡地应适当加大密度。

（3）播种期。春玉米生育期长，植株生长健壮，密度宜稍稀；夏、秋玉米生长期温度高，生育期短，密度宜适当增大。

当前，四川玉米的密度范围，以早熟紧凑型品种的密度最大，晚熟平展叶型品种密度最小。一般平展型中晚熟品种4.2～4.8株/m²，中熟品种4.5～5.3株/m²，中熟偏早或早熟品种5.3～6.0株/m²。目前推广的紧凑型品种以6.7～7.5株/m²为宜。

2. 种植方式

常见的种植方式有等行距种植和宽窄行种植两种，以宽窄行种植较普遍。每一种方式又有穴留单苗和穴留双苗（株）两种形式，以穴留双苗最普遍。

（1）等行距种植。每窝留单株时，一般行距66～84 cm，窝距27～33 cm；留双株时，行距84～100 cm，窝距33～50 cm。

（2）宽窄行种植。这在密度较大、施肥水平较高的条件下，增产效果明显，特别有利于间套作。一般宽行100～120 cm，窄行50～67 cm，窝距30～50 cm。

四川省玉米常与小麦和甘薯带状套作，一般1.7～2 m开厢，其中小麦或马铃薯带宽0.7～1.0 m，玉米带宽1～1.3 m，种两行玉米行距0.5～0.7 m，窝距0.4～0.5 m，窝留双株。

（六）科学施肥

1. 玉米的需肥规律

玉米植株高大，根系发达，吸肥力强，需肥量较大，一般每生产100 kg籽粒，需要氮2.5～4.4 kg、磷1.15～1.6 kg、钾3～4 kg，氮、磷、钾的比例约为2∶1∶2。

玉米不同生长期对氮、磷、钾的吸收利用有明显的差异。苗期株体较小，生长较慢，尤其是春玉米，吸收氮、磷、钾三要素的数量少，分别占全生育期总吸收量的2%、1%

和3％左右，夏玉米苗期吸收氮、磷、钾的数量比春玉米多一些，各占全生育期的10％左右；拔节孕穗到抽穗开花期是玉米生长最快的时期，营养生长与生殖生长同时进行，故吸收氮、磷、钾也最多，吸收速度最快，是吸肥的关键时期，在这一时期春玉米吸收氮、磷、钾的数量分别占总吸收量的51％、64％和97％左右，夏玉米分别占78％、80％和90％左右；到灌浆结实期，春玉米还要从土壤中吸收约47％的氮，夏玉米在这一时期吸收的氮量远远小于春玉米，约占总吸收量的12％。由此可见，无论是春玉米还是夏玉米，磷、钾特别是钾主要是在中前期吸收，而氮在生育后期也要吸收一部分，特别是春玉米。因此，磷、钾主要作底肥施用，而氮除部分作底肥施用外，主要作追肥施用，这样才能满足玉米正常生长发育对氮、磷、钾三要素的需求。

除氮、磷、钾三要素外，玉米生长发育还需要一定量的硼、锌、锰等微量元素，如果缺乏这些元素的供应，植株生长发育也会受到影响，使产量降低，甚至死亡。

2. 施肥技术

根据玉米各生育期对三要素的吸收规律和农民的经验，玉米的施肥原则应是"施足底肥、轻施苗肥、巧施秆肥、猛攻穗肥、酌施粒肥"，这也称为"两头重、中间轻"的施肥方法。

（1）重施底肥。底肥又称基肥，包括播种前和播种时施用的各种肥料。底肥的施用量及其占总施肥量的比例因肥料种类、土壤、播种期等而不同，总的原则是重施底肥，底肥占总施肥量的30％～50％。

底肥应强调以有机、迟效性肥料为主，适当搭配速效化肥。根据四川高产田块调查，底肥中迟效性肥料占80％，速效性肥料占20％左右的效果较好。一般磷、钾肥适宜于全作底肥。

（2）轻施苗肥。玉米苗期株体小，需肥不多，但若养分不足，则幼苗纤弱，叶色淡，根系生长受阻，影响中后期的生长。所以在定苗后，应及时轻施苗肥，促进苗壮。苗肥以施用腐熟的人畜粪尿或速效氮素化肥为好。应注意的是苗肥切忌施用过量，以防止幼苗徒长，苗肥应占施肥总量的5％～10％。

（3）巧施壮秆肥。拔节时施用的肥料称为壮秆肥，作用是壮秆，也有一定促进雌雄穗分化的作用。特别是采用中早熟及早熟品种的夏玉米和秋玉米，施用壮秆肥，增产效果显著。壮秆肥应注意施用适量，以防节间过度伸长，茎秆生长脆嫩，后期发生倒伏。壮秆肥的施用量约占施肥总量的10％～15％。

（4）猛攻穗肥。穗肥又称攻苞肥，其主要作用是促进雌、雄穗的分化，以实现粒多、穗大、高产。穗肥用量应占施肥总量的50％左右，以速效氮肥为主，施用的适期在雌穗小穗小花分化期，一般在小喇叭到大喇叭口期。生产上还应根据植株生长状况，土壤肥力水平以及前期施肥情况，来考虑施用的时期和数量。一般土壤瘠薄、底肥少、植株生长较差的，应适当早施、多施；反之，可适当迟施、少施。近年来四川各地对穗肥的施用都很重视，但应注意解决穗肥施用偏迟（有的已出天花才施）或偏早（拔节后不久施），未能充分发挥穗肥的增产作用，以及多数农户施穗肥只施化肥且用量不足而造成后期脱肥、翻黄早衰、秃尖增长、粒重下降的问题。

（5）酌施粒肥。玉米（特别是春玉米）开花授粉后，可适当补施粒肥，促进籽粒饱满，减少秃尖长度，提高玉米的产量和品质。粒肥主要施用速效氮肥，也可叶面喷施

0.2%的磷酸二氢钾溶液。粒肥用量约占总用肥量的5%。

（6）微肥的施用。土壤中一般不缺乏微量元素，但在酸碱度过大的土壤中或有机肥少、以氮化肥为主的地区，易出现缺微素症。适量施用微肥，可以提高产量。

①锌肥。锌肥作底肥，用硫酸锌 $7.5\sim22.5$ kg/hm²；浸种时，用 $0.02\%\sim0.05\%$ 硫酸锌溶液浸 $12\sim24$ h；叶面喷施用 $0.05\%\sim0.1\%$ 溶液。

②硼肥。硼肥作底肥，可用硼砂 $1.5\sim3.5$ kg/hm²或硼镁肥 375 kg/hm²；浸种时，用 $0.01\%\sim0.05\%$ 的硼溶液浸 $12\sim24$ h。

在追施化肥时，应深施、兑清粪水施，避免干施、表施，以提高肥料的利用率，减少环境污染。

（七）田间管理及收获

1. 苗期管理

从播种出苗到拔节为苗期，是形成根系和茎叶的营养生长阶段，特点是根系生长速度大于茎叶，以根系生长为中心，田间管理的主攻方向或中心任务是促进根系发育，培育壮苗，做到苗全、苗齐、苗壮，为中后期的正常生长发育打好基础。相应的田间管理措施除了早施苗肥、抗旱或防涝保全苗外，主要有以下几项工作：

（1）查苗补苗。全苗是夺取高产的基础，玉米一般不分蘖，不能像其他禾谷类作物那样，靠分蘖来增加穗数，因此保证全苗更具有重要意义。播种出苗后，要逐块进行检查，发现缺苗要及时进行补种或移栽补苗，也可移密补稀。

（2）间苗、定苗。为了保证田间出苗整齐，播种量都超过留苗数。因此，直播玉米出苗后应及时间苗、定苗。间苗在 $3\sim4$ 叶时进行，定苗在 5 叶左右进行。春玉米苗期气温低，生长缓慢，且地下害虫比较多，可以适当推迟定苗。间苗、定苗最好在晴天进行，去弱留壮，去密留稀，白苗、黄苗、病苗、虫伤苗都应去掉。定苗要按预计的密度留好壮苗，双株的应保留生长一致、并有一定距离的两苗。

（3）中耕除草。苗期中耕松土，能增加土壤通透性，提高地温，有利于微生物的活动，提高土壤养分有效性，便于根系吸收利用，壮根壮苗。苗期中耕可进行 $1\sim2$ 次，第一次中耕宜在 $3\sim4$ 叶期进行，在行间浅中耕 $4\sim6$ cm，第二次在定苗后拔节前进行 $7\sim10$ cm 的深中耕。结合中耕，除净杂草，减少养分消耗，促进根系发育。

（4）防治病虫。玉米苗期害虫主要是小地老虎（土蚕），此外还有蝼蛄（土狗）。特别是迟播春玉米，小春作物套作玉米地，病虫害受害较重，常造成严重缺苗，应注意及时防治。防治方法是可以在播种前结合整地进行土壤消毒处理，或播种时用毒谷或药剂拌种防治，同时在出苗前后用毒饵或药液进行防治。

2. 穗期管理

从拔节到抽穗为穗期，是营养生长和生殖生长并进时期，外部根、茎、叶旺盛生长，内部雌、雄穗迅速分化，是玉米生长最旺盛的时期。这段时期常常气温高、雨量多、病虫滋生快、杂草生长迅速，应加强田间管理工作，协调好营养生长和生殖生长的关系。这一时期田间管理的主攻目标是解决营养生长和生殖生长的矛盾，保证营养物质在两者之间的合理分配，使两者平衡生长，达到根系发达、壮秆多穗、穗大粒多、提高双穗率、防止空秆和倒伏的要求。

（1）中耕除草与培土。玉米拔节以后，植株迅速生长，应根据土壤板结和杂草滋生情况，结合追肥，进行中耕除草和培土。穗肥施后培土壅根，一方面可以掩埋追肥，减少养分损失；另一方面又可促进根快发、多发，增强抗倒、抗旱能力。培土高度一般为 10～17 cm。

（2）抗旱排涝。玉米拔节孕穗期，生长发育旺盛，需水量多，且抽穗前后是玉米一生中的需水临界期，若水分不足，雌、雄穗分化发育不良，开花不协调，影响正常授粉，造成秃顶、缺粒或空秆；雨水多，土壤水分过多，则影响根系活力，引起早衰。因此，应重视这段时期的水分管理，保持土壤持水量在 75％左右为宜，以保证玉米正常生长发育。

（3）防治病虫。玉米穗期的主要害虫有大螟、玉米螟、黏虫等，主要病害有大斑病、小斑病、纹枯病、丝黑穗病等。对于虫害，应加强虫情测报，本着治早、治小、治好的原则，抓好心叶末期防治措施。对于病害的防治，主要是选用抗病品种，进行科学栽培，使田间通风透光良好，植株生长健壮，以减少病害的发生。至于纹枯病，目前多采用及时剥除病叶（连同叶鞘），并喷施井岗霉素于穗下茎秆，防止病害蔓延等方法防治。

3. 花粒期管理

从抽雄到成熟为花粒期，又称开花结实期，是以生殖生长为主的阶段，田间管理的主要目标是保持较高绿叶面积（尤其是穗三叶），防止茎叶早衰，促进灌浆结实，增加粒重。

（1）去雄和人工辅助授粉。在玉米抽雄散粉前拔除雄穗，一方面可以把抽雄散粉所消耗的养分、水分转供雌穗的生长发育，促进果穗增长；另一方面能改善玉米后期群体的光照条件，在种植密度较高时，这种效果更为明显。因此，合理运用人工去雄技术可以提高玉米的产量。

去雄最好在雄穗抽出约 1/2，能用手握住全部侧枝时进行。去雄过早，不易去尽，还易伤叶；去雄过晚，雄穗完全抽出，并散粉，已消耗大量养分和水分，达不到去雄的目的。一般采用隔行或隔株去雄，以利于授粉，但一块地的边行、边株或迎风面的 2～3 行不宜去雄。在授粉结束后，最好将余下的雄穗也全部剪去，以增加上中层叶片的受光。

去雄常结合人工辅助授粉。玉米果穗的顶部及第二果穗发育晚、吐丝迟，或由于其他原因，常造成授粉困难，形成秃顶。采用人工辅助授粉可以提高玉米的结实率，特别是对于吐丝较早及较晚的植株，可减少秃尖，增加穗粒数。人工辅助授粉应在全田有 1/3 植株的果穗花丝抽出苞时开始进行，每隔 2～3 d 进行一次。授粉的方法有授粉器授粉和推动或摇动植株授粉两种。前者为人工搜集花粉，然后用授粉器（筒）将花粉逐株授到新鲜花丝上，这种方法较费工费时，但授粉效果好；后者是用竹竿制成的丁字架推动植株或用手摇动植株，使花粉迅速散落到花丝上，此法简便易行，但有大量花粉落到茎叶及地上，授粉效果较差。生产中最好采用授粉器授粉法，在劳力紧张时，至少第一次和最后一次应采用这种方法。在授粉过程中，如雌穗花丝过长，应剪去一部分使花丝散开，以便接受花粉。人工辅助授粉应选 36℃以下的晴天，在露水干后，雄花开始大量散粉（上午 9：00～11：00）时进行。如遇阴雨天气，宜在雨后花丝不黏结、花丝上无雨水时进行，在整个人工辅助授粉过程中，要严格注意不损伤叶片，不撞断植株。

（2）打顶去叶。在四川省一些地区，常有在玉米授粉蔫丝后，打顶去叶作饲料的习惯，这样既可在一定程度上解决饲料问题，也可改善玉米中下部的通风透光条件和减少玉米对套作红苕的荫蔽。但为了玉米灌浆结实有足够的光合面积，打顶去叶时应注意以下两个方面：

①掌握好适宜的时期。打顶去叶过早，会严重影响籽粒的正常灌浆，使秃尖增长，千粒重下降；打顶去叶过晚，茎叶干枯，大大降低了饲料收获的数量和质量。为使二者兼顾，以乳熟末期或蜡熟初期打顶去叶较为适宜。

②保留叶数。穗位叶和接近穗位的叶片是玉米后期的功能叶，玉米籽粒灌浆和正常成熟主要依靠它提供光合产物。因此打顶去叶时，至少应保留穗位叶及穗上穗下各 2 叶，即保留棒 5 叶。

（3）继续防治病虫及倒伏和早衰。籽粒灌浆期脱肥翻黄，应及时补施速效化肥。如遇高温干旱，应及时灌溉，防止早衰。继续搞好玉米螟及黏虫的防治工作，确保后期安全、正常成熟。

4. 收获

玉米宜在茎叶变黄、包叶干枯、籽粒变硬而且有光泽的完熟期收获。收获过早，籽粒成熟度不高，干物质积累不充分，产量不高；收获过迟，易遭鼠、兽、鸟等危害，或因植株倒折、果穗霉烂而造成损失。复种指数高，玉米收后要及时播种其他作物；玉米行间套种有其他作物时，可在蜡熟末期收获；作青贮饲料或青饲料的玉米，可在乳熟末期收获。

第三节　小　麦

一、概述

（一）小麦在粮食生产中的地位

小麦是世界性的重要粮食作物，种植面积居各种作物之首，全世界约有 40％的人口以小麦为主食。小麦籽粒营养丰富，蛋白质含量高，一般为 11％～14％，高的可达 18％～20％；氨基酸种类多，适合人体生理需要；脂肪、维生素及各种微量元素等对人体健康有益。小麦粉由于含有独特的醇溶蛋白和谷蛋白，水解后可洗出面筋，并能制出烘烤食品（面包、糕点、饼干）、蒸煮食品（馒头、面条、饺子）和各种各样的方便食品、保健食品，是食品工业的重要原料。另外，小麦加工后的副产品中含有蛋白质、糖类、维生素等物质，是良好的饲料。同时麦秆既可用来制作手工艺品，也可作为造纸原料。

小麦在世界上分布极广，南至 45°S（阿根廷），北至 67°N（挪威、芬兰），但主要集中在 20°～60°N 和 20°～40°S 之间。亚欧大陆和北美洲的栽培面积占世界小麦栽培总面积的 90％，在年降水量小于 230 mm 的地区和过于湿润的赤道附近较少栽培。由于小麦适应性广，生育期间受自然灾害影响相对较少，产量比较稳定。同时，冬小麦是越年生夏收作物，它不仅可以充分利用秋、冬和早春低温时期的光热资源，以营养体覆盖田面，减少裸露，而且在生育期间或收获后还可与本年春播和夏播作物配合，采用间套复种，提高复种指数，既提高了土地利用率，又增加了单位面积的全年产量，是能迅速提高粮食总产量的主要夏收作物。小麦在耕作、播种、收获等环节中都便于实行机械化操作，有利于提高劳动生产率，形成规模化生产。

小麦是四川的主要粮食作物，四川也是全国小麦主产区之一。四川小麦播种面积和总产量均居全国第六位，西部第一位。在四川粮食生产中，小麦占全年总产量的 17.1%，播面的 19.8%；占小春粮食产量的 75.7%，播面的 69.9%。小麦是重要的商品粮食，其商品率已占小麦总产量的 45%以上，居各大粮食作物之首。

（二）小麦的一生

从种子萌发开始到新种子产生称为小麦的一生，或称全生育期。在此过程中，小麦在形态特征、生理特性等方面发生显著变化，如根、茎、叶、蘖的形成，幼穗的分化和开花结实等。因此，小麦的一生既反映出不同时期生物学的特点，也反映出产量构成因素的形成过程。

对小麦一生的划分体系，种类较多。在栽培研究和生产实践中，主要是根据小麦器官形成的顺序和明显特征，习惯上分为出苗期、三叶期、分蘖期、拔节期、孕穗期、抽穗期、开花期、灌浆期和成熟期等生育时期。南方麦区的北部地区冬季寒冷，小麦生长延缓或停止，所以还可划分出越冬期和返青期。各生育时期的标准如下：

出苗期：麦田有 50%以上的麦苗第 1 片真叶伸出地面 2 cm。

三叶期：麦田有 50%以上的麦苗长出 3 片叶。

分蘖期：麦田有 50%以上的麦苗分蘖露出叶鞘 2 cm。

拔节期：麦田有 50%以上的麦苗主茎第 1 节露出地面 2 cm。

孕穗期：麦田有 50%以上的小麦主茎旗叶全部伸出叶鞘，也称挑旗期。

抽穗期：麦田有 50%以上的麦穗穗尖（不包括麦芒）从旗叶叶鞘伸出 1/3。

开花期：麦田有 50%以上的麦穗开始开花，也称扬花期。

灌浆期：籽粒开始沉积乳浆状淀粉粒，用手捏胚乳呈稀糊糊状。

成熟期：籽粒全部变黄，但尚未完全硬仁，含水量为 20%左右，是机械收获的最佳时期。

小麦的生育时期早晚和全生育期长短因品种、播期、年型、生态类型和栽培条件的不同有很大差异。同一品种，播种期不同或在不同纬度和不同海拔种植，也会使生育期发生相应变化。四川盆地冬小麦生育期为 180~200 d。

从器官的功能和形成特点来看，小麦一生还可分为营养生长和生殖生长两个阶段。种子萌发到幼穗分化为营养生长期，幼穗分化到抽穗为营养生长与生殖生长并进期，抽穗开花至成熟为生殖生长期。

二、小麦生产的土、肥、水条件

小麦生长发育需要从土壤中吸收水分、养分，并通过土壤维持适当的地温，土壤是植株生长发育的载体，研究高产麦田的土壤条件，需肥、需水特性，便于制定切实可行的栽培管理措施，促进小麦的高产、优质、高效。

（一）高产小麦的土壤条件

小麦适应性广，各种土壤均可种植，但要达到高产、稳产，必须创造良好的土壤条件。高产麦田有以下特点：耕层深厚，结构良好，土壤肥沃，养分协调。具体来说，实现高产的土壤指标为：耕作层深度一般为 20 cm 以上，土壤容重 1.2 g/cm³ 左右，孔隙度为 50%～55%（其中非毛管孔隙 15%～20%），水气比例为 1.0∶（0.9～1.0）；有机质含量，在沙壤土中为 1.2% 以上，在黏土中为 2.5% 左右，其中易分解的有机质要占 50% 以上；土壤含 N 量 0.1% 以上，生长期间水解 N 70 mg/kg 左右，速效 P 含量大于 15 mg/kg，速效 K 含量大于 120 mg/kg，土地平整，地面坡降小于 0.1%～0.3%，有利灌排，土壤 pH 为 6.8～7.0 左右。

（二）小麦需肥特性与合理施肥

1. 小麦的需肥特性

小麦对 N、P、K 三要素的吸收量因品种、气候、生产条件、产量水平、土壤和栽培措施不同而有差异。综合各地资料分析，小麦每生产 100 kg 籽粒和相应的茎叶，需吸收 N 3 kg 左右，P_2O_5 1.0～1.5 kg，K_2O 3～4 kg，其比例约为 3∶1∶3。

冬小麦一生中对 N、P、K 吸收有两个高峰。对 N 的第一个吸收高峰在分蘖至越冬始期，吸收量占总量的 15% 左右，越冬期间吸收量仅占总量的 5% 左右，返青后 N 的吸收量有所增加；拔节至开花期出现第二个吸收高峰，吸收量占总量的 30%～40%，其余为开花后吸收。小麦对 P、K 的吸收在分蘖至越冬始期出现第一个峰值，占总吸收量的 10% 左右，至拔节期 P 吸收量占一生的 30% 左右，K 达 50% 左右；拔节至开花期出现第二个吸收高峰，吸 P 量占总吸收量的 40%，吸 K 量占总吸收量的 50%，开花后 P 吸收量仍达 20%，K 则停止。近年研究表明，增加拔节至开花期 N、P、K 的吸收比例有利于进一步提高产量。

2. 施肥量的确定

目前生产上多采用以产量定施肥量方法，小麦产量指标确定后，根据小麦吸肥量、土壤基础肥力、肥料种类、数量和当季利用率及气候等条件综合确定。试验和调查表明，四川省小麦的施肥量在中等肥力田块，产量 300 kg/亩左右，一般需用纯 N 7.5～10 kg；产量 350 kg/亩左右，一般需用纯 N 10～12 kg；产量 400 kg/亩左右，一般需用纯 N 12～14 kg。同时配合施用磷、钾肥，如四川省的黄壤，有效磷奇缺，必须增施磷肥，沙性土必须增施钾肥。施用磷肥时，需与有机肥混合施用，以免有效性降低，一般用过磷酸钙 25～35 kg/亩，钾肥 7～8 kg/亩。高产栽培还应增加磷、钾肥的比例，并要注意精、粗肥搭配，迟效肥与速效肥结合，施用土杂肥 1.5 t 以上，人畜尿 20～30 担/亩，配合适量的速效化肥为宜。

3. 肥料的运筹原则

根据小麦需肥特性，肥料的运筹应掌握在冬前分蘖期有适量的速效 N、P、K 供应，以满足第一个吸肥高峰对养分的需要，促进分蘖、发根、培育壮苗；拔节至开花是小麦一生中吸肥的最高峰，是施肥最大效率期，必须适当增加肥料供应量，巩固分蘖成穗，培育壮秆，促花、保花，争取穗大粒多；抽穗开花以后，要维持适量的 N、P 营养，延长产量物质生长期的叶面积持续期，提高后期光合生产量，保证籽粒灌浆，提高粒重。

在确定肥料运筹比例时，应综合考虑小麦专用类型、肥料对器官的促进效应，以及地力、苗情、天气状况等因素。根据各地高产经验，中筋、强筋小麦生产中 N 肥可采用基肥与追肥之比为 5∶5 的运筹方式，追肥主要用作拔节孕穗肥，少量在苗期施用或作平衡肥；弱筋小麦宜采用基肥与追肥之比为 7∶3 的运筹方式，以实现优质高产；晚茬麦采用独秆栽培法的群体，N 肥基肥与追肥之比可采用（3~4）∶（6~7），以保穗数、攻大穗；秸秆还田量大的麦田基肥中 N 肥用量需适当增加。P、K 肥提倡以 50%~70% 作为基施，30%~50% 在倒 4 叶至倒 5 叶作为追施。

（三）小麦需水特性与灌排技术

1. 小麦需水特性

（1）小麦的耗水量。小麦一生中总耗水量为 400~600 mm，即 266.7~400 m³/亩，其中植株蒸腾占 60%~70%。小麦每生产 1 kg 籽粒需要耗水 800~1000 kg。小麦一生耗水量受气候、土壤、栽培条件等因素的影响。气温高、湿度小、风速大时，株间蒸发和叶面蒸腾都大，耗水量因此增多；而气温低、湿度大、风速小时，株间蒸发和叶面蒸腾却降低，耗水量随即减少。另外，如深耕、加施有机肥等农业措施，因增强了土壤保水抗旱能力，相应地提高了土壤水分利用率；合理密植、加强中耕管理等，可减少株间蒸发，相应降低耗水量。

（2）小麦不同生育时期的需水规律和适宜土壤水分。在小麦生育过程中，各个生育时期需水量是不同的。出苗至拔节期，因植株幼小，生长缓慢，需水量较少；拔节以后至抽穗、成熟，随着气温升高，生长发育加快，需水量增加。总的表现呈由低到高的趋势。

小麦各生育时期要求的土壤水分（0~20 cm）：播种至出苗，土壤含水量以占田间持水量的 70%~75% 为宜，低于 60% 出苗不整齐，低于 40% 不能出苗，高于 80% 易造成烂根烂种；分蘖到拔节为 70% 左右，低于 60% 分蘖受影响，分蘖成穗下降，低于 40% 则分蘖不发生；拔节至抽穗，70%~80% 为宜，有利于巩固分蘖成穗，形成大穗，低于 60% 虽无效分蘖加速死亡，但退化小穗、小花数增多（尤其是孕穗期）；抽穗至乳熟末期，70%~75% 为宜，既要防止干旱，造成可孕小花结实率下降，影响每穗粒数，又要防止田间湿度过大，造成渍水烂根，影响粒重；腊熟末期，植株开始衰老，土壤水分以不低于田间持水量的 60% 为宜。四川省多数地区雨量充沛，对稻茬麦容易造成湿害，因此，除整地时开好排水沟外，还应该经常清沟排渍，降低土壤湿度，清除湿害，以利于小麦正常生长。

2. 灌溉与排水技术

（1）灌水抗旱技术。小麦灌溉时要掌握看天、看地、看苗的原则。看天，就是看当时当地的天气变化和降水量的多少，决定是否灌水，如天气干旱，土壤水分不足，气温高，蒸发量大，又是小麦耗水量多的生长时期，就要及时灌水；如遇寒流、霜冻，为了防止低温冻害，要提早灌水；小麦抽穗后干旱，虽然需要灌水，但遇到有风的天气，高产麦田灌水易引起倒伏，就应适当提早或推迟灌水。看地，就是看土壤墒情、土质和地形、地势，一般在土壤含水量低于田间持水量的 60% 时要进行灌溉，保水力强的黏土、地下水位高的低洼地要少灌；保水力差的砂土、地下水位低的高岗地灌水次数要多些，丘陵山地要先浇阳坡地后浇阴坡地。看苗，就是要看麦苗所处的生育时期、植株的外部形态和长势、群体的大小及单茎绿叶数的多少等，如群体小、麦苗正处在有效分蘖期遇到干旱，要及时灌水，以水调肥，以肥促长；如麦苗处在无效分蘖期，群体大、长势旺，虽遇到干旱，为控制群体过大，减少无效分蘖，就要少灌水或不灌水；拔节、孕穗、抽穗及开花期遇干旱，要及时灌水；乳熟期如单茎平均绿叶数少于 3 片，则不宜灌水。

（2）排水降湿技术。小麦湿害是指降雨后小麦根系密集层土壤含水量饱和，空气不足，使小麦根系长期处于缺氧状态，呼吸受抑制，活力衰退，阻碍小麦对水分和矿质元素的吸收，同时土壤中有机物质在嫌气分解条件下，产生大量还原性有毒物质，使根系受害。

麦田防渍除开好一套沟外，还必须降低麦田的地下水位深度，其控制深度为：苗期50 cm，分蘖越冬期 50～70 cm，拔节期 80～100 cm，抽穗后 100 cm 以下。

生产应用中一般采用一厢一沟式，根据水源保证情况、土壤质地、降雨量等条件，可分为水厢式（全生育期沟内有水，前期深水，后期浅水）和旱厢式（全生育期沟内无水）。根据厢面宽窄，可分为窄埂、窄厢、宽厢半旱式等。厢沟与围沟、主沟连接，三沟配套，利于排水，效果较好。

三、小麦栽培技术措施

栽培技术措施是小麦获得高产的重要环节，只有抓好田间播种质量、加强肥水管理及病虫害防治，才能使小麦获得高产。

（一）播种出苗阶段

此阶段的主攻目标为灭"三籽"（深籽、露籽、丛籽），争早、全、齐、匀苗，为壮苗早发促蘖增穗打好基础。为达到此目标，必须做好以下环节。

1. 选用良种，对种子进行加工处理

优良品种表现为广适、高产、稳产、多抗、优质，据国内外分析，在小麦增产的若干因素中，良种的作用一般要占 20％～30％，因此选用良种是最经济有效的增产措施。

当前四川的小麦良种，根据穗部结构与产量构成的关系，可分为三种类型：①穗重型。千粒重 42～50 g，每穗 40～50 粒，经济系数 0.45 以上，如川麦 42，每亩 25 万穗，可达 450 kg 的亩产量。②穗数型。千粒重 35～38 g，每穗 40 粒左右，经济系数 0.40～0.45，如川农 16，每亩 30 万穗，可达 400 kg 的亩产量。③中间型。千粒重、每穗粒数均介于穗重型与穗数型二者之间，如川农 19 等。

播前要晒种并精选种子，可用 5 mg/kg 烯效唑干拌种，或应用药肥包衣剂进行种子包衣，保证苗齐苗壮；测定种子的发芽率与田间出苗率，以便准确计算播种量。

2. 适期早播

"晚播弱，早播旺，适时播种麦苗壮"，适期播种，可使生育进程与最佳季节同步，能充分利用当地温、光、水资源，使麦苗在冬前生长出一定数量的叶片、分蘖、根系，积累较多营养物质，早发壮苗。适宜播期要根据当地气候、生产条件、品种发育特性、栽培制度等来决定，其掌握的原则：①保证麦苗在冬前形成适龄壮苗，春性品种，要求冬前主茎长出 5~6 叶，单株分蘖 2~3 个，次生根 3~5 条；半冬性品种，要求冬前主茎长出 6~7 叶，单株分蘖 3~4 个，次生根 5~7 条。②满足小麦在冬前形成适龄壮苗所需积温，播种至出苗要 0℃ 以上积温 110℃~120℃，出苗至冬前每长出 1 张叶片要 0℃ 以上积温 70℃~80℃，达到冬前壮苗标准，则春性品种要 0℃ 以上积温 500℃~550℃，半冬性品种要 600℃~650℃，然后从当地常年进入越冬始日的气象资料向前累加计算，总和达到所需求的积温指标的日期即为该地最佳播期，前后三天为适宜播期。③播种期的适宜日均温，冬性品种为 16℃~18℃，半冬性品种为 15℃~16℃，春性品种为 14℃~15℃。④早茬田（前作为中稻、早玉米、高粱、芝麻等）可选用半冬性品种适当早播，晚茬地（前作为棉花、红苕、晚秋作物等）可选用耐迟播又早熟高产的强春性小麦品种。

根据各地试验，四川盆地现有春性品种的播种适期，在霜降后几天到立冬前后两三天，即 10 月 27 日至 11 月 7 日；半冬性品种的播种期在霜降前 5 天和后 3 天左右。在此范围内，川西北偏早，川东南偏迟。

3. 施足基肥、增施种肥

施足基肥是小麦增产的关键，基肥应以有机肥料为主，配合使用 N、P、K 化肥，以满足苗期生长及其一生对养分的需要。在小麦播种时，施用少量速效化肥与种子同时播下作种肥，是一种经济的施肥方法。

4. 合理密植

（1）合理密植的内容。合理密植的主要内容包括三个方面：一是确定合理的基本苗；二是因地制宜地采用适宜的播种方式；三是在生育的各个时期，都要有合理的群体动态结构，即要有适宜的基本苗数、茎蘖总数、叶面积指数及协调的产量构成因素等。只有使个体与群体、营养器官与生殖器官的生长相互协调，才能充分有效地利用光能和地力，提高光合生产率，达到穗足穗大、粒多粒饱、夺取高产的要求。

（2）高产群体结构类型。小麦是具有分蘖特性的作物，单位面积的有效穗由主茎穗和分蘖穗构成，高产群体的结构类型可分为 3 类：①以主茎穗为主夺高产。麦田的大部分穗数由主茎构成，主茎穗与分蘖穗的比例为 1 :（0.1~0.3），四川在生产上的大部分麦田属于此种类型。这类麦田的特点是土壤肥力和施肥水平中等或偏下，小麦分蘖少，成穗率也不高。如果基本苗少了，穗数不足，影响产量；而基本苗过多，尽管穗数增加，但由于营养不良，个体受到严重削弱，产量也不高。②主茎穗和分蘖穗并重夺高产。主茎穗和分蘖穗比例大致为 1 : 1，当前生产上的高产麦田多属于此种类型。例如，每亩基本苗 10 万~15 万，有效穗 23 万~27 万，产量 400~450 kg/亩。这类麦田的特点是土壤肥力或施肥水平中等或上等，小麦个体发育好、分蘖多、成穗率高，如果基本苗过多，将会造成中期群体过大、光照条件恶化、茎秆软弱、个体受到很大影响、倒伏风险大，不易达到高产。③分蘖穗为主夺高产。这类麦田的特点是要求土壤肥力和施肥水平高，必须大水大肥猛烈促进前期分蘖，才能达到以分蘖穗为主的目的。由于四川小麦分蘖阶段短，分蘖数量有限，要靠分蘖达到较高的穗数来取得高产是有困难的，而且要求施肥多，播种管理精细，很难在大面积生产上办到。

（3）播种量的确定。基本苗是建立合理群体的起点和基础，基本苗是通过相应的播种量来实现的。小麦播种量的确定，一般采用"四定"，即以田定产、以产定穗、以穗定苗、以苗定籽。根据预期产量、品种特性、播期、地力、施肥水平及穗数指标等因素综合确定，并按以下公式计算：

$$基本苗数（10^4/亩）= \frac{适宜穗数（10^4/亩）}{单株成穗数}$$

$$每千克种子粒数 = \frac{1000 \times 1000（g）}{千粒重（g）}$$

根据各地实践，$400 \sim 500$ kg/亩的高产田，适期播种时基本苗一般为（$10 \sim 15$）$\times 10^4$/亩，晚播时需适当增加基本苗。基本苗确定后，可根据每千克种子粒数、发芽率和田间出苗率计算播种量，即

$$播种量（kg/亩）= \frac{基本苗数（10^4/亩）}{每千克种子粒数（10^4）\times 种子净度（\%）\times 种子发芽率（\%）\times 田间出苗率（\%）}$$

出苗率应根据整地、播种质量来确定，一般可按 80% 左右计算，整地质量好的可达 90% 以上，差的仅 50% 左右。

例：预定基本苗为 16 万/亩，千粒重 40 g，种子净度 98%，发芽率 95%，田间出苗率 80%，计算每亩用种为多少？

解：$$每千克种子粒数 = \frac{1000 \times 1000（g）}{40（g）} = 2.5 万粒$$

$$播种量 = \frac{16}{2.5 万粒 \times 0.98 \times 0.95 \times 0.80} = 8.59 kg/亩$$

5. 采用适宜播种方式

播种方式是合理密植的重要内容之一，也是协调个体与群体之间的矛盾，实现穗多、穗大、穗重的重要手段。各地小麦播种方式主要有条播、穴播、撒播等。

（1）条播。条播落籽均匀，覆土深浅一致，出苗整齐，中后期群体内通风、透光较好，便于机械化管理，是适于高产和有利于提高工效的播种方法，高产栽培条件下宜适当加宽行距，以利于通风透光，减轻个体与群体矛盾。条播要求整地细碎，土地平整，墒情好，才能保证质量。若土质黏重，不仅费工，而且不能保证整地和播种质量，常因沟底不平，覆土深浅不一，影响出苗。条播方法有人工条播和机械条播两种。条播形式因播幅（即播种沟）和空行（播沟之间的空白地带）的规格不同，分为宽幅、窄幅条播，窄行、宽行和宽窄行条播等。四川在生产上推广播幅 13 cm 左右、空行 10 cm 左右的窄行条播。

（2）穴播。穴播也称点播或窝播，在稻茬麦田和缺肥或混套作地区采用，施肥集中，播种深浅一致，出苗整齐，田间管理方便，但花工较多，穴距较大，苗穗数偏少，影响产量提高。"小窝疏株密植"是在原有的基础上，缩小行、穴距，增加每亩窝数，减少每窝苗数。穴播主要有开窝点播（用撬、锄或机械）和开沟点播两种形式，即采用 20×10 cm 或 17×13 cm 的行、穴距，每亩 3 万窝以上，每窝 $4 \sim 6$ 苗，使群体布局合理。小窝密植增产的原因：①保证播种质量，出苗均匀、整齐，小窝密植的行穴距、窝的深浅和每窝下种量都基本得到控制，肥水条件好，且不用泥土而用整细的粪肥盖种，露籽、深籽、丛籽都显著减少。小窝密植的田间出苗率比条播高 $10\% \sim 20\%$，并且群体生长均匀。②群体分布发展较为合理，田间光照条件较好，利于穗数和穗重的协调发展，提高成穗率，增加有效穗，改变了稀大窝株间拥挤、苗子弱、成穗率低、有效穗少的状况。③用肥集中，肥效提高。特别是能保证苗期养分供应，改变田湿黏地区前期供肥不足、影响苗期生长的状况。④次生根发达，抗倒伏力强。小窝疏株密植，由于基部光照条件好，下部叶片光合能

力较强，因而单茎次生根较多，增强了抗倒伏力。

（3）撒播。撒播多用于稻麦轮作地区，土质黏重、整地难度大时宜撒播，有利于抢时、抢墒、省工，苗体个体分布与单株营养面积较好，但种子入土深浅不一致，整地差时深、露、丛籽较多，成苗率低，麦苗整齐度差，中后期通风透光差，田间管理不方便。

6. 提高播种质量

播种质量要求落籽均匀、播深适宜、深浅一致，消灭深、露、丛籽，播后能原墒出苗。播种过深，出苗前要形成较长的地中茎，出苗晚，消耗养分多，幼苗细弱，甚至未能出地前就死亡；播种过浅，表土易干燥，缺乏水分，种子不易萌发，影响及时出苗。播种深度因地区、土质、土壤墒情等稍有差异，一般以 3～5 cm 为宜。南方稻茬土黏，应适当浅播，生产上常因播种过深造成"三籽"苗多，成苗率低。

7. 加强播后管理

播后镇压可降低播深、消灭露籽、使种子与土壤密接，有利于吸水萌发，提高成苗率和早苗率，在大型机械化播种时尤其重要。杂草危害严重的麦田要及时喷施除草剂，以消灭苗期杂草。播时严重干旱，土壤水分低于田间持水量的 60％ 时，应及时浇水抗旱或沟灌窖水，抗旱催苗，切忌大水漫灌。无水源条件的地区，可用水粪作种肥，出苗后采取少肥多水的方法及时追施出针肥，做到早施勤施。如播种时遇连绵阴雨，可采取窄厢深沟，排除渍水，人站在沟内打窝，丢种后只盖干粪，出苗后及时追肥、中耕，坚持清沟等工作，仍能培育壮苗，获得高产。麦苗出土后，及时查苗补缺，移密补稀，如发现缺苗断垄，或基本苗不足，应立即催芽补种，以保证苗全。

（二）分蘖拔节阶段

小麦从出苗至分蘖末期是生长叶片、分蘖和根系等营养器官为主的时期，四川一般为 60～80 d。此期是以营养生长为主，决定苗数和分蘖多少的时期，也是决定穗数和奠定大穗的重要时期。要在获得早、齐、全、匀苗的基础上，促根长叶，促发分蘖，培育壮苗，为春后稳健生长奠定基础。衡量壮苗的标准是叶片大小适中，叶色嫩绿，次生根发达，生长健壮，分蘖数多并按期分蘖。弱苗的特征为叶片窄小，叶色黄，生长缓慢，不能按期分蘖。旺苗是叶片宽大披垂，叶色浓绿，分蘖过多。

1. 早施苗肥、促早发

地力差、播种晚、基种肥不足或少免耕田块应及早施用速效氮肥作为苗肥，促进发根、叶片和分蘖生长，宜在第 2 叶露尖时施用。晚茬麦齐苗后立即施用苗肥，如土壤干旱，最好兑水泼浇，达到既供肥又供水、以水调肥的作用。苗肥施用量一般占总施氮量的 10％～15％。基种肥施足的麦田，一般不施用苗肥。

2. 排湿或灌水

川东南及雅安地区多为稻茬麦的低湿麦田，苗期常因土壤湿度过大，严重影响根系发育而使麦苗生长不良，播种后应清理加深排水沟，排出积水，降低地下水位，同时中耕松土，加快水分蒸发。而盆中丘陵和川西平原常年冬春季降雨很少，土壤水分不足，影响幼苗生长，在耕作层土壤含水量低于田间持水量 60％ 时就要灌水，注意瘦地弱苗早灌，肥地旺苗推迟灌。据生产实践经验，趁气温高时灌一次跑马水，速灌速排，田间不积水，对保证苗全苗壮有良好效果。

3. 中耕除草

中耕是有效的防治农田杂草的农业措施，同时兼有疏松土壤，减少地面蒸发，促进养分释放，提高地温，有利根系、分蘖生长等多重效果。小苗弱苗要浅锄，以免伤苗和埋苗；旺苗可适当深锄，损伤部分根系，蹲苗，控制无效分蘖。播后未进行化学除草的麦田，此阶段需进行化学除草，对于少免耕麦田，杂草危害尤其严重，务必防除。

（三）拔节孕穗阶段

开春以后，平均气温稳定上升到3℃以上时，小麦开始返春生长，拔节至孕穗是巩固有效分蘖、争取总穗数、培育壮秆大穗并为增粒增重打基础的时期。田间管理的主攻目标是促控结合，协调群体与个体、营养生长与生殖生长的矛盾，培育壮秆，巩固分蘖成穗，增加小花分化数，减少小花退化数，提高可孕花数，争取穗大、粒多、壮秆不倒。拔节孕穗阶段的栽培技术措施具体如下。

1. 看苗追施拔节肥，巧施孕穗肥

小麦拔节孕穗期是生长发育和产量形成的关键时期，拔节肥可以增强中后期功能叶的光合强度，积累较多的光合产物供幼穗发育，促花、保花增加结实粒数并可巩固分蘖成穗；孕穗肥可提高最后3张主要功能叶的光合强度和功能持续时间，使更多的光合产物向穗部输送，减少小穗和小花退化、败育，增加粒数和粒重。此期需肥水较多，但肥水过多又易招致不良后果。因此，必须根据苗情合理运用。

拔节肥的施用应在群体叶色褪淡，分蘖数已经下降，第一节间已接近定长时施用。拔节期叶色不出现正常褪淡，叶片披垂，拔节肥就应不施或推迟施用。在拔节前叶色过早落黄，不利于小花分化数的增加和壮秆形成，分蘖成穗数也会显著下降，应适当提早施用拔节肥。

拔节肥用量一般以占总施肥量的10%～15%为宜，川西平原一般于拔节期灌水，可将氮素肥料兑在粪水中泼施，也可将氮素化肥与细干粪混合后撒施，施后即灌水。川中丘陵坡地一般无灌溉条件，应结合施拔节肥进行淡肥浇灌，对减轻后期干旱危害有重要意义。

在旗叶刚开始露尖时，发现有早衰现象的麦田，可巧施孕穗肥，用尿素量约2kg/亩。

2. 灌好拔节水

春后随气温升高，植株生长加剧，需水量增多，拔节孕穗期间，是小麦一生中耗水量多的时期，如遇干旱应及时灌水。春旱地区灌好拔节水是小麦高产稳产的重要措施。一般情况下，除少数生长特别繁茂、群体过大的麦田外，都应灌拔节水，经验是干冬早灌，干春迟灌，弱苗早灌，中等苗酌情灌，壮苗迟灌或不灌。而对于春季雨水多时，要做好清沟理墒工作，控制麦田地下水位在1m以下。

3. 预防倒伏

倒伏是小麦高产的重要威胁，倒伏减产的主要原因是粒重降低。倒伏愈早，程度愈重，减产愈多。据调查，抽穗前后倒伏，一般减产50%左右；开花至灌浆期倒伏，减产20%～40%；蜡熟期倒伏，减产5%～10%。

倒伏有根倒与茎倒两种。根倒主要由于土壤耕层浅薄，结构不良，播种太浅及露根麦，或土壤水分过多，根系发育差等原因造成；茎倒是由于N肥过多，N、P、K比例失

调，追肥时期不当，或基本苗过多，群体过大，通风透光条件差，以致基部节间过长，机械组织发育不良等因素所致。四川盆地多数是根倒伏。

预防倒伏的主要措施：选用耐肥、矮秆、抗倒的高产品种；合理安排基本苗数，提高整地、播种质量；根据苗情，合理运用肥水等促控措施，使个体健壮、群体结构合理；如发现旺长要及早采用镇压、培土、深中耕等措施，达到控叶控蘖蹲节；对高产田可使用矮壮素、烯效唑等预防倒伏。

4. 防治病虫害

小麦拔节孕穗期，四川省易发生麦蚜、麦水蝇、白粉病、赤霉病等病虫害，应随时检查，及时采取防治措施。

（四）抽穗结实阶段

小麦抽穗后根、茎、叶的生长基本停止，进入以生殖生长为主的阶段，主要目标是养根、保叶，防止早衰和贪青，抗灾、防病虫，延长上部叶片的功能期，保持较高的光合速率，增粒增重，丰产丰收。

1. 防渍或灌溉

湿害和干旱是造成后期根系早衰的主要原因。多雨地区和低洼麦田应注意清理排水沟，及时排除田间积水，降低地下水位。坪坝地区要合理安排秧田，防止"水包旱"；靠秧田的麦田，要深开隔水沟。小麦开花灌浆期，尚需大量水分，四川的金沙江和安宁河流域等地，雨量少而蒸发大，浇好开花、灌浆水对提高产量有显著作用。应选择无风晴天灌跑马水，速灌速排，使土壤沉实，防止倒伏，因为此时植株下部叶片已干枯，重心上移，若灌水不当，灌后遇风易倒。

2. 根外追肥

小麦抽穗以后，根系吸收力较弱，但抽穗开花至成熟期间仍需吸收一定的 N、P 营养，灌浆初期应用磷酸二氢钾、尿素单喷或混合喷施可以延长后期叶片的功能，提高光合速率，促进籽粒灌浆增重，并提高籽粒蛋白质含量，磷酸二氢钾浓度为 0.2%～0.3%，尿素浓度为 1%～2%，溶液用量为 50 kg/亩左右。如需喷 2 次的，可在孕穗期加喷 1 次。近年来，生产上结合后期病虫防治喷施生长调节剂类产品也起到一定增加粒重的作用。

3. 防治病虫

小麦抽穗后温度高、湿度大，是蚜虫、白粉病、锈病、赤霉病大量发生的时期，对千粒重和产量影响很大，除做好选用抗病虫品种，田间开沟排水、降湿等农业综合措施防治外，必须加强病虫预测预报，及时采取药剂防治措施。

（五）适时收获，安全储藏

1. 适时收获

小麦收获早晚影响籽粒的产量和品质。收获过早，种子成熟度不够，粒重低，发芽率不高；收获过迟，由于呼吸消耗，雨露淋溶，粒重下降，断穗、落粒，影响产量，如遇雨易造成穗上发芽。小麦的收获适期与品种特性（落粒性、休眠期）、籽粒成熟度和天气条件等有密切的关系。适宜收获的时期为蜡熟末期，此时小麦粒重最高。蜡熟期一般历时7～10 d，这段时间要密切注意天气变化情况，如果气候稳定，天气晴朗，应在蜡熟末期抢收，不易落粒的品种也可以在完熟期抢收；如因劳力、机具紧张，天气不稳定等，应提前到蜡熟中期收获，比推迟收获可明显减少损失。

2. 安全储藏

收获脱粒后的种子，应晒干扬净，待种子含水量降到 12.5% 以下时才能进仓储藏。一般在日光下暴晒趁热进仓，能促进麦粒的生理后熟。小麦种子安全储藏首先取决于种子晒干程度，如含水量不超过 12.5%，进行散堆密闭防止吸湿，一般可安全过夏；但种子含水量为 13%，温度达 30℃，发芽率即有降低的现象；含水量达 14%～15%，温度升高至 22℃，管理不善，就会发霉。在储藏期间，要注意防热、防湿、防虫，要经常检查，可在伏天进行翻晒，以保证安全储藏。

第四节　马铃薯

一、概述

(一) 四川马铃薯生产现状

马铃薯是 21 世纪最有发展前景的高产经济作物之一，同时也是十大热门营养健康食品之一。四川是马铃薯种植大省，广泛分布于川西平原、盆周山区、丘陵地区和民族地区。近年来，各级党政和农业部门狠抓马铃薯产业发展，努力探索马铃薯高产高效种植技术和间、套种植模式，扩大秋、冬作种植面积，使马铃薯生产稳步发展。

2006 年四川省农业厅组织省内外有关专家对四川省农业厅编制的《四川省马铃薯产业发展规划》进行了论证，提出了四川省马铃薯产业的发展思路和目标。四川省委九届六次全会提出新增 100 亿斤粮食生产能力，着力打造十大优势特色产业，其中把马铃薯产业作为四川省农业特色产业的重中之重来抓。马铃薯产业承担着粮食安全和特色产业发展的双重任务。按照省上规划，力争通过 3～5 年的努力，把四川建成马铃薯产业强省，实现全国面积第一、产量第一、加工前列的目标，使马铃薯产业真正成为四川省统筹城乡发展、贯通一二三产、带动和促进农民增收、引领农村经济发展的一大支柱产业。

四川马铃薯为单双季混作区，单季栽培区的播种时间是 11 月初到 12 月中下旬，双季栽培区春季播种期与单季的相同，秋季于 8 月中下旬至 9 月上旬播种，11 月至 12 月收获。高海拔区一般为春季净作，中高海拔区以马铃薯/玉米为主，低海拔区以秋冬作为主，有一定春薯，旱地以间套作为主，近年在稻田生产中大力推广秋马铃薯稻草覆盖免耕栽培技术，发展迅速。

(二) 马铃薯生产优势

1. 产量高、增产潜力大

马铃薯一般产量为 1000～1500 kg/亩，高产可达 5000 kg/亩，最高可达 100 t/hm²。按干物质计算，比其他粮食作物高 2～3 倍。马铃薯经过脱毒后，产量比脱毒前增产

30%~50%，甚至成倍增产。脱毒马铃薯一般亩产 2000～2500 kg，高产地块可达到 5000 kg，单株产量可达到 1.5～2.0 kg。

2. 营养价值丰富

马铃薯含蛋白质 2.5%～3.0%，富含糖类、粗纤维、维生素 C、维生素 B_1、维生素 B_2、胡萝卜素等。每 100 g 鲜马铃薯所产生的热量达 318 kJ，比一般谷物食品高 1 倍多。马铃薯含有人体需要的各种矿物质元素，其中钾的含量最高，达到 28.20 g/kg（干重），其次是磷和硫，氨基酸的含量也非常丰富。研究表明，成年人每天食用 500 g 马铃薯，就基本上能满足身体对多种维生素的需求。

3. 适应能力强，是理想的间作套种作物

马铃薯适于不同地区、不同土壤种植，我国南北各地、平坝丘陵与高山高原均有栽培。马铃薯生育期长短差异大，播种期和收获期弹性大，一年四季在我国都有生产，还可作为填闲和救荒作物。在两季作地区，马铃薯播种早、生长速度快（早熟品种）、占地时间短，并可以与粮食、棉花、果树、蔬菜、药材等多种农作物间作套种，因而是十分理想的间作套种作物。

4. 用途广，市场广阔

马铃薯是粮、经、菜、饲多元作物，且加工增值潜力巨大。我国马铃薯市场十分广阔，包括鲜食、加工、出口、饲料和工业应用等。全国各地的播种时间和上市时间都有明显的差异，市场冲突相对较小。中原地区的马铃薯上市时，南方和北方市场上基本没有当地的马铃薯供应，这为中原地区的马铃薯提供了很好的国内市场。马铃薯的出口市场也十分广阔。

二、马铃薯高产栽培的生理基础

（一）马铃薯的形态特征

马铃薯为茄科、茄属一年生草本植物。生长习性分直立、扩散和匍匐三种类型。与其他一年生草本植物一样，马铃薯植株也是由根、茎、叶、花、果实和种子等器官组成的，如图 15—5 所示。在形态上与其他植物不一致的是，它具有一种变态的茎，即块茎，而且是其最重要的营养器官。

1. 根

用块茎繁殖的马铃薯的根为须根系，包括芽眼根和匍匐根。芽眼根是初生芽基部发生的根，为马铃薯的主体根系，分布于 30 cm 土层；匍匐根为地下茎上部发生的根，分枝力弱，分布于表层。如果是种子实生繁殖，则为直根系，有主根、须根之分。

2. 茎

马铃薯的茎分为地上茎、地下茎、匍匐茎和块茎。地上茎是幼芽出土发育成的地上枝条，起支撑、运输作用；地下茎为主茎的地下结薯部分；匍匐茎由地下茎芽上的腋芽发育而成，具有向地性和背光性；块茎由匍匐茎顶端膨大而成，为变态茎，具有地上茎的各种特征。

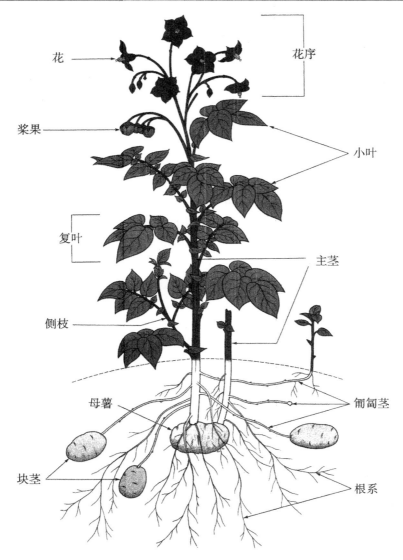

图 15-5　马铃薯的形态特征

3. 叶

马铃薯的叶片有单叶和羽状复叶两种。单叶是最初长出的几片叶子；羽状复叶由顶小叶、侧小叶组成，是品种较稳定的特征，可作为品种鉴别的依据。

4. 花

马铃薯的花为聚伞花序，自花授粉，这是鉴别马铃薯品种的依据。

5. 果实与种子

马铃薯的果实为浆果，每果含种子 100~250 粒，千粒重 0.5 g 左右，刚收种子一般有 6 个月的休眠期，为杂合体，分离幅度大。

（二）马铃薯对环境的要求

1. 土壤

马铃薯要求土壤有机质含量多、土层深厚、质地疏松、排灌条件好，以壤土和沙壤土为好。轻质壤土透气性好，具有较好的保水保肥能力，播种后块茎发芽快、出苗整齐、发根也快，有利于块茎膨大。马铃薯喜欢偏酸性的土壤。pH 值为 4.8～7.0 的土壤都可种植马铃薯，最适宜的土壤 pH 值是 5.0～5.5。

2. 温度

马铃薯喜冷凉的气候。当气温过高时，植株的生长和块茎的形成都会受到抑制。播种后 10 cm 地温达到 7℃～8℃时，幼芽即可生长成苗；10 cm 地温达到 10℃～12℃时，出苗快且健壮。出苗后，18℃的气温最有利于茎的伸长生长，6℃～9℃时生长缓慢，高温则引起植株徒长。叶片生长的下限温度是 7℃，最适温度是 12℃～14℃，较低的夜温最有利于叶片的生长。形成块茎所需的最适气温是 17℃～20℃，10 cm 地温 16℃～18℃，低温下块茎形成早，夜间温度越高，越不利于块茎的形成。

3. 光照

马铃薯的生长、株型结构和产量的形成等对光照强度和光照时数都有强烈反应。光照强度不仅影响植株的光合作用，而且与茎叶的生长有密切的关系。马铃薯植株的光饱和点为（3～4）×10^4 lx，随着光照强度的降低，光合作用也开始降低。据测定，在 3000 lx 的光照下，块茎干重只有 1.6×10^4 lx 光照下的 1/20～1/15。

4. 水分

马铃薯是喜水作物，由于根系分布浅、数量少，对干旱条件十分敏感。据测定，马铃薯的块茎每形成 1 kg 干物质，消耗水 400～600 kg。马铃薯不同生长期对水的需求量是不同的。幼苗期耗水量较少，约占全生育期总耗水量的 10%，苗期应保持土壤相对湿度为 55%～60%；发棵期耗水量占总耗水量的 30%～40%，这时要保持土壤有充足的水分；在发棵的前半期要保证土壤相对湿度为 70%～80%，后半期可逐步降低土壤湿度，以便适当控制茎叶生长；进入块茎膨大期耗水量占总耗水量的 50% 以上，这个时期应分别于初花、盛花、终花阶段浇水，这三次水缺少一次，会减产 30% 以上。块茎膨大后期，是淀粉积累的主要时期，这时应适当保持土壤干燥，土壤相对湿度以 60% 左右为宜。

（三）马铃薯的营养需求

1. 需肥量

马铃薯对肥料的要求很高，所需营养的三大要素氮、磷、钾中，吸钾最多，氮素次之，磷素最少。具体施肥量根据其需肥特性结合土壤肥力和肥料种类来确定，一般情况下，每生产 1000 kg 块茎需要从土壤中吸收全钾 11 kg、氮素 5 kg、磷素 1.5～2 kg、氧化钙 0.9 kg、氧化镁 0.6 kg。我国提出的马铃薯氮、磷、钾需求比例为 5∶2∶11。氮肥吸收量随施用量的增加而增加，但过量施用易使茎叶生长过于繁茂，甚至倒伏，不利于淀粉的形成和积累。

2. 各主要营养元素的需求特点

（1）对氮素的需要。马铃薯植株对氮素的需要量相对较少，施氮肥后最明显的效果就是促进了茎叶的生长，提高光合能力。在植株生长初期，充足的氮素能促进根系的发育，增强植株的抗旱性。如果氮肥施用过量，则会导致茎叶生长过于繁茂，即引起徒长。高氮水平或追施氮肥偏晚，则结薯延迟，块茎膨大时间缩短，植株贪青晚熟，造成减产。

（2）对磷素的需要。马铃薯植株的磷和氯的含量比较固定，它们约占无机元素总量的15%。磷肥对马铃薯植株的营养生长、块茎形成、淀粉的积累都有促进作用，特别能促进根系的发育，增强植株的抗旱、抗寒能力，还能提高块茎的耐贮性。磷肥作基肥的效果优于作追肥，作基肥的利用率较高，约为14%；而作追肥时，利用率仅有4%。磷肥的施用方法很重要，如集中穴施，将磷均匀地分布于5~15 cm土层，可增产57%。

（3）对钾素的需要。在各种矿质元素中，马铃薯对钾的吸收量最多，比氮多2/3以上。在植株灰分总量中，钾占50%~70%。在氮肥充足的情况下，增施钾肥可显著地提高产量，还能改善块茎的质量，提高淀粉含量，减少薯肉变黑的现象。据报道，施用硫酸钾肥能显著降低疮痂病的发病率，同时也能降低病毒病的发病率和发病指数。马铃薯不宜施用过多的氯化钾等含氯肥料，因为过多的氯离子会破坏植株体内糖类及蛋白质的代谢，引起块茎淀粉和维生素C含量的降低。施用镁肥可减轻或抵消氯的不良影响。

（4）对微量元素的需要。微量元素是指植株吸收量非常少，却是植株的生长发育必不可少的元素。微量元素包括铜、铁、锌、硼、锰、钼等。这些微量元素多数是各种酶的组成成分或活化剂。土壤中可直接利用的微量元素含量都非常低，在微量元素不能满足马铃薯生长发育的需要时，会出现缺素症。在这种情况下，进行土壤施肥或叶面喷施微量元素，会收到很好的增产效果。在肥力不高的土壤中，即使植株未出现缺素症，适当施用微量元素肥料也能够起到增加产量的作用。如果随基肥每亩分别施用0.25 kg、0.5 kg、1.0 kg的硼酸，块茎产量则分别增加37.3%，26.6%，1.4%。

（四）马铃薯的生育特性及生育时期

1. 生育特性

（1）马铃薯的喜凉特性。马铃薯植株的生长及块茎的膨大，有喜欢冷凉的特性，特别是在结薯期。这是因为叶片中的有机光合产物，只有在夜间温度比较低的情况下才能大量地输送到块茎里。

（2）马铃薯的分枝特性。马铃薯的地上茎、地下茎、匍匐茎和块茎都有分枝的能力。地上茎分枝保证了光合器官维持在较高的水平，从而保证光合产物的制造，满足块茎膨大对同化产物的需求；地下茎、匍匐茎和块茎的分枝习性，为多发生块茎、提高产量提供了基本保障。利用这一特性，采取合理的栽培技术和管理措施增加单株结薯量（数量和重量）是提高产量的理论基础。

（3）马铃薯的再生特性。马铃薯的主茎或分枝，在一定的条件下满足它对水分、温度和空气的要求，下部茎上就能长出新根，上部茎的叶芽也能长成新的植株。这一特性对于马铃薯抵御自然灾害能力具有突出的意义。生产上可以通过"育芽掰苗移栽""剪枝扦插"和"压蔓"等方法来扩大繁殖系数，加快新品种的推广力度。

2. 生育时期

（1）芽条生长期：指块茎萌芽至幼苗出土的这段时期，一般为20~30 d。此期以根系形成和芽条生长为中心，是扎根结薯和壮株的基础，是种薯质量好坏的关键，地温和墒情对其影响较大。此期管理目标是促进早发芽，多发根，快出苗，出壮苗。

（2）幼苗期：指幼苗出土至现蕾的这段时期，一般为 15～20 d。此期以茎叶生长和根系发育为主，同时伴随匍匐茎伸长和侧枝茎叶分化，是决定匍匐茎数量和根系发达程度的关键时期。此期管理目标是促根壮苗，保证根系、茎叶和块茎的协调分化与生长。

（3）块茎形成期：指现蕾至第一花序这段时间，一般为 30 d。此期由地上部茎叶生长为中心转移到地上茎叶生长和地下块茎形成并进阶段，是决定单株结薯的关键期。此期管理目标是保证水肥供应，促进茎叶生长，中耕培土，促进生长中心的转移。

（4）块茎增长期：指盛花至茎叶衰老这段时期，一般为 15～25 d。此期茎叶、块茎生长迅速，是一生中增长最快、生长量最大的时期，是决定块茎体积大小的关键时期，也是需水、需肥最多的时期。

（5）淀粉积累期：指茎叶衰老至 2/3 茎叶枯黄这段时期，一般为 20～30 d。此期茎叶停止生长，同化产物不断向块茎转移，体积不再增大，重量仍在增加，是淀粉积累的主要时期。

（6）成熟期：一般叶片变黄，植株枯萎时即可以开始收获，但马铃薯没有绝对的成熟期，因此收获时间弹性较大。

三、马铃薯脱毒与繁殖技术

马铃薯在无性繁殖的过程中，病毒侵染进植株体内后，会逐代传递并积累，最终导致种性退化而大幅度减产。解决这一问题的有效办法是采用生物技术脱除已侵染到薯块中的病毒，使之恢复原有品种种性。同样的品种经过脱毒和隔离繁殖后，植株生长健壮，产量显著增加，比脱毒前增产 30％～50％，甚至成倍增产。增产原因是脱毒后的马铃薯摆脱了病毒对植株机体各种生理活动的干扰，使植株生长旺盛，从而恢复了该品种原有的生长发育特性，也恢复了其增产潜力。

（一）脱毒技术

1. 茎尖剥离

在无菌室内，将经消毒处理的幼芽材料置于超净工作台的解剖镜的承物台上，在 40 倍的目镜下用解剖针由外向里逐层将植株生长点的小叶片和叶原基剥掉，最后只保留带一个叶原基的生长点，用解剖针把生长点"切"下置于经灭菌处理过的试管内的培养基上，封严管口放于培养室内培养。

2. 茎尖培养

茎尖培养的条件是温度 23℃～25℃，光照强度 3000 lx，光照时间为每天 16 h 左右。在正常条件下，经过 30～40 d 的培养可见到茎尖有明显的增长。3～4 个月后就能长成小植株。对试管植株要及时检测，看是否完全脱出所有病毒。

（二）脱毒试管苗快速繁殖

1. 脱毒基础苗保存

经病毒检测获得不带任何病毒的试管苗后，在试管内进行扩繁，达到一定数量以后，将其中一部分进行大量扩繁用于微型薯生产，另一部分继续保存。保存的试管苗就是基础苗。在下一个快繁季节取出其中的一部分进行扩繁，另一部分仍然保存。

2. 试管苗快速繁殖

试管苗快速繁殖是脱毒马铃薯种薯繁殖的第一步，只有繁殖出足够的试管苗，才能保证繁殖出足够的脱毒微型薯。试管苗常采用茎节切段繁殖，在无菌条件下将保存的基础试管苗，按茎节切段置于三角瓶或罐头瓶的培养基上进行培养。每个三角瓶内培养 10～15 个节段，罐头瓶可培养 30～50 个。

（三）脱毒微型薯工厂化生产

脱毒微型薯又称为脱毒原原种，要求在无病毒传播源的条件下进行工厂化生产。生产微型薯的首要条件是防止病毒的再侵染。在繁殖脱毒原原种时，必须在严格隔离蚜虫的条件下进行。

1. 剪顶芽扦插繁殖

（1）培养基础苗：基础苗是指将脱毒苗移栽到育苗盘中，长到一定大小后作剪顶、腋芽扦插用的。脱毒苗定植于育苗盘时，行距 7～8 cm，株距 5 cm。基础苗栽好后，将育苗盘摆放于铺有草炭（约 3 cm 厚）的培养架上育苗。

（2）剪顶、腋芽扦插：当基础苗长到 6～8 片叶时，先将顶芽带 1 片展开叶剪下，进行扦插。顶芽剪掉后，5～6 d 后将腋芽留 2～3 片叶剪顶，再进行扦插。剪下的顶芽应浸入水中，防止失水。为促进扦插后早生根，可用 30 mg/kg 生根粉溶液浸泡顶芽 3～5 min。扦插密度为 5×10 cm。早熟品种一般扦插后 60～70 d，植株叶片开始变黄，说明植株已成熟。微型薯收获后，应根据大小进行分级。

2. 试管苗直接移栽生产微型薯

将脱毒苗直接栽于育苗盘中，或栽在防虫网室的育苗床上生产脱毒微型薯，要求管理条件比较严格，否则成活率将会大大降低。移栽及管理与上述基础苗栽培和管理方法相同。

（四）脱毒微型薯种植

1. 春季种植

春季繁殖脱毒种薯要早播种、早收获，避开蚜虫传毒时期。春季一般采取保护措施种植微型薯。

（1）适期播种：播种适期应根据品种的生育期来确定。一般早熟品种从播种到收获的 95～100 d，如阳畦薯的适收期是在 4 月底至 5 月初，则播种期应从此向前推算 95～100 d，即在 1 月中下旬到 2 月初播种为宜。

（2）种薯催芽：催芽时间的早晚依储藏温度及种薯打破休眠而定。储藏温度低，催芽时间应早；温度高，可晚催芽。一般情况下，应较播期提前 25～30 d 催芽。催芽温度以 15℃～20℃为宜。催芽时湿度不宜太高，否则容易引起腐烂。适宜芽长为 1～1.5 cm。

（3）播种：采用整薯播种，阳畦繁种必须加大播种密度。重量 1 g 以下的微型薯播种密度为每亩 1 万～1.2 万株，1～1.5 g 的 9000～10000 株，1.5～3.0 g 的 8000～9000 株，3 g 以上的 6000～8000 株。每垄播种双行，垄距 60～80 cm，小行距 15 cm，株距

15～18 cm，南北行播种，培土 3～8 cm。播种时一次性施足基肥，生长期间不用追肥。在阳畦生产中，前期外界气温低，不宜进行土壤表面灌水，否则会降低地温，影响出苗。如果播种前土壤不是太干，不要浇大水造墒，而是在播种时开沟浇水，水渗下后播种。

（4）阳畦管理：播种起垄后，盖好地膜，以利于保墒、提高地温、降低棚内空气湿度。要注意出苗前揭、盖保温覆盖物。只要太阳能照到阳畦上，就应揭掉覆盖物，使苗床接受光照；晚上适当早盖覆盖物，以减少阳畦内热量散失。出苗时将地膜撕开小口，扒出幼苗并将根周围地膜用土封严。如果阳畦内气温升至 28℃～30℃，应注意适当揭膜通风，4 月初以后应加大通风量。生长中后期要适当浇水，注意及时喷药防治蚜虫和病害。

（5）适时早收：为保证种薯不被病毒侵染，应于田间出现蚜虫之前收刨，最迟在出现蚜虫 5～7 d 之内收完。在中原地区一般在 4 月下旬到 5 月初收获。

2. 秋季种植

（1）播种时间：8 月底到 9 月上旬播种，海拔较高的地区或山地可适当早播，气温高的平原地区应适当晚播。为防止蚜虫传播病毒，应覆盖防蚜网。

（2）播种方法：为打破种薯休眠期，应于播种前 30 d 进行催芽，用 5 mg/kg 的赤霉素浸种 5 min，沥干水后催芽。芽长 1～2 cm 播种，播种密度每亩 6000～7000 株，实行双行栽培，垄宽 80 cm，小行距 15 cm，株距 25 cm。土壤干旱应按行距开 3 cm 浅沟后浇水，再按株距播种，培土 5 cm。

（3）管理：秋季播种时正值高温季节，不利于微型薯出苗。因此，播种后应适当进行遮光，可采用搭凉棚的办法，也可在垄面上覆盖麦草或玉米秸等，若遇到下雨天气应避免田间积水。出苗前应保持土壤湿润，最好浇井水。为促进植株生长，在施足基肥的基础上，出苗后每亩施磷酸二铵 10 kg，硫酸钾 5～10 kg。由于播种时覆土较浅，所以出苗后应抓紧培土。每次浇水或下雨后都应及时进行中耕，并结合中耕培两次土，第一次在植株 4～5 片叶时进行，第二次在植株 25 cm 左右时进行。出苗前及时覆盖防虫纱网（40～50 目纱网），出苗后喷药防治蚜虫，以后每隔 7 d 打药 1 次，连打 2～3 次。

（五）脱毒种薯繁殖

由脱毒微型薯长出来的种薯一般称为原种。由原种繁殖出的种薯可以直接用于大田生产。隔离条件好的情况下，原种可经过两代繁殖后用于大田生产。

1. 春季繁殖

春季繁殖种薯一般采用阳畦、塑料大棚等保护地栽培技术。阳畦栽培技术与微型薯栽培相同；塑料大棚栽培需要采用三膜覆盖技术，早播种，早收获，播种期为 1 月中旬到 2 月初，播种密度每亩 8000 株。其他管理技术与大棚商品薯生产相同，要注意防治蚜虫和晚疫病。如果生产量大而且市场上商品薯价格比较理想，收获后可将个头大的薯块作为商品薯处理，选留 20～60 g 的薯块作种薯。

2. 秋季繁殖

秋季播种如果偏早，播后高湿多雨，会导致大量烂种，造成缺苗断垄而影响产量。一般于 8 月中下旬前后播种比较适宜。在高温季节种薯切块播种，很容易遭受各种病菌侵染。因此，生产中不宜切块播种，应采用整薯播种，薯块最好为 25～50 g。为减少因雨后田间积水而造成的种薯腐烂，可以采用浅播种的办法，即所谓的"地面"播种。具体方法是按行距开 3~5 cm 深的浅沟，施好种肥并与土壤掺匀后播种，最后培土起垄，一般采用 80 cm 的大垄播种双行，种植密度每亩 6600 株。施肥种类和数量与阳畦栽培相同。当田间发现病毒植株后，要及时拔除，控制病毒蔓延扩散。田间发生蚜虫，立即喷药防治，最好在出齐苗时就喷一次药预防，这样用药量小，效果也好。

四、马铃薯高产栽培技术

马铃薯作为高产作物，具有物质转化的直接性、产品器官的速熟特性和块茎发生的无限性，这三个特性决定了马铃薯巨大的生产潜力。国外（英国）曾有马铃薯公顷产量达到 100 t 以上的超高产记录，我国也有小面积公顷产量达到 70 t 以上的高产报道。通过各种栽培技术和管理措施，充分利用光热资源，协调影响马铃薯产量的光、热、水、气、肥等因素，最大限度地促进块茎发生，同时让地上部制造的光合产物最大限度地向块茎输送，转化为经济产量。

（一）选用优质种薯

优质种薯是马铃薯高产的前提，优质种薯的标准：一是基因优良，即优质、高产、抗病、广适；二是不带病毒，即脱毒种薯；三是生理成熟，即已破除休眠；四是大小适宜。

1. 选用优良品种

优良品种的选择，要适合市场需要，适应当地的自然条件和气候条件，还要考虑当地的生产条件、种植习惯、种植方式，以及抗病、耐旱等抗逆性强的品种等因素。一般中高海拔一季作区的马铃薯的生长季节较长，适宜选择抗病高产、适应性强的中、晚熟品种，如米拉、川凉薯 1 号及凉薯系列品种；低海拔的平坝丘陵地区的马铃薯的生长期较短，温度较高，晚疫病严重，应选用休眠期短、生育期适中、抗晚疫病、抗退化的稳产高产品种，如米拉、坝薯 10 号、川芋 10 号等川芋系列及中薯系列品种；间套作栽培地区，适宜选用早熟、耐荫、植株矮而紧凑的高产品种，如川芋 10 号、米拉等。

2. 选用脱毒种薯

播种前选择具有本品种特征、无病虫害、无伤冻、表皮柔嫩、色泽光鲜、大小适中、刚过或将要度过休眠期的块茎做种，提倡选用 30~50 g 小整薯作种。马铃薯的种性容易退化，退化后的马铃薯的生产能力会大幅度下降，因此需要定期更换品种。采用脱毒马铃薯是简单而有效的增产方法，一般用脱毒种薯可增产 20%~30%。

3. 种薯切块与处理

种薯切块时，应尽量使每个切块均带有顶芽，以充分发挥顶端优势，100 g 左右的种薯应从顶部纵切 2~3 块；若种薯较大，切块应从脐部（尾部）开始，按芽眼顺序螺旋向顶部斜切，最后再把顶芽切成两块（如图 15-6 所示），每个薯块重 20~40 g，带有 1~3 个芽眼，在种薯充裕时切块应尽量大。切块应在栽植前 1~2 d 进行，切块过早，通风条件不良时，堆积易感染病菌，甚至腐烂；切块过晚，伤口未充分愈合，在田间也易感染病菌。在切块过程中要注意切刀的消毒和切块的处理，以防种烂。切刀每使用 10 min 或切到病、烂薯时，用 35% 的来苏尔溶液或 75% 酒精浸泡 1~2 min 或擦洗消毒，提倡两把切刀交替使用。切块后立即用草木灰（可加适量百菌清等杀菌剂）拌种，吸去伤口水分，使伤口尽快愈合，勿堆积过厚。

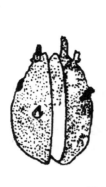

图 15-6　马铃薯种薯切块方法示意

马铃薯的块茎具有休眠特性，没有通过休眠期的薯块即使在适宜条件下也不能萌发生长，需要对其进行催芽处理，打破休眠。打破休眠常用赤霉素（商品名为"九二○"）进行浸种或均匀喷洒。浸种浓度因品种的休眠期长短、种薯储存的天数等而异，一般为赤霉素 2~20 mg/L，休眠期长的品种、收获储藏时间短和小整薯做种的种薯，处理浓度应稍大些，反之可稍小些。

另外，从外地调入的种薯，必须进行消毒，消灭如疮痂病、粉痂病等表面细菌。可用 1 mg/kg 高锰酸钾溶液浸种 10~15 min，或用 40％福尔马林液 1 份加水 200 份，喷洒在种薯表面，或浸 5 min 后，再用薄膜覆盖 2 h，晾干。

（二）精细整地，适时播种

马铃薯忌连作，也不宜与茄科（烟草、茄子、辣椒等）轮作，轮作年限 3 年以上较好。以土层深厚、疏松肥沃的沙壤土较好。一般垄作，以加厚耕作层、增加表面积、便于排灌等。

适时播种，让马铃薯有足够长的生长期，并保证每个生育时期和阶段均处于最适的气候生态条件，这是马铃薯高产的重要条件。播种过早，温度低，出苗慢，容易烂种；播种过晚，生长期短，产量低。春马铃薯的播种期应根据当地的气候条件、耕作制度等确定。在没有前后作时间限制时主要根据温度条件来确定播种期，一般在 10 cm 土层的温度达 6℃~7℃、晚霜结束前 25~30 d 时即可播种，在适期范围内，播种越早，生育期越长，产量越高。四川各地的海拔、气候生态条件差异较大，马铃薯的播期很不一致，早的为 1 月上旬至 2 月上旬播种，5~6 月可收获，称为小春马铃薯；晚的 2 月下旬至 4 月上旬播种，6~8 月可收获，称为大春马铃薯。一般随着海拔的升高，温度降低，播种期延后。平坝浅丘区主要种植小春马铃薯，应在立春前播完；海拔较高的山区主要种植大春马铃薯，一般在解冻后播种。春马铃薯如采用地膜覆盖播种，可比正常播种时间提前 10~20 d。

（三）科学施肥

1. 施肥原则

马铃薯施肥应做到有机、无机结合，氮、磷、钾配合；重施基肥，早施追肥，增施钾肥。

均衡施肥：各种元素在植株的吸收与同化过程中，既相互促进，又相互竞争。有时只施用某种元素，而另外一种或几种元素缺乏，则施用这种元素的效果不大。只有在所缺元素得以补充后，施肥效果才明显。如氮、磷配合施用时，块茎产量提高 65%，每千克尿素增产 22.5 kg，比单施氮肥增产 5.75 kg；每千克磷肥增产 5.4 kg，比单施磷肥增产 2.9 kg。氮、磷配合施用使磷肥利用率提高 18%，氮、磷、钾配合施用时增产效果更为明显。

施足基肥：两季作地区以及进行早熟栽培时，由于出苗后植株生长时间较短，肥料的吸收利用比较集中，要求土壤中有充足的速效养分，所以需要施足基肥。基肥中既要有速效肥料，又要有养分释放缓慢的有机肥，这样才能满足植株各生长发育时期的养分需求。

追肥要早施：除了幼苗阶段，马铃薯的茎叶生长和块茎生长基本上同时进行，土壤养分和光合产物的协调分配是取得高产、优质的关键。肥水管理的目的之一，就是协调二者的关系。肥水过大或施用时期不合理，就会促进茎叶生长而抑制块茎的生长，从而造成减产；在追肥上，如果施用时期偏晚，就会加速茎叶生长。因此，在需要追肥时，必须早施，以 5～6 叶期追肥较好。氮肥追肥在植株生长至现蕾前后施用可发挥最大效用，不宜在封垄后追施，以免影响块茎膨大速度。

2. 施肥方法

马铃薯的施肥方法因栽培地区的不同而不同。两季作地区，肥料（包括土杂肥和化肥）一般作基肥一次施足，对那些保水保肥差的土壤，则可将一部分化肥留作追肥施用，而且追施时间要早；一季作地区，除施用基肥外，还要进行追肥。基肥的施用方法包括撒施、集中施和作种肥施三种。如果施肥量大，则一部分于整地时撒施，一部分播种时集中作种肥施；如果肥料不充足，一般都要集中施肥。氮肥施用一般以 2/3 作基肥，1/3 作追肥；磷钾肥全部作基肥施用效果较好；有机肥每亩施 3000 kg 腐熟有机肥为宜，化肥作基肥最好和有机肥混合施用。

（四）合理密植，控制旺长

马铃薯适宜的种植密度应根据品种特性、生态条件、栽培水平和目的、种薯大小等因素确定。早熟、株型紧凑的品种，植株矮小，分枝少，密度应大些，晚熟和植株高大的品种则应适当小些；气候条件适宜，土壤肥沃，栽培水平高的可适当稀些，反之则宜适当密些；生产商品薯或生产加工速冻薯条的原料薯时，要求薯块大而整齐，种植密度应适当稀些，生产种薯时，要求薯块多，应适当增加密度；种薯比较大时，每个种薯的出苗数和产生的茎数多，结薯数也多，因而可适当稀植，反之应适当密植。根据目前生产水平，四川省净作春马铃薯的适宜密度为 4500～7000 株（穴）/亩或 13000～18000 茎/亩，高山区、土壤瘠薄的地区可适当密一些。四川省的马铃薯大多与玉米等作物间套作，此时马铃薯的种植密度不仅要考虑其自身的优质高产需要，还应考虑与其套作的玉米等作物的高产需要。马铃薯与玉米套作，不论高、中、低海拔区，适宜的田间配置结构为 1.5～2.0 m 开厢，2∶2 行比，马铃薯的密度为 2500～4000 株/亩，两行马铃薯错窝播种。

如果施肥过多，马铃薯地上部分生长很旺，不仅消耗大量营养，降低通风透光，引发病害，而且会抑制和延迟地下块茎的形成，导致减产。因此，当植株出现徒长时，需要进行植株控制，一般生产上采用化学控制和物理控制的方法。植物化学控制方法可在现蕾、开花期叶面喷施多效唑或烯效唑等植物生长延缓剂，以降低株高，控制地上部生长，促进光合产物向地下块茎运输，从而提高马铃薯的产量，一般可增产 10%～20%，多效唑使用浓度为 100～200 mg/kg（0.01%～0.02%），烯效唑为 10～15 mg/kg；物理控制方法是在植株旺长时去芽摘花，通过去除多余的分枝、无效枝，以利于通风透光，或现蕾后掐除花蕾，降低营养消耗，达到调节株型、增加产量的目的。

（五）加强田间管理

1. 及时查苗补苗

苗齐后及时查苗补缺，可在播种时于田边地角的行间多播种一部分作备用苗，用于补苗。补苗时，如果缺穴中有病烂薯，要先将病烂薯和周围的土壤挖掉后再补。如果没有备用苗，可从茎数较多的穴内拔苗，拔苗时顺茎下部探到根际将苗向外侧取下或用剪刀剪苗。栽时挖穴要深并用水浇透，去掉下部叶，仅留顶梢 2～3 片叶，气温高时，可用树枝遮阴保湿，使之生根成活。补苗应越早越好，过晚苗龄大不易成活。

2. 强化中耕、除草、培土

四川很多地区多雨，杂草多，土壤容易板结，需要及时中耕、除草、培土，为马铃薯植株的健壮生长与块茎的膨大创造疏松的土壤，增加结薯层数。中耕和除草应掌握"头道深，二道浅，三道薅草刮刮脸"的原则。第一次中耕一般在苗高 7～10 cm 时进行，深度 10 cm 左右；第二次中耕距第一次 10～15 d，宜稍浅；现蕾时，进行第三次中耕，深度较上次更浅，且离根系远些，以免损伤匍匐茎，影响结薯。每次中耕均结合除草，第一次中耕不必培土，以免降低土温，后两次中耕，同时结合培土，以加厚耕层，加固植株。培土第一次宜浅，第二次稍厚，总厚度不超过 10 cm。第一、二次中耕还可结合追肥进行。

3. 注重肥水管理

追肥宜早不宜迟，以芽肥、苗肥效果最好，中、后期追肥容易引起徒长。后期可进行叶面喷肥，延长叶片功能期，防止植株早衰。开花后每 10 d 喷施一次 0.1% 硫酸镁、0.3% 磷酸二氢钾、1000 倍三十烷醇混合液，共施 3～4 次。

在马铃薯播种出苗和生长发育期间，均保持土壤湿润，如遇久旱不雨、土壤干旱时，应及时灌跑马水，不宜浸灌，以免沤薯；若雨水过多，田地低洼积水，则应及时清沟排水；如果花期遇到干旱，要进行花期灌水，促进块茎膨大。

（六）病虫害综合防治

马铃薯病害包括病毒性病害、细菌性病害和真菌性病害。目前四川马铃薯的病害最严重的是病毒病和晚疫病，这已经成为马铃薯的最大病害，严重影响马铃薯的生产，轻者减产 10%～30%，重者减产 50%，甚至绝收。虫害主要有蚜虫、地下害虫和二十八星瓢虫等。

马铃薯的病虫害要坚持预防为主、综合防治的原则。对于病害的综合防治措施：第一是选用抗病品种和脱毒种薯；第二是合理轮作，避免重茬；第三是加强肥水管理，增强抗性；第四是结合中耕培土，及时拔除病株等；第五是早种早收，拔除有病植株；第六是控制蚜虫传播病毒；第七是采用小整薯播种，避免切刀传播。如果马铃薯已经感染晚疫病，则采用高效低毒内吸性杀菌剂防治，如瑞毒霉、甲霜灵锰锌、银发利等。当田间发现中心病株时，应立即拔除或摘下病叶并销毁，并用 25％的瑞毒霉锰锌 600 倍液，或 72％的克露 700～800 倍液等药剂喷洒于植株进行防治，隔 7～10 d 防治 1 次，连喷 2～3 次。

地下害虫的综合防治措施：第一是在秋季深翻地深耙地，破坏它们的越冬环境，冻死准备越冬的大量幼虫、蛹和成虫，减少越冬数量，减轻次年危害。第二是清洁田园，清除田间、田埂、地头、地边和水沟边等处的杂草和杂物，并带出地外处理，以减少幼虫和虫卵数量。第三是诱杀成虫，利用黑光灯、糖蜜诱杀器、鲜马粪堆、草把等，分别对有趋光性、趋糖蜜性、趋马粪性的成虫进行诱杀，可以减少成虫产卵，降低幼虫数量。第四是药剂防治。使用毒土和颗粒剂：播种时亩用 1％的敌百虫粉剂 3～4 kg，加细土 10 kg 掺匀，或用 3％呋喃丹颗粒剂 1.5～2 kg 等，顺垄撒于沟内，毒杀危害苗期的地下害虫，或在中耕时把上述农药撒于苗根部，毒杀害虫。灌根：用 40％的辛硫磷、50％的甲胺磷 1500～2000 倍液，在苗期灌根，每株 50～100 mL。使用毒饵：小面积防治还可以用上述农药，掺在炒熟的麦麸、玉米或糠中，做成毒饵，在晚上撒于田间。

（七）适时收获与安全储藏

1. 适时收获

马铃薯在生理成熟期收获，产量、干物质含量、还原糖含量均最高，生理成熟的标志是：①大部分叶片由绿变黄转枯；②块茎与植株容易脱落；③块茎大小、色泽正常，表皮韧性大，不易脱落。加工用薯要求块茎正常、生理成熟才能收获，此时品质最优。鲜食一般应根据市场需求来确定收获时期，以便获得最高的经济收益。对于后期多雨地区，应抢时早收，避免田间腐烂损失。如果是收获种薯，可在茎叶未落黄时割掉地上茎叶，适当提前采收，以防止后期地上部茎叶感病后将病菌传到块茎，使种薯带上病菌而影响种薯质量。

收获应选晴天进行，先割（扯）去茎叶，然后逐垄仔细收挖。在收挖过程中应尽量避免挖烂、碰伤、擦伤等机械损伤以及漏挖。

2. 安全储藏

马铃薯在储藏过程中薯块仍有旺盛的生理活动，不仅有田间侵染的病菌继续危害块茎，而且在储藏过程中还可被新的病菌所侵染。这就要求有良好的储存条件，同时要求较高的储存技术。

（1）对储藏薯块的要求。

准备储藏的马铃薯应在植株达到充分成熟后收刨。收刨前 5～7 d 应停止浇水，以促使薯皮老化，增强耐储性。收获后的薯块不要马上入窖，而应摊在阴凉、干燥、通风处"后熟" 5～7 d，使表皮形成木栓层，伤口愈合后入窖储藏。入窖前将受伤、病斑、腐烂块茎剔除，以防止储藏中病害蔓延。

（2）储藏期间的管理。

①薯窖检查：在储藏期间，一般应每隔 15 d 左右检查一次薯窖。如果发现有烂薯现象，应及时进行倒窖，挑出烂块，同时晾晒薯块。

②温度、湿度控制：马铃薯的适宜储藏温度是 2℃～5℃，湿度标准是薯堆表面既不出现"出汗"现象，又能保持薯皮新鲜。

③光照控制：对商品薯，在整个储藏过程中都应尽量避免见光，防止"绿皮"，对种薯则应经常接受散射光的照射，以减少发病率，并通过见光来抑制芽的生长。

④预防发芽：预防发芽的措施有低温储藏和施用抑芽剂等。低温储藏需要降温设备，投资较大。生产中可用马铃薯抑芽剂，储存于相对湿度为60％以上及黑暗条件下，储藏期可达180 d以上。用药时要求薯块收刨后放在适宜条件下后熟两周，这是因为新鲜薯块施药后会受到伤害。

⑤储藏期间的伤害：储藏期间应防止冻害、冷害、热害等伤害，当气温降到 $-2℃\sim-1℃$ 时，薯块就易受冻害；0℃下2个月，2℃下6个月就可发生冷害；储藏温度高于35℃时就可出现热害。因此储藏期间应控制温度，注意保温和降温。

第五节　甘　薯

一、概述

甘薯又名地瓜、红苕、番薯、山芋、金薯、红薯、白薯等，栽培历史已有400多年，由于产量高、用途广、抗旱耐瘠、适应性强，是我国的主要粮食作物和饲料作物。甘薯起源于中美洲或南美洲的西北部，在15世纪初传至欧洲，16世纪初相继传播到亚洲和非洲，于明朝万历年间（16世纪末）传入我国。在甘薯传入我国的400多年中，种植者们在改土、垄作、薯蔓管理、加工和食疗保健等方面积累了丰富的栽培技术和加工利用经验，为甘薯的持续发展奠定了基础。尤其是新中国成立以来，我国甘薯生产取得了较大的发展，甘薯种植面积逐年扩大，单位面积产量和总产量均有较大的增长。

甘薯在全国各地都有分布，以四川、山东、河南、广东、河北等省最多，全国常年种植面积约1000万公顷，面积和总产量居世界首位，四川省年种植面积70万公顷以上，是栽培面积最大的省份。甘薯在我国粮食作物中占有比较重要的地位，有些地区仅次于水稻，甚至"一年甘薯半年粮"。甘薯产量在各省（区）间差别较大，甘薯单产平均水平以山东、浙江和福建最高，亩产1330～2000 kg，而广西最低，亩产不足530 kg。

甘薯具有丰富的营养和很好的保健作用。甘薯薯块干物率为12.7％～41.2％，淀粉含量为44.6％～78.0％，糖含量为8.8％～27.1％，蛋白质含量为1.3％～11.1％，纤维素含量为2.7％～7.6％，每100 g鲜薯胡萝卜素含量为0.06～11.71 mg。另外，甘薯还富含多种人体必需的维生素、氨基酸、脂肪、食物纤维以及钙、铁等矿物质，尤其富含维生素A。与薯块相比，可食用顶叶的含水量、蛋白质、某些矿物质（Mg、K、Fe）、维生素A、维生素B和烟酸的含量都较高，而能量较低。每100 g鲜薯叶，含水分83 g、蛋白质4.8 g、脂肪0.7 g、糖类8 g、热量242.7 kJ、纤维1.7 g、灰分1.5 g、钙170 mg、磷47 mg、铁3.9 mg、胡萝卜素6.7 mg、维生素B$_1$ 0.13 mg、维生素B$_2$ 0.28 mg、维生素C 4 mg、烟酸43 mg。

甘薯淀粉除可生产酒精、白酒外，还可生产味精、柠檬酸、糖浆等产品。甘薯淀粉来源丰富、价格较低，新产品的开发具有较大的增值空间。此外，国外尤其是西方国家对变性玉米淀粉的用量较大，占淀粉总量的50%以上，而甘薯淀粉的某些特性与变性玉米淀粉十分相似，在国际趋势倾向自然化的时代，甘薯淀粉将具有十分广阔的国际市场。

甘薯具有适应性强、生产成本低、高产、用途广泛等特点，全身均可利用，是农作物中较为理想的高效作物。

二、甘薯高产栽培的生理基础

（一）形态特征

1. 根

甘薯的根分为细根、柴根和块根3种具不同形态结构和功能的根，其中块根是储藏养分的器官，是生产中主要产品器官。薯块大小取决于品种特性与栽培条件，形状有纺锤形、圆筒形、椭圆形、球形和长方形等，并伴有条沟，属品种特性，会因土壤及栽培条件而发生变化。块根皮色与肉色因品种而异，皮色有白、浅黄、黄、淡红、紫等，由周皮中的色素决定；薯肉色泽可分为白、淡黄、黄、杏黄、橘红等，随胡萝卜素含量提高而加深，杏黄色薯肉的蛋白质含量高于黄、白色。

2. 茎

甘薯茎为蔓生型，多数品种匍匐生长。茎的长度与品种有关，短蔓品种小于1 m，长蔓品种可达2~3 m。茎粗一般为4~8 mm。茎和茎节色有绿、紫、绿中带紫等。甘薯茎切断后流出的汁液为乳白色。成长的甘薯茎节部内有不定根原基，环境适宜时发育为不定根。主茎上叶腋间的腋芽可伸长，生长成分枝，一般每株甘薯有分枝7~20个，短蔓品种较长蔓品种分枝力强，分枝数多。基部分枝数与薯重成正相关，但分枝生长与肥水条件有关，肥水充足则分枝生长多。

3. 叶

甘薯叶片为不完全叶，互生，呈螺旋状排列，叶形分掌状形、心脏形、三角形或戟形，叶缘有全缘、带齿、浅或深单复缺刻。甘薯叶形不仅品种间有差异，而且有些品种可在同一植株其至同一茎上出现两种以上叶形。叶片和叶柄的大小因品种及栽培条件有较大变化。叶片色、顶叶色、叶缘色、叶脉色和叶柄基部颜色可分为绿、绿带紫和紫色，这也是鉴别品种的形态特征。甘薯叶片由表皮、叶肉和叶脉3部分组成，是甘薯植株进行光合作用和蒸腾作用的主要器官。

4. 花、果实与种子

甘薯花或单生，或数十朵丛集成聚伞花序，着生于叶腋或茎顶。花形和牵牛花相似。花冠由5个花瓣联合成漏斗状，一般呈淡红色，也有蓝、紫色和白色，雄蕊5枚，花丝长短不一，雌蕊1枚，柱头呈球状。甘薯为异花授粉植物，自交结实率很低，同群内杂交也不结实。甘薯果实为球形或扁圆形蒴果，每个蒴果有1~4粒种子，以1~2粒居多。种子呈褐色，形状分为球形、半球形或多角形，种子较小，千粒重20 g左右。

（二）甘薯对环境要求

1. 温度要求

甘薯比水稻、玉米等种子作物对温度要求要高 5℃~10℃。气温达到 15℃以上时才能开始生长，18℃以上可以正常生长，在 18℃~32℃范围内，温度越高，发根生长的速度也越快，超过 35℃的高温对生长不利。块根形成与肥大所需要的温度是 20℃~30℃，其中以 22℃~24℃最适宜。低温对甘薯生长危害严重，长时期在 10℃以下时，茎叶会自然枯死，一经霜冻很快死亡。薯块在低于 9℃的条件下持续 10 d 以上，会受冷害发生生理腐烂。

2. 土壤要求

土壤的土层和土质直接影响着薯块的外形、皮色和薯肉的品质与颜色。表层深厚疏松、排水良好的土壤中生产的薯块，外皮光滑、直条、色泽鲜艳，干物质含量高，产量高，食用口感好，加工价值高。甘薯对土壤的适应性很强，几乎所有土壤它都能生长，耐酸碱性强，土壤 pH 值在 4.2~8.3 范围内都能够适应。

3. 光照要求

甘薯是喜温喜光、不耐阴的作物，还是短日照作物。每天日照时数降至 8~10 h 范围内时，能诱导甘薯开花结实。但为促进营养生长，增加无性器官产量，就需要较长时间的光照，以每天 13 h 左右较好。

4. 水分需求

甘薯枝繁叶茂，遮满地面，根系发达，生长迅速，体内水分蒸腾量很大。不同生长阶段的耗水量也不同，发根缓苗期和分枝结薯期植株尚未长大，耗水不多，两个时期各占总耗水量的 10%~15%；茎叶盛长期需水量猛增，约占总耗水量的 40%；薯块迅速膨大期占 35%。具体到各生长期的土壤相对含水量，生长前期和后期以保持在 60%~70%为宜；中期是茎叶生长盛期，同时也是薯块膨大期，需水量明显增多，土壤相对含水量以保持在 70%~80%为好。若土壤水分过多，会使氧气供应困难，影响块根肥大，薯块里水分增多，干物质含量降低。

（三）甘薯大田生长时期

1. 发根分枝结薯期

从栽植到有效薯数基本稳定，是生长前期。此期以根系生长为中心，栽植后 2~5 d 开始发根，一般春薯栽后 30 d，夏秋薯栽后 20 d，根系生长基本完成，根数已占全期根数的 70%~90%。期末须根长度可达 30~50 cm。通常在栽后 10~20 d 吸收根开始分化为块根。壮苗早发的根，其块根形成并开始明显膨大则在 20~40 d 之间，栽后 20~30 d，地上茎叶生长缓慢，叶数占最高绿叶数的 10%~20%，叶色较绿而厚；此后茎叶生长转快，腋芽抽出形成分枝，到本期末分枝达全生长期分枝的 80%~90%。此期干物质主要分配到茎叶，占全干物重的 50%以上。期末地下部粗幼根开始积累光合产物形成块根，到期末结薯数基本稳定，薯重占最高薯重的 10%~15%。

2. 蔓、薯并长期

从茎叶数基本稳定到茎叶生长达高峰，是生长的中期。此期生长中心是茎叶盛长达到高峰，全期鲜重的 60% 或以上都是在本期形成的。分枝增长很快，有些分枝蔓长超过主蔓，叶片数和蔓同时增长，栽后 90 d 前后功能叶片数达到最大值，黄叶数逐步增加，其后与新生绿叶生死交替，枯死分枝也随之出现，黄落叶最多时几乎相当于功能叶片的数量。栽后 60~90 d，块根养分积累和茎叶生长并进，块根迅速膨大加粗，所积累的干物质占全薯重的 40%~45%。

3. 薯块盛长期

从茎叶生长高峰直到收获，是生长的后期。此时生长中心以薯块盛长为主。此期茎叶生长渐慢，继而停止生长，田间常见到叶色褪淡的"落黄"现象。叶面积指数由 4 下降到 3 左右，并在一定时间内保持在 2 以上，茎叶光合产物大量地向块根运转，枯枝落叶多，茎叶鲜重明显下降。此期块根重量增长快，干率不断提高，直至达到该品种的最高峰，积累的干物质为总干物重的 70%~80%。

三、甘薯高产生产技术

（一）甘薯的育苗技术

1. 选用良种

良种是甘薯高产优质的基础，生产上十分重视选用良种。品种的选择应根据当地的气候生态条件、栽培管理水平和生产用途等进行。目前，四川推广的主要良种有川薯 27、徐薯 18、南薯 88、川薯 101、绵薯 4 号、绵薯 5 号、绵薯早秋、南薯 99、川薯 383、川薯 294 以及万川 58 等。各地应在试验示范的基础上选择最适合于当地的良种。

2. 育苗方法

甘薯育苗的方法较多，主要分加温式、酿热式、露地式、地膜覆盖式四个类型。目前，四川甘薯的主要育苗方法有地膜覆盖育苗、催芽移栽两段育苗、火炕温床育苗、酿热温床加盖薄膜育苗、露地育苗等。

（1）露地育苗法。露地育苗又称为冷床育苗。其优点是方法简单，不需要燃料和酿热物，投工少，成本低，育出的薯苗健壮。缺点是用种量大，苗床面积大，产苗迟。其操作过程如下：

①苗床准备。苗床应选择地势稍高、背风向阳、土层深厚肥沃且管理方便的地块。下种前深翻细整，施足底肥，按 1.5 m 宽作厢。

②种薯选择及处理。选择具有本品种特征、薯皮有光泽、大小适中的健康种薯，严格剔除带病的、皮色异常的、受过冻害的以及破损的薯块。然后用 50℃~54℃ 的温水浸种 10~12 min，或用 25% 的多菌灵 500 倍液浸种 1 min，以对种薯进行消毒。

③殡种。一般在当地日平均气温稳定在 12℃ 以上时进行。殡种时，在厢面上以 35 cm 左右见方开窝，窝内施入适量清粪水，每窝斜放 150~200 g 的种薯两个，或 250 g 以上的种薯一个；然后盖上细土或灰渣肥；最后将整个厢面盖平或略呈瓦背形。

（2）地膜覆盖育苗法。地膜覆盖育苗的主要热源是太阳能，由于农用地膜具有透光不透水气的特性，可以提高土壤温度和保持土壤湿度，使甘薯提早播种，促进生长，多产薯苗，效果显著，成本也低。此法适用于海拔 600 m 以下的浅丘和平原地区，是当前大力推广的一种甘薯育苗方式。其操作方法是在露地苗床的基础上加盖一层地膜（不设支架）。在管理上应注意随时检查地膜是否盖严，出苗后，及时破膜引苗。

（3）酿热温床加盖薄膜育苗法。该法以作物秸秆、落叶、青草、牛粪、马粪等经微生物分解产生的热量作为发热源。其优点是床温受自然天气影响小，保温效果好，能就地取材，做法较简单，比较省工，成本较低，可做到苗早、苗多、苗壮。缺点是床温不能人为调控，同时持续时间也不长。该法适用于早春较寒冷的海拔高于 500 m 的地区。其主要做法：选择背风向阳、地势高、土质黏沙适中、管理方便的地方作苗床。苗床长 6 m 左右，宽约 1.33 m，东西床向。苗床的四周建墙，北墙高 0.5 m 左右，南墙高约 0.15 m，东西墙随南北墙的高度差做成斜面式，其基部各留一个通风孔。床底低于地面约 33 cm，做成中间高、四周低，以便使四周的酿热物加厚，床温均匀。酿热物的填放厚度一般为 25～35 cm，填酿热物后应浇适量的水，再在其上铺一层 5～7 cm 厚的细土。种薯的选择与处理以及殡种如前所述。最后在床面上用竹条起拱，覆上薄膜。

（4）催芽移栽两段育苗法。将整个育苗过程分为两段：第一段进行增温催芽，以达到早出苗、多出苗的目的，可采用酿热温床或地膜覆盖式高温窖催芽；第二段为露地繁苗阶段，以培育壮苗和多产苗，方法同露地育苗。两段育苗法结合了温床育苗和露地育苗的长处，具有苗早、苗多、苗壮的优点。

（二）甘薯的整地栽种技术

1. 整地技术

甘薯的主要产品器官——薯块生长在地下，因此要求土层深厚、疏松肥沃、结构良好的土壤条件，在栽培前应精细整地，为甘薯的生长发育创造适宜的土壤环境。

（1）深耕深翻。深耕深翻能加厚土层，疏松土壤，熟化底土，改善土壤通透性，增加土壤保墒蓄水能力，有利于根的生长和土壤里微生物的活动，促进肥料的分解，加速土壤养分释放。甘薯生长在经过适当深耕的土壤里，不但茎叶生长健壮，根系向下层发展，根量多，薯形较长，且能提高薯块产量，一般增产 10% 以上。

深耕深翻必须做到适当，否则不仅浪费人力物力，而且还达不到预期的效果。如过度深翻，打乱了土层，而施肥又跟不上，或因排水不良而引起雨季涝害，则会导致减产。合理深耕深翻要掌握以下几点：

①耕翻深度。甘薯大部分在 7～27 cm 深的土层里结薯，根系约有 80% 以上分布在 0～30 cm 的土层中。因此，耕翻深度以 25 cm 左右为宜，一般不超过 30 cm。耕翻的深浅还与土壤条件、施肥量以及季节等有关系。一般表层黏土层厚、犁底层紧实者应深耕些；飞砂土与河边砂土不宜深耕；上砂下黏的土壤要适当深耕；表层是壤土下面是砂土者不宜深耕；施肥少应浅耕，施肥多可稍耕深些；秋耕宜深，春耕不能太深。

②耕翻时期。秋冬进行深耕深翻较适宜。在没有条件进行秋冬耕翻时，也应于早春进行，使土壤有较长时间的熟化过程，农民常称之为"炕土"，这样做还有利于保墒防旱。耕翻时应尽量选择在土壤适耕时期进行，因为此时不仅省工省力，而且容易使土块松散，保证耕翻质量。

（2）整地垄作。深耕深翻以后，要进行精细整地，反复地进行犁和耙，以便打碎大土块，还要剔除石块、杂草及前茬作物的残蔸，然后开沟作垄。垄作是甘薯生产中普遍采用的栽培方式。除土壤砂性太大或陡坡山地可平作外，一般土地都宜垄作栽培。

与平作相比，垄作的好处在于：一是加厚了土层，增加了土壤空隙度，容气率也有所增加，不仅改善了通气性，而且吸热散热快，昼夜温差大；二是增加了土表面积，扩大了叶的光合面积；三是有利于灌溉和排水，增强抗旱、保墒及抗涝排渍能力。因此，甘薯垄作与平作相比，其蔓长、分枝多、叶面积大，单位面积产量提高 20% 左右。

垄作时应考虑垄的高低、宽窄和方向等。一般保水力较强的黏质土、排水较难的平地和洼地应作高垄，但垄面不宜过宽；保水力差的沙土和瘦瘠的坡地及山地应适当增加垄的宽度而限制其高度。至于垄作的方向，应考虑耕作方便和有利于排水、灌溉等方面的要求。垄的方向一般认为南北向优于东西向。坡地还要注意等高横坡起垄，以防止水土流失。

垄作中常见的有小垄单行和大垄双行等方式。这些方式各有优缺点，必须因地制宜地采用。

①大垄双行。所谓大垄，一般是指垄距 1 m 左右（包括垄沟）的垄。随着垄距的加大，应强调相应加大垄的高度，要求达到高 0.33～0.40 m，垄上错窝栽插两行。在易涝地或多雨年份，增产效果比小垄单行好。在密度较高、多肥情况下，由于通风透光较好，甘薯茎叶不易徒长。因此，在生长期长、灌水次数多的情况下，以采用大垄双行密植为好。在麦/玉/苕种植方式中，就是在小麦带作一个大垄，俗称"独垄"。

②小垄单行。适用于地势高、水肥条件较差的薯地。一般垄距 0.67～0.87 m（包括垄沟），高 0.20～0.27 m，每垄插苗一行。在麦/玉/苕种植方式中，从麦带中间分开，向两边玉米带起垄，则形成小垄。

在麦/玉/苕种植方式中，还有与玉米带垂直横向作"节节垄"的，垄的长度即为小麦带的宽度，形成垄沟相间种植。

2. 科学施用底肥

甘薯的营养器官为收获对象，产量高，需肥量大，充足的肥料是甘薯高产的关键。

甘薯生长期长，需肥多，应着重施底肥，以有机质肥为主，有机、无机相结合，氮、磷、钾配方施用。堆肥、厩肥、饼肥、土杂肥、畜粪水、草木灰等这些肥料多数含有氮、磷、钾及甘薯生长所需要的多种营养元素，肥效稳，持续时间长，用作底肥，不但有益于甘薯生长，也有利于土壤结构的改良。

底肥用量一般可达到总用肥量的 70%～80%。试验表明，在现有生产条件下，每公顷施用厩肥或堆肥 15000～37500 kg 作底肥，比不增施肥料的要增产 20%～30%，尤其是山坡瘦薄地施用后，增产幅度更大。

在施肥方法上，底肥应集中、分层施入，做到浅施速效肥，深施迟效肥。在肥料不多的情况下，集中施肥是最经济有效的方法。四川农民给甘薯施"包厢肥"是有一定的科学道理的，做法是在甘薯做厢时把搭配好的肥料集中撒施在厢坯内，做厢碎土时混匀，再培土包于厢内，这样正好把肥料施到甘薯根系分布最多的范围内，肥效高，流失少，有利于根的吸收与藤叶生长，也有助于块根的长粗长大。套种在玉米地的甘薯，施用底肥比较困难，除力争包厢施外，也可在厢面开沟条施或开窝深施。

3. 适时栽插与合理密植

（1）适时栽插。栽插是甘薯大田生产的第一个环节，也是十分重要的环节。

①栽插期。适时早栽是甘薯增产的关键措施之一。适时早栽可使甘薯充分利用温、光、水等自然条件，延长生育日数，使其光合作用制造与积累的养料多，多结薯，结大薯，提高产量。适时早栽能趋利避害，在夏旱或伏旱到来之前就有相当数量的藤叶提早封厢，降低土壤水分蒸发，减轻干旱造成的损失。适时早栽还能增加干物质的积累，改善甘薯的品质，提高淀粉含量与产量。

栽插期受多种因素的制约，如气候、地势、土质、薯苗、前作物，劳力、畜力等，应排除不利因素，创造条件，及时整地，力争早栽。春薯的栽插期主要视气温而定，一般当地气温稳定在 18℃ 以上时便可栽插，若栽插过早，气温过低对薯苗发根还苗不利。但对于地膜覆盖栽培的，当土温稳定在 16℃ 以上时就可栽插。夏、秋薯栽插时，气温不再是限制因素，为了早栽，前作收后应抢时栽插，如四川的夏薯最好保证在"芒种"前栽完。

②选苗。壮苗增产是公认的事实。但是在大田生产中，栽插薯苗的部位不同，植株的生长状况就有差别。蔓尖苗一般长 20 cm 以上，它处于茎的顶端一段，组织幼嫩充实，生活力强，叶多色绿，浆汁足，节上根原基数多且发育粗壮，有生长优势，栽后复活快，死苗少，生长整齐，结薯早，块根大，产量高。中段苗即剪去茎尖一段后的苗，一般 5 个节，这段苗节间较稀，叶片少而大，组织老健，内部养分较充足，栽后发根长苗稍缓慢，生产力比蔓尖苗低 10% 左右。基部苗即距地面 5 cm 以上的一段，组织较老化，根原基较少，养分不足，少数叶发黄脱落，且容易携带或传播黑斑病，栽后复活慢，遇干旱容易死苗，造成缺株，根系发育差，结薯少，生产力又次于中段苗。因此，以选择健壮的蔓尖苗最好，既可高剪苗防黑斑病，又能确保增产；少用中段苗，最好不用基部苗，让其留在苗床内，加强管理，促其多发分枝快长苗，供下批栽插利用。

③栽插方法。常用的栽插方法有：

a. 平插法。其特点是薯苗较长，一般薯苗长 20～30 cm，入土各节平栽在垄面下 3.33 cm 深的浅土层中，各节大都能结薯，薯数较多且分布均匀。但其抗旱性差，如遇高温、干旱、土壤瘠薄等不良环境条件，则容易出现缺株或小株，并因结薯多而得不到充足的营养，导致产量不高。

b. 斜插法。其特点是薯苗入土节位的分布位置不浅不深，上层节位结薯较大，下层节位结薯较小，甚至不结薯。此法适用于较干旱地区，栽插较易，如适当增加单位面积株数，可使单位面积内薯重增加，从而获得较高产量。

c. 直栽法。其特点是苗短，直插土中较深，一般入土 2～4 节，只有少数节位分布在适于结薯的表土层中，一般单株结薯少，但膨大快，大薯率高。此法适用于山坡干旱瘠薄地，也适用于生长期短的夏、秋薯栽培。如适当增加密度，可以弥补单株结薯少的缺点，从而提高产量。

（2）合理密植。合理密植能使甘薯群体充分利用光能和地力，使甘薯个体与群体协调发展，使甘薯的藤叶生长与其块根膨大得到平衡增长，从而达到薯多、薯大、产量高的目的。

甘薯适宜的栽植密度与品种、土壤、地势、肥水条件、生长期、栽插期以及用途等关系密切。一般来说，疏散型品种宜密，重叠型品种宜稀；早熟品种宜密，迟熟品种略稀；耐肥性弱的品种宜密，耐肥性强的品种宜稀；地势较高的瘠薄沙土宜密，地势低的肥地与较黏重的土略稀；肥水条件差的宜密，肥水条件好的宜稀；生长期较短的夏薯宜密，生长期较长的春薯宜稀；迟栽的宜密，早栽的宜稀；要求藤叶产量高作饲料和蔬菜用的宜密，要求薯块产量高作食用或加工用的宜稀。

在合理密植株数范围内，密植方式无论净作还是间、套作，凡垄距 1.0 m 以上的独垄大厢，实行双行或三行错窝栽插；垄距 80~90 cm 的独垄中厢，栽单行缩短株距，栽双行适当放宽株距；垄距 60 cm 左右的小厢，栽单行。

从目前四川省生产水平来看，在净作情况下，一般春薯每公顷栽 45000~52500 株，夏薯每公顷栽 60000~67500 株，秋薯每公顷栽 67500~75000 株为宜。在麦/玉/苕栽培模式中，甘薯每公顷栽 60000~67500 株。

（三）甘薯栽后的管理技术

1. 生育前期的管理技术

甘薯从栽插到茎叶封行（厢）、地下部有效薯数基本稳定为生长前期，春薯约为 50 d，夏薯约为 35 d。这一时期生长的基本特点是建立根系、生长茎叶、分化形成块根，是决定薯数的阶段。田间管理的目标是早全苗、早发苗、早结薯、多结薯。田间管理的措施如下：

（1）查苗补苗。及时查苗补苗，以确保全苗和均匀生长，在栽插后一周左右完成。补苗时要选用壮苗补栽和浇足水护苗。成活后多施速效肥，促使后补苗生长，迅速赶上早栽苗。

（2）追肥。甘薯生育前期可根据苗情追施促苗肥和壮株肥。追施促苗肥宜早，一般在栽后 7~15 d 进行，以促进发根和幼苗早发，每公顷施尿素 45~75 kg 或清粪水 15000~22500 kg。在基、苗肥不足或土壤肥力低的薯地，可在分枝结薯阶段（栽后 30 d 左右）追施壮株肥，每公顷施尿素 75~90 kg，以促进分枝与结薯。

（3）灌溉与排水。薯苗栽插后，遇晴天应浇水护苗，连续浇水 2~3 d，以促进薯苗发根成活。分枝结薯期遇旱灌浅水，有利于分枝结薯。

（4）中耕、除草和培土。甘薯中耕时间在还苗后至封垄前，一般进行 2~3 次。第一次中耕较深（约 7 cm），但在藤头附近宜浅，以免伤根。其后每隔 10~15 d 进行第二、三次中耕，深度渐浅，藤头附近只需刮破表土，垄脚则深。除草结合中耕进行，但也可采取化学除草。

甘薯地培土是在甘薯生长期间，将下塌的垄土重新壅上，使块根有良好的生长环境。培土不仅能防止露根露薯，减少虫鼠危害，而且能防旱防涝。培土结合中耕除草进行，第一、二次中耕时进行清沟浅培；茎叶封垄前，普遍进行中耕培土。培土不宜过高或过宽，以免降低土温和通气性，影响结薯和薯块膨大。

（5）防治虫害。甘薯生长前期若发现小地老虎或其他地下害虫危害，可喷洒 2.5% 敌百虫粉，每公顷 30.0~37.5 kg；若幼虫龄期较大，可用 90% 敌百虫粉 0.5 kg 加少量水化开后，再加水 5 kg 均匀地喷在 50 kg 碾碎炒香的麦麸或花生饼上，拌匀后于傍晚顺垄洒在甘薯植株的周围，每公顷 75 kg，有较好的防治效果。

2. 生育中期的管理技术

从茎叶封厢到生长高峰为甘薯的生长中心，春薯在栽后 50~90 d，夏、秋薯在栽后 35~70 d。这一时期生长的基本特点是茎叶旺盛生长，块根膨大加快，茎叶生长不足或过旺均不利于块根的膨大。田间管理的目标是稳长茎叶，促使块根持续膨大。具体措施如下：

（1）追肥。甘薯生育中期应追施促薯肥，以促使薯块持续膨大增重。在茎蔓伸长后至封垄前，于垄侧破土晒白 1～2 d 后，将肥料（有机肥为主，化肥为辅）施入垄的两侧，然后培土恢复原垄，俗称"夹边肥"，钾、氮化肥也可溶于粪水中从土壤裂缝浇灌施入。此次追肥对加快茎叶生长进入高峰期和防止后期脱肥早衰都有明显作用。

（2）灌溉与排水。甘薯茎叶盛长阶段需水量大，此时川中丘陵区常处于夏（伏）旱时期，应注意抓好防旱抗旱工作。暴雨过后要及时清沟排水，避免渍水影响长薯。

（3）翻蔓和提蔓。我国多数薯区过去常有翻蔓的习惯，一般认为翻蔓可防止蔓上生根结小薯消耗养分，有利于藤头下薯块膨大和提高产量。但大量试验和调查证明，甘薯生长期翻蔓会降低产量，且减产程度随翻蔓次数增多而加重。翻蔓减产的原因主要是由于翻蔓损伤茎叶，打乱植株叶片的正常分布，削弱光合效能；翻蔓使茎叶损伤后，刺激腋芽萌发和新枝新叶生长，影响植株养分的正常分配；翻蔓还折断蔓上不定根，降低了养分吸收和抗旱能力。因此，生产上除因便于田间管理，如中耕、施肥等必须翻蔓外，一般不需翻蔓。

提蔓，即将薯蔓自地面提起，拉断蔓上不定根后仍放回原处。试验表明，提蔓与不提蔓的产量差异不大，且提蔓比较费工，通常也不必进行。

（4）防治虫害。甘薯在生长中期的害虫主要有斜纹夜蛾、卷叶虫、甘薯天蛾等。防治应在初见卷叶幼虫危害时进行，其他食叶害虫也应在幼虫三龄前于傍晚喷洒 2.5% 敌百虫粉，每公顷 22.5～30.0 kg，也可以使用 90% 晶体敌百虫 1000～1500 倍液或 50% 亚胺硫磷乳剂 500～800 倍液喷雾，均有较好的防治效果。

3. 生育后期的管理技术

从茎叶生长高峰到收获为甘薯的生育后期，其生育特点是茎叶开始停止生长并逐渐衰老，块根迅速膨大。田间管理的目标一是保护茎叶，既防止其早衰，又要防止其贪青；二是促进块根膨大。具体措施如下：

（1）追肥。甘薯生长后期，为了防止茎叶早衰，延长叶片寿命，保持适当的绿叶面积，提高叶片的光合效能，促使茎叶养分向块根运转，加快块根的膨大，应适当追肥。但如果开沟追肥或挖窝追肥都易损伤薯根，因而应根外追肥，即在生长后期薯块迅速膨大阶段，垄顶出现裂缝时，每公顷用尿素 75～120 kg 兑水或清粪水 15000 kg 沿裂缝浇施（俗称"裂缝肥"）。对前、中期施肥不足，长势差的薯苗，裂缝肥有显著的增产效果。

（2）提蔓。若生长后期甘薯茎叶生长过旺，则应采取提蔓的方法以改善其株间通风透光状况，降低土壤湿度，增加昼夜温差，以利于块根膨大。提蔓时应做到轻提轻放，不伤茎叶，不翻压叶片，茎叶不重叠堆放。

（3）灌溉与排水。甘薯生长后期需水较少，此期正值四川秋绵雨季节，田间常有渍水，若不及时排除，土壤内空气含量减少，薯块生活力减弱，易引起细胞死亡或感染软腐病，以致腐烂。因此，后期要注意清沟排除渍水，以免影响薯块生长。若遇干旱年份，则应注意适当灌水，因为在生长后期薯块处于迅速膨大阶段，遇旱灌水增产显著。薯地灌水深度以垄高 1/3 为宜，收获前半个月应停止灌水。

（四）甘薯脱毒技术

甘薯常采用无性繁殖，容易引起病毒的积累。甘薯病毒病普遍发生，危害相当严重，是目前造成品种退化减产、品质变劣的主要原因。根据高等植物细胞的全能性和茎的生长点不带病毒或不带某些病毒的原理，对甘薯进行茎尖组织培养可以脱除其病毒，恢复原品种的优良特性，增加产量，改善品质，还可提高繁殖系数。

1. 茎尖脱毒组织培养技术与病毒检测

首先把感染了病毒、出现退化症状的植株，在无菌操作下，将植株或分枝或块茎上芽的顶部生长点切下，进行组织培养。切取生长点的长度一般为 0.2~0.4 mm，带 1~2 个叶原基。利用附有一定激素的 MS 培养基（MS 是植物组织培养的一种常用培养基，包括植物生长所需的各种营养元素），把切取的茎尖放在试管或三角瓶中进行培养。切取茎尖和培养过程必须在严格消毒、灭菌条件下完成，并使培养的茎尖在光照 1500~2000 lx 和温度 28℃~30℃条件下生长。培养过程一般用日光灯照明，每日连续光照时间以 14 h 为宜。经过 4 个月左右的培养，茎尖即可长成小苗。最后用血清检测法和指示植物矮牵牛花嫁接法对脱毒小苗作病毒检测，淘汰仍带有病毒的小苗，保留确实无病毒的小苗。

2. 繁殖脱毒苗

经检测无病毒的小苗，于 4~5 叶时即可切段繁殖。繁殖试管苗一般用不带激素的 1/2MS 培养基，在 100 mL 的三角瓶中接种 4~6 个节段，每节含有一个叶片。培养基的配制和接种工作中必须严格消毒、灭菌，所用接种器具等在消毒后才能使用。培养的节段经过 3~5 d 即可产生不定根，7 d 左右可形成 5~6 片小叶的幼苗。一个月后此试管苗可炼苗移栽：打开试管口，使其在通风、阴凉处放置 2~3 d，再在清水中冲掉根部的固体培养基，最后移栽到防蚜温（网）室内。

3. 建立良种生产体系

（1）生产原原种。将脱毒试管苗移栽到防虫温室或防虫网室内，温（网）室内温度不宜超过 25℃，并严格控制室内害虫，以防蚜虫、飞虱、螨等传毒。移栽的脱毒试管苗需把根部带的培养基冲洗干净，以防发霉烂苗。栽培幼苗的土壤要疏松、通气性好；栽培的密度根据需要而定。脱毒苗成活后，应加强管理，每隔 1~2 d 喷浇 1 次水，浇水量不宜过多，苗弱时可喷施营养液，苗徒长时（节间长）可喷施 50 mg/kg 的多效唑或 5~6 mg/kg 的矮壮素，每 60 d 左右即可收获 1 次小薯。小薯来自无毒苗为最高级的种薯，称为原原种。

（2）生产原种。原原种生产成本高，生产的种薯数量有限，远不能用于大田生产。所以需要把原原种扩大繁殖，生产一级和二级原种。原种生产的规模比原原种大得多，不可能全用温室或网室，但为了生产高质量的种薯，必须选择适宜的原种生产田。原种生产田应具备三个条件：①蚜虫少的地方。②天然隔离条件好，如森林中间的空地、四周环山的高地、海边土质好的岛屿等。若因生产条件限制，也可在四周 500 m 空间内无普通甘薯种植的地方生产原种。③无传播病毒和细菌性病害的土地。

原原种在原种生产田中繁殖一次，即可获得一级原种，一级原种再繁殖一次即得二级原种。

（3）生产良种。良种来自一级原种或二级原种。第一次用原种生产的种薯为一级良种，一级良种再种一次为二级良种。一级原种的种薯量大时可直接作为大田生产用种；如果一级原种或一级良种的种薯量小，则可再繁殖一次，得到二级原种或二级良种，再作为大田生产用种。

良种生产应在生产条件较好的地点进行，并搞好田间管理工作（如防治病虫害，清除杂草、杂株等）。

四、甘薯储藏保鲜技术

（一）收获

1. 甘薯的适期收获

甘薯没有明显的成熟期，只要气候条件适宜，就能继续生长。在满足甘薯生长的条件下，生长期越长，营养物质就积累越多，产量也相应提高。应根据作物布局、耕作制度、初霜的早晚、气候变化等几方面综合考虑来确定最佳收获期，一般应在当地平均气温降到15℃左右时收获开始至12℃时收获结束为最佳收获期。在此范围内，根据当地的具体情况适当安排收获次序，一般应在10月初至10月中旬收获春薯，这一时期气温尚好，晒干快、干质好，是春薯晒干、淀粉加工的最佳时期。

留种用薯可在霜降前5~7 d收获入窖（10月20日以前），以便安全储藏。因此，应根据甘薯不同用途确定适宜的收获次序及收获期，从产量、留种、加工储藏等各方面综合考虑，以达到丰产、稳产的目的。

2. 收获甘薯时应注意的问题

收获甘薯时应做到"四轻一保留"，即轻刨、轻装、轻运、轻放，保留薯蒂。尽可能减少伤口，减轻窖藏期间病害的发生，以避免病害侵染。

收刨甘薯时要注意天气变化，应在霜冻前收获，以免薯块受冻，要防雨淋，阴天不能收获甘薯。要做到当天收，当天运，当天入窖，不能在地里过夜。收获期是防治甘薯黑斑病的最主要时期，要对种薯和食用鲜薯进行防病处理，以保证甘薯的安全储藏。

（二）薯块储藏条件

1. 温度

甘薯储藏期对温度要求十分严格，一般入窖前期在14℃~15℃；中后期较低，以11℃~13℃比较适宜。

2. 湿度

薯窖空气湿度适中，薯块水分损失少，有利于保持新鲜状态，窖内空气相对湿度以保持在85%~90%为宜。

3. 通气

甘薯储藏期间不间断地进行呼吸，而且呼吸强度较大，储藏期间必须注意适当通风。检查管理通风不良的薯窖时，要注意人身安全，防止因二氧化碳浓度过高，而致缺氧窒息死亡的事故发生。

4. 促进愈伤组织的形成

受伤的薯块，在高温、高湿、通气良好的条件下，愈伤组织形成较快。有条件时，可进行人工加温，创造 38℃～40℃ 的窖温（薯堆表面温度）4 d，可防治黑斑病、软腐病，增强对冷害的抵抗力，育苗时出苗早、出苗多。

5. 防病

甘薯储藏中的主要病害是由子囊菌侵染引起的黑斑病。由于薯种带菌入窖，条件适宜时病菌便从伤口侵入，发病的适宜温度是 25℃，10℃ 以下发病缓慢，35℃ 以上不会发病。一般在储藏初期温度较高、湿度较大时，黑斑病发展较快。另外，由藻状菌侵染引起的软腐病，在 6℃～35℃ 的范围内都能发病。软腐病常和黑斑病并发，可采取收获时防止破伤、入窖前严选、入窖后高温处理等措施进行预防。

（三）安全储藏技术

1. 入窖前的准备

薯种入窖前，对旧窖要进行消毒和清扫。崖头窖和井窖要刮土见新，清扫干净。对于发券大窖和大屋窖，采用石灰涂刷窖壁或点燃硫黄熏蒸（每立方米用硫黄 20 g），同时用氧化乐果、辛硫磷等喷洒，消灭进窖害虫。窖底填 10 cm 厚的干净沙土，洞四周用麦糠或谷草围好，以防湿保温。

甘薯入窖前，用代森铵等药剂处理，可以起到杀菌、保鲜、防止腐烂的作用。具体处理方法是用 50% 代森铵 200～300 倍液，或 50% 甲基托布津 500～1000 倍液，或 25% 多菌灵 500～1000 倍液浸种 10 min，待稍晾干后即可入窖。用上述药剂浸种后，必须在处理后 1 个月以上才能食用。此外，用 AB 保鲜剂、硼砂、"SE" 甘薯保鲜剂等处理薯块，病薯率仅为 1%～7%，可大大提高出窖率。薯种入窖时，轻拿轻放，分批堆放，防止薯堆倒塌。储藏量一般占窖空间的 2/3，在薯堆中间放入通气笼（可用条子编成）或草把，以利于通气。

2. 储藏期的管理技术

（1）储藏前期（甘薯入窖后 20～30 d）。

储藏初期应以通风降温散湿为主，使窖温不超过 15℃，相对湿度保持在 90% 左右。具体管理措施是甘薯入窖后，打开所有的门窗及通气口，进行通风降温，如果白天气温比窖温高，可采取昼闭、夜开的办法，排湿降温。以后随着温度的逐渐下降，窖门可日开夜闭，待窖温稳定在 14℃～15℃ 时，可进行封窖，为甘薯的越冬储藏做好准备工作。

（2）储藏中期（前期过后到立春前）。

这一阶段经历时间最长，且处于一年中最冷的季节，应以保温防寒为中心，采取措施使窖温不得低于 10℃，保持在 12℃～14℃，这时要封闭所有的门窗及气眼，窖外注意培土保温。根据气温下降情况，在窖外分期加厚土层，也可采用一层草加一层土的方法，提高保温能力。

（3）储藏后期（从立春到出窖）。

此期的管理重点以稳定窖温为主，根据天气情况，适当通风换气，但又要注意保温防寒。如果窖温偏高，湿度过大，可揭去薯堆上的盖草，在晴天中午开启窖门或打开气眼排湿降温，但到下午温度下降时，即可关闭门窗及气眼，使窖温始终保持在 11℃～13℃。

在储藏后期，薯窖的管理重点是保持其适宜的温度，在窖内选有代表性的地方作测温点，用温度计进行上、中、下三层测温，特别是低温区要多测温，以保证薯块的安全越冬。

第六节　大　豆

一、概述

大豆是我国传统出口创汇的主要农产品之一，在国际上享有很高的声誉。大豆营养丰富，尤其是蛋白质含量高，一般都在 40％左右，高的达 49％；大豆所含的人体必需的氨基酸齐全，又很容易被人体吸收利用，因此作为植物蛋白来源和保健食品，一直备受推崇。大豆除供食用外，还是食品、日化、医药、酿造和饲料工业等的重要原料。大豆因其根瘤菌、残茬、落叶等物质归还率高和适应性广等特点，在农业中是极好的养地、填闲和茬口作物。大豆茎、叶和籽粒加工后的副产物，因其营养丰富，又是牲畜的精饲料。因此，发展大豆生产，对于促进国民经济发展，改善人们的膳食结构，发展农、牧业和提高土壤肥力等均具有重要意义。

当今世界，大豆生产发展迅速，特别是发达国家，这是与其畜牧业发展的需要分不开的。自 20 世纪 50 年代以来，大豆种植面积逐渐下降，单产不断提高，总产稳定缓慢上升。大豆起源于我国，主要在东北、华北 8 个省生产，其他各地区也都有栽培。仅在 ≥10℃的积温低于 2000℃或年降水量在 400 mm 以下，无灌溉条件的寒冷地区，如甘肃、青海、西藏、内蒙古等的一些高原地区不能生长。大豆在我国的生产区划为：①北方一熟春播大豆区，包括黑龙江、吉林、辽宁、内蒙古、宁夏、新疆等省（区），以及河北、山西、陕西、甘肃 4 省的北部，该区又分为 3 个亚区。②黄淮海复种夏播大豆区，该区处在华北冬小麦主产区，又分为 2 个亚区。③南方夏种多播期大豆区，该区在长江流域及其以南，雨水充沛，无霜期在 210 d 以上，≥10℃积温在 4500℃以上，年均温在 15℃以上，只有西南高原地区由于海拔高而气温较低。大豆除春播外，以秋播为甚。该区域根据各地纬度和海拔不同而形成不同耕作制度，又分为 5 个亚区。

二、大豆的特征特性

（一）大豆的形态特征

大豆俗名黄豆，属豆科大豆属，为一年生草本植物。

1. 根和根瘤

大豆为直根系，由主根、侧根和根毛组成，如图 15-7 所示。种子萌发时，首先自珠孔长出一条幼根，称为胚根，胚根向下伸长为主根，入土深度可达 45～60 cm，经 5～7 d 侧根开始出现，出苗后 1 个月，主根有的可达 100 cm，侧根先向水平方向伸展，再向下生长，整个根系呈钟罩状。根量 80％集中分布在 5～20 cm 土层内。

图 15—7　大豆的根系

1. 主根；2. 侧根；3. 须根；4. 根毛；5. 根瘤

大豆根瘤呈不规则球形，直径 2～5 mm。一般每公顷大豆地可固纯氮 45～52.5 kg，根瘤菌将其固氮量的 3/4 供给大豆，约占大豆一生总需氮量的一半。

2. 茎

大豆的茎包括主茎和分枝。大豆的茎秆坚韧，略呈圆形。幼茎颜色有紫、绿两种，绿茎开白花，紫茎开紫色花。幼茎色可作为苗期去杂及鉴别品种的重要依据。成熟时茎多呈灰黄、绿褐或暗褐色。茎上一般着生灰白、棕、褐等色茸毛，具有保护茎的作用，但也有无茸毛的品种。

大豆的株高一般为 50～100 cm，早熟品种生育期短，植株较矮；晚熟品种生育期长，植株高大。在主茎和分枝上均有节，主茎从子叶到顶端的节数，一般栽培品种为 12～20 节，每节着生 1 叶，节与节之间为节间，植株上部节间长，下部节间短。

分枝是由主茎下部节的腋芽形成的，上部腋芽多长成花簇。在栽培条件下，一般品种可产生 3～5 个分枝，多的达 10 多个。分枝具有自动调节的能力，瘦地、密植的分枝少，甚至不分枝；肥地、稀植的分枝多。根据分枝多少、长短，将株型分为以下三类：

(1) 蔓生型。野生大豆和半野生大豆属于这一类型。特点是茎细、节长、分枝多，植株生长较细弱，有爬蔓缠绕或匍匐的特性。

(2) 半直立型。无限结荚习性的大豆地方品种多属于此类型。在土壤瘠薄、干旱情况下，直立不倒，但在水肥充足、高温多雨的情况下，往往缠绕性增强，甚至倒伏。

(3) 直立型。一般有限结荚习性的早熟或中熟品种多属此类。此类型植株生长健壮，茎直立，节间短，紧凑。

3. 叶

大豆的叶有两种，即子叶和真叶，真叶又分单叶和复叶，如图 15—8 所示。子叶表面光滑，真叶表皮上有茸毛，当大豆幼苗出土时，两个肥大的豆瓣就是大豆子叶，随后长出的对生卵圆形叶片是大豆单叶，以后长出的互生叶都是复叶。托叶一对，小而狭，呈三角形，位于叶柄基部两侧，叶柄长 2～20 cm，小叶全缘，有圆形、卵圆形和披针形等。

4. 花

大豆的花成簇着生长在各节的叶腋、主茎及分枝顶端。花很小，其形状像蝴蝶，有紫、白两种颜色，无香味。大豆为自花授粉，一个花序上常簇生，称为花簇。每朵小花由苞叶、花萼、花冠、雌雄蕊构成（如图 15—9 所示），每一花簇有小花 3～40 朵，依品种不同及花轴长短而异。

图 15-8　大豆的叶

1. 子叶；2. 单叶；3. 三出复叶

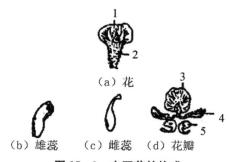

图 15-9　大豆花的构成

1. 花冠；花萼；3. 旗瓣；4. 翼瓣；5. 龙骨瓣

5. 荚

荚是受精后的子房发育而成的。荚果多为镰刀形，也有扁平、葫芦形等，成熟时荚为褐黑色或黑色等，长 3～6 cm，每荚含 1～4 粒种子，个别 5 粒，大豆成熟后荚能沿缝线自行开裂。

6. 种子

种子由子房中受精的胚发育而成，由种皮和胚组成，无胚乳。胚由子叶、胚根和胚芽组成，两片肥大的子叶占种子重量的 90%，储藏着大量的蛋白质和脂肪。种皮上有一个明显的脐，是胚与外界气体交换的主要通道，也是种子萌发时水分进入的主要通道。种皮和种脐都有各种不同的颜色，是鉴别大豆品种的重要依据，它也影响大豆的商品价值。种皮有青、黄、褐、黑色等，种脐颜色有白、褐、兰、黑色和无色等，有些种皮上有褐斑或紫斑。

（二）大豆的生长发育特性

1. 萌发与出苗

具有生活力的大豆种子，当吸收了达本身种子重量 1.1～1.4 倍的水分，气温在 10℃～12℃，并有充足的氧气时，胚根便穿过珠孔而出，称为"发芽"。种子发芽后，由于胚轴的伸长，两片子叶突破种皮，包着幼芽露出土面，称为"出苗"。在适宜的条件下，一般 4～5 d。

大豆的子叶较大，出苗时，顶土困难，因而播种不宜太深。子叶出土后，由黄色变为绿色，开始进行光合作用。

2. 幼苗生长与分枝

从出苗到分枝出现，称为幼苗期，一般品种需 20~30 d，约占全生育期的 1/5。子叶展开后，经 3~4 d 两片单叶出现，形成第一个节间，这时称为单叶期，以后第一片复叶出现，并出现第二个节间，称为三叶期。大豆幼苗一、二节间长短是一个重要形态指标，夏大豆第一、二节间长度不应超过 5 cm，否则苗子纤弱，发育不良。

当第一个复叶长出后，叶腋的腋芽开始分化为分枝或花蕾，若条件适宜，下部腋芽多长成分枝，上部腋芽发育为花芽。从第一个腋芽形成分枝到第一朵花出现，称为分枝期。大豆进入分枝期后，开始进行花芽分化，此时根、茎、叶生长和花芽分化并进，但仍以长根、茎、叶为主。植株生长速度加快，分枝不断出现，叶数增多，叶面积不断扩大；根系吸收能力逐渐加强，根瘤开始固氮，固氮能力逐日加强。这在栽培上是一个极为重要的时期，这一时期如果植株弱小，根系不发达，根瘤少，就很难获得高产；相反，若枝叶过度繁茂，群体过大，甚至徒长荫蔽，营养生长过旺，则会造成花芽分化少，降低产量。因此，这一时期要根据具体情况采取促控措施，以保证植株正常生长。

3. 开花结荚

（1）开花结荚过程。大豆是自花授粉作物。从开花到终花，称为开花期。从现蕾到开花，需 20 d 左右，一朵花开放后经过 4~5 d 即可形成幼荚。大豆植株是边开花边结荚。开花期长短与品种熟性和生长习性有关，早熟或有限生长习性品种 15~20 d，晚熟或无限生长习性品种 30~40 d 或更长。

（2）结荚习性。大豆的结荚习性分为三种类型（如图 15-10 所示）：①有限结荚习性。花梗长，荚密集于主茎节上及主茎、分枝的顶端，形成一个数荚聚集在一起的荚簇，全株各节结荚多且密，节间短，植株矮，茎粗不易倒伏。②无限结荚习性。花梗分生，结荚分散，每节一般 2~5 个荚，多数在植株中下部，顶端仅有一个 1~2 粒的小荚。③亚有限结荚习性。表现为中间型，偏向无限生长习性，植株高大，主茎发达，分枝较少，主茎结荚较多。开花顺序由下向上，受环境条件影响较大，同一品种在不同条件下表现不一，或表现为有限结荚习性，或表现为无限结荚习性。

图 15-10　大豆的结荚习性

1. 无限结荚习性；2. 亚有限结荚习性；3. 有限结荚习性

4. 鼓粒成熟

大豆从开花结荚到鼓粒没有明显的界限。从幼荚形成到荚内豆粒达到最大体积时，称为鼓粒期。结荚后期，营养体停止生长，豆粒成为养分积累中心，各叶片养分供应本叶叶腋豆粒，鼓粒期每粒种子日平均增重 6～7 mg；开花后 20～30 d，种子进入形成中期，干物质迅速增加，一般达 8%～9%，含水量降到 60%～70%，此期主要积累脂肪；开花后 30～40 d 内，种子干重增加到最大值，此期主要积累蛋白质，当水分逐渐降到 15% 以下，种皮变硬并呈现品种固有形状色泽时，即为成熟。

大豆从开花、结荚、鼓粒到成熟所需天数，随品种特性及播种期不同而异，早熟品种一般为 50～70 d，中熟品种一般为 70～80 d，晚熟品种一般为 80 d 以上。大豆开花结荚后约 40 d，种子即具有发芽能力，50 d 后的种子发芽健壮整齐。成熟度与种子品质和产量有密切关系，成熟完好的种子不仅色泽好，而且百粒重和产量均高；成熟不良和过熟的种子品质和产量呈降低趋势。因此，必须根据大豆种子的成熟度适期收获。

（三）大豆对环境条件的要求

1. 温度

大豆是喜温作物，一般 ≥15℃ 积温 1500℃ 以上，持续期超过 60 d，无霜期超过 100 d 地区，均可种植大豆。不同品种的生育期对积温有不同的要求。大豆发芽最低温度为 6℃，出苗最低温度为 8℃～10℃，种子所处土壤温度低于 8℃，则不能出苗。幼苗在 -4℃ 低温下则受冻害；大豆播种后最适宜的发芽温度是 20℃～22℃，最低为 10℃～12℃；大豆生长发育最适宜的温度为日平均 21℃～25℃，低于 20℃ 生长缓慢，低于 14℃ 生长停止。

2. 光照

大豆是短日照作物，对光照长度反应敏感。日照范围在 8～9 h，光照越短，越能促进花芽分化，提早开花成熟；相反，在长日条件下，则会延迟开花和成熟，甚至不能开花结实。一般来说，大豆在苗期通过 5～12 d 的短光照，就能满足它对短光照的要求。

大豆生长发育要求有充足的阳光，如果阳光不足，植株郁蔽，则节间伸长，易徒长倒伏，落花落荚严重，致使单株结荚率低。合理调整群体结构，进行适当密植，改善通风透光条件，对提高大豆产量有重要意义。

3. 水分

大豆是需水较多的作物，总耗水量比其他作物多。大豆发芽时，需要从土壤中吸收种子重量 110%～140% 的水分，才能正常发芽出苗。苗期耗水量占全生育期的 12%～15%，分枝到鼓粒占 60%～70%，成熟阶段占 15%～25%。因此，大豆幼苗期较耐干旱，土壤水分略少些可促进大豆根系深扎，对大豆后期生长有利，若水分过多，易长成高脚苗，不利于培育壮苗，故苗期要注意防涝，遇干旱时只宜浇少量水。分枝到开花结荚期是大豆一生中需水最多的时期，若水分不足，会造成大量花荚脱落，影响产量。鼓粒期是需水较多、对缺水十分敏感的时期，若干旱缺水，则秕荚、秕粒增多，百粒重下降。大豆成熟期要求较小的空气湿度和较少的土壤水分，以利豆荚脱水成熟。

4. 土壤

大豆对土壤条件的要求并不十分严格，凡是排水良好、土层深厚、肥沃的土壤，大豆都能生长良好。栽培大豆的土壤酸碱度（pH）以 6.8～7.5 为最适，高于 9.6 或低于 3.9 对大豆生长发育都极为不利。微碱性的土壤可促进土壤中根瘤菌的活动和繁殖，对大豆的生长发育很有利。

三、大豆的栽培技术

（一）大豆的轮、间、套作

1. 轮作

由于大豆根瘤的固氮作用，不仅能使大豆高产，而且能残留大量养分于土中，提高了土壤肥力。合理轮作既能调节土壤养分、培肥地力、减少杂草危害和防止病虫害蔓延，使用地和养地有机结合，又为整个轮作周期中其他作物的全面持续增产创造了条件。大豆不宜连作，也不宜作其他豆作的后茬。大豆最好的前作是谷类作物，如小麦、玉米、高粱等。轮作方式因各地气候特点和作物分布而异。

2. 间、套作

我国各地采用大豆与玉米、高粱、谷子、甘蔗等作物间作，也有大豆与麦类作物、玉米等套作。其中大豆与玉米间作方式较好，无论南方还是北方，采用都较普遍。

（二）整地播种

整地播种是大豆生产的重要环节，须创造一定深度的疏松耕层，做到适期播种，提高播种质量，保证苗全、苗齐、苗壮，为高产打下基础。

1. 整地

为了使大豆正常发芽出苗、根系健壮生长和根瘤形成，大豆整地首先要求土壤水分为土壤最大持水量的60%～70%，过干不利于出苗，过湿易引起烂种和黄叶现象。其次要求土壤疏松，才有利于大豆子叶出土和根瘤菌的活动。合理耕翻整地，可以加深土壤疏松层，改良土壤物理结构，使土壤孔隙度增加，增强蓄水保墒能力，改善作物营养条件，有利于根系与地上部良好生长。春大豆的整地应尽可能及早翻耕，播前浅耙一次即可，如是套种，播前应在前作行间进行松土；夏大豆产区播种时间较为短促，耕翻整地必须抓紧进行，由于夏大豆前茬多为小麦，实行麦前深翻，对后作大豆有明显增产效果。整地要达到土壤细碎平整，上松下实，耕层内土壤松紧适度，以利蓄水保肥，保证播种质量。在某些干旱地区，采用不耕翻或浅耕灭茬播种，以保表土墒情。

2. 种子处理

播种前要进行种子处理。为了提高种子的发芽率和纯净度，应进行粒选，选用饱满健康、具本品种特征的种子做种，同时在有条件的地方，播种前可进行根瘤菌拌种，以增加大豆根部根瘤的数量，提高固氮能力。具体做法：在上一年大豆盛花期选择同一品种的健壮植株，将根挖出用清水洗净，保留根上呈粉红色的大个根瘤，挂在阴暗通风处阴干保存；第二年播种大豆前，把这些根瘤磨碎，再用种子重量2%的清水调和，均匀拌在种子上，然后放在通风处晾干并立即播种，一般每公顷用20～30株大豆植株的根瘤拌种即可。注意用根瘤菌拌种的种子不可再用杀菌剂之类的农药拌种，以免杀死根瘤菌。此外，播种时还应施用底肥。

3. 播种期

大豆的播种适期应根据温度、土壤水分、品种特性以及前作等因素而定。当土温达到12℃以上即可播种春大豆，14℃时播种较为安全，一般应争取早播。四川盆地春大豆一般在3月下旬到4月上旬播种为宜，夏大豆一般在5月中、下旬，不超过6月上旬播种，常在春玉米播后一月左右播大豆，夏玉米与大豆同期播种。秋大豆应在前作收后尽早播种，一般在7月下旬至8月上旬。

播种应严格保证质量，播后要用细土盖种，土壤水分充足时盖土要薄，土壤较干宜盖土稍厚，但以3～5 cm为宜，否则会影响出苗。

（三）选用良种、合理密植

1. 选用良种

大豆净作少，主要是间、套作，因此选用适宜的大豆良种是获取高产的关键之一。生产上应选用耐荫性强、生长直立或亚直立、有限或亚有限结荚习性、落叶性良好、抗逆性强、抗倒伏的品种。熟期应以晚熟为主，适当搭配早、中熟品种。

2. 合理密植

适宜的密度是高产的基础。据研究，以成熟时籽粒产量和全田茎秆干重（去掉子叶节以下部分和豆荚，并经晒干的茎秆重量）的比值（即粒茎比）来衡量密植适宜度。一般粒茎比为1.5～2.5表示生育正常，密植合理。适宜密度还应根据土壤肥力、品种特性、播种期等因素决定。一般肥地宜较稀，瘦地宜较密；品种繁茂性强的宜较稀，繁茂性弱的宜较密；播种早的宜稀，播种迟的宜稍密。四川省净作大豆，一般每公顷22.5～37.5万株，春大豆稍稀，秋大豆稍密。目前生产上大豆播种方式多采用穴播，穴播对于以主茎结荚为主、分枝较少的品种更为适合，窝行距春大豆为21×24 cm，每穴3～4粒；夏大豆为24×30 cm，每穴2～3粒；秋大豆为15×18 cm或18×21 cm，每穴3～4粒。播时穴底要平，种子要分散。

（四）增施肥料

1. 大豆的需肥特点

大豆是需肥较多的作物。据分析，一般每生产50 kg籽粒及其相应的茎叶和荚壳等，约需从土壤中吸收氮素3.3 kg、磷素0.65 kg、钾素0.9 kg。

此外，在酸性土壤中种植大豆，一般需追施石灰，中和酸性，补充钙肥。钼有促进根瘤菌活动、增强固氮能力的作用，也能促进氮、磷的吸收利用。在缺钼的土壤中种植大豆，可在播种时施用钼酸铵进行补充。

2. 施肥技术

（1）底肥。以农家肥作底肥较好。选用渣肥、灰肥、干猪牛粪、堆肥等有机肥料作底肥，是保证大豆高产、稳产的重要条件。有机肥是完全肥料，矿质养分含量多，有机质丰富，且分解慢，肥效长，能在较长时间内供给大豆营养物质，而且还能改良土壤，培肥地力，增强蓄水保肥和保温能力，为大豆创造良好的生长环境。

底肥施用数量应根据肥料质量、土壤肥力等情况而定，一般每公顷施堆渣肥22500～37500 kg，施用时每公顷混入过磷酸钙375～450 kg，草木灰375～450 kg效果更好。若在瘠薄的土壤上播种大豆，还应施用适量氮肥作底肥，一般每公顷可施用尿素 22.5~37.5 kg。施用方法是在播种前施入打好的窝内，然后用土盖好，种子播在土壤上，使肥料和种子隔开，以免烧根。

（2）追肥。大豆追肥应根据植株生长状况、土壤肥力和底肥施用情况灵活掌握。

①苗肥。大豆苗期需肥不多，如已施过底肥、土壤肥沃、幼苗生长健壮，苗肥可不施用。若土壤瘠薄、少施或未施底肥的，应早施苗肥。当大豆第 1 片复叶展开时，根系吸收能力尚差，根瘤也未形成，这时追施适量化肥，对培育壮苗作用很大。一般每公顷施用尿素 45~75 kg、过磷酸 375 kg 左右。

②花荚肥。大豆开花结荚期是营养生长和生殖生长同时并进的时期，需要大量养分供应，此时根瘤菌已达旺盛的固氮期，但不能完全满足植株对氮素营养的要求。因此，在大豆初花期进行一次追肥有良好的增产效果。一般每公顷施用尿素 75 kg、磷肥 225~450 kg、草木灰 750 kg 左右。施肥时在植株旁 5 cm 左右挖窝或开沟，肥料施入后盖土，如遇天旱，可结合浇水进行施肥。当土壤肥力较高、已施底肥或苗肥，植株生长健壮，根瘤个大且数量多时，可不施花荚肥，以免造成后期贪青徒长，花荚脱落而减产。

③鼓粒肥。多采用根外叶面喷肥，因大豆生育后期根系吸收力下降，适当进行叶面喷肥，对促进大豆成熟、提高粒重有明显效果。一般用 2%~3%过磷酸钙溶液每公顷 750~1050 kg，或用 5%~10%的氮、磷、钾混合液喷施；也可在过磷酸钙的溶液中加钼酸铵，搅拌均匀后喷洒，用量每公顷 150~195 g；还可单独用 0.05%的钼酸铵液或 0.3%的磷酸二氢钾溶液喷洒。

（五）田间管理

1. 补苗与间苗

大豆缺苗而至减产是生产上普遍存在的问题。因此，当幼苗出土后，应及时进行查苗补苗，以保证全苗。发现缺苗后应及时补播，补播的种子应先浸种催芽，使其播后能迅速出土。若缺苗不太严重，有的窝内苗数又较多时，也可采用移苗补栽。为了保证幼苗整齐、均匀、健壮，提倡播种时预先育好补栽苗。移栽时为使幼苗根系伸展，要掌握埋土不能太松或太紧，栽后浇水要适当，应选阴天或太阳下山后移栽效果最好。

间苗是培育壮苗、提高大豆产量的有效措施。间苗要早，一般在子叶展开后，就可根据情况进行间苗，若田间水分适当，地下害虫少，就可按每窝留一两株壮苗，多余的全拔掉。若田间湿度变化尚大，地下害虫多，间苗则分两次进行，第一次间苗时多留壮苗，到第一片复叶展开后再进行定苗。

2. 中耕除草

大豆属中耕作物，在生育过程中，需要因地制宜地进行多次中耕除草。中耕可消除田间杂草，疏松表土层，提高土壤通透性，增加孔隙度，有利蓄水增温，促进微生物的活动和养分分解，有利于根系良好生长。生产上一般进行 2~3 次中耕，第一次宜早，以第一片真叶出现时为宜，此时根系分布浅，中耕深度不超过 4 cm，以免伤根；第二次中耕可在出现 3~4 片复叶、子叶发黄时进行，深度为 5 cm；第三次中耕一般在苗高 20 cm 左右、开花前进行，此时根系发达，宜浅耕，并结合培土，培土高度以略高于子叶节为准。

3. 生长调节剂的应用

植物生长调节剂具有协调大豆营养生长与生殖生长、防徒长倒伏、增花增荚等方面的作用，能显著提高大豆的产量。

（1）TIBA（三碘苯甲酸）的应用。对大豆有抑制营养生长、增花增粒、矮化壮秆的作用，增产幅度可达 5%～15%，以 200～400 mg/kg 药液在大豆开花期喷洒为好。具体做法是每公顷用药 45～75 g，加水 375～750 kg 喷雾。

（2）矮壮素（2—氯乙基三甲氯化铵）。能使大豆节间变短，植株变矮，茎变粗壮，其营养体部分干重降低，生殖器官部分干重增加，改善通风透光条件，减少落花落荚，单株粒数增多，产量提高。在生长过旺的大豆田块，可于始花期至盛花期每公顷用 750 mL 矮壮素，加水稀释至 0.125%～0.25% 喷施。

（3）增产灵（4—碘苯乙酸）。对大豆有促进生长发育、防止落花落荚、加快养分运输、增荚、增粒的效果。一般在盛花至结荚期每公顷用 750～1125 kg 20 mg/kg 增产灵药液喷施。

（4）B_9。能抑制细胞分裂和伸长，降低呼吸强度，减少呼吸消耗，增加干物质积累，使籽粒饱满，粒重增加，产量提高。据试验，在大豆开花和结荚期喷 500 mg/kg 的 B_9 效果较好。

4. 摘心打叶控制徒长

土壤肥沃、水分充足时，大豆容易发生徒长倒伏，使植株下部花荚严重脱落，造成减产和品质降低。进行摘心能抑制茎叶生长，促进养分重新分配，促进早熟，增加荚数和粒重。一般在开花盛期，摘去主茎顶心 2 cm 左右即可。

打老叶也是控制徒长、保花增荚的一项措施。一般用 33 cm 长的锋利铁片或竹片制成长柄刀，在植株封行以后，将植株脚下老叶和行间重叠的叶片削去，以改善田间通风透光条件，防止徒长倒伏，增加荚数和粒重。

5. 防治病虫害

大豆病虫害的种类很多，发生较广、危害较大的有大豆病毒病、锈病、紫斑病、萎蔫病等，应及时防治。

（六）收获、脱粒与储藏

大豆对收获期的要求比较严格，过早或过迟收获均会影响产量和品质。人工收获应在黄熟末期进行，机械收获应在完熟初期进行。一般最适宜的收获期植株形态是茎秆呈棕黄色，有 10% 左右的叶片、20%～30% 叶柄尚未脱落，荚与种粒间的白色薄膜已消失，易裂荚品种应提早收获。四川省大豆多属间、套作或零星田坎种植，一般用手工收获，收获与脱粒分段进行，收获大豆不应用手拔，而应该用快锄低铲或利刀低砍，以免把根瘤和残根带走，影响对后茬作物的后效作用。

收获后扎把，运回挂在屋檐下或空屋内，或堆成垛，使之成熟，但要注意通风透气，避免霉烂，挂晾时间不宜太长，应选晴天及时摊晒脱粒。脱粒通常用连枷打或石滚压，种子打出扬净后，还需要进行薄层摊晒，晒时应避免在三合土上进行烈日曝晒，以免破皮影响发芽。待种子水分降到 13% 以下，入仓储藏。大豆种子可用麻袋、坛子等装好，放在干燥、通风、冷凉条件下储藏。

第七节　油　菜

一、概述

（一）油菜生产的意义

油菜是世界和我国的重要油料作物之一，适应性强、用途广、经济价值高、发展潜力大。油菜种子含油量为 35%～50%。菜籽油含有 10 余种脂肪酸和多种维生素，还含有较多的植物固醇，容易被人体吸收消化，营养价值高，是四川省及长江流域的主要食用植物油。普通菜籽油在进行脱色、脱臭、脱脂或氢化等精炼加工程序之后，可用于制造色拉油、人造奶油、酥油等产品。自 20 世纪 60 年代以后，世界各国先后育成了一批低芥酸的油菜新品种，使菜籽油中芥酸含量降至 3% 以下，低芥酸菜籽油色泽清亮，大大提高了菜籽油的品质。

菜籽油也是重要的工业用油，在冶金、机械、橡胶、化工、油漆、纺织、制皂、医药上都有广泛的应用。特别是高芥酸菜籽油（含芥酸达 55% 以上）是理想的冷轧钢及喷气发动机的润滑剂和脱模剂，以及金属工业高级淬火油。菜籽榨油后得到约 60% 的饼粕，成分与大豆饼粕相近，是良好的精饲料。20 世纪 70 年代后，各国育成了含量低于 30～40 μmol/g 的低硫苷品种，使菜饼的饲用价值大大提高。高油酸菜油可取代石油作生物能源，欧洲已大量应用于生产，发展前景广阔。

油菜是一种兼养作物，有大量的落叶、落花、残枝和残根，养分含量高，易分解腐烂，油菜种后土壤较肥沃；油菜吸收土壤中难溶性磷、钙等养分的能力强。因此，油菜是多种禾谷类作物和经济作物的好前作。油菜还是良好的蜜源作物，其花期长，花粉量大。种植油菜可以促进养蜂业的发展。

（二）油菜生产概况

在世界四大油料作物（大豆、向日葵、油菜和花生）中，无论是面积还是总产量，油菜都仅次于大豆位居第二。油菜适应性广，在世界各大洲均有分布，但主要集中在亚洲、欧洲和北美洲，这三个洲的面积占世界油菜面积的 95%，总产量占世界油菜总产量的 98%。

中国是世界第一油菜种植大国，其种植面积和总产量均已接近世界的 1/3。按农业区划和生产特点，中国油菜以六盘山和太岳山为界线，大致分为冬油菜和春油菜两大产区。春油菜产区以一年一熟的白菜型油菜和芥菜型油菜为主，约占中国油菜总面积的 10%；冬油菜产区以一年两熟或三熟制为主，约占中国油菜面积的 90%。根据全国油菜优势区域布局规划（2008—2015 年），目前我国划分为四大油菜产区，分别是长江上游、长江中游、长江下游和北方油菜优势区。据农业部统计数据，2013 年油菜籽播种面积为 740 万公顷。在过去几年中，中国油菜籽的播种面积基本稳定在 730～740 万公顷。油菜是四川省的优势油料作物和重要经济作物，面积及总产量占全省油料作物的 80％以上，居全国第 2～3 位，被农业部列入了长江流域"双低"油菜优势发展区域省份。

二、油菜栽培的生物学基础

（一）油菜的类型

油菜是由十字花科芸苔属植物的若干物种所组成，以采籽榨油为种植目的的一年生或越年生草本植物。生产上栽培的油菜有三大类型，即白菜型、芥菜型和甘蓝型，每种类型又有许多品种。目前，我国油菜生产中 90％以上种植的是甘蓝型油菜。

1. 白菜型油菜

白菜型油菜在我国栽培的历史悠久，生产上种植的有两种，即北方小油菜（起源于中亚和我国西北部）和南方油白菜（又称南方矮油菜，起源于我国长江流域）。四川和南方各省种植的为南方油白菜，其外形很像普通的小白菜，是普通小白菜的一个油用变种。

南方油白菜俗称黄油菜，植株较矮小，茎秆较细，分枝少；叶片较薄，叶色较淡，呈绿色或淡绿色，基部叶片有柄；根系发达，支根、细根多；花呈淡黄或黄色，花瓣较大，开花时两两部分重叠，花药外向开裂，自交不亲和；角果扁圆较肥大，与果轴着生的角度较小；种子表皮呈浅黄或黄色，也有棕褐色的，种皮网纹不显著；籽粒大小不一，千粒重一般为 2～4 g，含油率一般为 35％～38％，高的达 45％以上。

白菜型油菜较耐瘠、耐涝，抗病、抗倒力差，不耐肥，产量不稳定，生育期较短，可为后季作物创造早茬口。

2. 芥菜型油菜

芥菜型油菜俗称苦油菜、高油菜或辣油菜，主要分布在我国西北和西南各省，栽培历史悠久。主要特点是植株较高大，株型松散，分枝纤细、分枝部位高；主根粗壮，入土较深；叶呈青绿色或紫绿色，叶面皱缩，有刺毛和蜡粉；花呈淡黄色，花瓣较小，四瓣分离；角果细短，容易爆裂；籽粒较小，千粒重 2 g 左右，种皮网纹明显，色泽黄、红、褐或黑色，含油率为 30％～40％，有辛辣味。

芥菜型油菜耐旱、耐瘠、耐寒，适应性强，植株较高大，但产量不高，常种植在一些瘠薄的旱坡地上。

3. 甘蓝型油菜

甘蓝型油菜俗称黑油菜，起源于欧洲，20 世纪 30 年代从国外引进，是目前我国种植面积最大、品种最多的栽培种。其主要特征：植株较高大，茎秆粗壮，分枝多；主根和支细根均发达；叶片呈蓝绿色，基部叶具琴状缺裂，叶的质地像甘蓝；花呈深黄或黄色，花瓣圆形，展开时直径较大；角果较长，种子较大，千粒重 3～5 g，含油率为 35％～50％，种皮黑色、褐色，表面网纹线。

甘蓝型油菜适应性广、抗病力强，且耐寒、耐肥，丰产性好，增产潜力大。一般比白菜型油菜增产 20％以上。

（二）油菜的温光反应特性

油菜的生长发育要求一定的环境条件，其中温度和光照对其由营养生长向生殖生长的转变和过渡产生较大影响，只有通过一定的低温和长日照后才能顺利地现蕾、开花、结实，这种特性称为油菜的温光反应特性，又称感温性和感光性。

1. 感温性

油菜的温度反应特性又称温度效应、春化作用，即油菜植株从营养生长向生殖生长转变需要经过一定的低温和相应天数的诱导才能得以完成。不同的品种在感温阶段对温度高低和所需天数的要求不尽相同，据此分为以下三类：

（1）冬性型。对温度的要求较严，需要的温度低，持续时间较长。一般要求在 0℃～5℃低温下经过 35 d 以上才能通过春化阶段，进入生殖生长，否则就会延迟现蕾开花，或不能现蕾开花结实，长期停留在营养生长阶段。一般为中晚熟或晚熟品种。

（2）春性型。对温度相对不敏感，要求的温度较高，可在 10℃左右或更高的温度下经过 5～15 d 通过春化阶段。一般是冬油菜的极早熟、早熟品种以及春油菜品种。

（3）半冬性型。这类品种感温期对温度的要求介于冬性品种和春性品种之间，一般为早中熟或中熟品种，四川省的甘蓝型油菜品种大多属此类型。

2. 感光性

感光性即光照反应特性，又称感光阶段、光周期性，当油菜通过感温阶段，即进入感光阶段。油菜属长日照植物，通过感光阶段要求一定的长日照条件，一般为 12～14 h。但不同的品种对日照长短的敏感程度不同，据此可分为以下两类：

（1）光敏感型。欧洲西、北部和我国西北地区的春油菜属此类型，花前经历的平均日照时间为 14～16 h。

（2）光迟钝型。所有的冬油菜和极早熟春油菜属此类型，花前经历的平均日照时间为 10～12 h。一般春性品种感光性强，冬性和半冬性品种感光性较弱，不是典型的长日照植物。

3. 温光反应特性在生产上的应用

（1）在品种布局和确定播期方面。一般冬性强的品种生育期较长，丰产性能好，单株生产潜力大，适宜两熟制地区栽培，可适当早播，早播不会提早现蕾开花，还可延长生育期；春性强的品种，生育期短，单株生产潜力较小，适宜于生产季节较紧的三熟制地区栽培，播种过早容易早蕾、早花而受低温危害，应适当迟播，并合理密植，加强管理。

（2）在田间管理方面。春性强的品种，生育期短，发育快，施肥等田间管理要提早进行，否则营养生长不足，产量不高；若在冬至前后即出现早蕾早花，要注意及时摘心，并增施氮肥，延缓发育过程，促进多分枝，弥补摘去主花序的损失。

（3）在引种方面。北方冬性强的品种引种到南方，一般生育期延长，甚至不能现蕾开花；而南方春性较强的品种引种到北方，易早花遭受冻害。因此，引种应在纬度、海拔、温度等自然条件相近的地区间进行，先进行试验、示范，成功后再大面积推广。

（三）油菜的生长发育与环境

1. 油菜的一生

油菜从播种后发芽出苗到成熟所经历的天数即全生育期的长短因品种类型、温光反应特性、播种期及外界环境条件等而异。一般甘蓝型生育期较长，白菜型较短，芥菜型介于二者之间；冬性强的品种生育期较长，春性强的品种较短；冬季播种的冬油菜生育期较春油菜长；冬性品种早播的生育期较迟播的长。油菜的全生育过程可分为出苗期、苗期、蕾苔期、开花期和角果发育成熟期五个生育时期。

出苗期是从种子播种到 75% 左右的子叶出土平展的时期。油菜种子无明显休眠期，成熟种子只要外界条件适宜即可发芽，四川省适期播种的需 5~7 d。

苗期是从子叶平展到 75% 左右的幼苗现蕾的时期，现蕾以手指轻轻拨开 2~3 片心叶可见明显绿色幼蕾为准。油菜苗期主茎一般不伸长，叶片丛生。油菜苗期是经历时间最长的生育时期，其长短因品种、播种期等而异，一般甘蓝型较长，白菜型较短；冬性强的中迟熟品种较长，春性强的早中熟品种较短。苗期以花芽开始分化为界限，又可分为苗前期和苗后期，苗前期为全营养生长期，苗后期开始了生殖生长，但营养生长占绝对优势；在花芽开始分化前后，株型略变松散，呈盘状，俗称"开盘"。一般甘蓝型中熟品种苗期为120 d 左右，生育期长的品种可达 130~140 d，即占油菜一生 60%~70% 的时间。

蕾苔期是从现蕾到 75% 的植株初花的时期，一般为 30~60 d，早熟品种长，晚熟品种短。蕾苔期主茎迅速伸长（子叶节距主茎顶端达 10 cm 时为抽苔期），并不断形成花蕾，是营养生长和生殖生长并进时期，也是油菜一生中生长最快的时期之一。

开花期是从初花到 75% 左右的花序已谢花的时期，一般为 30~50 d，其长短受气温的影响较大，早熟品种早播早开花，气温低，花期长；中、晚熟品种开花期较迟，气温相对较高，开花期较短。开花期从营养生长和生殖生长均旺盛的时期转入以生殖生长为主，是对环境条件最敏感的时期，应特别注意协调营养生长和生殖生长的关系。

角果发育成熟期是从终花到成熟的时期，一般为 30~40 d。此期只有生殖生长，角果增长变粗，种子迅速发育和充实，积累大量油脂等营养物质，是产量形成的重要时期。此期叶片逐渐衰亡，光合器官逐渐被角果取代。角果光合产物是种子灌浆物质的主要来源。

2. 种子发芽出苗

油菜种子一般呈球形或卵形，种皮色泽一般为暗褐（通称黑色）或红褐色，少数为淡黄或黄色。种子由种皮、胚及胚乳遗迹三部分组成，胚包括子叶、胚根、胚轴和胚芽四部分，两片子叶呈弯曲折叠，占据种子大部分体积，是种子储藏脂肪、蛋白质等营养物质的主要场所。甘蓝型油菜种子较大，千粒重为 2.5~3.5 g，甚至在 4.0 g 以上，种子含油量一般为 30%~50%。不同品种含油量差异较大，一般甘蓝型品种含油量平均为 40% 左右。

油菜种子在吸足水分后，幼胚即开始一系列的生理代谢活动，胚根开始伸长，并突破种皮，同时胚轴也开始伸长，当胚轴向上延伸呈弯曲状时为发芽。以后胚根、胚轴进一步生长，幼茎逐渐直立，把子叶送出土面，两片子叶逐渐平展，并由淡黄变绿，视为出苗。

油菜种子的发芽出苗首先需足够的水分，一般吸收相当于种子自身重量 60% 的水分，在田间持水量为 70% 左右时较为适宜；油菜种子发芽出苗的最适温度为 25℃ 左右，低于3℃、高于 37℃ 都不利于发芽，在适宜范围内，温度越高，发芽出苗速度越快；油菜种子含大量的油脂，发芽出苗需要充足的氧气，通过呼吸代谢先将脂肪转化为糖类物质，再形成能量和结构物质。

3. 根的生长

油菜的根系为直根系，种子发芽出苗后，胚根继续向下生长形成较为粗壮的主根，主根上开始发生支根，支根上再发生细根，由此形成油菜的完整根系，支根及其上着生的细根统称侧根。一般油菜主根纵深伸展可达 30～50 cm，上部粗壮膨大，下部细长，呈长圆锥形状；支根和细根大多密集在耕作层 30 cm 土层深度以内，水平扩展为 45 cm 左右。

在油菜不同类型和不同栽培方式下，根系的形态结构有一定差异，一般白菜型油菜侧根多，主根入土相对较浅，抗旱、抗寒力弱；芥菜型油菜侧根较少，主根入土较深，抗旱、抗寒、耐瘠力较强；甘蓝型油菜主根和侧根均较发达；直播油菜的主根发达，入土深；移栽的油菜由于移栽时主根易受损，故主根入土较浅，侧根较发达。

油菜的根系在幼苗期生长较缓慢，开盘以后生长加快，根颈开始膨大并积累大量有机营养物质。现蕾抽苔以后，支根、细根大量发生，是油菜根系生长速度最快、生长量最大的时期，至盛花期达最大值，终花后根系逐渐衰老。

油菜的根系除吸收、支持和固定植株功能外，还具有一定的储藏功能，特别是在冬季和花前。油菜子叶以下的茎段称为根颈，由下胚轴发育而成，是冬季储藏养分的重要场所，其储藏的养分越多，植株的抗寒力越高。根系的发达程度和根颈的粗细与植株的生育状况和产量高低密切相关，常将根颈的长短、粗细、直立与弯曲情况作为衡量油菜植株长势强弱的重要标志之一。根颈粗、短、直立的植株为壮苗，分枝多，产量高；根颈细长、弯曲的植株为弱苗，分枝少，结果少，产量低。

油菜根系的生长与土壤条件关系密切。土壤结构良好，土层深厚肥沃，水分充足而通气良好，主根入土深，支根和细根多，根系发达，分布范围广；反之，则根系生长受影响，分布范围窄。因此，油菜地要深耕细整，稻田和低洼地要深沟排水降湿，以促进根系的生长。

4. 叶的生长

油菜的叶为不完全叶，只有叶片和叶柄（有的叶无叶柄），无托叶。油菜种子萌发后最先长出的两片叶对生，一般为肾脏形或心脏形，称为子叶，在种子中已形成；以后长出的叶为真叶，着生在主茎上。真叶的形状和大小因品种类型和着生部位不同而有较大差异。以甘蓝型为例，根据叶片发生的先后和在主茎上着生的位置不同，分为以下三类（如图 15-11 所示）：

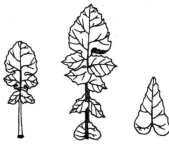

(a) 长柄叶　　(b) 短柄叶　　(c) 无柄叶

图 15-11　油菜的三种叶型

（引自《中国油菜栽培》，四川省农科院，1964 年）

（1）长柄叶。着生在缩茎段，又称缩茎叶、基叶，有明显的长叶柄，叶柄基部两侧无叶翅，叶数约占主茎总叶数的一半。

（2）短柄叶。着生于伸长茎段，又称伸长茎叶，叶柄较短，叶柄基部两侧叶翅明显，具有明显的琴状裂片，叶数约占主茎总叶数的1/4。

（3）无柄叶。着生在苔茎段和分枝上，又称苔茎叶，叶片基部两侧向下方延伸呈耳状，半抱着茎，叶数约占主茎总叶数的1/4。

这三组叶片的形状在组与组之间有过渡类型，并无截然分界线。

油菜主茎的叶数变化较大，特别是长柄叶，既因品种、类型而异，又受环境条件的影响。一般冬性品种叶数多，春性品种相对较少；早播的叶数较多，晚播的较少；花芽分化前肥水充足的，植株营养状况良好，主茎叶数增多，反之则减少。

油菜各组叶片的功能期和光合产物运输分配的主要方向也不相同。长柄叶的功能期主要在苗期，光合产物主要供给根和根颈的生长，但对茎和分枝的生长甚至籽粒的发育也有一定后效；短柄叶的功能期主要在抽苔至初花期，光合产物主要供给茎、分枝和花序的生长，少量供应根系和根颈的需要；无柄叶的功能期主要在初花期以后，供给茎、分枝、角果和籽粒的生长发育，对增加粒重有一定作用。

5. 茎和分枝的生长

（1）主茎的形态和功能。主茎的形态也因品种类型和部位有一定差异，已生长定型的甘蓝型油菜植株的主茎可划分为以下三个茎段（如图15-12所示）：

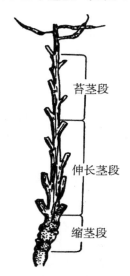

图15-12 油菜的茎段

①缩茎段：位于主茎基部，节间短而密集，圆滑无棱，节上着生长柄叶，落叶后叶痕较窄，两端平伸或稍向上延伸。

②伸长茎段：位于主茎中部，节间由下而上逐渐增长，棱形渐趋明显，节上着生短柄叶，叶痕较宽，且两端向下垂。

③苔茎段：位于主茎上部，节间自下而上逐渐缩短，棱形更显著，节上着生无柄叶，叶痕较窄而短，且两端较平伸，下端突起呈圆弧状。

各茎段之间在形态特征上是渐次变化的，无明显的区分界限。

油菜的主茎在苗期一般节间短缩不伸长，叶排列紧密而丛生其上；抽苔后，主茎节间才迅速伸长呈直立型并同时长粗；至终花期，茎的伸长基本停止，主茎伸长速度受密度影响，密度大时伸长速度快。主茎的伸长高度依品种而不同，矮秆品种约在 70 cm 以下，高秆品种可达 200 cm 以上，一般品种在 180 cm 左右。油菜的茎不仅是支持器官和养分输送渠道，而且有光合产物生产和储藏功能。据测定，绿色茎皮和花序轴的光合作用可为种子提供约 10％ 的干物质。

（2）分枝的生长。油菜的分枝由腋芽发育而成，主茎上发生的分枝称为第一次分枝，第一次分枝上发生的分枝称为第二次分枝，第二次分枝上还可发生第三次分枝。能正常开花结实、形成产量的分枝为有效分枝，反之为无效分枝，

油菜分枝对产量的构成有着重要作用，尤其是第一次分枝。无论是在育苗移栽较低密度种植下，还是较高密度直播条件下，通过合理密植、加强田间管理等来促进第一次分枝的发生都具有重要意义。

影响油菜分枝的因素：一是植株的营养状况和主茎叶数，冬前根系粗壮，叶多而肥厚，吸收和制造的营养物质多，形成的分枝也就多，反之则少；主茎叶数多，一次分枝也就多。二是播种时期和种植密度，在适期播种范围内早播早栽，营养生长期延长，主茎叶数增加，一次分枝数增多，反之则减少；合理密植，单株发育良好，发生的分枝多，种植密度过大，单株之间竞争激烈，营养状况差，分枝少。三是肥水条件，充足的肥水供应可改善植株的营养状况，促进分枝的发生。

6. 开花与授粉

（1）花芽的分化。油菜的花序为无限总状花序，由主茎和分枝顶端的分生组织分化形成，位于主茎顶端的为主花序，位于分枝顶端的为分枝花序。每一花序上着生若干朵单花，每朵单花由花柄、花萼（四片，绿色）、花冠（又称花瓣，四片，黄色）、雄蕊（六枚，四长两短）、雌蕊（一枚）和蜜腺（四枚，绿色，粒状）等部分组成。

油菜花芽分化的顺序是主茎最先，依次为一次、二次、三次分枝；在同一个花序上自下而上分化。每朵花的分化过程都可分为五个时期，即花蕾原始体形成期、花萼形成期、雌雄蕊形成期、花瓣形成期和花药胚珠形成期，其中花药胚珠形成期是决定雌蕊胚珠数的重要时期，与将来的每果粒数密切相关。

（2）开花与授粉。油菜开花的顺序与花芽分化的顺序一致。花粉落到柱头上 45 min 左右开始萌发，经 18~24 h 即可完成受精过程。

油菜开花的适宜温度为 12℃~24℃，最适温度为 14℃~18℃，最低温度为 5℃，30℃以上开花结实不良。花期的长短与温度关系密切，温度高，开花早而快，花期集中；温度低则开花迟而慢，花期长。

7. 角果和种子的发育

油菜角果由受精后的雌蕊发育形成。油菜角果的长短、粗细因品种而不同，有细短角、粗短角、细长角和粗长角等类型。

角果的生长一般是长度增长快，在花后 18 d 左右定长，宽度增长较慢，在花后 25 d 左右定形。油菜角果皮在成熟前为绿色，是结实期的重要光合器官，籽粒的干物质大约有40％来源于角果皮的光合作用，对粒重影响很大。

油菜种子是由胚珠受精发育而成的，每个角果有 30~40 个胚珠。植株不同部位角果的胚珠数不同，主轴中、上部角果的胚珠数多于下部角果，下部分枝多于上部分枝。每果

胚珠数的多少与其形成时的营养条件有关，营养条件越好，形成的胚珠数越多。

油菜种子重量增长最快的时期是花后 17~30 d，70％左右的干物质在这段时间积累。形成油菜种子的物质来源有四个方面：角果皮同化产物约占 40％，茎枝等储藏物质占 33％~38％，茎枝绿色部分同化物占 13％~19％，角果发育期残存叶片同化物约占 5％。

油菜种子的大小与品种类型、着生部位等有关。一般甘蓝型油菜种子较大，芥菜型较小；在同一天开的花中，一般主花序的千粒重大于一、二次分枝；随着开花时间的推迟，各次花序的千粒重逐渐降低。千粒重还受环境条件的影响，一般温度稍低、昼夜温差大有利于光合产物的积累，因此高纬度、高海拔地区千粒重常高于低纬度、低海拔地区。

三、油菜的栽培技术

（一）油菜产量构成因素

油菜的产量由单位面积角果数、每果粒数和千粒重 3 个因素所构成，三者之积则为单位面积产量，即

$$油菜单位面积产量（kg）=单位面积角果数×每果粒数×\frac{千粒重（g）}{1000×1000}$$

在构成产量的 3 个因素中，以单位面积角果数变异最大，不同栽培条件可相差 1~5 倍，因此它是大面积生产中调节潜力最大的产量因素，并且与产量形成一定的比例关系，基本上为 $1×10^4$ 个角果可以获得 0.5 kg 种子。每果粒数和千粒重变异幅度则相对较小，不同栽培条件下，相差最多不超过 1 倍，若为同一品种，则变量更小，一般每果粒数变化范围在 10％以内，千粒重在 5％以内。因此，单位面积角果数的变化是左右产量的主要因素。不过当产量上升到一定程度，单位面积角果数已达到较高水平时，每果粒数与千粒重对产量的影响则不可忽视。

1. 单位面积角果数

单位面积角果数的增加依赖于单位面积株数和单株角果数提高。单位面积的株数即密度，一般通过增加密度来提高产量，效果比较明显。但增加密度有一定限度，超过一定密度，特别是在肥沃的土壤上，产量不仅不能提高，反而降低。传统育苗移栽方式下，单株角果数主要由主花序角果数、一次分枝角果数和二次分枝角果数构成；而在高密度直播方式下，单株角果数主要由主花序角果数和一次分枝角果数构成。两种种植方式下，一次分枝角果数均是重要的组成部分，因此增加单位面积角果数都应保证一定数量的一次分枝数和一次分枝的角果数。适时早播、培育壮苗、合理密植与施肥都可提高成枝率，而提高每分枝上的角果数除了上述方面的作用外，还应防止蕾、花、角果的脱落。

2. 每角粒数

油菜的每角粒数与每角胚珠数多少、胚珠受精率和结合子发育率有关。每角胚珠数的多少，除与品种特性有关外，胚珠分化期间的植株长势和栽培条件也有很大影响，整株花的胚珠数约在现蕾前至开花期决定。天气晴朗适于昆虫活动，养蜂传粉、人工辅助授粉都有利于提高胚珠受精率。每果结合子发育率与油菜后期长势和栽培条件好坏有关。

3. 千粒重

油菜籽粒养分来源于 3 个方面，即茎枝叶绿色部分的光合产物、绿色角果光合产物和植株体内储藏的物质。因此要增加千粒重，必须保证油菜开花后叶片、茎枝和角果皮有较旺盛的光合能力，并保持根系的活力，使籽粒获得充足的营养。

目前较多的研究结果表明，在中低产田应主攻角果数，在高产和更高水平，则有主攻果粒数和主攻粒重两种见解。在目前生产条件下，要获得每公顷 2250～3000 kg 的高产，必须有角果数（45～60）×10^6个，每角果有 20 粒以上的种子，千粒重 3.5 g 左右。

（二）油菜育苗移栽高产高效栽培

1. 选用良种

良种是油菜实现高产优质高效的基础，生产上必须因地制宜选择适合当地的优良品种，并搞好品种布局。甘蓝型油菜丰产性好、适应性广、抗逆性强，应作为首选。特别是在气候生态条件较好、生产水平较高的地区，在品种选用上除要求高产外，还应注重品质。我国提出了优质油菜的主要品质指标：低芥酸（1%以下）、低硫甙葡萄糖苷（每克菜籽饼含 30 μmol 以下）、高油分（45%以上）、高蛋白（占种子重的 28%以上，或饼粕重的 48%以上）、油酸含量达 60%以上等。另外，为满足工业需要还提出了高芥酸指标（55%以上），这些指标需要逐步分阶段才能达到。目前所说的优质油菜主要指单低（低芥酸）和双低（低芥酸、低硫甙葡萄糖苷）油菜。近 10 多年来，四川省油菜育种成效显著，包括川油系列、绵油系列、蓉油系列、德油系列、南油（杂）系列和宜油系列等，其表现为品种数量明显增多，杂交化、双低化发展迅速，单株生产潜力和单位面积籽粒产量不断提高。但应注意品种的抗病性（病毒病、菌核病）总体上还处于（较）低水平。根据生产实践，优质油菜与普通油菜相比具有生长势弱、苗期生长缓慢、不耐高肥、对硼敏感、后期病害较重、后期光合作用较弱等特点，其高产途径一般应做到早播促早发，实现秋发冬壮；栽培管理重点放在前期，肥料施用以前期为主。同时，推广双低优质油菜品种时，应避免插花种植，实行大面积连片种植，严格防止不同品种的异花授粉和生物学混杂，确保商品菜籽质量。

2. 育苗技术

目前在四川省油菜生产上，广大冬油菜区育苗移栽方式仍占主要比例。根据四川省各地的经验，油菜的壮苗应是植株矮健紧凑，苗高 20～30 cm；幼茎直立，节短密；根颈粗短，无弯脚、扭曲现象，不是高脚苗；叶色深绿，叶柄短，5～7 片叶，叶丛密集；根系发达，无病虫；苗龄适中，30～35 d。就甘蓝型杂交种而言，四川省大部分地区中晚熟品种的适宜育苗播期是 9 月上中旬，早中熟品种的适宜育苗播期是 9 月中下旬。培育壮苗的技术要点如下：

（1）选好苗床地。选择地势平整，背风向阳，土层深厚、疏松肥沃，离本田（土）近，管理方便的地方作苗床，最好是菜园地，切忌下湿田。根据本田（土）面积确定苗床的大小，一般苗床与本田的比例为 1∶5，即"两分床、二两种、一亩（667 m²）田"。

（2）精细整地，施足底肥。油菜种子小，幼芽的顶土能力弱，播种前必须精细整地，整细整平，并施足底肥。

（3）精选种子，稀播、匀播。播种前要精选种子，做好发芽试验和种子处理工作，保证种子质量，使种子发芽出苗整齐、健壮。播种时一定要做到稀播、匀播，分厢、定量、分次播种，不一次播完，留部分以补播不均匀的苗床。由于油菜的种子小、数量少，可混合部分细砂土等撒播。播后盖少量细砂土或灰渣肥，再泼施清粪水。播后如遇大雨或烈日高温天气，用稻草、稿秆等覆盖。

（4）苗床管理。加强苗床管理是培育壮苗的关键，重点是做好"三早"。

①早定苗：出苗后应及时匀苗、定苗。一般在长出一片真叶时开始匀苗，每长一片真叶匀一次，3叶时定苗。匀苗、定苗时做到去弱留壮、去病留健、去杂留纯，拔除杂草。

②早施提苗肥：油菜种子小，储藏养分少，出苗后应及时进行追肥提苗。一般结合匀苗、定苗施肥，每匀一次苗就用清粪水提一次苗。在移栽前6～8 d追施一次"送嫁肥"。干旱时结合施肥浇水。对于温度较高、生长快、有旺长趋势的，可在3叶左右叶面喷施150 mg/kg的多效唑或30 mg/kg的烯效唑溶液，以控上促下，培育壮苗。

③早防治病虫：苗床期气温较高，害虫较多，主要有蚜虫、菜青虫、猿叶虫等，以蚜虫危害最普遍，蚜虫又是病毒的传播媒介，应早治勤治。油菜苗期的病害主要有病毒病、白锈病和猝倒病，一般在雨水多、湿度大时容易发生，应注意排水防渍，撒施黑白灰（7份草木灰，3份石灰）预防，栽前3 d左右喷施多菌灵等药剂，做到带药移栽。

3. 适时移栽、合理密植

适时早栽，可延长本田营养生长期，加之早栽温度较高，生长快，在冬前多长叶，搭好了丰产架子，而且适时早栽起苗时伤根少，栽后成活快。但移栽过早苗子小，也不易栽活，死苗多。在适期播种、培育壮苗的基础上，一般在叶龄5～7叶、苗龄30～40 d时移栽较适宜。四川省主要是稻田栽植油菜，结构较差，湿度较大，应在水稻散籽后立即开沟排水，并施足基肥、底肥。可采用免耕撬窝移栽。

合理密植是提高油菜产量的重要措施，其核心作用是协调好群体与个体、各产量构成因素之间的关系，使单位面积上的总角果数增多，每果实粒数和千粒重达到较高水平。适宜的种植密度应根据品种特性、土壤肥力、播种时期、气候特点等确定。例如，生育期长、植株高大、分枝能力强、株型松散、单株生产潜力大的品种稍稀，生育期短、植株矮小、分枝能力弱、株型紧凑的品种稍密；适时早播，冬前生长期长，株体大，宜稍稀，迟播迟栽的油菜冬前生长期短，株体小，分枝少，应适当密植；苗体大，苗子壮，容易形成较大的营养体，移栽时宜稍稀，弱小苗的长势差，株体小，应适当密植；土壤肥沃，生产能力高，宜适当稀植，土壤瘠薄，结构不好的田块，单株的生产能力受到限制，应适当密植，发挥群体优势；秋季气温较高、雨水较多的地区，油菜生长旺，营养体大，宜适当稀植，秋季气温低、雨水少的地区，个体发育受到限制，宜适当密植。根据四川省的气候生态特点、现有的生产水平和各地的经验，甘蓝型中熟品种一般栽植6万～9万株/hm²。在栽植方式上，以宽窄行和宽行窄株为宜。注意提高移栽质量，做到取苗时少伤根，多带护根土；严格选苗，分级移栽；幼苗栽植时做到"匀、直、深、稳"。

4. 科学合理施肥

油菜苗期到蕾苔期是油菜需肥的重要时期，蕾苔期到始花期是需肥最多的时期，终花以后吸收肥料较少。油菜对氮、磷、钾的吸收数量和比例因品种类型和栽植水平等而异，一般而言，每生产100 kg油菜籽，需要吸收纯氮8.8～11.6 kg、磷素（P_2O_5）3.0～3.9 kg、钾素（K_2O）8.5～10.1 kg，氮、磷、钾的比例大致为1∶0.35∶0.95。除氮、磷、钾三要素外，油菜还需要一些微量元素，其中对硼比较敏感，当土壤中有效硼低于 0.5 mg/kg 时就会表现出不同程度的缺硼症状。

油菜的施肥量应根据品种类型、土壤肥力、气候条件、生产水平等因素而确定，做到因地制宜，看苗、看天、看地施肥。四川省油菜主产区甘蓝型油菜高产施肥的经验是施纯氮 150~225 kg/hm²，人畜粪水（6~9）×10⁴ kg/hm²，过磷酸钙 450~6000 kg/hm²，钾肥 120~150 kg/hm²，磷钾肥一般用作底肥。在氮肥施用时期和方法上，多采用重施底肥（占总氮量的 60% 左右），早施提苗肥，重施开盘肥（或腊肥）。提苗肥可在移栽成活后进行，在移栽后 7~10 d，以速效肥为主。由于优质油菜对磷、钾、硼的需肥量比过去的普通油菜有较大幅度的提高，所以可适当增施磷、钾、硼肥。

对于缺硼的田块应补施硼肥，常用的硼肥是硼砂，用量在 15 kg/hm² 左右，可施入土壤中，也可根外追肥。叶面喷施只适于轻度和中度缺硼田块，冬油菜苗后期（花芽分化以后）和蕾薹期是喷施硼肥的关键时期，应分别各施一次，用量为每公顷喷施 0.2% 的硼肥水溶液 600~750 kg/hm²。

5. 加强田间水分管理

油菜是需水较多的作物，形成 1 g 干物质蒸腾耗水量为 337~912 g。薹花期是油菜一生中对水分反映最敏感的临界期，此期缺水则分枝短，花序短，花器脱落严重，产量明显降低。土壤水分太多或排水不良同样影响油菜的生长。四川省丘陵山区稻茬冬油菜田的地下水位较高、土壤湿度较大，特别是在秋雨多的年份，土壤胀水严重不利于油菜根系生长，形成湿害，应经常清沟排水，降低土壤湿度，减轻湿害。因此，稻茬田油菜生产应该把清沟降渍、预防湿害当成一项重要工作来抓。预防湿害的主要措施：①开好沟，深沟高畦，三沟配套，沟沟相通，田无积水；②增施有机肥，补充磷钾肥，勤松土，深中耕；③早定苗，细松土，施磷肥促发根。

6. 病虫草害综合防治

油菜的病虫草害防治必须坚持以防为主、综合防治的方针。防治方法包括合理轮作、选育和推广抗病品种、合理栽培管理、化学防治、生物防治等。

油菜的主要病害有菌核病、病毒病（又名花叶病）、霜霉病和根肿病等。菌核病主要是由核盘菌引起的，症状表现为茎、叶、花、荚各部都可受害，以茎部受害最重，病害多从植株下部的老叶开始发生，常从叶片蔓延至叶柄和茎秆。病斑初为水渍状，淡黄褐色，扩展后为长椭圆形、长条形或成为绕茎的大斑，病健交界分明，湿度大时，病部软腐，表面生有白色絮状霉层，病斑迅速扩大，茎秆成段变白，皮层腐烂内部空心，秆腐。干燥后表皮破裂，纤维外露，剥开病茎，内有许多鼠粪状的菌核。

菌核病农业防治方法除水旱轮作、选用耐病品种、种子处理外，田间管理上应及时清沟理墒，排除积水，降低田间湿度，提高植株抗（耐）病性；化学防治方法是在初花期（主茎开花株率达 90% 左右、一次分枝开花株率在 50% 左右时）选用 50% 腐霉利（速克灵）、40% 菌核净或 50% 咪鲜胺等药剂兑水 30 kg 机动喷雾或兑水 50 kg 手动喷雾。一般防治 2~3 次，药剂应重点喷于油菜中下部。在防治油菜菌核病时，可在药液中加入少量"速乐硼"（或硼砂），同时防治油菜花而不实。

病毒病防治除选用抗病品种外，防治蚜虫是预防油菜病毒病的关键。尤其在干旱年份，要防治周围作物的蚜虫。一般苗期每亩用 50% 抗蚜威可湿性粉剂或其他农药喷雾，每隔 5～7 d 喷药 1 次，连喷 2～3 次。

油菜霜霉病是四川省冬油菜产区的主要病害，在秋冬季霜霉病发病严重的地区，须在花期加强药剂防治。一般在 3 月上旬油菜抽苔至初花期时，调查病情扩展情况，病株率达 10％以上时开始喷药，一般间隔 6～8 d，连续用药 2～3 次，每次用水 60～70 kg。

油菜根肿病主要危害油菜根部，在主根或侧根上形成肿瘤，俗称"大脑壳病"，也称油菜的"肿瘤病"。引起根肿病的病原菌为芸苔根肿菌，属土传病害，病菌一般从根毛或幼根处侵入，地上部分出现萎蔫状或发育迟缓，从外观看，植株下部叶片叶色变淡，后逐渐变黄萎蔫，可使小苗枯死。病菌孢子萌发的最适温度为 18℃～25℃，多雨、土壤 pH 值为 5.4～6.5 时发病重。根肿病综防措施有实行轮作、选用抗病品种、选用无病苗床、进行苗床消毒、育苗前用氢氟唑拌种及移栽前用石灰水（每桶水加 0.1～0.15 kg 石灰粉溶解）或福美双 1000 倍液进行浸根或用作定根水。

油菜主要虫害有菜粉蝶（菜青虫）、蚜虫、跳甲和猿叶甲。菜青虫是菜粉蝶的幼虫，在油菜苗期危害最严重，它能把油菜叶片吃成缺刻孔洞，严重时将全叶吃光，只留下叶柄，致使植株枯死。菜青虫还传播油菜软腐病。根据菜青虫发生和危害的特点，在防治上要掌握治早、治小的原则，将幼虫消灭在 1 龄之前。化学防治可供选用的药剂有 2.5％功夫乳油 5000 倍液、2.5％天王星乳油 3000 倍液、10％ 安绿宝乳油（氯氰菊酯）1000～2000 倍液、1.8％阿维菌素 30 mL/亩、2.5％敌杀死乳油 2000～3000 倍液等。

蚜虫以刺吸口器吸取油菜体内汁液，危害叶、茎、花、果，造成卷叶、死苗，植株的花序、角果萎缩，或全株枯死。蚜虫又是油菜病毒病的主要传毒媒介，病毒病的发生与蚜虫密切相关。蚜虫防治除药剂拌种处理、生物防治外，以化学防治为主，可选用 25％阿克泰（噻虫嗪）水分散粒剂、20％好年冬乳油（又名克百威、呋喃丹、大扶农）和 40.7％乐斯本乳油（毒死蜱）等药剂。

跳甲又称跳格蚤，危害油菜的主要是黄曲条跳甲，其成虫、幼虫都可危害油菜，幼苗期油菜受害最重，常常被食成小孔，造成缺苗毁种。油菜移栽后，跳甲成虫从附近十字科蔬菜转移至油菜危害。猿叶甲，别名黑壳甲、乌壳虫，危害油菜的主要是大猿叶甲，以成虫和幼虫食害叶片，并且有群聚危害习性，致使叶片千疮百孔。跳甲和猿叶甲可一并防治，重点防治跳甲兼治猿叶甲。可选用的药剂有 40％巨雷乳油 800～1000 倍液、20％好年冬乳油 800～1000 倍液或 4.5％安绿宝乳油 1500 倍液等。

冬油菜田杂草主要有看麦娘、日本看麦娘、棒头草、早熟禾等禾本科杂草，阔叶杂草主要有繁缕、牛繁缕、雀舌草、荠菜、碎米荠、通泉草、稻槎菜、猪殃殃、大巢菜、婆婆纳等。稻茬冬油菜田以看麦娘与日本看麦娘为最多。杂草防治策略除轮作外，移栽前可用燕麦畏、氟乐灵、大惠利处理土壤，以防除野燕麦、看麦娘、硬草和藜等杂草，也可用草甘膦（移栽前 10 d）处理土壤，防除多数禾本科杂草和阔叶杂草。移栽后可选用精喹禾灵、烯草酮防治禾本科杂草，选用草除灵、胺草磺隆等防治阔叶杂草。

7. 适时收获，科学储藏

由于油菜是无限花序，开花期长，具有边开花边结果的习性，角果成熟不一致，因此要做到适时收获。根据各地的经验，一般在油菜终花后 30 d 左右，全田油菜角果有 70％～80％转为（淡）黄色，主轴基部角果开始转为黄白色，主茎中、上部第一次分枝角果内的种子由青绿色逐渐转变为本品种固有色泽时，为收割的适宜时期。手工收获方法有割收和拔收两种，割（拔）秆后要晾晒 3~7 d 后再进行脱粒，一般拔收有利于提高籽粒的千粒重和含油率，但脱粒时应将泥土清除，不能混入籽粒，以免降低籽粒的商品品质。

第八节　烟　草

一、概述

烟草属管状花目，茄科一年生或有限多年生草本植物，基部稍木质化。花序顶生，圆锥状，多花；蒴果卵状或矩圆状，长约等于宿存萼，夏秋季开花结果。主要分布于南美洲、中国。烟草属的许多种都含有烟碱（尼古丁），早期被美洲的印第安人用于宗教仪式和医药、生活嗜好，如普通烟草（Nicotiana tabacum）原产中美洲和南美洲，黄花烟草（Nicotiana rustica）在密西西比河以东和墨西哥北部通过栽培而扩展，少数品种如花烟草（Nicotiana alata）和粉蓝烟草（Nicotiana glauca）仅作为观赏植物。

烟草作为我国重要的经济作物之一，面积和总产量居世界第一位。烟草以收获叶片为目的，将不同类型的烟叶制成各类烟制品，满足人们吸食的需要。

二、烟草栽培的生物学基础

（一）烟草的分类

烟草按制品分类，可分为卷烟、雪茄烟、斗烟、水烟、鼻烟和嚼烟等；按烟叶品质特点、生物学性状和栽培调制方法，我国一般分为烤烟、晒烟、晾烟、白肋烟、香料烟、黄叶烟和野生烟 7 个类型。

1. 烤烟

烤烟也称火管烤烟，源于美国的弗吉尼亚州，具有特殊的形态特征，因而被称为弗吉尼亚型烟。中国烤烟种植面积和总产量都居世界第一位，重点产区主要有云南、贵州、河南、福建、湖南、重庆、湖北、四川、陕西、黑龙江、广东等省（市），云南烤烟种植面积、产量和质量均居全国首位。

烤烟是中国，也是世界上栽培面积最大的烟草类型。其主要特征是植株较大，叶片分布较疏而均匀，一般株高 120~150 cm，单株着叶数 20~30 片，叶片厚薄适中，以中部叶片质量最佳。叶片自下而上逐渐成熟，分次采收，在烤房内烘烤调制，烤后烟叶呈橘黄色或柠檬黄色。其化学成分的特点是含糖量较高，蛋白质含量较低，烟碱含量中等。

2. 晒烟

晒烟的烟叶是利用阳光调制而成的。世界上生产晒烟的国家主要是中国和印度。晒烟在中国有悠久的栽培历史，各地烟农不仅有丰富的栽培经验，而且还因地制宜地创造了许多独特的晒制方法。晒烟按调制后的颜色分为晒红烟和晒黄烟两类。中国的晒黄烟以广东南雄、湖南宁乡、吉林蛟河、湖北黄冈、江西广丰、云南蒙自和腾冲等地的品质较好，晒红烟以四川什邡、湖南湘西、广东高鹤、云南罗平等地的品质较好。

3. 晾烟

晾烟有浅色晾烟和深色晾烟之分，都是在阴凉通风场所晾制而成的，通过逐叶采摘的烟叶，或者整株、半整株采收后不直接放在阳光下，而是置于通风的室内或无阳光照射的适当场所晾干，这是一种较古老的调制方式，实际上是一种"自然调制法"。现在的晾房内装有通风和人工加热设备，以便阴雨天时调节温度和湿度。

传统晾烟是指以特定的土壤、气候、栽培、调制、品种形成的带有地域特色的晾烟。我国的传统晾烟面积较少，主要产地有广西武鸣、云南永胜和贵州东南等地。广西武鸣晾烟的栽培方法与晒红烟基本相似，调制方法是将砍收的整株（也有逐叶采收的）挂在阴凉通风的场所，晾干后堆积发酵。调制后的烟叶呈黑褐色，油分足，弹性强，吸味丰满，劲头较大，燃烧性好；烟碱、总氮含量高，糖分含量低。

4. 白肋烟（White Burley）

白肋烟是马里兰阔叶型烟的一个突变种。它是 1864 年在美国俄亥俄州布朗郡的一个种植马里兰阔叶型烟的苗床里发现的缺绿型突变株，后经专门种植，证明其具有特殊使用价值，从而发展成为烟草的一个新类型。

白肋烟的主要特点是茎和叶片主脉呈乳白色，叶片黄绿色，叶绿素含量约为其他烟草（正常绿色烟草）的 1/3。白肋烟的栽培方法与烤烟相似，适宜较肥沃的土壤，对氮素营养要求较高。白肋烟生长快，成熟集中，分次采收或半整株采收。调制方法是将叶片分批采收编杆或整株倒挂在晾棚或晾房内晾干，然后堆积发酵。调制后的烟叶呈红褐色，鲜亮；烟碱和氮含量高于烤烟，糖分含量较低；叶片较薄，弹性强，组织疏松，填充性好，阴燃持火力强，并有良好的吸收能力，是混合型卷烟的重要原料。世界上白肋烟的生产国除美国外，还有马拉维、意大利、巴西、菲律宾等。中国白肋烟的栽培面积较大的有湖北建始和恩施、重庆、四川及云南宾川等地。

5. 香料烟

香料烟又称东方型烟或土耳其型烟，是普通烟草传至地中海沿岸之后，在当地的特殊生态条件下栽培和调制形成的一种类型。生产香料烟的主要国家有土耳其、希腊、保加利亚、前南斯拉夫等。我国香料烟主产区为云南保山、浙江新昌、湖北十堰、新疆伊犁等地。

香料烟的显著特点是植株纤细，叶片小而多，一般株高 80~100 cm，叶长 15~20 cm，叶形为宽卵圆形或心脏形，有柄或无柄。烟叶具有芳香香气、吃味好，易燃烧，填充力强，是混合型卷烟的主要调香原料，斗烟丝中也多掺用。香料烟的芳香品质与产地的生态条件和栽培调制方法密切相关，烟叶品质以顶叶最好，烟碱含量较低，其他化学成分介于烤烟与晒红烟之间。

6. 黄花烟

黄花烟与上述几种类型的根本区别是在植物学分类上属于不同的种，生物学性状差异很大。一般株高 50~100 cm，着叶 10~15 片，叶片较小，卵圆形或心脏形，有叶柄，花色为绿黄色，种子较大，生育期较短，耐寒，多被种植在高纬度和无霜期短的地区。据考证，黄花烟在哥伦布发现新大陆以前就在墨西哥栽培，它的起源地是玻利维亚、秘鲁和厄瓜多尔高原，被广泛种植于亚洲西部，苏联种植的黄花烟被称为莫合烟。我国栽培黄花烟的历史较久，分布地区广，主要产区在新疆、甘肃和黑龙江，产品以兰州水烟、关东蛤蟆烟和霍城莫合烟最负盛名。

一般黄花烟的总烟碱、总氮及蛋白质含量均较高，而糖含量较低，烟味浓烈。

7. 野生烟

野生烟是指烟草属除了普通烟草和黄花烟草这两个栽培种以外的其他烟草野生种。这些野生种形态各异，用途不一，无商业价值，未被人们大面积种植。但不少野生种具有栽培烟草所不具有的重要基因，特别是抗病抗虫基因，有些抗病抗虫基因已转移到栽培烟草上，培育出抗病抗虫品种。有些野生种花色艳丽、气味芳香，作为观赏植物的也有少量种植。

（二）烟草的形态结构与生理机能

1. 种子

（1）种子的外部形态。烟草的种子很小，形态不一，有卵圆形、椭圆形和肾形等。种子表面都具有不规则的凹凸不平的波状花纹，是由种脐处发出的多条隆起的种脊（脉）弯曲而成的，花纹的疏密和深浅随品种而异。普通烟草的种子比较小，长 0.6～0.7 mm，宽 0.4～0.5 mm，千粒重 50～90 mg，每克种子有 12000～14000 粒，颜色有棕色、褐色、大多数为暗褐色。黄色烟种子比较大，长 0.9～1.0 mm，宽 0.7 mm，千粒重 200～220 mg，比普通烟草种子大 3 倍多。

（2）种子的结构。烟的种子由种皮、胚乳和胚三部分组成（如图 15－13 所示）。

种皮：种皮包在种子外面，起保护作用，较薄也较均匀，腹面略厚，种脐略突出，普通烟种子的种脐位于种子下端的胚根附近，黄花烟草种脐位于种子腹面的中部或中下部。种皮由外向内分胶质透明层、木质厚壁细胞层、薄壁细胞层、糊粉层四层。

胚乳：位于种皮内胚的周围，由 2～4 层多角形细胞组成，细胞内含有大量的蛋白质结晶、油脂及少量糖类。

胚：胚是由受精卵发育形成的。大多数品种的胚直立，分胚根、胚轴、子叶和生长点。胚根呈圆柱形，两片子叶着生在胚轴上，生长点在两片子叶之间。在根尖生长点和胚芽生长点范围内，细胞富含原生质，子叶细胞内含有大量的油滴及蛋白质结晶，而颗粒比胚乳中的较大。

（3）种子的后熟与衰老。烟草种子成熟后，大多有一定的休眠期，这是由于胚在生理上没有完全成熟所致。因此，必须经过一定的后熟作用，才能正常发芽。

烟草种子的寿命有一定的年限。在干燥和温度较低等条件下储存，10 年后仍有一定的发芽率，20 年后，还有少数种子发芽；但一般情况下，只能保存 3～5 年，在生产上为了防止种子衰老，要将种子晒干，使种子含水量保持在 8% 以下，在密闭缺氧和干燥、低温条件下保存。

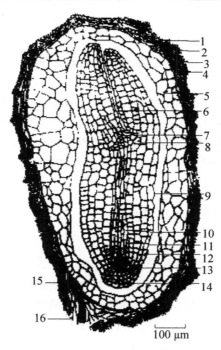

图 15—13　种子纵切面

1. 胶质透明层；2. 木质厚壁细胞层；3. 薄壁细胞层；4. 糊粉层；

5. 胚乳薄壁细胞层；6. 子叶；7. 胚芽生长点；8. 胚轴；9. 胚根；

10. 中注原；11. 皮层原；12. 根被皮；13. 胚根生长点；

14. 根冠；15. 连接种胶的管胞；16. 种胶

（4）种子的萌发过程。完全成熟的种子，在适宜的环境条件下，内部物质发生变化开始萌动，其萌动过程可分为以下三个阶段：

①吸水膨胀。吸水膨胀是一种物理作用，在适宜的条件下，一般 2 h 就可结束，最长不超过 24 h。

②营养物质变化。活种子吸水后，在适宜温度下，酶开始活动，胚乳中储存的营养物质开始转化为易被胚吸收的物质，这一过程 24 h 就可完成。

③胚开始生长。当胚吸收的营养物质达到一定的数量时，胚就开始生长。首先是胚根伸长，由胚孔处突破种皮，称为"露嘴"，一般需 2～3 d 时间。然后胚根不断伸长，直至脱离种子并出生二片子叶，经过 6～7 d 出生一片真叶，隔一定时间，继而出现二片、三片真叶直至幼叶形成。

（5）种子萌发的条件。

①水分。储藏期间的种子含水量为 7%～8%，当种子含水量达 60%～70% 时，开始萌动。

②温度。烟草种子最适宜的发芽温度为 25℃～28℃，最低温度为 7.5℃～10℃，最高温度为 40℃，温度过高或过低，都不利于种子的正常发育和生长。

③氧气。烟草种子萌发时，呼吸作用特别强烈，需要一定的氧气。若将种子处于真空条件下，水分、温度和光照条件都适宜也不能发芽，所以催芽时要经常翻动，以利于通气

供氧。

④光照。烟草种子发芽时需要光，虽然经过一定后熟的种子能在黑暗处发芽，但光照仍能促进发芽，尤其发芽初期更需好的光照条件。

2. 根

（1）根的形态。烟草的整个根系形状呈圆锥形，如图15-14所示。

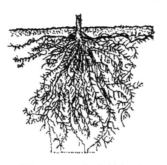

图15-14　烟草的根系

烟草的根由主根、侧根和不定根组成。主根由胚根伸出种皮逐渐发展形成。由主根周围出生的称为一级侧根，侧根上产生的侧根称为二级侧根，以此类推。在主根和茎基部产生的称为不定根。烟草移栽时主根被切断，侧根和不定根成为烟株的主要根系。

（2）根的构造。无论主根、侧根还是不定根，其内部构造都可以分为初生构造和次生构造两种。

初生构造：根尖的内部组织属初生构造，由根冠、生长点、伸长区和根毛区四部分组成。根冠位于根尖的末端，是保护内方生长点的帽状构造，由根冠原始细胞分裂的不同薄壁细胞组成。生长点位于根冠内方，由一群分生能力很强的三层顶端分生组织构成，最外一层为根冠表皮原始细胞，中间一层为皮层原始细胞，最内一层为中柱原始细胞。伸长区位于生长点的上方，它的特点是细胞增长很快。具有根毛组织的部分称为根毛区，其特征是部分根表皮细胞向外凸出形成根毛，是根部吸收作用最强的部分，根毛越多，吸收的面积越大，根的活力也越强。

次生构造：根的次生构造是在根毛区上部成熟区开始出现的，并逐渐变成了成熟区。其特点是根部不断加粗，并产生大量侧根，不断形成次生木质部和次生韧皮部，组成了发达的输导系统，保证了水分和养分的运输。

（3）根的生长。烟草种子萌发后，胚根首先突破种皮，继续伸长成为主根，并在主根上产生侧根；然后又在茎基部和根基部产生不定根，形成发达的圆锥根系。

（4）根的生理机能。

吸收机能：烟株所需要的养分和水分，大部分是由根通过土壤吸收的。根是烟草从土壤吸收养分、水分的重要器官，其吸收部位主要是根尖部分。吸收养分是根毛区前端呼吸作用较强的部分，吸收水分是根毛区。根毛区扩大了根系的吸收面积，但根毛的寿命仅有10～15 d，只有保持由伸长区不断产生新根毛，才能保持根系的吸收活力。因此，应使土壤通气良好，并有适合根系生长的温度和湿度。

合成机能：根是烟株合成重要物质（如氨基酸、烟碱、激素等）的主要器官之一。其中烟碱主要是由根部合成后再运送到茎叶中去的。所以栽培技术的重要任务之一，就是培育烟株的强大根系和提高根系的活力，以利于提高烟叶品质。

3. 茎

（1）茎的形成。烟草的顶芽、腋芽或不定芽，都是由叶原基和幼叶包围着的生长点构造而成的。种子萌发后，胚芽即发育成为顶芽，随着烟株的生长，顶芽的体积不断增大，顶芽生长点直径加大，生长点的顶端分生组织不断分化延长，幼叶数目增加。茎内维管束形成层的活动使茎不断加粗，茎的整个生长是前期慢、中期快、后期也慢，茎的生长快慢与其健壮程度、肥水和光照条件关系密切。

（2）茎的形态与机能。茎一般为鲜绿色，老时呈黄绿色。茎的表面有茸毛，表皮有气孔，能进行气体交换。茎上有节，节上着生叶片，两节之间称为节间。茎与叶基上方连接的地方称为叶腋，每个叶腋可产生一个正芽和 2~3 个副芽。烟株的顶端优势明显，顶芽产生一种激素抑制着腋芽的发生，一旦除去顶芽，激素产生终止，腋芽便从上而下连接发生。所以烟株打顶后，应及时抹杈，以免耗费养分。

茎也是烟草的主要营养器官之一，是连接根系、支撑枝、叶、花和果实，输送水分、养分的主要器官。

4. 叶

（1）叶的分化与形成。烟草的叶是由顶芽或腋芽的顶端分生组织的细胞分裂产生的，叶原基不断长大，当长度达 1 mm 以上时，叶原基的中轴部分形成中脉，中脉两侧向外伸展为侧翼状时就出现叶片；叶片长达 2 mm 时，中脉分化出侧脉；叶片长达 15 mm 时，中脉里的次生构造也出现，叶片构造基本建成。由生长点出现叶原基到叶片基本形成需要 55~65 d。

（2）叶的形态与构造。

叶的形态：烟草的叶是没有托叶的不完全叶，有的品种有叶柄，有的品种无叶柄。叶片的形态可归纳为以下 8 种（如图 15－15 所示）：

①宽椭圆形。叶片长为叶片宽的 1.6~1.9 倍。

②椭圆形。叶片长为叶片宽的 1.9~2.2 倍。

③长椭圆形。叶片长为叶片宽的 2.2~3.0 倍。

④宽卵圆形。叶片长为叶片宽的 1.2~1.6 倍。

⑤卵圆形。叶片长为叶片宽的 1.6~2.0 倍。

⑥长卵圆形。叶片长为叶片宽的 2.0~3.0 倍。

⑦披针形。叶片长为叶片宽的 3 倍以上。

⑧心脏形。叶片长为叶片宽的 1.0~1.5 倍。

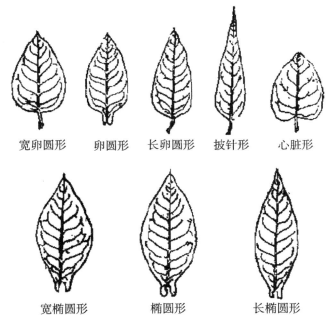

宽卵圆形　卵圆形　长卵圆形　披针形　心脏形

宽椭圆形　　　椭圆形　　　长椭圆形

图 15－15　叶的各种类型

叶片的大小和厚度因品种和着生部位而不同；叶片的颜色分深绿、绿、浅绿和黄绿，叶片正面的颜色比背面深。

叶的构造：因叶基以中脉为主，叶的主脉和叶片在内部构造上有不同点，故将叶的构造分为主脉和叶片两部分。

①中脉的内部构造。

表皮：表皮包被在叶茎的表面，只有一层细胞，细胞排列无间隙，靠外侧细胞壁上具有极薄的角质层，不含叶绿体，有气孔，有的表皮细胞向外延伸成毛。

皮层：一般由 10～12 层左右的圆形或椭圆形薄壁细胞组成。皮层靠外部的细胞内含有叶绿体，最外面的 1～2 层皮层细胞分化成为栅栏组织。皮层的最内一层细胞含有淀粉粒，分布在维管束的周围。

维管束：通常叶基的中脉内有 1～4 个维管束。

②叶片的内部构造。

表皮：可分为上表皮和下表皮，都由一层细胞组成，但都不含叶绿体，外壁具有极薄的角质层，无细胞间隙。叶片上、下表皮上都生有气孔，烟株可通过气孔进行内外气体交换，调节蒸腾和光合作用的大小。表皮上着生很多茸毛，都是由多细胞组成的，茸毛又分保护毛和腺毛两种，随着叶龄增加，表皮毛逐渐脱落，保护毛由 2～3 个或更多的细胞组成，无分泌作用；腺毛是由 1 个或多个细胞组成的，有分泌作用。

叶肉：叶肉分为栅栏组织和海绵组织两个部分。栅栏组织只存在于上表皮下方，海绵组织存在于表皮的内方。

维管束：通称叶脉，为水分、矿质元素和同化产物的主要运输渠道。

（3）叶的生理机能。烟草叶片是最重要的同化器官，是经济价值最高的部分，是收获的目的物，其主要机能有以下几点：

①光合作用。叶片的主要功能是光合作用。光合作用是指通过叶片中的叶绿体吸收太阳光能，将从空气吸收的二氧化碳（CO_2）和从土壤中吸收的水（H_2O）同化成糖、淀粉、蛋白质等有机物质，同时放出氧气的过程。叶片占全株光合面积的 92% 左右，其同化二氧化碳量占全株同化量的 98%，叶片中 90% 左右的干物质直接或间接来自光合作用。茎的光合面积在 6% 左右，光合作用较弱。

②水分生理。烟草叶片大而薄，组织细嫩，蒸腾作用也较强。蒸腾强度在 1 d 中的变化则随光照强度而转移。在不同环境条件下，蒸腾强度也不同，在密度较高的情况下，由于株间光照较弱，温度较低，所以蒸腾也较低，水分饱和亏缺也较小；在密度较稀的情况下则相反。另一方面，烟草又是一种抗旱能力较强的作物，同一品种不同部位的叶片，水分生理也有差别。上部叶片细胞较小，单位面积上气孔较多，叶脉较密，所以蒸腾强度比下部叶片大，同化能力也较强。同时烟草上部叶片细胞液渗透压值较高，亲水胶体含量也较多，能从下部叶片夺取水分和养料，所以在缺水时间较长的情况下，下部叶片首先枯黄而发生底烘。

③吸收作用。烟草除根有吸收作用外，叶片也具有一定的吸收能力，叶片的角质层较薄，气孔较多，有利于吸收。利用这个特点，可以通过根外追肥，使烟草通过叶片取得养料，以补充根系吸收养料之不足，尤其是微量元素使用叶面施肥效果较为明显。

5. 花

（1）花的形态。烟草的花是两性完全花，5 个萼片、合萼。5 个花瓣结合构成管状花冠，雄蕊 5 枚，雌蕊 1 枚，心皮 2 个，子房 2 室，如图 15-16 所示。花萼绿色，钟形，由 5 个萼片愈合而成，花冠管状，长约 4~6 cm，上部 5 裂。花的颜色和大小是烟草不同种的特征之一。黄花烟花冠短，黄绿色；普通烟草花冠较长，红色或基部淡黄色，上部粉红色，轮状排列与花瓣相同。花丝 4 长 1 短，4 枚长度与雌蕊相等，便于自花授粉，基部着生在花冠的内壁。花药短而粗，呈肾形，由 4 个花粉囊构成，成熟时通常连成 2 室，花药向内作缝状裂开。雌蕊由 2 个心皮组成，子房上位，花柱 1 个，柱头膨大，中央以一浅沟分为两半，下边为子房，内有胎座，胚珠整齐地排列在胎座上。

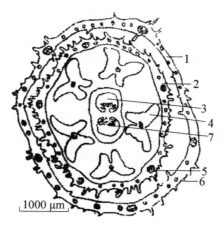

图 15-16　烟草花的横切面

1. 花萼；2. 花冠；3. 雌蕊；4. 雄蕊；5. 维管束；6. 茸毛；7. 胚珠

（2）开花习性。烟草从现蕾到花凋谢，可以分为现蕾、含蕾、花始开、花盛开、凋谢等5个阶段。现蕾期是在花序中部开始出现花蕾，含蕾期就是从花冠伸长到最大限度这一段时期，但是前端尚未裂开，花始开期为花冠前端开裂有缝，花盛开期为花冠开裂成平面，花凋谢期为花冠枯黄自脱落。

烤烟一般在移栽后50~60 d开始现蕾，自现蕾到含蕾需10 d，自含蕾到花始开需2 d多，从花始开到花盛开需1 d，从花凋谢到果实成熟需25~30 d，总和起来从花蕾出现到果实成熟需40 d左右，一株烟草从第一朵花开放到最后一朵花开需30~50 d。

开花顺序一般是茎顶端第一朵花最先开放，2~3 d以后花枝上的花就陆续开放。整个花序的开放顺序是先上后下，先中心后边缘。就一个花序来说，水平线上前后两朵花开放的时间间隔为1~3 d，花序垂直上下花开放的时间间隔不规则。

6. 果实

烟草的果实为蒴果，在烟草开花后25~30 d，果实逐渐成熟。蒴果呈长卵圆形，上端稍尖，略近圆锥形，如图15-17所示。成熟时沿愈合线及腹缝线开裂，花萼宿存，包被在果实的外方，与果实等长或略短。子房2室，内含2000~4000粒种子，胎座肥厚，果实成熟时，胎座干枯，由裂缝可以看到种子。

果皮甚薄、革质，相当坚韧，外果皮和中果皮由4~5层圆形薄壁细胞构成。幼嫩时果皮细胞内含有叶绿体，可进行光合作用；果实成熟时，果皮外部干枯成膜质，内果皮由3~4层扁长方形细胞组成，细胞壁木质化加厚。因此成熟的果实相当坚韧。

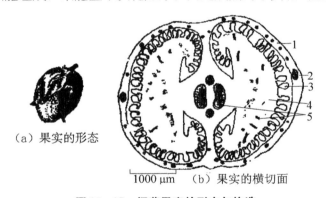

（a）果实的形态　　1000 μm　（b）果实的横切面

图15-17　烟草果实的形态与构造

1. 子房壁；2. 维管束；3. 胚珠；4. 胎座；5. 胎座维管束

三、烟草栽培技术要点

（一）烟草育苗技术

育苗移栽是世界各国广泛采用的烟草栽培法。我国烟草栽培，除小部分黄花烟和晒烟采用直播外，广大烟区都是育苗移栽。育苗的基本要求是适时育成数量充足、大小适宜的壮苗。一般春烟要求适栽壮苗，茎秆粗壮，高7 cm左右，直径0.7 cm左右，具有8~10片真叶，无病虫害，生长发育正常，苗龄50~60 d，根系发达，叶色深绿，抗逆性强。

（二）育苗方法

烟草的育苗方法主要有露地育苗、温床育苗、塑料大棚育苗等。

（1）露地育苗：一般是在温暖季节育苗，采用的形式可分为平畦、高畦和阳畦，即：①平畦：畦与地面等高或略高，在畦的周围做埂，便于灌溉和管理。山东、河南和南方烟区的平原地区普遍采用。②高畦：在畦的四周做排水沟，以利排出畦中积水，提高畦土温度，是地下水位较高的平原地区以及水田育苗的主要方式。③阳畦：在畦的北边做风障，防风御寒，一般用高粱秸、玉米秸、稻草、麦秸等作墙料。据试验，阳畦比平畦畦温可提高 3℃，成苗期提前 10 d。

（2）温床育苗：具有增温保温、防风保湿的作用，可在霜期内播种育苗。在无霜期较短的东北烟区广泛采用。

（3）塑料大棚育苗：棚内人工加温，温床播种，间苗假植。

近年来发展的烤烟漂浮育苗技术是烟草育苗技术上一次大的变革和发展，在气温适宜的情况下，采用漂浮育苗技术有利于实现育苗技术规范化和成苗质量标准化，培育出健壮烟苗，并能把土传病虫草危害减小到最低限度。

在我国云南、贵州、四川以及北方烟区的许多地方，早春烤烟播种时节由于气温本来就相对较低，再加上水分的吸热作用导致营养液温度比气温明显偏低，不利于萌发和烟苗生长。与之相比，湿润育苗技术虽然同样地以人造基质代替土壤，但却实现了两个改变：一是改漂浮育苗中营养液由下向上持续渗透为由上向下有目的、有控制地喷洒，以保持基质湿润；二是改漂浮育苗中极致温度直接受营养液温度控制为受土表气温控制，以改善育苗基质的温度状况。有研究表明，采用湿润育苗技术，基质温度有所提高，从而有利于种子萌发，提高发芽率，并能促进烟苗根系发育，提高根冠和烟苗品质。

（三）整地栽种技术

1. 平整土地

土地的平整主要有以下几个作用：

（1）便于灌溉管理。

（2）可以减少病虫害的发生和传播。

（3）防止水土流失。

2. 深耕

（1）通过深耕可以起以下几个方面的作用：

①改善土壤物理性状。

②熟化土壤，提高肥力。

③减少病虫草害。

④促进根系和地上部分的生长。

深耕比浅耕好，但深耕不是越深越好，如果深耕到耕作层以下，心土层的生土就会被翻到表土层，生土的通透性差，好气性微生物少，肥力低，不利于烟株的生长。深耕应做到熟土在上、不乱土层，逐年加深耕作层，烟株根系大部分分布在表土以下 10～40 cm 处，因此，深耕的适宜深度应在 25～30 cm 之间。

（2）深耕的原则和方法如下：

①深耕宜早。

②耕地要均匀。

③结合耕地增施有机肥料。

④认真处理田间杂质，将杂草全部翻埋，拾净田间残留的根茎。

⑤熟土在上，不乱土层。

3. 整地的方法

（1）平作。黄淮烟区，地势多平坦，春季少雨，栽烟多采用平作。平作能充分利用土地，冬闲地春烟整地要掌握"有墒保墒，无墒讨墒"的原则。

（2）畦作。西南及华南烟区，夏秋多雨，土质比较黏重，排水不良，常筑畦栽烟也称为理烟墒，可以加厚土层，促进根系发育，并能排涝防渍，减少根、茎病害。筑畦时在烟地经过深耕施肥，耙地和平整之后，即开始筑畦。畦的高度和宽度应视栽烟田块的土壤质地和地势而定，地下水位高，雨水多，排水较差的黏壤土，畦面宜稍窄，沟宜稍深；砂质土壤，缺水易旱的山地栽烟时，畦面稍宽，沟宜稍浅。云南烟区畦高 20～25 cm，在坝区地下水位高，排水差的较黏重的土壤，烟畦高度可适当增高至 25～30 cm。边沟和腰沟要比子沟深 5 cm 左右，才便于排除烟田积水。

（3）垄作。在烟区无霜期短，雨量较少，春季寒冷多风，夏秋季雨较多，降雨量集中在 7 月和 8 月。烟草生长前期易受旱灾，后期易受涝害，为了适应这种气候特点，栽烟多用垄作。垄作便于排水，且蒸发面积较大，加速水分散失，垄作由较厚的疏松土层覆盖，可以提高地温；垄作可多接受阳光，垄面与地面应保持一定的角度，使阳光垂直照射垄面的时间增多，比平作可提高地温 0.5℃～1℃。垄作还可以改善水、肥、气热状况，对烟株生长发育有利。

4. 施肥

在移栽的初期，烟株对氮、磷、钾各种养分的吸收都很少，随着时间的推移，吸收速率逐渐加大。在移栽后 1 个月开始急剧增加，并在移栽后 55 d 左右达到最大，然后又快速下降，其中又以氮素下降最快，钾素次之，磷在整个生育期的变化都相对较平稳。在我国南方烟区，钾素的吸收量往往大于氮素，但其对氯元素非常敏感，属忌氯作物。

烟草施基肥应结合苗床整地进行，用量为 60～80 kg/亩；烟草的生长发育需肥较多，移栽后生长期短，因此要重施追肥 80～100 kg/亩，沟施或穴施。烟草追肥要掌握早施，先少后多，结合中耕培土除草进行。追肥次数和数量应根据栽培方式、土壤供肥水平和烟草长势而定，追肥一般在移栽后进行，苗旺少施，苗差多施，以便田间生长整齐一致。施肥后培土，便于排水保墒，促进根系发达。基肥和追肥的施用部位直接影响肥料被烟草吸收利用的时间。

（四）合理密植

1. 种植密度对田间小气候的影响

不同的种植密度形成的群体结构不同，田间小气候的变化也有差异。种植密度对田间小气候的影响主要有光照强度、光合强度、呼吸强度、风速、温度和相对湿度。

（1）光照强度。保证烟叶优质适产的关键是提高烟叶的光合能力。提高光合能力的主要措施之一是扩大光合面积，因烟叶不仅面积大，而且光合能力特别强，但随着密度的增加、叶面积的扩大和叶面积系数的增加，烟株封顶后，光照强度随烟株及叶片间相互遮蔽而减少，尤其是烟株中、下部叶片降低趋势更加明显。

（2）光合强度和呼吸强度。随着密度增加，植株上、中部光合强度和呼吸强度差异不太显著；但下部叶由于光照减弱，通风减少，湿度增加，夜间地温较高，因而呼吸强度明显增加，光合强度减弱，影响干物质的积累。

（3）风速。风速决定着烟田群体内部空气的流动速度，因此影响二氧化碳的交换与补充。随着密度的增加，烟田郁闭，通风性能差，尤其是中下部风速明显减弱，气体交换值低，光合效率低，易发生底烘。

（4）田间地温。适当稀植，地面覆盖度较小，则白昼吸收的辐射热较多，地温上升快，根系活性强，有利于根系发生发展和吸收作用的加强；而夜间地面散热多，地温下降快，根系呼吸作用不太强，消耗有机物质较少，有利于光合产物的积累。但随着密度的增加，地面覆盖度大，白昼吸收的辐射热量也减少，而且通风不良，热交换差，地表温度也上升缓慢，影响根系的吸收机能，从而影响了光合作用。

（5）田间相对湿度。由于密度的增加，使风速减小，光照不足，必然引起田间相对湿度的明显增大。

2. 确定种植密度的依据

（1）品种特性。植株高大、叶片大、单株叶数多、茎叶角度大、株型松散、生育期长的品种，个体间容易相互遮阳，个体需要的空间和营养面积较大，故应适当稀植；相反，植株矮小、叶片小、叶片数少、茎叶角度小、株型紧凑、生育期短的品种，种植密度应适当加大。

（2）土壤条件。在海拔较高、气候凉爽、日照少、雨量小、土壤肥力较差的烟区，烟株生长慢，形成的个体较小，密度可稍大一些，以充分利用光能、地力，保证一定的产量。在气候温暖、雨量充沛、日照充足、地势平坦、土质黏重、土壤肥力高的烟区，密度宜稀，有利个体的良好生长。

（3）栽培条件。精耕细作，肥水充足，栽培管理水平高的条件下，烟株生长旺盛，株高、叶片大，应适当稀植，以保证单株占有足够的空间；反之，水肥条件或栽培管理水平较低的烟区，则可密一些。移栽期推迟的烟地，由于所处的环境条件变差，形成的个体较小，密度可稍大一些。留叶数较多的烟田应适当稀植，避免大田后期遮阴严重。

（五）栽植方式

经多年调查研究，烤烟生产采用单垄宽行种植，垄距可因土壤肥力不同，变动在1～1.2 m之间。据研究，采用单垄比大小垄和大垄双行植烟能较好地改善光能利用条件。单垄种植的光照条件的测定均比双垄好，特别是行距加大后沟宽，增大了烟株中下部漫射光量，有效地改善了烟株下部光环境。在保证烟田总株数条件下，采用单垄宽行窄株距方式种植是行之有效的措施。

（六）栽后的管理技术

烟草大田期可分为还苗期、伸根期、旺长期、成熟期四个生育时期。

1. 还苗期

还苗期是指移栽到烟苗成活的时期，一般为 7～10 d，带土移栽或营养袋（盘）苗移栽往往无还苗期。还苗期是决定大田整齐度和株数的关键时期，越短越好。栽培管理的要点如下：

（1）及时查苗补苗，保证全苗。由于移栽技术不当，或烈日、多风、干旱的环境影响，或病虫危害等，往往造成死苗。必须在移栽后 3～5 d 内及时补苗，保证苗全苗匀。

（2）及时浅中耕，提高地温。

（3）防治地下害虫。

2. 伸根期

伸根期是指烟苗成活到团棵的时期，一般为 30 d 左右。此期与烟叶产量关系密切。栽培管理的要点如下：

（1）及时培土围垄。要求在移栽后 20～25 d 进行深中耕，并培土 15～20 cm。

（2）及时追肥，保证营养充分。以速效肥为主，穴施匀施，距离烟株 15～20 cm。追肥可以少量浇水。

（3）防止烟青虫、蚜虫。

（4）及时消灭杂草。

（5）注意防涝，防积水。

3. 旺长期

旺长期是指团棵到烟株现蕾的时期，一般为 25～30 d。此时期是决定叶数、叶片大小、叶重的关键时期，是产量、品质形成的重要阶段。烟株应旺长而不徒长或疯长。栽培管理的要点如下：

（1）及时浇好旺长水。

（2）及时防治病虫害。此时期是病虫害多发期。

（3）注意防涝，防积水。

4. 成熟期

成熟期是指烟株现蕾到烟叶采收完毕的时期，一般为 50～60 d，保证各部位烟叶充分成熟是栽培管理的目标。具体应做好以下四项工作：

（1）及时打顶打杈。

（2）及时防旱、防涝、防积水。

（3）防止蚜虫等虫病危害。

（4）及时除草。

参考文献

[1] 董钻，沈秀英. 作物栽培学总论 [M]. 北京：中国农业出版社，2000.

[2] 杨文钰. 作物栽培学各论（南方本）[M]. 北京：中国农业出版社，2003.

[3] 沈国舫，汪懋华. 中国农业机械化发展战略研究：综合卷 [M]. 北京：中国农业出版社，2008：203-213.

[4] 张洪程，李杰，姚义，等. 直播稻种植科学问题研究 [M]. 北京：中国农业科技出版社，2009.

[5] 河南省农林厅. 油菜规范化栽培 [M]. 郑州：河南科学技术出版社，2000.

[6] 蔡根女. 农业企业经营管理学 [M]. 北京：高等教育出版社，2009.

[7] 李大伟. 土地转让和房屋买卖 [M]. 北京：中国法制出版社，2006.

[8] 刘新平. 新疆新农村建设土地流转模式研究 [M]. 北京：中国大地出版社，2009.

[9] 周波. 优质特用玉米栽培技术 [M]. 郑州：中原农民出版社，2006.

[10] 刘永红. 西南玉米耐旱生理与抗逆栽培 [M]. 北京：中国农业出版社，2009.

[11] 郭庆法，王庆成，汪黎明. 中国玉米栽培学 [M]. 上海：上海科学技术出版社，2004.

[12] 鄂玉江. 中国农业经营组织形式 [M]. 沈阳：辽宁人民出版社，1998.

[13] 王德胜. 思路＝出路：质量效益农业与农场管理现代化 [M]. 北京：中国农业出版社，2000.

[14] 杜相革，王慧敏. 有机农业概论 [M]. 北京：中国农业大学出版社，2001.

[15] 装备制造业自主创新战略研究咨询研究项目组. 装备制造业自主创新战略研究 [M]. 北京：高等教育出版社，2007：521-569.

[16] 刘后利. 实用油菜栽培学 [M]. 上海：上海科学技术出版社，1987.

[17] 李嵩震. 河南烟草栽培 [M]. 郑州：河南科学技术出版社，1997.

[18] 朱小平. 烟草栽培新技术 [M]. 北京：北京出版社，2000.

[19] 刘树杰. 烟草栽培 [M]. 北京：气象出版社，1992.

[20] 任万军. 作物栽培技术 [M]. 成都：四川教育出版社，2010.

[21] 高新一，王玉英. 植物无性繁殖实用技术 [M]. 北京：金盾出版社，2003.

[22] 郝建平，时侠清. 种子生产与经营管理 [M]. 北京：中国农业出版社，2004.

[23] 王蒂主. 植物组织培养 [M]. 北京：中国农业出版社，2004.

[24] 邝朴生，蒋文科，刘刚，等. 精确农业基础 [M]. 北京：中国农业大学出版社，1999.

[25] 卢学兰. 马铃薯 [M]. 成都：四川教育出版社，2009.

[26] 王洋，张祖立，张亚双，等. 国内外水稻直播种植发展概况 [J]. 农机化研究，2007 (1)：48—50.

[27] 国务院. 国家中长期科学和技术发展规划纲要（2006—2020）.

[28] 白人朴. "十二五"我国农机化发展态势分析 [J]. 农机科技推广，2011 (3)：4—7.

[29] 凌启鸿. 关于水稻轻简栽培问题的探讨 [J]. 中国稻米，1997 (5)：3—9.

[30] 张洪程，霍中洋，许轲，等. 水稻新型栽培技术 [M]. 北京：金盾出版社，2011：168—200.

[31] 王振中，张新虎. 植物保护概论 [M]. 北京：中国农业出版社，2005.

[32] 李云瑞. 农业昆虫学 [M]. 北京：高等教育出版社，2006.

[33] 杨勇，杨路平. 玉米轻简栽培技术 [J]. 四川农业科技，2012 (3)：24—25.

[34] 吴崇友，金诚谦，卢晏，等. 中国水稻种植机械发展问题探讨 [J]. 农业工程学报，2003，16 (2)：21—23.

[35] 朱德峰，陈惠哲. 水稻机插秧发展与粮食安全 [J]. 中国稻米，2009 (6)：4—7.

[36] 王建平，姚月明. 油菜轻型高效栽培技术体系研究——不同轻型栽培方式的特点及可行性分析 [J]. 上海农业科技，1999 (3)：47—48.

[37] 李建国，卞丽娜. 我国油菜生产机械化的现状与发展 [J]. 农业装备技术，2004 (4)：31—32.

[38] 高建斌. 从家庭承包制到农场制：我国农业发展的第二次飞跃 [J]. 天津商学院学报，2006 (2).

[39] 杨卫军，王永莲. 论我国农业经营体制的创新 [J]. 陕西经贸学院学报，2001 (5).

[40] 陈家骥. 论农业经营大户 [J]. 中国农村经济，2007 (4).

[41] 乐容胜. 新时期社会主义新型农民的培育和造就问题研究 [D]. 福州：福建师范大学，2008.

[42] 付铁峰. 新农村建设中新型农民培育问题研究 [D]. 哈尔滨：东北农业大学，2007.

[43] 张黎明. 关于国有农场产业结构调整的思考 [J]. 安徽农业科学，2002，30 (3)：455—456.

[44] 郭凌. 泰安市农业产业结构调整问题研究 [D]. 泰安：山东农业大学，2007.

[45] 李博. 现代家庭农场：中国农村经济的一个发展模式 [D]. 成都：西南财经大学，2008.

[46] 常平凡，邢保荣. 论农业和农村产业结构调整的依据 [J]. 山西农业大学学报：社会科学版，2004，3 (1)：37—39.

[47] 朱淑梅. 家庭承包制下农场经营模式的探索——以广州市为例 [D]. 南宁：广西大学，2011.

[48] 王海峰. 玉米生产在农业生产中的重要作用及发展前景 [J]. 种子世界，2008 (6)：53—55.

[49] 王晓光. 玉米栽培技术 [M]. 沈阳：东北大学出版社，2010.

[50] 李钟，郑祖平，张国清，等. 四川盆地杂交玉米单作密肥措施研究 [J]. 杂粮作物，2000，20 (2)：23—27.

[51] 常旭虹，赵广才，刘利华，等. 玉米保护性耕作栽培技术研究 [J]. 玉米科学，2006，14 (6)：113—116.

[52] 徐泽珍. 我国水资源现状与节水技术 [J]. 现代农业科技，2008 (16)：337，341.

[53] 龙晓辉，周卫军，郝吟菊，等. 我国水资源现状及高效节水型农业发展对策 [J]，现代农业科技，2010 (11)：303—304.

[54] 朱钟麟，侯鲁川. 四川省水资源紧缺性评价及可持续利用研究 [J]. 中国水土保持科学，2006，4 (4)：92—95.

[55] 楼豫红，付晓光. 四川省节水灌溉工程建设的现状分析 [J]. 节水灌溉，2003 (4)：36—37.

[56] 林凡. 四川省水资源供需平衡分析及可持续开发利用研究 [D]. 成都：四川农业大学，2008.

[57] 雷川华，吴运卿. 我国水资源现状、问题与对策研究 [J]. 节水灌溉，2007 (4)：41—43.

[58] 张世熔，廖尔华，邓良基，等. 四川农业水资源开发利用研究 [J]. 山地学报，2001，19 (4)：320—326.

[59] 古文海，陈建. 设施农业的现状分析及展望 [J]. 农机化研究，2004 (1)：46—47，56.

[60] 罗黔贵. 设施农业技术浅淡 [J]. 贵州农机化，2008 (5)：16—17.

[61] 叶全宝，李华，霍中洋，等. 我国设施农业的发展战略 [J]. 农机化研究，2004 (5)：36—38.

[62] 张英，徐晓红，田子玉. 我国设施农业的现状、问题及发展对策 [J]. 现代农业科技，2008 (12)：83—84，86.

[63] 高翔，齐新丹，李骅. 我国设施农业的现状与发展对策分析 [J]. 安徽农业科学，2007，35 (11)：3453—3454.

[64] 邱兆美，赵龙，贾海波. 植物工厂发展趋势与存在问题分析 [J]. 农机化研究，2013 (10)：230—233.

[65] 孙庆五. 设施农业技术 [J]. 当代农机，2006 (4)：70—71.

[66] 孙庆五. 设施农业技术 (续1) [J]. 当代农机，2006 (5)：60—62.

[67] 孙庆五. 设施农业技术 (续2) [J]. 当代农机，2006 (6)：50—52.

[68] 孙庆五. 设施农业技术 (续3) [J]. 当代农机，2007 (1)：64—66.

[69] 涂同明. 设施农业工程机械化技术 [J]. 当代农机，2007 (11)：48—51.

[70] 李杰达. 日光温室关键技术装备及其应用 [J]. 当代农机，2007 (11)：52—53.

[71] 赵璐，杨印生. 农业物联网技术与农业机械化发展 [J]. 农机化研究，2011 (8)：226—229.

[72] 高强，滕桂法. 物联网技术在现代农业中的应用研究 [J]. 安徽农业科学，2013，41 (8)：3723—3724，3730.

[73] 贾月平. 物联网技术在现代农业中的应用 [J]. 农业技术与装备，2013 (14)：17—18，20.

[74] 戢林，张锡洲，李廷轩. 基于"3414"试验的川中丘陵区水稻测土配方施肥指标体系

构建 [J]. 中国农业科学，2011，44（1）：84—92.

[75] 全国农业技术推广服务中心. 测土配方施肥技术规范（2011 年修订版）. 2011

[76] 李国媛. 秸秆腐熟菌剂的细菌种群分析及其腐熟过程的动态研究 [D]. 北京：中国农业科学院，2007.

[77] 安凤秀，孟宪章，王雪莲，等. 玉米免耕播种机免耕播种试验研究 [J]. 吉林农业大学学报，2008，30（6）：876—878.

[78] 解文艳，樊贵盛，周怀平，等. 秸秆还田方式对旱地玉米产量和水分利用效率的影响 [J]. 农业机械学报，2011，42（11）：60—67.

[79] 刘芳，张长生，陈爱武，等. 秸秆还田技术研究及应用进展 [J]. 作物杂志，2012（2）：18—23.

[80] 陈健. 水稻栽培方式的演变与发展研究 [J]. 沈阳农业大学学报，2003，34（5）：389—393.

[81] 吴文革，陈烨，钱银飞，等. 水稻直播栽培的发展概况与研究进展 [J]. 中国农业科技导报，2006，8（4）：32—36.